高等学校教材

飞行力学最优控制理论与方法

泮斌峰　编著

西北工業大學出版社

西　安

图书在版编目(CIP)数据

飞行力学最优控制理论与方法/泮斌峰编著. — 西安：西北工业大学出版社，2021.10

ISBN 978-7-5612-8032-4

Ⅰ.①飞… Ⅱ.①泮… Ⅲ.①飞行力学-最佳控制 Ⅳ.①V212

中国版本图书馆 CIP 数据核字(2021)第 219605 号

FEIXING LIXUE ZUIYOU KONGZHI LILUN YU FANGFA

飞 行 力 学 最 优 控 制 理 论 与 方 法

责任编辑： 张　友	**策划编辑：** 杨　军
责任校对： 朱晓娟	**装帧设计：** 李　飞
出版发行： 西北工业大学出版社	
通信地址： 西安市友谊西路 127 号	邮编：710072
电　　话： (029)88491757，88493844	
网　　址： www.nwpup.com	
印 刷 者： 兴平市博闻印务有限公司	
开　　本： 787 mm×1 092 mm	1/16
印　　张： 19.25	
字　　数： 505 千字	
版　　次： 2021 年 10 月第 1 版	2021 年 10 月第 1 次印刷
定　　价： 65.00 元	

前　言

迄今为止，国内外已经出版了多部涉及最优控制理论、方法的教材和专著，其中也不乏经典之作（如 A. E. Bryson 和 Y. C. Ho 的经典教材 *Applied Optimal Control—Optimization, Estimation and Control*）。但这些著作或年代久远、内容较为陈旧，或只讲授一般性基础理论和方法，或面向特定的专业，无法满足新形势下飞行力学等专业对于最优控制的教学要求和应用需求。对此，笔者在多年教学和科研工作的基础上，经细心梳理、充实和提高，编写了本书。

本书试图从航空航天飞行力学与导航制导控制工程领域应用背景和应用需求出发，系统地介绍最优控制在上述领域的基础理论、基本方法和工程应用。书中所介绍的大部分算法均提供 Matlab 仿真程序及必要的仿真说明，具有较强的工程性和实用性。本书分为 12 章，其中：

(1)第 1 章介绍飞行力学、最优控制理论与方法的基本概念。

(2)第 2 章介绍无约束、有约束、多目标、全局等最优化问题及其基本数值求解方法。

(3)第 3～5 章介绍求解最优控制问题的重要方法，包括伪谱法、序列凸优化方法和模型预测控制方法等。

(4)第 6～9 章重点介绍最优控制理论的三大基石——变分法、极大/极小值原理和动态规划法。

(5)第 10～11 章主要介绍最优控制理论中较为新颖的分支，包括奇异最优控制、智能最优控制等内容。

(6)第 12 章简要介绍随机最优控制与最优估计的基本内容。

写作本书曾参阅了相关文献、资料，在此，谨向其作者深表谢意。

本书可作为高等院校飞行力学、导航制导控制等专业的研究生教材和高年级本科生的教材，亦可供从事飞行器设计等领域相关研究的科研人员和工程技术人员参考。

限于学识和水平，书中疏漏与不足之处在所难免，敬请读者批评指正。

编著者

2021 年 2 月

目　　录

第1章　引　　论

自20世纪40年代以来，随着航空航天科学技术的进步，飞行力学获得了突飞猛进的发展。作为一门具有显著航空航天特色的学科，飞行力学在先进飞行器设计、研制、试验及使用等领域的作用日益重要。从狭义上来说，传统飞行力学主要采用力学原理研究飞行器的运动规律和特性，是力学学科的分支。从广义上来说，飞行器运动特性与飞行器所受的空气动力、发动机推力及飞行器结构弹性变形、飞行控制等密切相关，这直接决定了飞行器的总体特性、任务执行能力和使用需求，已成为飞行器设计的出发点和归宿点，飞行力学正逐步发展为一门飞行器设计领域的系统性、综合性学科。为解决飞行力学问题，就必须依靠工程科学中的其他基础学科的知识，特别是最优控制理论与方法。

1.1　飞行力学

力学(mechanics)是研究物体受力和受力效应的规律及其应用的学科，它同物理学、数学等学科一样，是一门基础学科，其所阐明的规律带有普遍的性质。如图1-1所示，力学可分为研究宏观物体的经典力学和研究微观粒子的量子力学。在经典力学中，力学又可分为固体力学、流体力学和一般力学三大类：

(1)固体力学(solid mechanics)是研究可变形固体在外界因素作用下所产生的位移、运动、应力、应变和破坏等作用规律，在力学中形成较早，应用也较广。

(2)流体力学(fluid mechanics)是研究在各种力的作用下，流体本身的静止状态和运动状态以及流体和固体界壁间有相对运动时的相互作用和流动规律，其形成最早可追溯到古希腊时代。

(3)一般力学(general mechanics)主要是研究经典力学的一般原理及离散系统(包括刚体、刚体系统及有限多自由度质点系)的力学现象。一般力学的概念出现较晚，在我国一般力学这一名词直到20世纪50年代才由苏联引入。

此外，力学还有其他多种分类，例如力学可粗分为静力学、运动学和动力学三部分，其中：静力学研究力的平衡或物体的静止问题；运动学只考虑物体怎样运动，不讨论它与所受力的关系；动力学讨论物体运动和所受力的关系。一般力学包括静力学、运动学和以牛顿力学为基础的一切离散系统的动力学。除此而外，一般力学还研究某些与现代工程技术有关的新兴学科。因此，目前一般力学已发展了多个分支学科，如爆炸力学、生物力学、天体力学和飞行力学。在我国，钱学森很早就指出了一般力学的基本范畴："力学的内容不但应当包括应用力学的创始人克莱因时代的固体力学和流体力学，还应当包括弹道学、物理力学、化学流体力学和电磁流体力学(等离子体力学)。"

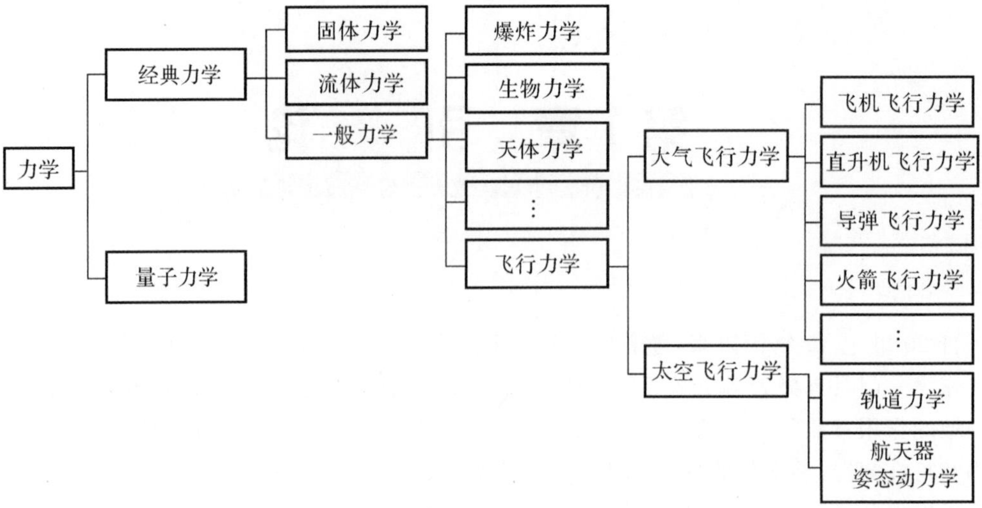

图 1-1　力学基本体系

飞行力学(flight mechanics)是一般力学的一个分支,是研究飞行器运动规律的一门学科,是联系飞行器总体、制导与控制、气动外形与布局、发射与动力装置等相关技术的桥梁和纽带,是研究和设计飞行器的理论基础。飞行力学研究的目的是根据力学的普遍规律,深入分析飞行器这一特定对象作机械运动时的特殊规律,研究飞行器飞行动力学系统的评价指标,通过设计手段(如气动布局、飞控系统设计等)使其满足使用需求,解决工程实际问题。在飞行器的发展历程中,飞行力学不断地与总体设计、制导与控制、空气动力学、推进与发射等相关学科交叉渗透,相互促进,对飞行器的研制具有十分重要的作用。

随着航空航天事业的发展,飞行器类型大量增加,飞行领域不断扩大,许多不同性质和深度的飞行力学问题涌现出来。飞行力学的研究领域非常广阔,归纳起来,主要有以下几个方面:

(1)建立描述无控或有控飞行器运动的数学模型,解算和分析飞行器的弹道(航迹)和飞行性能。

(2)分析和研究导弹的导引规律或飞行方案。

(3)研究飞行器在发射或分离时的动力学问题。

(4)分析和研究导弹或再入体的散布问题。

(5)研究飞行器作为自动控制对象的稳定性和操纵性问题。

(6)研究可控飞行器运动的最优化问题。

(7)研究求解飞行力学问题的计算方法和程序设计。

飞行力学有多种分类,如按飞行器分类,主要可以分为以下几种类型:

(1)飞机飞行力学,研究对象包括直升机、歼击机、轰炸机和民用飞机等。

(2)导弹飞行力学,研究对象包括弹道导弹、战术导弹和巡航导弹等。

(3)航天飞行力学,研究对象包括卫星、飞船、航天飞机和星际探测器等。

(4)外弹道学,研究对象包括子弹、炮弹等。

如根据飞行器飞行空域划分，飞行力学又可分为大气飞行力学和太空飞行力学两大类(见图1-1)。

(1)大气飞行力学(atmospheric flight mechanics)是研究飞机、直升机、导弹、航天飞机和运载火箭等飞行器在大气层内飞行的运动规律的学科。大气飞行力学直接为这些飞行器的总体设计服务，它对于新型飞行器的研究设计、飞行性能的改善和航天技术的发展都有重要的作用。按飞行对象划分，大气飞行力学又可分为飞机飞行力学、直升机飞行力学和导弹飞行力学等多个子类。

(2)太空飞行力学(space flight mechanics)是研究卫星、深空探测器、航天飞机、运载火箭等航天器在大气层外飞行的运动规律的学科。太空飞行力学一般分为研究航天器质点运动规律的轨道力学(orbital mechanics)和研究航天器绕其质心运动规律的航天器姿态动力学等。

飞行力学是一般力学的重要分支，除研究对象比较特殊以外，飞行力学的定义、分类、研究内容、研究方法等都是与一般力学一脉相承的。因此，飞行力学的研究范畴可以划分为以下三个部分：

(1)飞行静力学(flight statics)：飞行静力学主要研究飞行器飞行过程中的力或力矩平衡问题，例如瞬时平衡假设、飞行器的匀速直线运动特性研究等。

(2)飞行运动学(flight kinematics)：飞行运动学只考虑飞行器怎样运动，不讨论飞行器与所受力的关系，例如卫星脉冲推进的转移轨道设计、飞行器从活动平台发射或起飞时其初始条件的确定等。

(3)飞行动力学(flight dynamics)：飞行动力学讨论飞行器运动与所受力的关系，主要研究飞行器的轨迹(弹道、航迹、轨道，以及飞行性能)问题、飞行器的动力学特性(动态特性)以及飞行器的飞行精度等。其中不同对象的飞行动力学研究内容具有不同的侧重点，例如飞机飞行动力学主要研究飞机的飞行性能和飞行品质。飞机飞行性能主要研究基本性能、续航性能、机动性能和起落性能等内容(见图1-2)；飞机飞行品质主要反映驾驶员操纵飞机完成各种飞行任务时，任务完成的精确程度及驾驶员的工作负荷，其主要研究内容包括稳定性和操纵性等(见图1-3)。

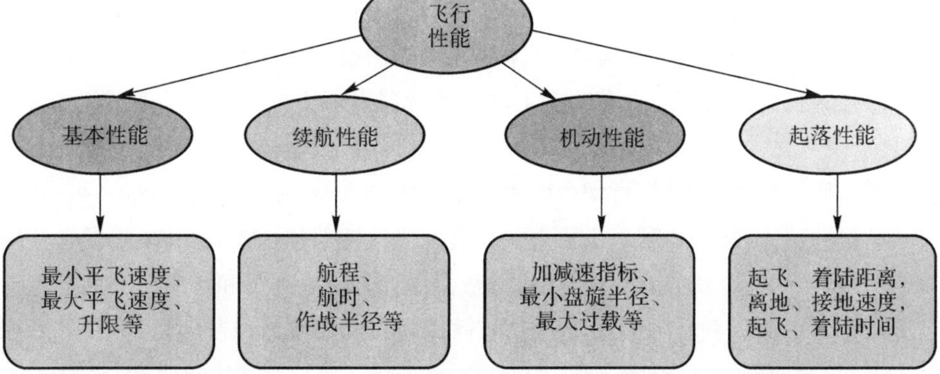

图1-2　飞行性能

除上述分类外，也有学者将飞行静力学作为飞行动力学的特殊情况，只将飞行力学分为飞行运动学和飞行动力学两部分。如 Etkin 和 Teichmann 的经典教材 *Dynamics of Flight: Stability and Control* 中，就将飞行静力学作为飞行动力学的子类。在本书中，我们也遵循这一分类，不再将飞行静力学作为飞行力学的独立子类。

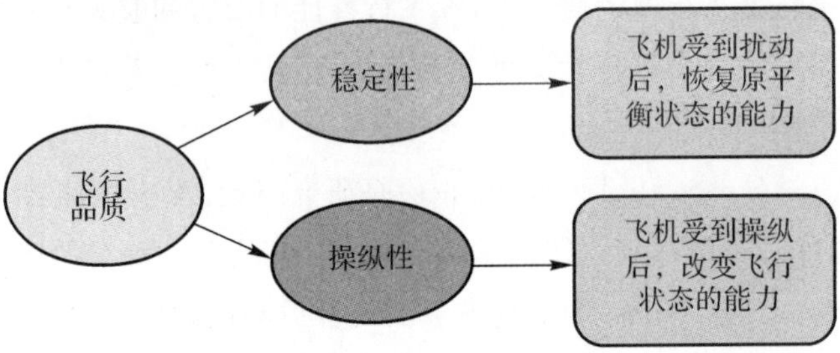

图 1-3　飞行品质

型号研制中面临的飞行力学问题有一个显著的特点，就是它们总是与飞行器的总体性能、飞行器的外形、空气动力学、优化设计、气动弹性、制导系统、应用数学、计算机技术和动力装置等方面的问题紧密联系在一起的。随着科学技术的迅速发展，现代飞行力学的这一特点更加明显地表现了出来。

1.2　飞行力学与控制

第二次世界大战以后，随着航空航天技术及工业技术的飞速发展，自动控制理论和技术也日臻完善。自动控制是指在没有人直接参与的情况下，利用外加的设备或装置，使机器、设备或生产过程的某个工作状态或参数自动地按照预定的规律运行。自动控制是相对人工控制概念而言的。由于飞行器的特殊性，绝大多数高性能飞行器都带有飞行自动装置或飞行控制系统，采用自动控制实现飞行控制。因此本书中所涉及的控制皆指自动控制，除非特殊情况，不再明确区分控制与自动控制。

飞行动力学的研究对象主要是有控的飞行器或有控的力学系统，如图 1-4 所示。飞行动力学一方面利用自动控制的理论、观点和方法来研究飞行力学问题，把飞行器视为控制系统中的一个环节，即控制对象；另一方面，广泛采用主动控制技术来改善飞行器的动力学特性，实现对飞行器的各种控制。飞行动力学解决了现代飞行器发展中的一个带有普遍意义的、共性的问题，解决了飞行力学发展中的一个普遍性的矛盾，体现了现代飞行力学研究中起主导作用的边缘交叉的本质。由此可见，飞行动力学也可定义为："飞行动力学是在传统飞行力学基础上，利用自动控制的理论、方法和技术手段来研究有控飞行器总体性能、运动规律及其伴随现象的学科，是一般力学的一个新的分支，是现代飞行器设计、试验、训练和运用研究的理论基础。"

飞行动力学中的一些特殊问题，例如静不稳定问题，直接力控制问题，倾斜转弯(Bank to Turn, BTT)控制问题，惯性交感问题，大迎(攻)角问题，大气紊流扰动问题，伺服气动(热)弹性问题，液体晃动问题，制导规律或导引规律问题，发射动力学、分离动力学、回收动力学问题，等等，都是飞行动力学中的一些特殊性矛盾（问题）或个别性矛盾（问题），都可以在飞行动力学与控制的理论框架内获得解决。实践表明，只要抓住了“飞行动力学＋控制”这一对基本的、主要的矛盾，其他的矛盾就可以迎刃而解。

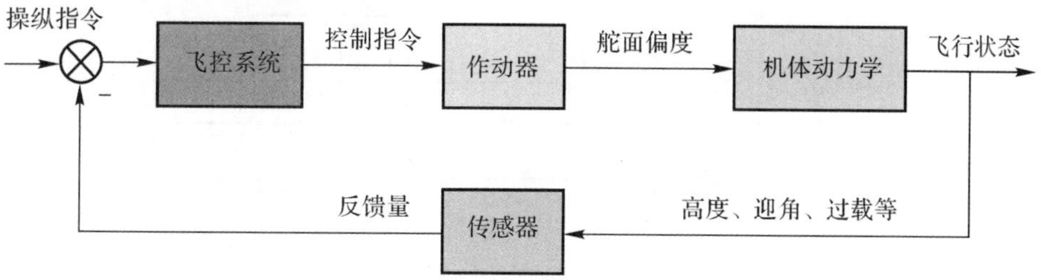

图 1－4　飞行动力学系统框图

如图 1－5 所示，自动控制按其所采用的控制理论的不同一般可分为以下三类：

(1)经典控制理论(classical control theory)。经典控制理论的研究对象是单输入、单输出的自动控制系统，特别是线性定常系统。主要研究系统运动的稳定性、时间域和频率域中系统的运动特性（如过渡过程、频率响应等）、控制系统的设计原理和校正方法（如控制系统校正方法）。按控制方式不同，经典控制又可分为开环控制、反馈控制和复合控制等多种方式。以PID(Proportional Integral Derivative，比例、积分、微分）反馈控制为代表的经典控制方法在飞行动力学的控制系统设计、动态特性分析、轨迹跟踪制导、导弹比例导引制导等方面有着非常广泛的应用，目前仍然是航空航天工业部门所采用的主要控制手段之一。

(2)现代控制理论(modern control theory)。现代控制理论是在 20 世纪 50 年代中期迅速兴起的空间技术的推动下发展起来的。空间技术的发展迫切要求建立新的控制原理，以解决诸如把宇宙火箭和人造卫星用最少燃料或最短时间准确地发射到预定轨道一类的控制问题。这类控制问题十分复杂，采用经典控制理论难以解决。因此，以状态空间法为基础和以最优控制理论为特征的现代控制理论得以逐渐形成。经过多年的发展，基于现代控制理论已发展出多种成熟而性能优越的控制方法，如线性二次型调节器、滑模控制、模型预测控制等，并在飞行动力学领域发挥了极其重要的作用，如在阿波罗计划中所发展的著名的运载火箭迭代制导方法、月面着陆的有动力下降制导方法等，都是基于现代控制理论所发展起来的。

(3)智能控制理论(intelligent control theory)。智能控制理论是在 20 世纪 80 年代开始逐步发展起来的。在进入 21 世纪以来，随着以机器学习为代表的人工智能技术浪潮的到来，智能控制理论的重要性也日益突出。智能控制理论不同于经典控制理论和现代控制理论的处理方法，它研究的主要目标不再是被控对象而是控制器本身。控制器不再是单一的数学模型，而是数学模型和知识系统相结合的广义模型。

无论是现代控制理论还是智能控制理论，都是建立在最优控制理论与方法基石上的宏伟大厦。因此，深入学习和研究最优控制理论与方法，并在此基础上发展现代控制理论和智能控制理论在飞行力学专业的应用，突破航空航天等相关领域的行业性瓶颈问题，是新时期对于飞行力学专业的迫切要求。

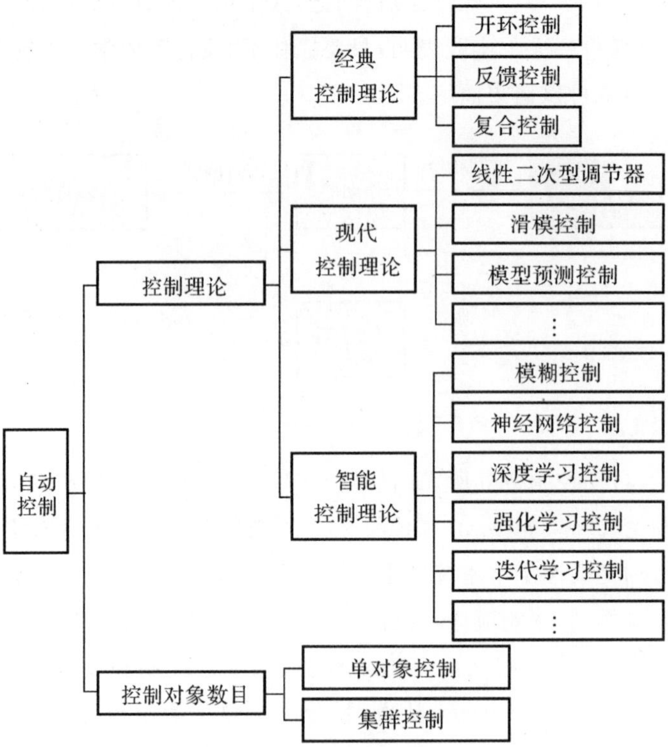

图 1-5　自动控制一般分类

1.3　最优控制问题

最优控制问题是最优化问题的一个子类，本质上属于最优化问题中的连续最优化问题。最优控制问题是飞行力学、导航制导控制等工作中经常遇到的普遍性问题。例如，运载火箭如何以最少的燃料将最大的载荷送入空间轨道、导弹如何以最快的速度拦截来袭对象等问题，都属于最优控制的范畴。

最优控制问题一般定义为：对一个受控的动力学系统或运动过程，从一类允许的控制方案中找出一个最优的控制方案，使系统的运动在由某个初始状态转移到指定的目标状态的同时，其性能指标值为最优。从数学上看，最优控制问题可以表述为：在运动方程和允许控制范围的约束下，对以控制函数和运动状态为变量的性能指标函数（称为泛函）求取极值（极大值或极小值）。

任何一个最优控制问题，用数学语言描述，都应由受控系统的数学模型、目标集、容许控制和性能指标四个部分组成。

1. 受控系统的数学模型

一般而言，解决最优控制问题首先要对受控系统建立数学模型，即写出系统的微分方程。对于简单的受控系统来说，经过合理的简化，根据基本的物理学定律，可以直接写出反映动态系统运动规律的微分方程。复杂的受控系统难以给出其解析形式的微分方程，这时需要通过对系统进行辨识来确定系统的结构与参数，从而建立系统的数学模型。

不论采用哪一种方法，都可以用一阶常微分方程组来描述集中参数的受控系统，此时系统的状态方程可以表示为

$$\dot{\boldsymbol{x}} = \boldsymbol{f}[\boldsymbol{x}(t), \boldsymbol{u}(t), t] \tag{1.1}$$

式中，$\boldsymbol{x}=[x_1 \quad x_2 \quad \cdots \quad x_n]^{\mathrm{T}}$ 是 n 维状态向量，$\boldsymbol{u}=[u_1 \quad u_2 \quad \cdots \quad u_m]$ 是 m 维控制向量，t 是时间自变量，$\boldsymbol{f}=[f_1 \quad f_2 \quad \cdots \quad f_n]^{\mathrm{T}}$ 是 $\boldsymbol{x}$、$\boldsymbol{u}$ 和 t 的 n 维向量函数。式(1.1)所示的状态方程可以概括一切具有集中参数的受控系统数学模型，包括非线性定常系统、线性定常系统和线性时变系统，即

$$\dot{\boldsymbol{x}}(t) = \boldsymbol{f}[\boldsymbol{x}(t), \boldsymbol{u}(t)] \tag{1.2}$$

$$\dot{\boldsymbol{x}}(t) = \boldsymbol{A}\boldsymbol{x}(t) + \boldsymbol{B}\boldsymbol{u}(t) \tag{1.3}$$

$$\dot{\boldsymbol{x}}(t) = \boldsymbol{A}(t)\boldsymbol{x}(t) + \boldsymbol{B}(t)\boldsymbol{u}(t) \tag{1.4}$$

2. 目标集

在最优控制问题中，初始状态通常是已知的，即 $\boldsymbol{x}(t_0) = \boldsymbol{x}_0$，动态系统式(1.1)在控制 $\boldsymbol{u}(t)$ 的作用下发生从初始状态 $\boldsymbol{x}_0$ 到终端状态 $\boldsymbol{x}(t_{\mathrm{f}})$ 的转移。如果把状态视为 n 维欧氏空间中的点，则这种状态转移可以看作 n 维空间中点的运动。终端状态是控制需要达到的目标，不同的情况其目标也不相同，可以是欧式空间中的一个点，也可以是一个范围。一般地，对于终端状态的要求可以用终端约束条件表示为

$$g_1[\boldsymbol{x}(t_{\mathrm{f}}), t_{\mathrm{f}}] = 0 \tag{1.5}$$

$$g_2[\boldsymbol{x}(t_{\mathrm{f}}), t_{\mathrm{f}}] \leqslant 0 \tag{1.6}$$

这种满足末态约束的状态集合称为目标集，记为 M，可以表述为

$$M = \{\boldsymbol{x}(t_{\mathrm{f}}) \mid \boldsymbol{x}(t_{\mathrm{f}}) \in \mathbf{R}^n, g_1[\boldsymbol{x}(t_{\mathrm{f}}), t_{\mathrm{f}}] = 0, g_2[\boldsymbol{x}(t_{\mathrm{f}}), t_{\mathrm{f}}] \leqslant 0\} \tag{1.7}$$

3. 容许控制

在实际的控制问题中，控制向量 $\boldsymbol{u}$ 是具有物理属性的量，如飞机或导弹的舵偏角、伺服系统的电流和电压、发动机的推力等，现实条件决定这些物理量的值不能超过某个有限的边界，这种限制可以用一组不等式约束表示为

$$\boldsymbol{u}_{\min} \leqslant \boldsymbol{u}(t) \leqslant \boldsymbol{u}_{\max} \tag{1.8}$$

式(1.8)规定了 $\mathbf{R}^m$ 空间中的一个闭集，由上述约束条件限制的点的集合叫作控制域，记为 U。因此定义在闭区间 $[t_0, t_{\mathrm{f}}]$ 上，并且在控制域 U 内取值的所有控制函数 $\boldsymbol{u}(t)$ 都称为容许控制，记作 $\boldsymbol{u}(t) \in U$。通常假定容许控制 $\boldsymbol{u}(t) \in U$ 是一个有界连续函数或者分段连续函数。

4. 性能指标

系统从给定的初始状态 $\boldsymbol{x}(t_0)$ 到终端状态 $\boldsymbol{x}(t_{\mathrm{f}})$ 的转移可以通过不同的控制律 $\boldsymbol{u}(t)$ 来实现。从满足的容许控制中，找到效果最好的控制律，需要一个性能指标函数来检验控制的效果。可以把消耗燃料最少作为性能指标，也可以把控制时间最短作为性能指标，或者是两者的折中，选择哪一种性能指标取决于问题所要解决的主要矛盾。一般而言，系统的性能指标函数可以写成如下形式：

$$J = S[\boldsymbol{x}(t_{\mathrm{f}}), t_{\mathrm{f}}] + \int_{t_0}^{t_{\mathrm{f}}} L[\boldsymbol{x}(t), \boldsymbol{u}(t)]\mathrm{d}t \tag{1.9}$$

性能指标式(1.9)中的第一项 $S[\boldsymbol{x}(t_{\mathrm{f}}), t_{\mathrm{f}}]$ 表示接近目标集 M 的程度，即终端状态的精度，第二项称反映了控制过程的品质。性能指标按照其数学形式可分为三类：

$$J = \int_{t_0}^{t_{\mathrm{f}}} L[\boldsymbol{x}(t), \boldsymbol{u}(t), t]\mathrm{d}t \tag{1.10}$$

$$J = F[\boldsymbol{x}(t_f), t_f] \tag{1.11}$$

$$J = F[\boldsymbol{x}(t_f), t_f] + \int_{t_0}^{t_f} L[\boldsymbol{x}(t), \boldsymbol{u}(t), t]\mathrm{d}t \tag{1.12}$$

分别称为积分型性能指标、终值型性能指标和复合型性能指标。通常,我们将积分型性能指标的最优控制问题称为拉格朗日问题,将终值型性能指标的最优控制问题称为迈耶尔问题,将复合型性能指标的最优控制问题称为波尔扎问题。

根据上述,最优控制问题可以描述为已知受控系统的状态方程式(1.1)、初始状态 $\boldsymbol{x}_0$ 以及规定的目标集式(1.7),求一容许控制 $\boldsymbol{u}(t) \in U, t \in [t_0, t_f]$,使系统由初始状态转移到目标集,并使性能指标式(1.9)最小。

1.4 最优控制理论与方法发展简史

1.4.1 序幕:最速降线问题

最优控制理论与方法是指求解最优化问题的支撑理论与计算方法,其发展最早可追溯到牛顿、莱布尼茨时代。1669 年 6 月,法国数学家约翰·伯努利向牛顿、莱布尼茨、雅格布·伯努利等众多欧洲数学家发起公开挑战,即著名的“最速降线问题”:如图 1-6 所示,一个静止小球只在重力的作用下,从较高的一点下滑到不在其垂直下方的另外一点,问沿何种曲线下滑时间最短?最终,牛顿、莱布尼茨、雅格布·伯努利及约翰·伯努利的学生洛必达都独立给出了正确的答案——旋轮线,即圆沿直线滚动,其上一固定点所经过的轨迹。“最速降线问题”是数学史上有记载的最早的一个最优控制问题,直接促成了变分问题的提出和变分法的诞生,从而开启了最优控制理论与方法 300 多年发展史的序幕。

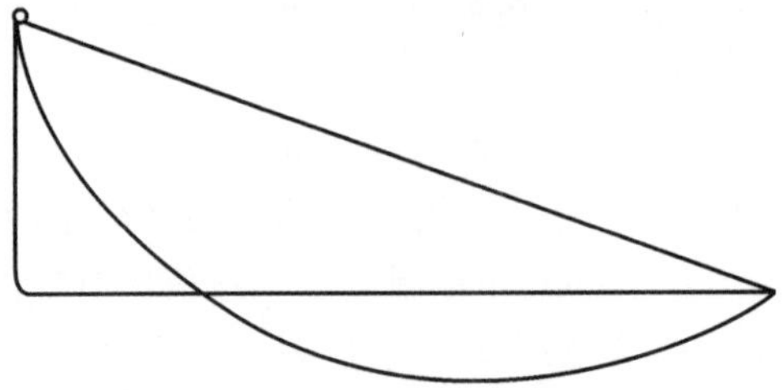

图 1-6 最速降线问题

1.4.2 发展:变分理论与方法

约翰·伯努利的学生、大数学家莱昂哈德·欧拉(见图 1-7)在整理最速降线问题求解方法的基础上,系统性地发展了求解极值曲线的变分法。1733 年,欧拉在其著作《变分原理》中首次提出“变分”一词。1744 年,欧拉发表著作《寻求具有某种极大或极小性质的曲线的技巧》,系统性地解决了一般最优性问题的变分方法,是变分法发展史上的一座里程碑,从而标志着变分法作为一门数学分支的正式诞生。在这本书中,欧拉首次给出了变分问题的清晰而一般的表述,确认了变分问题的解所满足的一些基本方程的标准形式,并提供了推导这些方程的一般方法,将变分法从对一些具体问题的讨论转变为对非常一般问题的讨论。然而,欧拉在其《寻求具有某种极大或极小性质的曲线的技巧》中，主要采用一种依赖于几何结构的分析方法，其几何和分析相结合的方法使得具体的推理过程非常繁复。图 1－8 为欧拉基于几何方式建立变分基本方程的示意图。

图 1－7　数学家莱昂哈德·欧拉

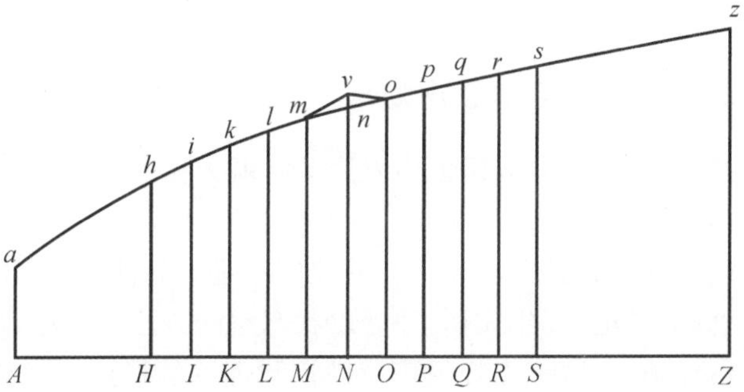

图 1－8　欧拉基于几何方式建立变分基本方程的示意图

1755 年，年仅 19 岁的约瑟夫·拉格朗日（见图 1－9）在探讨数学难题“等周问题”的过程中，以欧拉的思路和结果为依据，提出了一种不依赖于几何直观的改进方法求变分极值，进一步发展了欧拉所开创的变分法，为变分法奠定了重要的理论基础。拉格朗日的方法是一种纯分析的方法，无须借助任何几何方式，通过引进新的符号 δ 及其运算规则，使得整个演算过程简洁、优美。更为重要的是，这种方法包含着一种极大的变革，把自牛顿以来通过改变极值曲线上个别纵坐标以获取比较曲线的方法，转变为通过整条曲线的改变来获得比较曲线，由此创立了一般意义上的变分方法，使变分法的研究走上了一条与欧拉及其他前辈数学家不同的路线，将早期变分法的发展推进到一个新阶段。年轻的拉格朗日将自己的研究方法寄给前辈数学家欧拉，很快便收到了欧拉的回信。在给拉格朗日的回信中，欧拉高度赞扬了拉格朗日的方法。随后欧拉放弃了自己原来的方法，转而运用拉格朗日的演算方法，并在 1764 年的两篇论文中，将这门数学分支正式命名为变分法（calculus of variations），从此拉格朗日的变分演算成了古典变分法的标准算法。

图 1-9　数学家约瑟夫·拉格朗日

经过欧拉、拉格朗日、哈密尔顿等众多数学家的不懈努力，变分理论与方法作为一个重要的数学分支逐渐走向成熟，并为 20 世纪最优控制理论在航空航天等领域的广泛应用奠定了坚实的数学基础。

1.4.3　成熟：极大值原理与动态规划法

在 20 世纪冷战时期，美国、苏联等国大力发展航空航天技术。从 20 世纪 50 年代中期起，迅速兴起的空间技术的发展迫切要求建立新的控制理论，以解决诸如把火箭、人造卫星等用最少燃料或最短时间准确地发射到预定轨道一类的控制问题。这类控制问题十分复杂，采用古典控制论难以解决。到 20 世纪 60 年代初，一套以状态空间方法为基础，用以分析和设计控制系统的新原理和方法已经确立，这标志着现代最优控制理论的形成。最优控制理论有下述两个里程碑。

1. 庞特里亚金的最大值原理

1958 年，著名数学家列夫·庞特里亚金（见图 1-10）提出了被称为最大值原理（或极小值原理）的解决最优控制问题的新方法。庞特里亚金的最大值原理给出了初始状态、目标状态、控制变量等受限时，使控制系统的性能指标达到最小的控制和轨线的必要条件和综合方法。其奠基性著作《最优过程的数学理论》（俄文版）于 1961 年出版。庞特里亚金的最大值原理刺激了现代变分法和微分对策的发展，尤其是促使了倒向及正倒向随机微分方程等理论的产生。

2. 贝尔曼的动态规划法

1954 年，理查德·贝尔曼（见图 1-11）创立了动态规划法，并在 1956 年将它应用于控制过程。贝尔曼的动态规划法把多阶段决策过程的优化问题转化为一系列单阶段问题，然后利用各阶段之间的关系，逐个求解。其基本思想非常简单，即在一定条件下，整体最优则局部最优。1957 年，贝尔曼出版了专著《动态规划法》。动态规划法在相当长一段时间内在数学上并不严格，但在实际问题中应用很成功。

图 1-10 数学家列夫·庞特里亚金

图 1-11 数学家理查德·贝尔曼

60 多年来，最优控制理论不仅有了许多成功的应用，而且已经越出了自动控制的传统界限，它在系统工程、经济管理与决策，特别是空间技术等众多领域都有广泛的应用，收到了非常显著的效果。正是上述原因,人们对最优控制的研究日趋深入，如今最优控制理论已成为学术界非常活跃的一门学科。它正处于数学、工程学和计算机科学交叉发展的前沿。

1.5 最优控制数值优化方法

上述最优控制问题约束条件复杂,往往只能通过数值方法进行优化求解。常见的数值求解方法主要包括间接法和直接法,如图 1-12 所示。

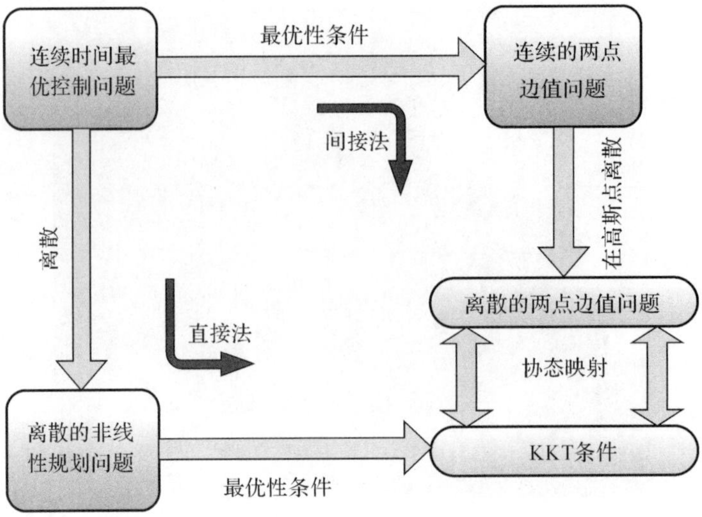

图 1-12　最优控制问题的两种数值求解方法

注：KKT 即 Karush - Kuhn - Tucker。

1.5.1　间接法

间接法的基本原理是：采用变分法或者极大值原理推导出最优控制问题的一阶必要性条件，进而将弹道优化问题转化成两点或者多点边值问题，最后采用非线性代数方程的数值方法求解。

间接法的优点是计算精度高，并且能够满足最优必要性条件。然而间接法存在几个明显的缺点：

(1)协态没有实际的物理意义，初值难以猜测。

(2)收敛半径小，最优解对协态初值的敏感度高。

(3)需要必要条件的解析表达式，对实际的弹道优化问题，动力学方程、路径约束、边界约束的表达式复杂，往往无法求得导数的解析表达式。

1.5.2　直接法

直接法的基本原理是：采用参数化方法将连续的最优控制问题转化成非线性规划(Nonlinear Programming，NLP)问题，通过数值方法求解 NLP 问题来获得最优轨迹。直接法根据离散变量的不同，可以分成 3 种方法：仅离散状态变量的方法(微分包含法)，仅离散控制变量的方法(直接打靶法和多重打靶法)，同时离散状态变量和控制变量的方法(配点法和伪谱法)。

直接法具有以下优点：

(1)不需要推导一阶最优性条件。

(2)其收敛域相对于间接法更宽广，对初值估计精度要求不高，不需要猜测协态初值，不需要切换结构的先验信息。

直接法的不足之处如下：

(1)许多直接法不提供主矢量信息，因此并不能保证获得的非线性规划解是原最优控制问题的解。

(2)仅离散控制变量的直接法容易收敛到局部最优解,即最优解依赖于控制变量参数初始猜测值。启发式优化算法具有全局寻优能力,但计算量极大。对于超声速巡航导弹,飞行弹道对控制参数高度敏感,使得基于非线性规划的弹道优化存在困难。

经过多年的发展,目前国内外发展了多种最优控制数值优化算法,主要方法如图1-13所示。

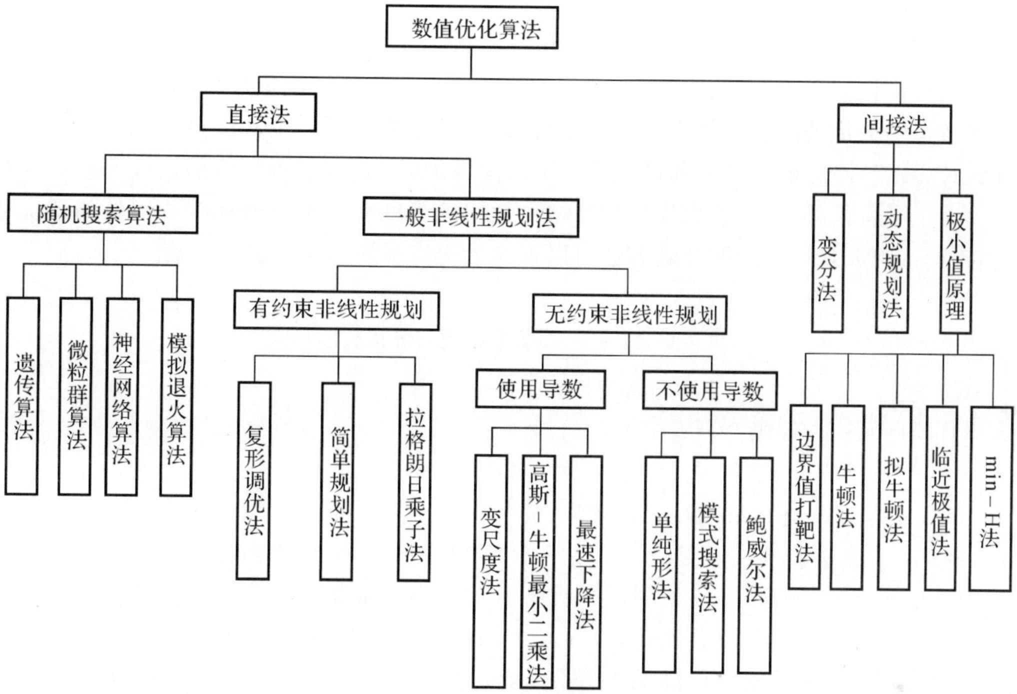

图1-13 主要最优控制数值优化算法

第 2 章 最优化问题与方法基础

所谓最优化问题，指在某些约束条件下，决定某些可选择的变量应该取何值，使所选定的目标函数达到最优的问题。最优化方法，是指求解最优化问题的方法。最优化一般可以分为最优设计、最优计划、最优管理和最优控制等四个方面，因此本书所介绍的最优控制属于最优化的一个子类。此外，大多数最优控制问题在数值求解过程中可以转换为一般性的最优化问题进行求解，因此最优化问题及其方法可以视为最优控制问题与方法的基础。

2.1 最优化问题

最优化问题的一般形式为

$$\min_{x \in S} f(\boldsymbol{x}) \tag{2.1}$$

式中，min 是英文"minimize"的缩写，意为"极小化"，S 称为可行域，$\boldsymbol{x} \in \mathbf{R}^n$ 是可行域中的可行点，又称为决策变量或最优化变量，$f(\boldsymbol{x}) \in \mathbf{R}^p$ 称为目标函数。问题式(2.1)的含义是在可行域 S 中寻找一点 $\boldsymbol{x}^*$ 使得 $f(\boldsymbol{x})$ 达到最小或极小，其中 $\boldsymbol{x}^*$ 称为最优解，该点的函数 $f(\boldsymbol{x}^*)$ 称为最优值。最优解分为局部最优解(local optimal solution)和全局最优解(global optimal solution)两种类别。由于求解全局最优解的难度要远远大于求解局部最优解，因此在很多实际工程中通常并不强求得到全局最优解，只要求能够得到其局部最优解即可。如在飞行器制导控制算法中，通常要求在有限的时间内完成最优化问题的解算，此时计算的快速性(即使是局部解)比解的全局最优性更为重要。当然，全局最优解是求解最优化问题的终极追求。如在空间轨迹优化领域所开展的国际深空轨道优化竞赛和全国空间轨道设计竞赛，就是以多任务、多目标空间探测轨道全局优化为问题背景，旨在突破近地及深空任务轨道全局优化的基础理论和关键难题。

如图 2-1 所示，最优化问题有多种不同的分类，按是否含有约束可以分为无约束最优化问题和约束最优化问题两大类。

(1)如果问题式(2.1)中不含有约束条件，即 $S = \mathbf{R}^n$，则该问题称为无约束最优化问题，即

$$\min f(\boldsymbol{x}) \tag{2.2}$$

如果目标函数是线性函数，则该问题称为线性最优化问题，或线性规划问题；如果目标函数是非线性函数，则该问题称为非线性最优化问题，或非线性规划问题。

在实际中，大部分最优化问题都是有约束的。但如果最优解处于可行域的内部(不在可行域的边界)，此时有约束的最优化问题可以作为无约束问题进行处理。

(2)如果问题式(2.1)中含有任一约束条件，则该问题称为约束最优化问题，约束条件可以表示为

$$c_i(\boldsymbol{x}) = 0, \quad i = 1,2,\cdots,m_1 \tag{2.3}$$

$$c_i(\boldsymbol{x}) \geqslant 0, \quad i = m_1, m_2, \cdots, m \tag{2.4}$$

式中，$c_i(\boldsymbol{x})(i=1,2,\cdots,m)$ 称为约束函数，$c_i(\boldsymbol{x})=0(i=1,2,\cdots,m_1)$ 和 $c_i(x)\geqslant 0(i=m_1, m_2,\cdots,m)$ 分别称为等式约束和不等式约束。如果问题中只包含等式约束，则该问题称为等式约束最优化问题；如果问题中只包含不等式约束，则该问题称为不等式约束最优化问题；如果问题中同时包含等式约束和不等式约束，则该问题称为混合约束最优化问题。

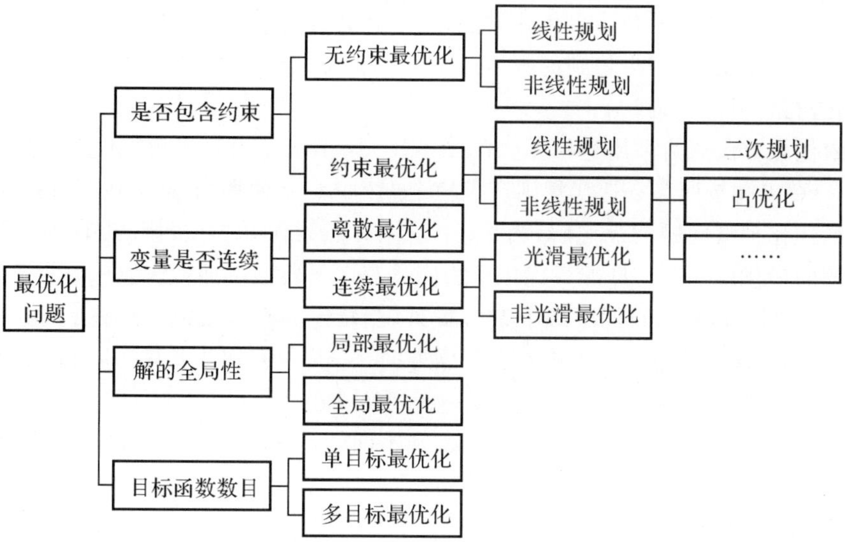

图 2-1　最优化问题分类

如果目标函数和约束函数都是线性函数，则该问题称为线性最优化问题，或线性规划问题；如果目标函数和约束函数中至少有一个是非线性函数，则该问题称为非线性最优化问题，或非线性规划问题。非线性规划问题的子类很多，其中最为典型的为二次规划问题(或二次规划优化问题)和凸规划问题(或凸优化问题)。

无约束最优化问题和约束最优化问题是最优化问题的一般形式，其他形式的最优化问题均可变换为上述形式。

除上述分类外，根据决策变量的取值是否连续，最优化问题可分为离散最优化问题和连续最优化问题两类。

(1)如果问题式(2.1)中可行域 S 是 $\mathbf{R}^n$ 中的离散点集，则该问题称为离散最优化问题。离散问题是一大类问题，包含了许多著名的最优化问题，如旅行商问题、背包问题等。

(2)如果问题式(2.1)中目标函数是连续函数，其可行域 S 为连续集合或由连续的约束函数确定，则该问题称为连续最优化问题。根据目标函数是否光滑，连续最优化问题又可分为光滑最优化问题和非光滑最优化问题两类。

根据是否求解全局最优解，最优化问题可以分为局部最优化问题和全局最优化问题两类。根据目标函数的数目，最优化问题又可分为单目标最优化问题和多目标最优化问题两类。

2.2 最优化方法及其结构

一般来说,求解实际最优化问题的主要过程可以分为以下几个步骤:

(1)第一步,建模,即将所要解决的实际问题抽象为问题式(2.1)的数学模型的过程。

(2)第二步,求解,即根据所建问题的特点,选取最优化方法,寻找问题的最优解的过程。最优解可以分为解析解和数值解两类,但对于飞行力学专业绝大多数问题来说,基本无法求出其解析解,因此一般依赖于数值最优化方法,求得其数值最优解或数值近似最优解。

(3)第三步,检验,即如果得到的数值解不太符合实际情况或需求,就需要调整问题、修改模型、重新进行计算的过程。

数值最优化方法通常采用迭代算法(iterative algorithm)进行求解,其基本思想是:给定一个初始点 $\boldsymbol{x}_0 \in \mathbf{R}^n$,按照某一迭代规则产生一个点列 $\{\boldsymbol{x}_k\}$,使得当$\{\boldsymbol{x}_k\}$ 是有穷点列时,其最后一个点是最优化模型问题的最优解;当 $\{\boldsymbol{x}_k\}$ 是无穷点列时,它有极限点,且其极限点是最优化模型问题的最优解。一个好的最优化算法应具有以下典型特征:迭代点 $\boldsymbol{x}_k$ 能稳定地接近局部极小点 $\boldsymbol{x}^*$ 的领域,然后迅速收敛于 $\boldsymbol{x}^*$。此外,当给定的某种收敛准则满足时迭代即终止。

设 $\boldsymbol{x}_k$ 为第 k 次迭代点,$\boldsymbol{d}_k$ 为第 k 次搜索方向,α_k 为第 k 次步长因子,则第 k 次迭代为

$$\boldsymbol{x}_{k+1} = \boldsymbol{x}_k + \alpha_k \boldsymbol{d}_k \tag{2.5}$$

从式(2.5)可以看出,选取不同的步长因子 α_k 和不同的搜索方向 $\boldsymbol{d}_k$ 就构成了不同的数值最优化方法,其基本结构为:

算法 2-1(基本迭代步骤)

步骤 1:给定初始点。

步骤 2:确定搜索方向 $\boldsymbol{d}_k$,即依照一定规则,构造 f 在 $\boldsymbol{x}_k$ 点处的下降方向作为搜索方向。

步骤 3:确定步长因子 α_k,使目标函数值有某种意义的下降。

步骤 4: 令 $\boldsymbol{x}_{k+1} = \boldsymbol{x}_k + \alpha_k \boldsymbol{d}_k$,若 $\boldsymbol{x}_{k+1}$ 满足某种终止条件,则停止迭代,得到近似最优解 $\boldsymbol{x}_{k+1}$,否则转步骤 2。

在飞行力学专业中所面临的最优化问题主要具有维数高、规模大、问题复杂、非线性强等特点,因此要求我们在选取、构造最优化方法的时候,重点考虑以下两个需求:

(1)有效性需求。由于飞行器机载计算机有限计算能力和有限存储能力的限制,要求最优化方法尽可能采用尽量少的计算耗时和尽量少的存储空间来完成优化求解。

(2)精确性需求。由于最优化问题本身的属性和构造过程的处理、计算机的舍入误差等都会对计算解的精确性产生影响,因此需要对问题进行敏感度分析,建立数值稳定的最优化算法。

收敛性与收敛速度是衡量最优化方法有效性的重要方面。设最优化算法产生的迭代点列 $\{\boldsymbol{x}_k\}$ 在某种范数意义下满足

$$\lim_{k\to\infty} \| \boldsymbol{x}_k - \boldsymbol{x}^* \| = 0 \tag{2.6}$$

则称这种算法是收敛的。进一步,若存在实数 $\alpha > 0$ 及一个与迭代次数 k 无关的常数 $q > 0$,使得

$$\lim_{k\to\infty} \frac{\| \boldsymbol{x}_{k+1} - \boldsymbol{x}^* \|}{\| \boldsymbol{x}_k - \boldsymbol{x}^* \|^{\alpha}} = q \tag{2.7}$$

则称算法产生的迭代点列 $\{\boldsymbol{x}_k\}$ 具有 $q-\alpha$ 阶收敛速度。特别地：

(1)当 $\alpha=1, q>0$ 时，迭代点列 $\{\boldsymbol{x}_k\}$ 叫作具有 q-线性收敛速度。

(2)当 $1<\alpha<2, q\geqslant 0$ 时，迭代点列 $\{\boldsymbol{x}_k\}$ 叫作具有 q-超线性收敛速度。

(3)当 $\alpha=2$ 时，迭代点列 $\{\boldsymbol{x}_k\}$ 叫作具有 q-二阶收敛速度。

运用迭代算法时，满足式(2.6)条件的迭代计算是一个取极限的过程，可能需要无限次的迭代。因此，为解决实际问题，需要规定一些实用的终止迭代过程的准则，一般称为收敛准则，以便迭代进展到一定程度停止计算。

常用的收敛准则有以下几种：

(1) 当自变量的改变量充分小，即

$$\|\boldsymbol{x}_{k+1}-\boldsymbol{x}_k\|<\varepsilon \tag{2.8}$$

或

$$\frac{\|\boldsymbol{x}_{k+1}-\boldsymbol{x}_k\|}{\|\boldsymbol{x}_k\|}<\varepsilon \tag{2.9}$$

时，停止计算。

(2) 当函数值的下降量充分小，即

$$f(\boldsymbol{x}_k)-f(\boldsymbol{x}_{k+1})<\varepsilon \tag{2.10}$$

或

$$\frac{f(\boldsymbol{x}_k)-f(\boldsymbol{x}_{k+1})}{\|f(\boldsymbol{x}_k)\|}<\varepsilon \tag{2.11}$$

时，停止计算。

(3) 在无约束最优化中，当梯度充分接近于零，即

$$\|\nabla f(\boldsymbol{x}_{\mathrm{k}})\|<\varepsilon \tag{2.12}$$

时，停止计算。

在以上各式中，ε 为事先给定的充分小的正数。除此以外，还可以根据收敛定理，参考上述收敛准则，规定出其他的收敛准则。

2.3　无约束最优化方法

假定无约束最优化问题式(2.2)的目标函数 $f(\boldsymbol{x})\in\mathbf{R}$ 的一阶导数存在，且当算法要求 $f(\boldsymbol{x})$ 的二阶导数时二阶导数存在，记为

$$\boldsymbol{g}(\boldsymbol{x})=\nabla f(\boldsymbol{x})=\begin{bmatrix}\dfrac{\partial f(\boldsymbol{x})}{\partial \boldsymbol{x}_1} & \dfrac{\partial f(\boldsymbol{x})}{\partial \boldsymbol{x}_2} & \cdots & \dfrac{\partial f(\boldsymbol{x})}{\partial \boldsymbol{x}_n}\end{bmatrix} \tag{2.13}$$

$$\boldsymbol{G}(\boldsymbol{x})=\nabla^2 f(\boldsymbol{x})=\begin{bmatrix}\dfrac{\partial^2 f(\boldsymbol{x})}{\partial \boldsymbol{x}_1{}^2} & \dfrac{\partial^2 f(\boldsymbol{x})}{\partial \boldsymbol{x}_1\partial \boldsymbol{x}_2} & \cdots & \dfrac{\partial^2 f(\boldsymbol{x})}{\partial \boldsymbol{x}_1\partial \boldsymbol{x}_n}\\ \dfrac{\partial^2 f(\boldsymbol{x})}{\partial \boldsymbol{x}_2\partial \boldsymbol{x}_1} & \dfrac{\partial^2 f(\boldsymbol{x})}{\partial \boldsymbol{x}_2{}^2} & \cdots & \dfrac{\partial^2 f(\boldsymbol{x})}{\partial \boldsymbol{x}_2\partial \boldsymbol{x}_n}\\ \vdots & \vdots & & \vdots\\ \dfrac{\partial^2 f(\boldsymbol{x})}{\partial \boldsymbol{x}_n\partial \boldsymbol{x}_1} & \dfrac{\partial^2 f(\boldsymbol{x})}{\partial \boldsymbol{x}_n\partial \boldsymbol{x}_2} & \cdots & \dfrac{\partial^2 f(\boldsymbol{x})}{\partial \boldsymbol{x}_n{}^2}\end{bmatrix} \tag{2.14}$$

式中，$\boldsymbol{g}(\boldsymbol{x})$ 和 $\boldsymbol{G}(\boldsymbol{x})$ 分别为 $f(\boldsymbol{x})$ 在点 $\boldsymbol{x}$ 处的梯度向量和 Hesse 矩阵。

2.3.1 最优性条件

下面的定理给出了 $\boldsymbol{x}^*$ 是无约束最优化问题式(2.2)的局部极小点的充分和必要条件：

定理 2.1(一阶必要条件) 设 $f(\boldsymbol{x})$ 一阶连续可微，$\boldsymbol{x}^*$ 为 $f(\boldsymbol{x})$ 的一个局部极小点，则

$$\boldsymbol{g}(\boldsymbol{x}^*)=\boldsymbol{0} \tag{2.15}$$

定理 2.2(二阶必要条件) 设 $f(\boldsymbol{x})$ 二阶连续可微，$\boldsymbol{x}^*$ 为 $f(\boldsymbol{x})$ 的一个局部极小点，则

$$\boldsymbol{g}(\boldsymbol{x}^*)=\boldsymbol{0},\quad \boldsymbol{G}(\boldsymbol{x}^*)\text{ 半正定} \tag{2.16}$$

定理 2.3(二阶充分条件) 设 $f(\boldsymbol{x})$ 二阶连续可微，则点 $\boldsymbol{x}^*$ 是 $f(\boldsymbol{x})$ 的一个严格局部极小点的充分条件是

$$\boldsymbol{g}(\boldsymbol{x}^*)=\boldsymbol{0},\quad \boldsymbol{G}(\boldsymbol{x}^*)\text{ 正定} \tag{2.17}$$

其中，局部极小点和严格局部极小点的定义为：

定义 2.1 如果存在 $\delta>0$，使得所有满足 $\boldsymbol{x}\in\mathbf{R}^n$ 和 $\|\boldsymbol{x}-\boldsymbol{x}^*\|<\delta$ 的 $\boldsymbol{x}$，$f(\boldsymbol{x})\geqslant f(\boldsymbol{x}^*)$，则称 $\boldsymbol{x}^*$ 为 f 的局部极小点。如果对所有满足 $\boldsymbol{x}\in\mathbf{R}^n$，$\boldsymbol{x}\neq\boldsymbol{x}^*$ 和 $\|\boldsymbol{x}-\boldsymbol{x}^*\|<\delta$ 的 $\boldsymbol{x}$，$f(\boldsymbol{x})>f(\boldsymbol{x}^*)$，则称 $\boldsymbol{x}^*$ 为 f 的严格局部极小点。

在二阶充分条件中，除要求满足 $\boldsymbol{g}(\boldsymbol{x}^*)=\boldsymbol{0}$ 外还要求 $\boldsymbol{G}(\boldsymbol{x}^*)$ 正定，即 Hesse 矩阵 $\boldsymbol{G}(\boldsymbol{x}^*)$ 的所有特征值为正。在满足 $\boldsymbol{g}(\boldsymbol{x}^*)=\boldsymbol{0}$ 的基础上，如果 Hesse 矩阵 $\boldsymbol{G}(\boldsymbol{x}^*)$ 负定，即所有特征根为负值，则点 $\boldsymbol{x}^*$ 为局部极大点；如果 Hesse 矩阵 $\boldsymbol{G}(\boldsymbol{x}^*)$ 至少有一个特征值为 0，则 $\boldsymbol{x}^*$ 称为奇异点；如果 Hesse 矩阵 $\boldsymbol{G}(\boldsymbol{x}^*)$ 同时存在正特征值和负特征值，则 $\boldsymbol{x}^*$ 称为鞍点(saddle-point)。图 2-2 为二次型目标函数 $f(x,y)=x^2+y^2$ 鞍点示意图。由图可以发现，鞍点处在一个方向是极大值，在另一个方向是极小值，其曲面形状类似马鞍，故称之为鞍点。需要强调的是，如果通过其一阶和二阶条件判断驻点为奇异点，那么并不代表其必然不为极值点，需要计算其泰勒级数的高阶项方能确定。

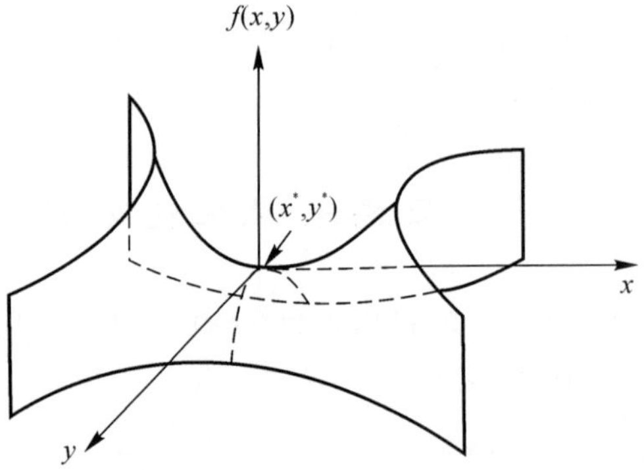

图 2-2 二次型目标函数 $f(x,y)=x^2+y^2$ 鞍点示意图

例 2.1 考虑无约束最优化问题：

$$f(\boldsymbol{x})=\boldsymbol{c}+\boldsymbol{b}^{\mathrm{T}}\boldsymbol{x}+\frac{1}{2}\boldsymbol{x}^{\mathrm{T}}\boldsymbol{B}\boldsymbol{x} \tag{2.18}$$

式中，$\boldsymbol{c}=\boldsymbol{0}$，$\boldsymbol{b}=[0\quad 1]^{\mathrm{T}}$，$\boldsymbol{B}=\begin{bmatrix}1&1\\1&2\end{bmatrix}$。在点 $\boldsymbol{x}=[1\quad -1]^{\mathrm{T}}$ 处，$\boldsymbol{g}(\boldsymbol{x})=\boldsymbol{0}$，其 Hesse 矩阵 $\boldsymbol{G}(\boldsymbol{x})=\boldsymbol{B}$ 正定，则该点为局部极小点。

例 2.2　利用极值条件求解下列问题：

$$\min f(\boldsymbol{x}) = \frac{1}{3}x_1^{\ 3} + \frac{1}{3}x_2^{\ 3} - x_1 - x_2^{\ 2} \tag{2.19}$$

解：根据 $f(\boldsymbol{x})$ 定义，有

$$\frac{\partial f}{\partial x_1} = x_1^{\ 2} - 1, \quad \frac{\partial f}{\partial x_2} = x_2^{\ 2} - 2x_2 \tag{2.20}$$

令 $\nabla f(\boldsymbol{x}) = \boldsymbol{0}$，可得

$$x_1^{\ 2} - 1 = 0, \quad x_2^{\ 2} - 2x_2 = 0 \tag{2.21}$$

解上述方程组，可以得到 4 个解：$[1\quad 0]^{\mathrm{T}}$，$[1\quad 2]^{\mathrm{T}}$，$[-1\quad 0]^{\mathrm{T}}$，$[-1\quad 2]^{\mathrm{T}}$。此时需要求解 Hesse 矩阵以确定极小值。Hesse 矩阵表达式为

$$\nabla^2 f(\boldsymbol{x}) = \begin{bmatrix} 2x_1 & 0 \\ 0 & 2x_2 - 2 \end{bmatrix} \tag{2.22}$$

由此可以得到 4 个驻点的 Hesse 矩阵值：

$$\begin{bmatrix} 2 & 0 \\ 0 & -2 \end{bmatrix}, \begin{bmatrix} 2 & 0 \\ 0 & 2 \end{bmatrix}, \begin{bmatrix} -2 & 0 \\ 0 & -2 \end{bmatrix}, \begin{bmatrix} -2 & 0 \\ 0 & 2 \end{bmatrix}$$

根据矩阵正定定义，可知 $[1\quad 2]^{\mathrm{T}}$ 是函数最小值解。

此外，也可采用 Matlab 平台中的 fminunc 函数进行数值求解。fminunc 函数有多种调用方式，其最简单调用方式为

```
x = fminunc(fun,x0)
```

x = fminunc(fun,x0)从初始猜想 x0 开始，尝试寻找 fun 中描述的函数的局部最小值 x。其中，点 x0 可以是标量、矢量或矩阵。

采用 fminunc 函数对上例进行数值求解：

```
function main
  x0=[0 0 ];                %初始猜想
  x = fminunc(@objfun,x0)
end
function f = objfun(x)
  f = 1/3 * x(1)^3 + 1/3 * x(2)^3 - x(1)-x(2)^2;
end
```

例 2.3　利用极值条件求解下列问题：

$$\min f(\boldsymbol{x}) = x_1^{\ 2} + x_2^{\ 3} \tag{2.23}$$

解：令 $\nabla f(\boldsymbol{x}) = \boldsymbol{0}$，可以得到

$$\nabla f(\boldsymbol{x}) = \begin{bmatrix} 2x_1 \\ 3x_2^{\ 2} \end{bmatrix} = \boldsymbol{0} \tag{2.24}$$

解上述方程组，可以得到 $\boldsymbol{x}^* = [0\quad 0]^{\mathrm{T}}$。其 Hesse 矩阵为

$$\nabla^2 f(\boldsymbol{x}^*) = \begin{bmatrix} 2 & 0 \\ 0 & 6x_2 \end{bmatrix} = \begin{bmatrix} 2 & 0 \\ 0 & 0 \end{bmatrix} \tag{2.25}$$

此时，$\boldsymbol{x}^*$ 是奇异点，需进一步研究其泰勒级数高阶项。

$f(\boldsymbol{x})$ 在 $\boldsymbol{x}^*$ 点展开的泰勒级数为

$$f(\boldsymbol{x}) - f(\boldsymbol{x}^*) = \delta x_1^{\ 2} + \delta x_2^{\ 3} \tag{2.26}$$

显然，当 $\delta x_2<0$ 时，$f(\boldsymbol{x})<f(\boldsymbol{x}^*)$，因此可以判定 $\boldsymbol{x}^*$ 非极小值。

在 Matlab 平台中通过以下语句画出其三维曲面(见图 2-3)：

```
x = linspace(-1,1);
y = linspace(-1,1);
[X,Y] = meshgrid(x,y);
Z = X.^2+Y.^3;
figure
surf(X,Y,Z);
xlabel('x_1');
ylabel('x_2');
zlabel('f(x)');
```

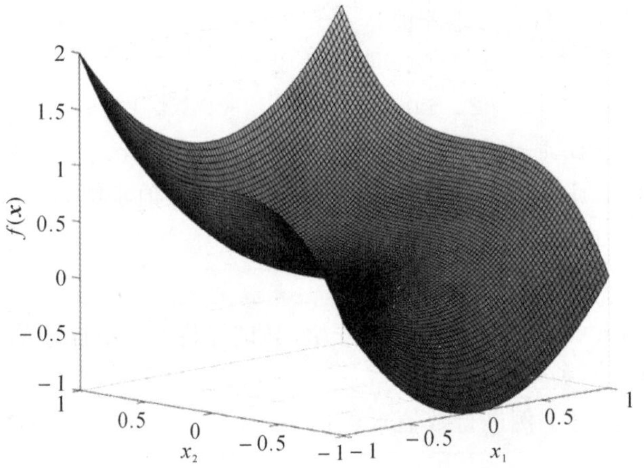

图 2-3　$f(\boldsymbol{x})=x_1^2+x_2^3$ 三维曲面图

如采用 fminunc 函数进行数值求解：

```
function main
    x0=[1 1];                  %初始猜想
    x = fminunc(@objfun,x0)
end
function f = objfun(x)
    f = x(1)^2+x(2)^3;
end
```

仿真结果将显示无法求解，其输出提示信息如下：

```
Problem appears unbounded.

fminunc stopped because the objective function value is less than
or equal to the default value of the objective function limit.

<stopping criteria details>
```

例 2.4　利用极值条件求解下列问题：

$$\min f(\boldsymbol{x}) = 1 - 2x_1 + x_1^2 + x_1^4 - 4x_1^3x_2 + 6x_1^2x_2^2 - 4x_1x_2^3 + x_2^4 \tag{2.27}$$

解：令 $\nabla f(\boldsymbol{x}) = \boldsymbol{0}$，可得

$$\nabla f(\boldsymbol{x}) = \begin{bmatrix} -2 + 2x_1 + 4x_1^3 - 12x_1^2x_2 + 12x_1x_2^2 - 4x_2^3 \\ -4x_1^3 + 12x_1^2x_2 - 12x_1x_2^2 + 4x_2^3 \end{bmatrix} = \boldsymbol{0} \tag{2.28}$$

解上述方程组，可以得到 $\boldsymbol{x}^* = [1 \quad 1]$。此时需要求解 Hesse 矩阵，可得

$$\nabla^2 f(\boldsymbol{x}^*) = \begin{bmatrix} 2 + 12x_1^2 - 24x_1x_2 + 12x_2^2 & -12x_1^2 + 24x_1x_2 - 12x_2^2 \\ -12x_1^2 + 24x_1x_2 - 12x_2^2 & 12x_1^2 - 24x_1x_2 + 12x_2^2 \end{bmatrix} = \begin{bmatrix} 2 & 0 \\ 0 & 0 \end{bmatrix} \tag{2.29}$$

此时，$\boldsymbol{x}^*$ 是奇异点，需进一步研究其泰勒级数高阶项。

$f(\boldsymbol{x})$ 在 $\boldsymbol{x}^*$ 点展开的泰勒级数为

$$f(\boldsymbol{x}) - f(\boldsymbol{x}^*) = \delta x_1^2 + (\delta x_1 - \delta x_2)^4 \tag{2.30}$$

显然，对于任意 $\delta x_1, \delta x_2$，都有 $f(\boldsymbol{x}) \geqslant f(\boldsymbol{x}^*)$，因此可以判定 $\boldsymbol{x}^*$ 为极小值。

上述泰勒级数求解过程比较烦琐，可使用 Matlab 平台的符号计算功能实现，代码如下：

```
syms x1 x2;
taylor(1-2*x1+x1^2+x1^4-4*x1^3*x2+6*x1^2*x2^2-4*x1*x2^3+x2^4,[x1,x2],'ExpansionPoint',[1 1],'Order',6);
```

同样，通过画出其三维曲面（见图 2-4），也可看出该驻点为极小值点。

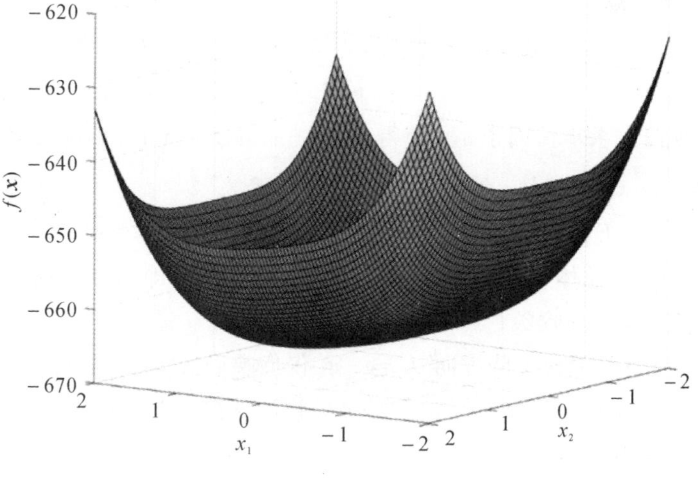

图 2-4　$f(\boldsymbol{x}) = 1 - 2x_1 + x_1^2 + x_1^4 - 4x_1^3x_2 + 6x_1^2x_2^2 - 4x_1x_2^3 + x_2^4$ 三维曲面图

2.3.2　最速下降法

最速下降法是求解无约束最优化问题的最简单的算法，是由著名数学家 Cauchy 在 1874 年提出来的。该方法以目标函数的负梯度方向作为下降方向，因此又称为梯度法。作为一种基本的算法，其在最优化方法中占有重要地位。

设无约束问题中的目标函数 $f(\boldsymbol{x})$ 一阶连续可微，且 $\boldsymbol{g}_k = \nabla f(\boldsymbol{x}_k) \neq \boldsymbol{0}$。由泰勒展开式

$$f(\boldsymbol{x}) = f(\boldsymbol{x}_k) + (\boldsymbol{x} - \boldsymbol{x}_k)^{\mathrm{T}} \nabla f(\boldsymbol{x}_k) + o(\| \boldsymbol{x} - \boldsymbol{x}_k \|) \tag{2.31}$$

可知，若记 $\boldsymbol{x} - \boldsymbol{x}_k = \alpha \boldsymbol{d}_k$，则满足 $\boldsymbol{d}_k^{\mathrm{T}} \boldsymbol{g}_k < \boldsymbol{0}$ 的方向是下降方向。α 取定后，$\boldsymbol{d}_k^{\mathrm{T}} \boldsymbol{g}_k$ 的值越小，即 $-\boldsymbol{d}_k^{\mathrm{T}} \boldsymbol{g}_k$ 的值越大，则函数下降得越快。当 $\boldsymbol{d}_k = -\boldsymbol{g}_k$ 时，$\boldsymbol{d}_k^{\mathrm{T}} \boldsymbol{g}_k$ 最小，从而称 $-\boldsymbol{g}_k$ 为最速下降方向。图 2-5 为最速下降法搜索迭代示意图。

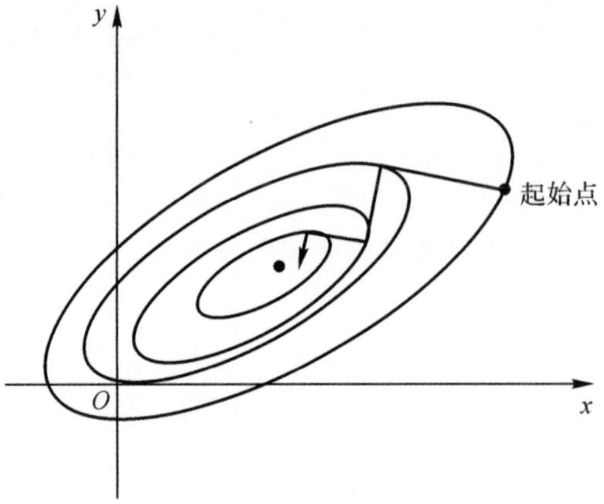

图 2-5　最速下降法搜索迭代示意图

最速下降法的迭代格式为

$$\boldsymbol{x}_{k+1} = \boldsymbol{x}_k - \alpha_k \boldsymbol{g}_k \tag{2.32}$$

其计算步骤如下：

算法 2-2(最速下降法)

步骤 1：选取初始点 $\boldsymbol{x}_0 \in \mathbf{R}^n$，给定终止误差 $0 \leqslant \varepsilon \leqslant 1$，令 $k = 0$。

步骤 2：计算 $\boldsymbol{d}_k = -\boldsymbol{g}_k$，若 $\| \boldsymbol{g}_k \| \leqslant \varepsilon$，停止迭代并输出 $\boldsymbol{x}_k$，否则转步骤 3。

步骤 3：由一维搜索求步长因子 α_k，使得 $f(\boldsymbol{x}_k + \alpha_k \boldsymbol{d}_k) = \min\limits_{\alpha > 0} f(\boldsymbol{x}_k + \alpha \boldsymbol{d}_k)$。

步骤 4：令 $\boldsymbol{x}_{k+1} = \boldsymbol{x}_k + \alpha_k \boldsymbol{d}_k$，令 $k = k + 1$，转步骤 2。

最速下降法具有以下特点：

(1)最速下降法具有总体收敛性，对初始点的选取不敏感，即从任意初始点 $\boldsymbol{x}_0 \in \mathbf{R}^n$ 开始迭代，所产生的点列 $\{\boldsymbol{x}_k\}$ 均收敛。

(2)在最速下降法中，最速下降方向 $\boldsymbol{d}_k = -\boldsymbol{g}_k$ 仅反映函数 $f(\boldsymbol{x})$ 在点 $\boldsymbol{x}_k$ 的局部性质，对局部来说下降最快，但对整体来说却不一定是下降最快的方向。对于很多问题，最速下降法并非“最速”，甚至有可能下降非常缓慢。

(3)由最优步长 α_k 的意义可知 $\boldsymbol{d}_k^{\mathrm{T}} \boldsymbol{g}_k = \boldsymbol{0}$，故在前后两次迭代中，搜索方向是相互正交的。这就意味着最速下降法逼近极小点的路线是锯齿形的，并且越靠近极小点步长越小，特别是当目标函数的等值线为比较扁平的椭圆时，收敛就更慢了。根据 2.2 节定义可以得到，最速下降法是线性收敛的。因此，虽然最速下降法有很好的整体收敛性，但是收敛速度的问题影响了其实际应用效果，故我们在解决实际问题时，一般将最速下降法和其他的算法相结合，例如最初几步迭代用最速下降法，之后采用其他的迭代算法。

图 2-6 为最速下降法迭代搜索过程收敛速度示意图。

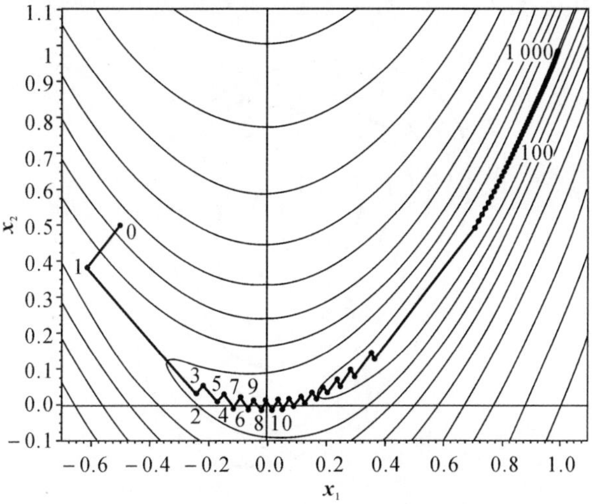

图 2-6　最速下降法迭代搜索过程收敛速度示意图

2.3.3　牛顿法

牛顿法的基本思想是利用目标函数的二次泰勒展开，并将其极小化。设无约束问题中的目标函数 $f(\boldsymbol{x})$ 二阶连续可微，且在 $\boldsymbol{x}_k$ 点处 Hesse 矩阵 $\boldsymbol{G}_k = \nabla^2 \boldsymbol{f}(\boldsymbol{x}_k)$ 正定。由泰勒展开式：

$$f(\boldsymbol{x}) = f(\boldsymbol{x}_k) + (\boldsymbol{x} - \boldsymbol{x}_k)^{\mathrm{T}} \nabla f(\boldsymbol{x}_k) + (\boldsymbol{x} - \boldsymbol{x}_k)^{\mathrm{T}} \nabla^2 f(\boldsymbol{x}_k)(\boldsymbol{x} - \boldsymbol{x}_k) + o(\| \boldsymbol{x} - \boldsymbol{x}_k \|) \tag{2.33}$$

将式(2.33)右边项极小化，可得

$$\boldsymbol{x}_{k+1} = \boldsymbol{x}_k - \boldsymbol{G}_k^{-1} \boldsymbol{g}_k \tag{2.34}$$

式(2.34)即著名的牛顿迭代公式。

当目标函数 $f(\boldsymbol{x})$ 是二次函数时，$f(\boldsymbol{x})$ 的二阶泰勒展开式就是它本身，因此采用牛顿法一步即可得到最优解。对于非二次函数，牛顿法具有二阶收敛速度。

定理 2.4(牛顿法收敛定理)　设 $f(\boldsymbol{x})$ 二阶连续可微，$\boldsymbol{x}^*$ 为 $f(\boldsymbol{x})$ 的一个局部极小点，$\nabla^2 f(\boldsymbol{x}^*)$ 正定，且 Hesse 矩阵 $\boldsymbol{G}(\boldsymbol{x})$ 满足 Lipschitz 条件，即存在 $a > 0$，使得对于所有的 $1 \leqslant i, j \leqslant n$，有

$$\| G_{ij}(\boldsymbol{x}) - G_{ij}(\boldsymbol{y}) \| \leqslant a \| \boldsymbol{x} - \boldsymbol{y} \| \tag{2.35}$$

式中，$G_{ij}(\boldsymbol{x})$ 是 Hesse 矩阵 $\boldsymbol{G}(\boldsymbol{x})$ 的 (i,j) 元素，则对于一切 k，牛顿迭代式(2.34)有定义，所得序列 $\{\boldsymbol{x}_k\}$ 收敛到 $\boldsymbol{x}^*$，并且具有二阶收敛速度。图 2-7 为牛顿迭代搜索过程示意图。

需要注意的是，当初始点 $\boldsymbol{x}_0$ 远离最优点时，迭代计算过程中 $\boldsymbol{G}_k$ 不一定正定，牛顿迭代方向不一定是下降方向，其收敛性无法保证，即牛顿法只具有局部收敛性。为克服上述缺陷，有学者提出了多种改进方法，其中最为典型的是带步长因子的牛顿法，其迭代公式为

$$\boldsymbol{x}_{k+1} = \boldsymbol{x}_k - \alpha_k \boldsymbol{G}_k^{-1} \boldsymbol{g}_k \tag{2.36}$$

式中，α_k 是一维搜索产生的步长因子。带步长因子的牛顿法具有总体收敛性，其计算步骤如下：

算法 2-3(带步长因子的牛顿法)

步骤 1：选取初始点 $\boldsymbol{x}_0 \in \mathbf{R}^n$，给定终止误差 $\varepsilon > 0$，令 $k = 0$。

步骤 2:计算 $\boldsymbol{g}_k$，若 $\|\boldsymbol{g}_k\| < \varepsilon$，则停止迭代并输出 $\boldsymbol{x}_k$，否则转步骤 3。

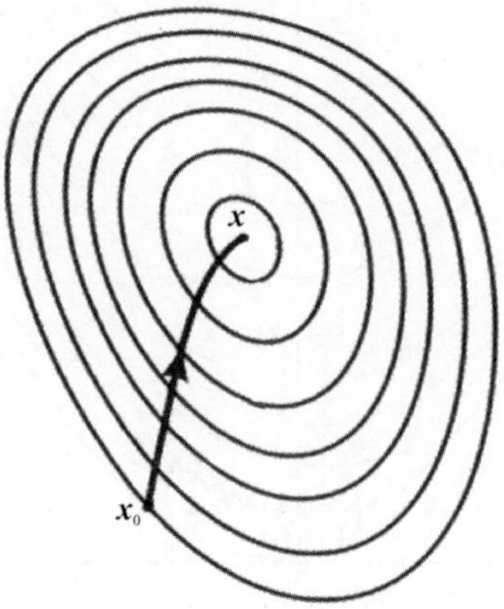

图 2-7　牛顿法迭代搜索过程示意图

步骤 3:解方程组构造牛顿迭代方向，即解 $\boldsymbol{G}_k \boldsymbol{d}_k = -\boldsymbol{g}_k$，求出 $\boldsymbol{d}_k$。

步骤 4:由一维搜索求步长因子 α_k，使得

$$f(\boldsymbol{x}_k + \alpha_k \boldsymbol{d}_k) = \min_{\alpha \geqslant 0} f(\boldsymbol{x}_k + \alpha \boldsymbol{d}_k) \tag{2.37}$$

步骤 5:令 $\boldsymbol{x}_{k+1} = \boldsymbol{x}_k + \alpha_k \boldsymbol{d}_k, k = k+1$，转步骤 2。

例 2.5　利用拟牛顿法求解下列问题:

$$\min f(\boldsymbol{x}) = x_1{}^2 + 25x_2{}^2 \tag{2.38}$$

解:函数 $f(\boldsymbol{x}) = x_1^2 + 25x_2^2$ 的梯度和 Hessian 矩阵分别为

$$\nabla f(\boldsymbol{x}) = \begin{bmatrix} 2x_1 \\ 50x_2 \end{bmatrix}, \nabla^2 f(\boldsymbol{x}) = \begin{bmatrix} 2 & 0 \\ 0 & 50 \end{bmatrix} \tag{2.39}$$

取初始点 $\boldsymbol{x}_0 = [2 \quad 2]^{\mathrm{T}}$，则可得

$$\nabla f(\boldsymbol{x}_0) = \begin{bmatrix} 4 \\ 100 \end{bmatrix}, \nabla^2 f(\boldsymbol{x}_0) = \begin{bmatrix} 2 & 0 \\ 0 & 50 \end{bmatrix} \tag{2.40}$$

$$\boldsymbol{x}_1 = \boldsymbol{x}_0 - [\nabla^2 f(\boldsymbol{x}_0)]^{-1} \nabla f(\boldsymbol{x}_0) = \begin{bmatrix} 2 \\ 2 \end{bmatrix} - \begin{bmatrix} \frac{1}{2} & 0 \\ 0 & \frac{1}{50} \end{bmatrix} \begin{bmatrix} 1 \\ 100 \end{bmatrix} = \begin{bmatrix} 0 \\ 0 \end{bmatrix} \tag{2.41}$$

此时，$\nabla f(\boldsymbol{x}_1) = \boldsymbol{0}$，故迭代结束，一次收敛到最优解 $\boldsymbol{x}^* = [0 \quad 0]^{\mathrm{T}}$。

2.3.4　共轭方向法和共轭梯度法

牛顿法可以很快地收敛于极值点 $\boldsymbol{x}^*$，但计算逆矩阵 $\boldsymbol{G}^{-1}(\boldsymbol{x}_k)$ 很困难，梯度法虽然计算较简便，但收敛速度较慢，因此结合两种算法的优点发展了共轭方向法和共轭梯度法等方法。

由于非线性目标函数在极小点附近可以用正定二次函数去逼近，因此二次函数的极小化的有效算法是构造一般非线性目标函数极小化算法的基础。为此，我们首先讨论正定二次函数 $f(\boldsymbol{x}) = \dfrac{1}{2} \boldsymbol{x}^{\mathrm{T}} \boldsymbol{A} \boldsymbol{x} + \boldsymbol{b}^{\mathrm{T}} \boldsymbol{x} + c$ 的共轭方向法。

定义 2.2　设 $\boldsymbol{A}$ 为 n 阶对称矩阵。$\boldsymbol{p}_i(i=1,2,\cdots,m;\ m<n)$ 为 m 维列向量组，若满足

$$(\boldsymbol{p}_i,\boldsymbol{p}_j)_{\boldsymbol{A}}=\boldsymbol{p}_i^{\mathrm{T}}\boldsymbol{A}\,\boldsymbol{p}_j=\boldsymbol{0},i\neq j \tag{2.42}$$

则称向量 $\boldsymbol{p}_i(i=1,2,\cdots,m;\ m<n)$ 为 $\boldsymbol{A}$-共轭向量系。

很显然，如果 $\boldsymbol{A}$ 为单位阵，即 $\boldsymbol{A}=\boldsymbol{I}$，则式(2.42)变为

$$\boldsymbol{p}_i^{\mathrm{T}}\,\boldsymbol{p}_j=\boldsymbol{0} \tag{2.43}$$

这就是通常意义下的正交的定义，可见共轭是正交的推广，可以称为 $\boldsymbol{A}$-共轭或者 $\boldsymbol{A}$-正交。

共轭具有以下性质：

(1)如果 $\boldsymbol{A}$ 为 n 阶对称正定阵，$\boldsymbol{p}_i\neq\boldsymbol{0}\ (i=0,1,\cdots,m;\ m<n)$ 为 $\boldsymbol{A}$-共轭向量系，则向量系 $\boldsymbol{p}_i(i=0,1,\cdots,m;\ m<n)$ 彼此线性独立。

(2) 如果 $\boldsymbol{A}$ 为 n 阶对称正定阵，$\boldsymbol{p}_i\neq\boldsymbol{0}\ (i=0,1,\cdots,n-1)$ 为 $\boldsymbol{A}$-共轭向量系，此时如有向量 $\boldsymbol{v}$ 与 $\boldsymbol{p}_i\neq\boldsymbol{0}\ (i=0,1,\cdots,n-1)$ 为 $\boldsymbol{A}$-共轭，则 $\boldsymbol{v}=\boldsymbol{0}$。其意义为，如果 $\boldsymbol{A}$ 为对称正定阵，则在 $\mathbf{R}^n$ 中至多有 n 个不同的 $\boldsymbol{A}$-共轭方向。

(3) 如果 $\boldsymbol{A}$ 为 n 阶对称正定阵，$\boldsymbol{p}_i\neq\boldsymbol{0}\ (i=0,1,\cdots,n-1)$ 为 $\boldsymbol{A}$-共轭向量系，则对于 $\forall\,\boldsymbol{v}\in\mathbf{R}^n$，有

$$\boldsymbol{v}=\sum_{i=0}^{n-1}\left(\frac{\boldsymbol{p}_i^{\mathrm{T}}\boldsymbol{A}\boldsymbol{v}}{\boldsymbol{p}_i^{\mathrm{T}}\boldsymbol{A}\,\boldsymbol{p}_i}\,\boldsymbol{p}_i\right) \tag{2.44}$$

(4) 如果 $\boldsymbol{A}$ 为 n 阶对称正定阵，$\boldsymbol{p}_i\neq 0\ (i=0,1,\cdots,m-1)$ 与 $\boldsymbol{A}$ 共轭，二次函数式 $f(\boldsymbol{x})=\dfrac{1}{2}\boldsymbol{x}^{\mathrm{T}}\boldsymbol{A}\boldsymbol{x}+\boldsymbol{b}^{\mathrm{T}}\boldsymbol{x}+\boldsymbol{c}$ 从 n 维欧氏空间中的任何初始点 $\boldsymbol{x}_0$ 开始，顺次沿着 $\boldsymbol{p}_i$ 方向作 m 次搜索得到 $\boldsymbol{x}_m$，则

1) $\boldsymbol{p}_i^{\mathrm{T}}\boldsymbol{g}(\boldsymbol{x}_m)=\boldsymbol{0}\quad(i=0,1,\cdots,m-1)$。

2)如果 $m=n$，则 $\boldsymbol{x}_n$ 就是 $f(\boldsymbol{x})$ 的极小值点，即对任意选取的初始点 $\boldsymbol{x}_0$，至多迭代 n 步就可以收敛到 $f(\boldsymbol{x})$ 的全局极小点 $\boldsymbol{x}^*$。

由任何一组线性无关向量 $\boldsymbol{v}_i(i=0,1,\cdots,n-1)$ 求取矩阵 $\boldsymbol{A}$ 的一组共轭向量 $\boldsymbol{p}_i(i=0,1,\cdots,n-1)$ 的算法为

$$\boldsymbol{p}_0=\boldsymbol{v}_0,\quad \boldsymbol{p}_i=\boldsymbol{v}_i-\sum_{j=0}^{i-1}\frac{\boldsymbol{p}_j^{\mathrm{T}}\boldsymbol{A}\,\boldsymbol{v}_i}{\boldsymbol{p}_j^{\mathrm{T}}\boldsymbol{A}\,\boldsymbol{p}_j}\,\boldsymbol{p}_j,\qquad j=1,2,\cdots,n-1 \tag{2.45}$$

共轭方向法的原理就是利用矩阵 $\boldsymbol{A}$ 的共轭向量组作为搜索方向，故算法在执行的过程中可以先选取 $\mathbf{R}^n$ 上的一组线性无关向量 $\boldsymbol{v}_i$。为了计算的简便，一种方法是令 $\boldsymbol{v}_i$ 的第 i 个元素为 1，其余为 0，即单位阵中的列向量，例如对于 3 阶矩阵 $\boldsymbol{A}$，则令

$$\boldsymbol{v}_0=\begin{bmatrix}1\\0\\0\end{bmatrix},\ \boldsymbol{v}_2=\begin{bmatrix}0\\1\\0\end{bmatrix},\ \boldsymbol{v}_3=\begin{bmatrix}0\\0\\1\end{bmatrix} \tag{2.46}$$

此时按照算法可以得到 $\boldsymbol{A}$ 的共轭向量组 $\boldsymbol{p}_i(i=0,1,\cdots,n-1)$。然后令下降方向为 $\boldsymbol{d}_k=\boldsymbol{p}_k(k=0,1,\cdots,n-1)$，并且 α_k 由一维搜索来确定。注意到在算法中由于函数 $f(\boldsymbol{x})$ 是用二阶泰勒展开式近似的，即得到的最优解可能还不是极小点，因此可将该最优解作为初始值再进行一轮迭代，一般要重复多次，逐步达到极小点。

算法 2-4(共轭方向法)

步骤 1:选取初始点 $\boldsymbol{x}_0\in\mathbf{R}^n$，给定终止误差 $\varepsilon>0$，令 $k=0$。

步骤 2: 令 $\boldsymbol{d}_0=\boldsymbol{p}_0=\boldsymbol{v}_0$，计算 $\boldsymbol{g}(\boldsymbol{x}_0)$。

步骤 3: 一维搜索，计算 α_k，满足

$$f(\boldsymbol{x}_k+\alpha_k\boldsymbol{d}_k)=\min_{\alpha>0}f(\boldsymbol{x}_k+\alpha\boldsymbol{d}_k) \tag{2.47}$$

并计算得到下一个迭代点 $\boldsymbol{x}_{k+1}=\boldsymbol{x}_k+\alpha_k\boldsymbol{d}_k$。

步骤 4: 令 $k=k+1$，计算 $\boldsymbol{g}(\boldsymbol{x}_k)$。

步骤 5: 收敛性检查。若 $\|\boldsymbol{g}(\boldsymbol{x}_\mathrm{k})\|\leqslant\varepsilon$，则 $\boldsymbol{x}^*=\boldsymbol{x}_k$，终止计算，否则继续。

步骤 6: 循环变量检查。若 $k=n$，则转步骤 8，否则继续。

步骤 7: 计算 $\boldsymbol{d}_k=\boldsymbol{p}_k=\boldsymbol{v}_k-\sum\limits_{j=0}^{k-1}\dfrac{\boldsymbol{p}_j^{\mathrm{T}}\boldsymbol{A}\,\boldsymbol{v}_k}{\boldsymbol{p}_j^{\mathrm{T}}\boldsymbol{A}\,\boldsymbol{p}_j}\boldsymbol{p}_j$，转步骤 3。

步骤 8: 开始下一轮迭代。令 $\boldsymbol{x}_0=\boldsymbol{x}_n,\boldsymbol{d}_0=\boldsymbol{p}_0=\boldsymbol{v}_0,\boldsymbol{g}(\boldsymbol{x}_0)=\boldsymbol{g}(\boldsymbol{x}_n)$，转步骤 3。

在使用共轭方向法的过程中，如果选取不同的初始线性无关向量组 $\boldsymbol{v}_i$，则可以得到不同的 $\boldsymbol{A}$ -共轭向量组。而共轭梯度法是将目标函数在各点的负梯度 $-\boldsymbol{\Lambda}(\boldsymbol{x}^{(i)})$ $(i=0,1,\cdots,n-1)$ 作为共轭方向法中的线性无关向量组 $\boldsymbol{v}_i(i=0,1,\cdots,n-1)$，从而构成 $\boldsymbol{A}$ 的共轭向量组 $\boldsymbol{p}_i(i=0,1,\cdots,n-1)$。因为该方法在共轭方向的计算中使用了梯度信息，故称为共轭梯度法。

算法 2-5(共轭梯度法)

步骤 1: 选取初始点 $\boldsymbol{x}_0\in\mathbf{R}^n$，给定终止误差 $\varepsilon>0$，令 $k=0$。

步骤 2: 计算 $\boldsymbol{g}(\boldsymbol{x}_0)$，令 $\boldsymbol{d}_0=-\boldsymbol{g}(\boldsymbol{x}_0)$。

步骤 3: 一维搜索，计算 α_k，满足

$$f(\boldsymbol{x}_k+\alpha_k\boldsymbol{d}_k)=\min_{\alpha>0}f(\boldsymbol{x}_k+\alpha\boldsymbol{d}_k) \tag{2.48}$$

并计算得到下一个迭代点 $\boldsymbol{x}_{k+1}=\boldsymbol{x}_k+\alpha_k\boldsymbol{d}_k$。

步骤 4: 令 $k=k+1$，计算 $\boldsymbol{g}(\boldsymbol{x}_\mathrm{k})$。

步骤 5: 收敛性检查。若 $\|\boldsymbol{g}(\boldsymbol{x}_\mathrm{k})\|\leqslant\varepsilon$，则 $\boldsymbol{x}^*=\boldsymbol{x}_k$，终止计算，否则继续。

步骤 6: 循环变量检查。若 $k=n$，则转步骤 8，否则继续。

步骤 7: 计算 $\boldsymbol{d}_k=-\boldsymbol{g}(\boldsymbol{x}_k)+\dfrac{[\boldsymbol{g}(\boldsymbol{x}_k)]^{\mathrm{T}}\boldsymbol{A}\,\boldsymbol{d}_{k-1}}{(\boldsymbol{d}_{k-1})^{\mathrm{T}}\boldsymbol{A}\,\boldsymbol{d}_{k-1}}\boldsymbol{d}_{k-1}$，转步骤 3。

步骤 8: 开始下一轮迭代。令 $\boldsymbol{x}_0=\boldsymbol{x}_n,\boldsymbol{d}_0=-\boldsymbol{g}(\boldsymbol{x}_0)$，转步骤 3。

需要注意的是，在共轭方向法和共轭梯度法中，在步骤 7 的计算中都要使用矩阵 $\boldsymbol{A}$，对于二次型函数，可直接使用其 $\boldsymbol{A}$ 矩阵，而对于非二次型函数 $f(\boldsymbol{x})$，则可用 $\boldsymbol{G}(\boldsymbol{x}_k)$ 来代替矩阵 $\boldsymbol{A}$，这样在每一次迭代前都需要计算 Hesse 矩阵，计算量较大，不是很方便。下面介绍的 Fletcher - Reeves(FR)公式可以有效地避免 Hesse 矩阵的计算。假如将共轭梯度法步骤 7 中的计算式改写为

$$\boldsymbol{d}_k=-\boldsymbol{g}(\boldsymbol{x}_k)+\beta_{k-1}\boldsymbol{d}_{k-1} \tag{2.49}$$

则经过推导，可以得到 FR 公式为

$$\beta_{k-1}=\frac{[\boldsymbol{g}(\boldsymbol{x}_k)]^{\mathrm{T}}\boldsymbol{g}(\boldsymbol{x}_k)}{[\boldsymbol{g}(\boldsymbol{x}_{k-1})]^{\mathrm{T}}\boldsymbol{g}(\boldsymbol{x}_{k-1})}=\frac{\|\boldsymbol{g}(\boldsymbol{x}_k)\|^2}{\|\boldsymbol{g}(\boldsymbol{x}_{k-1})\|^2} \tag{2.50}$$

此时，步骤 7 改写成为：计算 $\beta_{k-1},\boldsymbol{d}_k=-\boldsymbol{g}(\boldsymbol{x}_k)+\beta_{k-1}\boldsymbol{d}_{k-1}$，转步骤 3。

例 2.6 利用共轭梯度法 FR 公式求解下列问题：

$$\min\quad f(\boldsymbol{x})=4x_1^2+3x_2^2-4x_1x_2+x_1 \tag{2.51}$$

解：该二次型函数的梯度可以表示为

$$\boldsymbol{g}(\boldsymbol{x}) = [8x_1 - 4x_2 + 1 \quad 6x_2 - 4x_1]^{\mathrm{T}} \tag{2.52}$$

取初始点为 $\boldsymbol{x}_0 = [0 \quad 0]^{\mathrm{T}}$，进行第一次迭代：$\boldsymbol{d}_0 = -\boldsymbol{g}_0 = -[1 \quad 0]^{\mathrm{T}}$，一维搜索问题为 $f(\boldsymbol{x}_0 + \alpha_0 \boldsymbol{d}_0) = \min\limits_{\alpha>0} f(\boldsymbol{x}_0 + \alpha \boldsymbol{d}_0)$，求解该问题得

$$\alpha_0 = \frac{1}{8}, \quad \boldsymbol{x}_1 = \begin{bmatrix} -\frac{1}{8} & 0 \end{bmatrix}^{\mathrm{T}}, \quad \boldsymbol{g}_1 = \begin{bmatrix} 0 & \frac{1}{2} \end{bmatrix}^{\mathrm{T}} \tag{2.53}$$

令 $k = 1$，进行下一步迭代：

$$\boldsymbol{d}_1 = -\boldsymbol{g}_1 + \frac{\|\boldsymbol{g}_1\|^2}{\|\boldsymbol{g}_0\|^2}\boldsymbol{g}_0 = -\begin{bmatrix} 0 & \frac{1}{2} \end{bmatrix}^{\mathrm{T}} - \frac{1}{4}[1 \quad 0]^{\mathrm{T}} = -\begin{bmatrix} \frac{1}{4} & \frac{1}{2} \end{bmatrix}^{\mathrm{T}} \tag{2.54}$$

一维搜索问题为 $f(\boldsymbol{x}_1 + \alpha_1 \boldsymbol{d}_1) = \min\limits_{\alpha>0} f(\boldsymbol{x}_1 + \alpha \boldsymbol{d}_1)$，求解该问题可得

$$\boldsymbol{g}_2 = [0 \quad 0]^{\mathrm{T}} \tag{2.55}$$

说明已经搜索到最优解，最优解为

$$\boldsymbol{x}^* = \boldsymbol{x}_2 = \begin{bmatrix} -\frac{3}{16} & -\frac{1}{8} \end{bmatrix}^{\mathrm{T}} \tag{2.56}$$

由于 $f(\boldsymbol{x})$ 是二次函数，故两次即收敛到了函数的最优解。

2.3.5　拟牛顿法

牛顿法的收敛速度虽然较快，但要求 Hesse 矩阵可逆，并且需要计算二阶导数和逆矩阵，计算量大。为了克服牛顿法的缺点，同时保持较快收敛速度的优点，就产生了拟牛顿法。拟牛顿法是牛顿法的直接推广，于 20 世纪 50 年代由美国 Argonne 国家实验室的物理学家 Davidon 提出。Davidon 设计的这种算法在当时看来是非线性优化领域最具创造性的发明之一。不久，Fletcher 和 Powell 证实了这种新的算法远比其他方法快速和可靠，使得非线性优化这门学科在一夜之间突飞猛进。

拟牛顿法的基本思想是在牛顿法的第三步中用 Hesse 矩阵 $\boldsymbol{G}_k$ 的某个近似矩阵 $\boldsymbol{B}_k$ 取代 $\boldsymbol{G}_k$。通常，$\boldsymbol{B}_k$ 应具有以下特点：

(1)在某种意义下有 $\boldsymbol{B}_k \approx \boldsymbol{G}_k$，使得相应的算法产生的方向近似于牛顿迭代方向，以确保算法具有较快的收敛速度。

(2)对所有的 k，$\boldsymbol{B}_k$ 是对称正定的，从而使得算法所产生的方向是目标函数 $f(\boldsymbol{x})$ 在 $\boldsymbol{x}_k$ 处的下降方向。

(3)矩阵 $\boldsymbol{B}_k$ 更新规则相对比较简单，即通常采用秩 1 或秩 2 矩阵进行校正。

下面介绍满足这三个特点的矩阵 $\boldsymbol{B}_k$ 的构造。设无约束问题中的目标函数 $f(\boldsymbol{x})$ 二阶连续可微，其在 $\boldsymbol{x}_{k+1}$ 点的近似函数为

$$f(\boldsymbol{x}) \approx f(\boldsymbol{x}_{k+1}) + (\boldsymbol{x} - \boldsymbol{x}_{k+1})^{\mathrm{T}} \boldsymbol{g}_{k+1} + (\boldsymbol{x} - \boldsymbol{x}_{k+1})^{\mathrm{T}} \boldsymbol{G}_{k+1} (\boldsymbol{x} - \boldsymbol{x}_{k+1}) \tag{2.57}$$

对式(2.57)求导可得

$$\boldsymbol{g}(\boldsymbol{x}) \approx \boldsymbol{g}_{k+1} + \boldsymbol{G}_{k+1}(\boldsymbol{x} - \boldsymbol{x}_{k+1}) \tag{2.58}$$

令 $\boldsymbol{x} = \boldsymbol{x}_k$，位移 $\boldsymbol{s}_k = \boldsymbol{x}_{k+1} - \boldsymbol{x}_k$，梯度差 $\boldsymbol{y}_k = \boldsymbol{g}_{k+1} - \boldsymbol{g}_k$，则有

$$\boldsymbol{G}_{k+1} \boldsymbol{s}_k \approx \boldsymbol{y}_{k+1} \tag{2.59}$$

注意到对于二次函数 $f(\boldsymbol{x})$，式(2.59)是精确成立的。现在要求在拟牛顿法中构造 Hesse

矩阵的近似矩阵 $\boldsymbol{B}_k$ 满足这种关系式，即

$$\boldsymbol{B}_{k+1}\boldsymbol{s}_k=\boldsymbol{y}_{k+1} \tag{2.60}$$

式(2.60)通常称为拟牛顿方程或拟牛顿条件。为避免计算逆矩阵，令 $\boldsymbol{H}_{k+1}=\boldsymbol{B}_{k+1}{}^{-1}$，则得到拟牛顿方程的另一种形式：

$$\boldsymbol{H}_{k+1}\boldsymbol{y}_{k+1}=\boldsymbol{s}_k \tag{2.61}$$

因此，拟牛顿法的迭代公式可表示为

$$\boldsymbol{x}_{k+1}=\boldsymbol{x}_k-\alpha_k\boldsymbol{H}_k\boldsymbol{g}_k \tag{2.62}$$

拟牛顿条件式(2.61)是一个方程组，如果每次迭代都要求解此方程组，就增大了计算量。因此，可采用拟牛顿校正方法，通过对已知的 $\boldsymbol{H}_k$ 进行校正来得到 $\boldsymbol{H}_{k+1}$，即

$$\boldsymbol{H}_{k+1}=\boldsymbol{H}_k+\Delta\boldsymbol{H}_k \tag{2.63}$$

算法 2-6(拟牛顿法)

步骤 1：选取初始点 $\boldsymbol{x}_0\in\mathbf{R}^n$ 及初始对称正定矩阵 $\boldsymbol{H}_0$，给定终止误差 $\varepsilon>0$，令 $k=0$。

步骤 2：计算 $\boldsymbol{g}_k$，若 $\|\boldsymbol{g}_k\|\leqslant\varepsilon$，则停止迭代并输出 $\boldsymbol{x}_k$，否则转步骤 3。

步骤 3：计算搜索方向 $\boldsymbol{d}_k=-\boldsymbol{H}_k\boldsymbol{g}_k$。

步骤 4：由一维搜索求步长因子 α_k。

步骤 5：令 $\boldsymbol{x}_{k+1}=\boldsymbol{x}_k+\alpha_k\boldsymbol{d}_k$，校正 $\boldsymbol{H}_k$ 得到 $\boldsymbol{H}_{k+1}$，令 $k=k+1$，转步骤 2。

拟牛顿法中前 4 步的算法都很清楚，剩下的工作是需要解决步骤 5 中的 $\boldsymbol{H}_k$ 校正问题。拟牛顿法中发展了多种不同的校正方法，其中最为典型的是 BFGS 校正公式。BFGS 校正公式是由 Broyden，Fletcher，Goldfarb 和 Shanno 共同提出的，故得其名。

BFGS 校正公式为

$$\boldsymbol{H}_{k+1}=\boldsymbol{H}_k+\left(1+\frac{\boldsymbol{y}_k{}^{\mathrm{T}}\boldsymbol{H}_k\boldsymbol{y}_k}{\boldsymbol{s}_k{}^{\mathrm{T}}\boldsymbol{y}_k}\right)\frac{\boldsymbol{s}_k{}^{\mathrm{T}}\boldsymbol{s}_k}{\boldsymbol{s}_k{}^{\mathrm{T}}\boldsymbol{y}_k}-\frac{\boldsymbol{s}_k\boldsymbol{y}_k{}^{\mathrm{T}}\boldsymbol{H}_k+\boldsymbol{s}_k\boldsymbol{H}_k\boldsymbol{y}_k\boldsymbol{s}_k{}^{\mathrm{T}}}{\boldsymbol{s}_k{}^{\mathrm{T}}\boldsymbol{y}_k} \tag{2.64}$$

拟牛顿法不需明显计算 Hesse 矩阵，同时保持牛顿法的快速收敛性质。在拟牛顿法中，由于步骤 4 中步长因子取决于某种一维搜索方法，其收敛性也取决于所采用的一维搜索方法，如 Gauss-Newton 型 BFGS 拟牛顿算法便具有全局收敛性。

例 2.7 利用拟牛顿法求解下列问题：

$$\min f(\boldsymbol{x})=x_1\mathrm{e}^{-(x_1{}^2+x_2{}^2)}+\frac{x_1{}^2+x_2{}^2}{20} \tag{2.65}$$

Matlab 平台的 fminunc 函数提供了拟牛顿算法，其调用代码如下：

```
function main
        x0=[0 0];                    %初始猜想
        options = optimoptions('fminunc','Display','iter','Algorithm','quasi-newton');
        x = fminunc(@objfun,x0,options)
    end
    function f = objfun(x)
        f = x(1)*exp(-(x(1)^2 + x(2)^2)) + (x(1)^2 + x(2)^2)/20;
    end
```

其输出结果为

Iteration	Func-count	f(x)	Step-size	First-order optimality
0	3	0		1
1	6	-0.317879	1	0.468
2	9	-0.405096	1	0.023
3	12	-0.405219	1	0.00817
4	15	-0.405237	1	5.35e-05
5	18	-0.405237	1	1.23e-07

Local minimum found.

Optimization completed because the size of the gradient is less than the default value of the optimality tolerance.

<stopping criteria details>

x =

　-0.6691　　0.0000

2.3.6 不精确牛顿法

如前面所述，虽然牛顿法收敛速度快，但是在每步迭代中都必须求牛顿方程组（线性方程组）的精确解，即

$$\left.\begin{aligned} \boldsymbol{x}_{k+1} &= \boldsymbol{x}_k + \boldsymbol{s}_k \\ \boldsymbol{G}_k \boldsymbol{s}_k &= -\boldsymbol{g}_k \end{aligned}\right\} \tag{2.66}$$

其求解线性方程组的计算量较大，特别是在求解未知变量维数很大的问题时，这种劣势就更为突出，有时甚至无法求解。为了降低牛顿迭代法中求解线性方程组的计算量，1982 年，有学者提出了一种称为不精确牛顿法的改进方法。不精确牛顿法在每次迭代过程中只近似求解线性方程组，并不像牛顿法那样求解其精确解。这种方法在线性方程组的精确性和每一步牛顿迭代的计算量之间做出了适当的取舍，在迭代过程中降低了求解的精确度，从而避免了过度解，并进一步减少了计算量，其迭代公式为

$$\left.\begin{aligned} \boldsymbol{x}_{k+1} &= \boldsymbol{x}_k + \boldsymbol{s}_k \\ \boldsymbol{G}_k \boldsymbol{s}_k &= -\boldsymbol{g}_k + \boldsymbol{r}_k, \quad \| \boldsymbol{r}_k \| \leqslant \eta_k \| \boldsymbol{g}_k \| \end{aligned}\right\} \tag{2.67}$$

式中，$\eta_k \in [0,1)$ 为一给定的常数控制序列。不精确牛顿方法在适当的范数下是局部收敛的，且在保持牛顿法快速收敛性质的前提下，每一步迭代的精度能够得到较好的控制。

2.4 约束最优化方法

定义 2.3　$\boldsymbol{x} \in \mathbf{R}^n$ 被称为约束最优化问题的可行点当且仅当式(2.3)～式(2.4)成立，即可行点是满足所有约束条件的点。所有可行点所组成的集合被称为可行域，记为

$$X = \{\boldsymbol{x} \mid c_i(\boldsymbol{x}) = 0, \quad i = 1,\cdots,m_1; \quad c_i(\boldsymbol{x}) \geqslant 0, \quad i = m_1,\cdots,m\} \tag{2.68}$$

如果记 $E = \{i \mid c_i(\boldsymbol{x}) = 0\}$，$I = \{i \mid c_i(\boldsymbol{x}) \geqslant 0\}$，$E$ 和 I 分为称为等式约束指标集和不等式约束指标集，则约束最优化问题又可表示为当

$$c_i(\boldsymbol{x}) = 0, \quad i \in E \tag{2.69}$$

$$c_i(\boldsymbol{x}) \geqslant 0, \quad i \in I \tag{2.70}$$

时，求解

$$\min f(\boldsymbol{x}) \tag{2.71}$$

记

$$I(x) = \{i \mid c_i(\boldsymbol{x}) = 0, \quad i \in I\} \tag{2.72}$$

定义 2.4 对于任何 $\boldsymbol{x} \in \mathbf{R}^n$，称集合

$$A(\boldsymbol{x}) = E \cup I(\boldsymbol{x}) \tag{2.73}$$

是在 $\boldsymbol{x}$ 处的有效集合(或积极集合)，$c_i(\boldsymbol{x})[i \in A(\boldsymbol{x})]$ 称为在 $\boldsymbol{x}$ 处的有效约束(或积极约束)，$c_i(\boldsymbol{x})[i \notin A(\boldsymbol{x})]$ 称为在 $\boldsymbol{x}$ 处的非有效约束(或非积极约束)。

假设约束最优化问题式(2.69)～式(2.71)在解处的积极约束为 $A(\boldsymbol{x}^*)$，则上述问题可转换为当

$$c_i(\boldsymbol{x}) = 0, \quad i \in A(\boldsymbol{x}^*) \tag{2.74}$$

时，求解

$$\min f(\boldsymbol{x}) \tag{2.75}$$

相比之下，上述等式约束最优化问题式(2.74)～式(2.75)要比原问题式(2.69)～式(2.71)更容易求解。

相比之下，求解约束最优化问题要比求解无约束最优化问题更为复杂和困难，因此可以将约束最优化问题转化为一系列无约束最优化问题，通过求解一系列无约束最优化问题，来得到约束最优化问题的最优解。一般来说主要有三种方法可以实现上述转化：拉格朗日乘子法、罚函数法及 KKT 条件。

2.4.1 拉格朗日乘子法

对于等式约束最优化问题，常常使用的方法就是拉格朗日乘子法，即把等式约束 $c(\boldsymbol{x})$ 用一个系数与 $f(\boldsymbol{x})$ 写为一个式子，称为拉格朗日函数，而系数称为拉格朗日乘子。

通过引入拉格朗日乘子 $\boldsymbol{\lambda}$ 把等式约束和目标函数组合成为一个新的目标函数：

$$L(\boldsymbol{x},\boldsymbol{\lambda}) = f(\boldsymbol{x}) + \sum_{i=1}^{m} \lambda_i c_i(\boldsymbol{x}) \tag{2.76}$$

把 $L(\boldsymbol{x},\boldsymbol{\lambda})$ 作为一个新的无约束最优化问题的目标函数进行求解得到的极值点就原问题的极值点。其中 $L(\boldsymbol{x},\boldsymbol{\lambda})$ 称为拉格朗日函数。

函数 $L(\boldsymbol{x},\boldsymbol{\lambda})$ 具有极值的必要条件为

$$\left.\begin{aligned} &\frac{\partial L(\boldsymbol{x},\boldsymbol{\lambda})}{\partial x_j} = \frac{\partial f(\boldsymbol{x})}{\partial x_j} + \sum_{i=1}^{m} \lambda_i \frac{\partial c_i(\boldsymbol{x})}{\partial x_j} = 0, \quad i = 1,\cdots,n \\ &\frac{\partial L(\boldsymbol{x},\boldsymbol{\lambda})}{\partial \lambda_i} = c_i(\boldsymbol{x}) = 0, \quad i = 1,\cdots,m \end{aligned}\right\} \tag{2.77}$$

求解上述 $n+m$ 维方程组，可以解得 $\boldsymbol{x}$ 和 $\boldsymbol{\lambda}$ 共 $n+m$ 个未知变量的值。为了方便在计算机上利用直接寻优法进行迭代计算，一般引入新的函数：

$$\min \quad s = \sum_{j=1}^{n} \left(\frac{\partial L}{\partial x_j}\right)^2 + \sum_{i=1}^{m} [c_i(\boldsymbol{x})]^2 \tag{2.78}$$

显然，式(2.78)需满足

$$\left(\frac{\partial L}{\partial x_j}\right)^2 \geqslant 0, \quad [c_i(\boldsymbol{x})]^2 \geqslant 0 \tag{2.79}$$

其后利用无约束的多变量函数寻优方法对 s 求极小值，即可得到原问题的最优解。

例 2.8　利用拉格朗日乘子法求解下列问题：

$$\left.\begin{aligned}&\min\quad f(\boldsymbol{x})=x_1^2+x_2^2-x_1x_2-10x_1-4x_2+60\\&\text{约束条件}:c(\boldsymbol{x})=x_1+x_2-8\end{aligned}\right\}\tag{2.80}$$

解：引入拉格朗日乘子函数

$$L(\boldsymbol{x})=f(\boldsymbol{x})+\lambda c(\boldsymbol{x})=x_1^2+x_2^2-x_1x_2-10x_1-4x_2+60+\lambda(x_1+x_2-8)\tag{2.81}$$

由最优的必要条件，可得

$$\left.\begin{aligned}&\frac{\partial L}{\partial x_1}=2x_1-x_2+10+\lambda=0\\&\frac{\partial L}{\partial x_2}=-x_1+2x_2-4+\lambda=0\\&\frac{\partial L}{\partial \lambda}=-(x_1+x_2-8)=0\end{aligned}\right\}\tag{2.82}$$

由此联立方程组可以解得问题的最优解为

$$\boldsymbol{x}^*=[5\quad 3]^{\mathrm{T}},\quad f(\boldsymbol{x}^*)=17\tag{2.83}$$

此时，拉格朗日乘子的值为 $\lambda=3$。

拉格朗日乘子法不仅可以用于解具有等式约束的非线性规划问题，也可以求解具有不等式约束的非线性规划问题。对于不等式约束条件，可采用松弛变量法使不等式变为等式，然后按等式约束下的拉格朗日乘子法求解。

考虑如下形式的非线性规划问题：

$$\left.\begin{aligned}&\min f(\boldsymbol{x})\\&\text{约束条件}:c_i(\boldsymbol{x})\leqslant 0,\quad i=1,2,\cdots,m\end{aligned}\right\}\tag{2.84}$$

为此，引入松弛变量 α_i，将不等式约束转化成等式约束。由于在非线性规划中，变量可正可负，为了保证不等式的成立，引进变量均用二次方项来表示，由此可得

$$c_i(\boldsymbol{x})+\alpha_i^2=0,\quad i=1,2,\cdots,m\tag{2.85}$$

然后再按照求解等式约束非线性规划问题的拉格朗日乘子法进行求解。

例 2.9　利用拉格朗日乘子法求解下列问题：

$$\left.\begin{aligned}&\min f(\boldsymbol{x})=2x_1^2-2x_1x_2+2x_2^2-6x_1\\&\text{约束条件}:\begin{cases}g_1(\boldsymbol{x})=3x_1+4x_2-6\leqslant 0\\g_2(\boldsymbol{x})=-x_1+4x_2-2\leqslant 0\end{cases}\end{aligned}\right\}\tag{2.86}$$

解：首先引入松弛变量 x_3,x_4，为了保证加入的数值为非负，在不等式的左边分别加上 x_3^2,x_4^2，将不等式约束变为等式约束后问题变为

$$\left.\begin{aligned}&\min f(\boldsymbol{x})=2x_1^2-2x_1x_2+2x_2^2-6x_1\\&\text{约束条件}:\begin{cases}\tilde{c}_1(\boldsymbol{x})=3x_1+4x_2-6+x_3^2=0\\\tilde{c}_2(\boldsymbol{x})=-x_1+4x_2-2+x_4^2=0\end{cases}\end{aligned}\right\}\tag{2.87}$$

此时，拉格朗日函数为

$$\begin{aligned}L(\boldsymbol{x})=&2x_1^2-2x_1x_2+2x_2^2-6x_1+\lambda_1(3x_1+4x_2-6+x_3^2)+\\&\lambda_2(-x_1+4x_2-2+x_4^2)\end{aligned}\tag{2.88}$$

构造新的目标函数进行迭代求解，此时新的目标函数为

$$
\begin{aligned}
s &= \sum_{j=1}^{4}\left(\frac{\partial L}{\partial x_j}\right)^2 + \sum_{i=1}^{2}[c_i(\boldsymbol{x})]^2 \\
&= (4x_1 - 2x_2 - 6 - 3\lambda_1 + \lambda_2)^2 + (-2x_1 + 4x_2 - 4\lambda_1 - 4\lambda_2)^2 + (2\lambda_1 x_3)^2 + \\
&\quad (2\lambda_2 x_4)^2 + (3x_1 + 4x_2 - 6 + x_3^2)^2 + (-x_1 + 4x_2 - 2 + x_4^2)^2
\end{aligned} \tag{2.89}
$$

此时可采用 fminunc 等无约束数值优化方法进行求解，可以求得最优解为

$$
\boldsymbol{x}^* = [1.459\,4 \quad 0.405\,4 \quad 0 \quad 1.355\,7]^{\mathrm{T}}, \quad f(\boldsymbol{x}^*) = -5.351\,3 \tag{2.90}
$$

其拉格朗日乘子的值为

$$
\boldsymbol{\lambda} = [\lambda_1 \quad \lambda_2]^{\mathrm{T}} = [0.324\,5 \quad 0] \tag{2.91}
$$

2.4.2 罚函数法

罚函数法的基本思想是将原来的目标函数和约束函数按一定的方式构成一个新的函数，在这个新函数中，既包括目标函数，又包括全部约束函数和一个可以变化的乘子。当这个乘子按一定的方式改变时，就得到一个新函数序列，求每一个新函数的最优解都是一个无约束最优化问题，这样就把一个约束最优化问题转化为一系列无约束最优化问题进行求解。所得到的最优解序列将逐步逼近原问题的最优解。

所谓罚函数是指利用目标函数 $f(\boldsymbol{x})$ 和约束函数 $\boldsymbol{c}(\boldsymbol{x})$ 构造具有惩罚性质的新函数：

$$
L(\boldsymbol{x}) = f(\boldsymbol{x}) + \tilde{p}[\boldsymbol{c}(\boldsymbol{x})] \tag{2.92}
$$

式中，$\tilde{p}[\boldsymbol{c}(\boldsymbol{x})]$ 称为惩罚项。对于可行点，有 $\tilde{p}[\boldsymbol{c}(\boldsymbol{x})] = 0$；对于不可行点，则有 $\tilde{p}[\boldsymbol{c}(\boldsymbol{x})] > 0$，且离可行域越远，$\tilde{p}[\boldsymbol{c}(\boldsymbol{x})]$ 的值越大，即对不可行点给予惩罚。罚函数法求解新函数 $L(\boldsymbol{x}) = f(\boldsymbol{x}) + \tilde{p}[\boldsymbol{c}(\boldsymbol{x})]$ 作为目标函数的无约束最优化问题，在迭代求解过程中，不要求迭代点必是可行点，通过对不可行点施加惩罚，迫使迭代点逐步靠近可行域，并最终求得原问题的最优解。

惩罚项 $\tilde{p}[\boldsymbol{c}(\boldsymbol{x})]$ 的选取有多种方式，其中最为典型的是二次罚函数形式。考虑等式约束函数 $\boldsymbol{c}(\boldsymbol{x}) = \boldsymbol{0}$，二次罚函数为

$$
\tilde{p}(\boldsymbol{x},\sigma) = \frac{1}{2}\sigma \boldsymbol{c}(\boldsymbol{x})^{\mathrm{T}}\boldsymbol{c}(\boldsymbol{x}) \tag{2.93}
$$

式中，参数 $\sigma > 0$ 控制惩罚强度。如果函数 $L(\boldsymbol{x})$ 的极小点 $\boldsymbol{x}(\sigma)$ 是问题式(2.74)～式(2.75)的可行点，则 $\boldsymbol{x}(\sigma)$ 是问题式(2.74)～式(2.75)的极小点；如果函数 $L(\boldsymbol{x})$ 的极小点 $\boldsymbol{x}(\sigma)$ 不是问题式(2.74)～式(2.75)的可行点，则通过增大 σ、加大惩罚力度，使得 $\boldsymbol{x}(\sigma)$ 从可行域外逐步逼近问题式(2.74)～式(2.75)的极小点。因此二次罚函数也被称为外点罚函数。

对于不等式约束函数 $\boldsymbol{c}(\boldsymbol{x}) \geqslant \boldsymbol{0}$，其二次罚函数构造与式(2.93)类似，即

$$
\tilde{p}(\boldsymbol{x},\sigma) = \frac{1}{2}\sigma \sum_{i=1}^{m}[\min(c_i(\boldsymbol{x}),0)]^2 \tag{2.94}
$$

二次罚函数法最大的缺点是在某些问题中，惩罚参数很大或增长很快，使得新函数 $L(\boldsymbol{x})$ 作为目标函数的无约束最优化问题可能难以求解。

例 2.10 利用外点惩罚函数法求解下列问题：

$$
\left.
\begin{aligned}
&\min f(\boldsymbol{x}) = (x_1 - 1)^2 + (x_2 + 1)^2 + x_3^2 \\
&\text{约束条件：}\begin{cases} c_1(\boldsymbol{x}) = x_2 + x_3 - 5 = 0 \\ c_2(\boldsymbol{x}) = x_1 + x_2 - 4 \geqslant 0 \end{cases}
\end{aligned}
\right\} \tag{2.95}
$$

解：造惩罚函数为

$$L(\boldsymbol{x},\sigma)=(x_1-1)^2+(x_2+1)^2+x_3^2+\sigma[(x_2+x_3-5)^2+u(c_2)(x_1+x_2-4)^2]$$

由于阶跃函数 $u(c_2)$ 只可能取 0 和 1，故首先设 $u(c_2)=0$，即不考虑不等式约束，求解等式约束下的非线性最优化问题：

$$\left.\begin{array}{l}\min\ f(\boldsymbol{x})=(x_1-1)^2+(x_2+1)^2+x_3^2\\ \text{约束条件}:h(\boldsymbol{x})=x_2+x_3-5=0\end{array}\right\}\tag{2.96}$$

用拉格朗日乘子法，可得拉格朗日函数：

$$L(\boldsymbol{x})=(x_1-1)^2+(x_2+1)^2+x_3^2+\lambda(x_2+x_3-5)\tag{2.97}$$

由 $\dfrac{\partial L}{\partial x_i}=0$ 和 $\dfrac{\partial L}{\partial \lambda}=0$ 可得

$$\left.\begin{array}{l}\dfrac{\partial L}{\partial x_1}=2(x_1-1)=0\\ \dfrac{\partial L}{\partial x_2}=2(x_2+1)+\lambda=0\\ \dfrac{\partial L}{\partial x_3}=2x_3+\lambda=0\\ \dfrac{\partial L}{\partial \lambda}=x_2+x_3-5=0\end{array}\right\}\tag{2.98}$$

求得 $\lambda=-6$，该问题的解为 $\boldsymbol{x}=[1\quad 2\quad 3]^{\mathrm{T}}$，很显然，该解不符合不等式约束条件，故 $u(c_2)=1$，于是罚函数应为

$$L(\boldsymbol{x},\sigma)=(x_1-1)^2+(x_2+1)^2+x_3^2+\sigma[(x_2+x_3-5)^2+(x_1+x_2-4)^2]\tag{2.99}$$

该罚函数取得极值的必要条件为 $\nabla L(\boldsymbol{x})=\boldsymbol{0}$，即

$$\left.\begin{array}{l}\dfrac{\partial L}{\partial x_1}=2[(x_1-1)+\sigma(x_1+x_2-4)]=0\\ \dfrac{\partial L}{\partial x_2}=2\{(x_2+1)+\sigma[(x_2+x_3-5)+(x_1+x_2-4)]\}=0\\ \dfrac{\partial L}{\partial x_3}=2[x_3+\sigma(x_2+x_3-5)]=0\end{array}\right\}\tag{2.100}$$

由上述方程组可得

$$\left.\begin{array}{l}x_1=\dfrac{1+\sigma(4-x_2)}{1+\sigma}\\ x_2=\dfrac{7\sigma-1}{3\sigma+1}\\ x_3=\dfrac{\sigma(5-x_2)}{1+\sigma}\end{array}\right\}\tag{2.101}$$

令 $\sigma\to\infty$，则可以得到最优解 $\boldsymbol{x}^*=\begin{bmatrix}\frac{5}{3} & \frac{7}{3} & \frac{8}{3}\end{bmatrix}^{\mathrm{T}}$，$f(\boldsymbol{x}^*)=\dfrac{56}{3}$。

另外一种常用的罚函数选取方法是障碍函数法。障碍函数法选取惩罚项使得罚函数在可行域的边界上形成一堵“墙”，迭代点在迭代过程中的任何时候都无法穿越过去，即任何一个迭代点都是可行域内的点。因此该方法又被称为内点罚函数法。

对于不等式约束函数 $\boldsymbol{c}(\boldsymbol{x})\geqslant\boldsymbol{0}$，其惩罚项 $\tilde{p}[\boldsymbol{c}(\boldsymbol{x})]$ 通常可定义为两种形式，即分式障碍函数

$$\tilde{p}(\boldsymbol{x},r)=\frac{1}{2}r\sum_{i=1}^{m}[c_i(\boldsymbol{x})]^{-1} \tag{2.102}$$

和对数障碍函数

$$\tilde{p}(\boldsymbol{x},r)=-\frac{1}{2}r\sum_{i=1}^{m}\lg[c_i(\boldsymbol{x})] \tag{2.103}$$

式中，$r\to0^+$ 为惩罚参数，用来控制惩罚项的总量。当 $\boldsymbol{x}$ 趋于可行域的边界时，其值趋于无穷，从而导致惩罚力度很大，使得 $\boldsymbol{x}$ 无法穿越可行域边界。内点罚函数法的不足是在某些问题中，当惩罚参数 r 太小时，新函数 $L(\boldsymbol{x})$ 作为目标函数的无约束最优化问题可能难以求解。

Matlab 平台求解多约束优化问题的 fmincon 函数中提供了内点罚函数方法，下面给出一个例子展示其调用过程。

例 2.11 利用内点罚函数法求解下列问题：

$$\left.\begin{aligned}&\min f(\boldsymbol{x})=x_1\mathrm{e}^{-(x_1{}^2+x_2{}^2)}+\frac{x_1{}^2+x_2{}^2}{20}\\&约束条件：\frac{x_1x_2}{2}+(x_1+2)^2+\frac{(x_2-2)^2}{2}\leqslant2\end{aligned}\right\} \tag{2.104}$$

fmincon 函数调用代码如下：

```
function main
    x0=[-2 1];
    options = optimoptions('fmincon','Algorithm','interior-point','Display','iter');
    x= fmincon(@objfun,x0,[],[],[],[],[],[],@gfun,options)
end
function f = objfun(x)
    f = x(1) * exp(-(x(1)^2 + x(2)^2)) + (x(1)^2 + x(2)^2)/20;
end
function [c,ceq] = gfun(x)
    c = [];
    ceq = x(1) * x(2)/2+ (x(1)+2)^2 + (x(2)-2)^2/2-2;
end
```

根据数值算法求得的最优解为 $\boldsymbol{x}^*=[-0.9727\quad0.4686]^{\mathrm{T}}$，其三维曲面图及等高线图分别如图 2-8 和图 2-9 所示。

2.4.3 KKT 条件

对于含不等式约束最优化问题，无法直接采用拉格朗日乘子法进行求解。KKT 最优化条件是由 Karush，Kuhn 和 Tucker 先后独立提出的，因此称为 KKT 条件。由于 KKT 条件是在 Kuhn 和 Tucker 发表之后才逐渐受到重视的，因此在很多文献中也称为 Kuhn - Tucker 条件。

为便于描述，问题式(2.2)～式(2.4)表示为以下形式：

$$\min f(\boldsymbol{x}) \tag{2.105}$$

约束条件为

$$h_i(\boldsymbol{x})=0,\quad i=1,\cdots,p \tag{2.106}$$

$$g_i(\boldsymbol{x})\geqslant0,\quad i=1,\cdots,q \tag{2.107}$$

其拉格朗日函数为

$$L(\boldsymbol{x},\boldsymbol{\lambda},\boldsymbol{\mu}) = f(\boldsymbol{x}) + \sum_{j=1}^{p}\lambda_j h_j(\boldsymbol{x}) + \sum_{k=1}^{q}\mu_k g_k(\boldsymbol{x}) \tag{2.108}$$

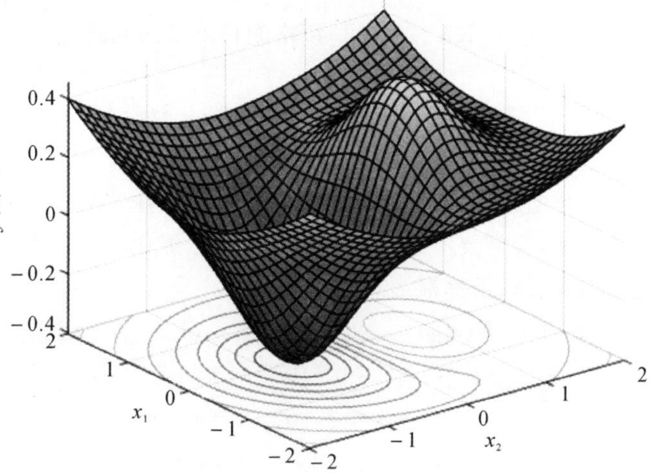

图 2-8　三维曲面图

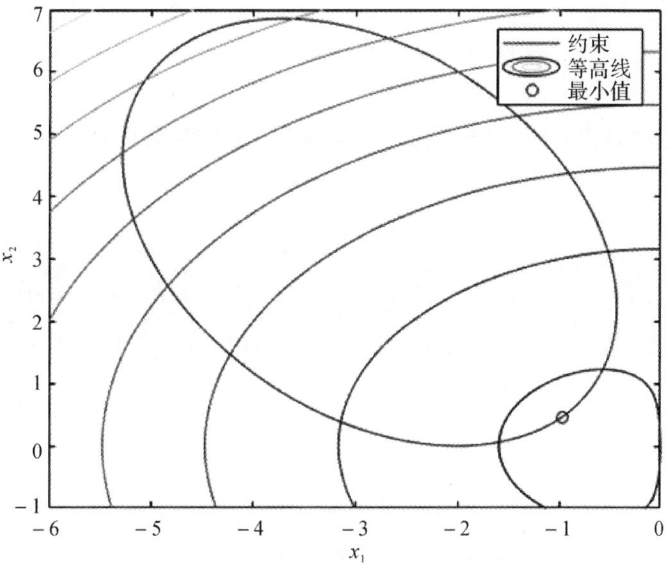

图 2-9　等高线图

对 $L(\boldsymbol{x},\boldsymbol{\lambda},\boldsymbol{\mu})$ 求导，得到以下极值条件：

$$\left.\begin{aligned}
&\frac{\partial f(\boldsymbol{x}^*)}{\partial x_i} + \sum_{j=1}^{p}\lambda_j \frac{\partial h_j(\boldsymbol{x}^*)}{\partial x_i} + \sum_{k=1}^{q}\mu_k \frac{\partial g_k(\boldsymbol{x}^*)}{\partial x_i} = 0, \quad i = 1,2,\cdots,n \\
&\mu_k g_k(\boldsymbol{x}^*) = 0, \quad k = 1,2,\cdots,q \\
&\mu_k \leqslant 0, \quad k = 1,2,\cdots,q \\
&\lambda_j \neq 0, \quad j = 1,2,\cdots,p
\end{aligned}\right\} \tag{2.109}$$

式中，$\boldsymbol{\mu}$ 是对应于不等式约束的拉格朗日乘子向量 $\boldsymbol{\mu}=[\mu_1\quad\mu_2\quad\cdots\quad\mu_q]^{\mathrm{T}}$，并有非负的要求。

对于仅有等式约束的最优化问题，式(2.108) $L(\boldsymbol{x},\boldsymbol{\lambda},\boldsymbol{\mu})$ 中省去 $\sum_{k=1}^{q}\mu_k g_k(\boldsymbol{x})$，即变为等式约束的拉格朗日乘子法，所以说 KKT 条件是拉格朗日乘子法的泛化。

2.5 多目标最优化方法

在前面所述的最优化问题中，目标函数都只有一个。但在实际问题中，衡量一个设计方案的好坏往往不止一个标准，常常要考虑多个目标。此类最优化问题称为多目标最优化问题。

多目标最优化问题具有以下标准形式：

$$\left.\begin{aligned}&\min \boldsymbol{F}(\boldsymbol{x})\\&\text{约束条件：}\begin{cases}g_i(\boldsymbol{x})\geqslant 0, & i=1,2,\cdots,m\\h_i(\boldsymbol{x})=0, & i=1,2,\cdots,l\end{cases}\end{aligned}\right\}\tag{2.110}$$

式中，$\boldsymbol{x}=[x_1\quad x_2\quad\cdots\quad x_n]^{\mathrm{T}}$，$\boldsymbol{F}(\boldsymbol{x})=[f_1(\boldsymbol{x})\quad f_2(\boldsymbol{x})\quad\cdots\quad f_p(\boldsymbol{x})]^{\mathrm{T}}$，$p\geqslant 2$。

令 $R=\{\boldsymbol{x}\mid g_i(\boldsymbol{x})\leqslant 0,\ i=1,2,\cdots,m\}$，则称 R 为问题的可行域，$\min \boldsymbol{F}(\boldsymbol{x})$ 指的是对向量形式的 p 个目标函数求最小，且目标函数 $\boldsymbol{F}(\boldsymbol{x})$ 和约束函数 $g_i(\boldsymbol{x})$，$h_i(\boldsymbol{x})$ 可以是线性函数，也可以是非线性函数。

多目标规划问题域线性规划和非线性规划问题的主要区别就在于，它所追求的目标不止一个，而是多个。

由于许多实际问题中，各个目标的量纲一般都是不同的，所以有必要将每个目标事先进行规范化，例如，对第 j 个带量纲的目标 $F_j(\boldsymbol{x})$，可令

$$f_j(\boldsymbol{x})=\frac{F_j(\boldsymbol{x})}{F_j}\tag{2.111}$$

式中，$F_j=\min\limits_{x\in R}F_j(\boldsymbol{x})$，$R=\{\boldsymbol{x}\mid g_i(\boldsymbol{x})\leqslant 0,\ i=1,2,\cdots,m;\ h_i(\boldsymbol{x})=0,\ i=1,2,\cdots,l\}$。

这样 $f_j(\boldsymbol{x})$ 就是规范化的目标了，在后续的叙述中，我们假设多目标规划问题中的目标均已规范化。

2.5.1 多目标优化的解集

对单目标规划来说，给定任意两个可行解 $\boldsymbol{x}_1$，$\boldsymbol{x}_2\in R$，通过比较它们的目标函数值 $f(\boldsymbol{x}_1)$，$f(\boldsymbol{x}_2)$ 就可以确定哪个更优。但对于多目标规划而言，给定任意两个可行解 $\boldsymbol{x}_1$，$\boldsymbol{x}_2\in R$，因为目标函数 $\boldsymbol{F}(\boldsymbol{x}_1)$，$\boldsymbol{F}(\boldsymbol{x}_2)$ 均为向量，故可能不存在 $\boldsymbol{F}(\boldsymbol{x}_1)$ 和 $\boldsymbol{F}(\boldsymbol{x}_2)$ 之间的大小关系，既无大于或等于关系，也无小于或等于关系。

1. 绝对最优解

设 $\boldsymbol{x}^*\in R$，如果对于 $\forall\boldsymbol{x}\in R$ 均有 $\boldsymbol{F}(\boldsymbol{x}^*)\leqslant\boldsymbol{F}(\boldsymbol{x})$，则称 $\boldsymbol{x}^*$ 为多目标规划问题的绝对最优解。多目标规划问题的绝对最优解的全体可以记为 R_{ab}^*，其含义为：该最优解与任意一个可行解都是可以进行比较的。图 2-10 是绝对最优解的示意图，其中方案 A_1 为绝对最优解。

多目标规划问题的绝对最优解一般情况下是不存在的。事实上，如果把多目标规划中的每个目标函数看成是单目标规划问题的目标函数，即分别考虑 p 个单目标规划问题：

$\min F_i(\boldsymbol{x})$，$\boldsymbol{x} \in R$，$i = 1,2,\cdots,n$，那么这 p 个单目标规划问题的公共最优解才是多目标规划问题的绝对最优解。如果这 p 个单目标规划问题没有公共的最优解，那么多目标规划问题就没有绝对最优解。

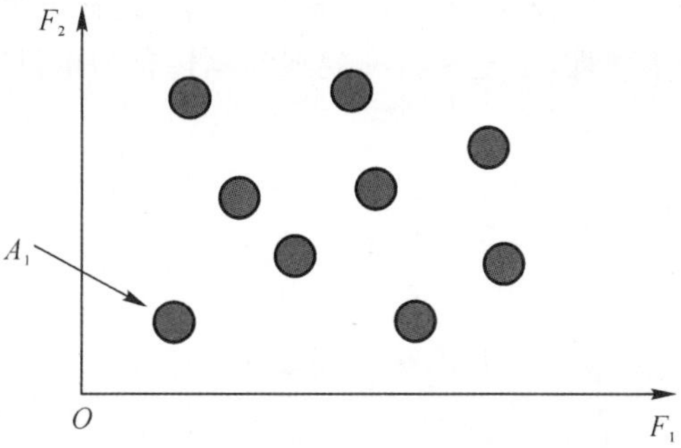

图 2-10　多目标优化绝对最优解示意图

2. 有效解

假设多目标最优化问题的目标为求函数 F_1 和 F_2 的极小值。如图 2-11 所示，就方案 A_1 和 A_2 来说，有：$F_1(A_1) < F_1(A_2)$ 且 $F_2(A_1) > F_2(A_2)$，故无法确定优劣。对于方案 A_1 和 A_2，由于无法确定其优劣，而且又没有比它们更好的其他方案，所以它们就被称为多目标规划问题的有效解（或者非劣解），其余方案都称为劣解。所有非劣解构成的集合称为非劣解集。

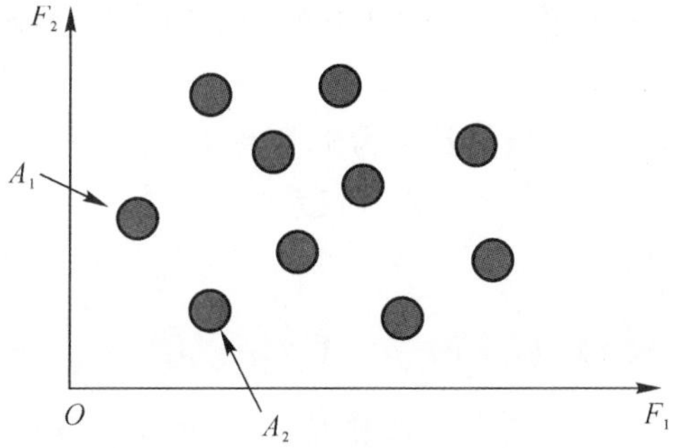

图 2-11　多目标优化有效解示意图

设 $\boldsymbol{x}^* \in R$，如果不存在 $\boldsymbol{x} \in R$ 使得 $\boldsymbol{F}(\boldsymbol{x}) \leqslant \boldsymbol{F}(\boldsymbol{x}^*)$ 成立，那么称 $\boldsymbol{x}^*$ 为多目标最优化问题的有效解。多目标最优化问题的有效解的全体记作 R_e^*，有效解的含义是：在所有的可行解中找不到比它好的可行解。

设 $\boldsymbol{x}^* \in R$，如果不存在 $\boldsymbol{x} \in R$ 使得 $\boldsymbol{F}(\boldsymbol{x}) < \boldsymbol{F}(\boldsymbol{x}^*)$ 成立，那么称 $\boldsymbol{x}^*$ 为多目标最优化问题的弱有效解。多目标最优化问题的弱有效解的全体记作 R_{we}^*，弱有效解的含义是：在所有的可行解中找不到比它严格好的可行解。

2.5.2　多目标优化算法

1. 约束法

约束法又称主要目标法，它根据问题的实际情况，确定一个目标为主要目标，而把其余目标作为次要目标，并根据决策者的经验给次要的目标选取一定的界限值，这样就可以把次要目标作为约束来处理，从而就将原有多目标规划问题转化为一个在新的约束下，求解单目标最优化问题。

假设在 p 个目标中，$F_1(\boldsymbol{x})$ 为主要目标，而对应于其余 $(p-1)$ 个目标函数 $F_i(\boldsymbol{x})$ 均可以确定其允许的边界值：$a_i \leqslant F_i(\boldsymbol{x}) \leqslant b_i$，$i=2,3,\cdots,p$。这样就可以将这 $(p-1)$ 个目标函数作为最优化问题的约束来处理，于是多目标规划问题转化为单目标最优化问题：

$$\left.\begin{array}{l} \min f_1(\boldsymbol{x}) \\ \text{约束条件：}\begin{cases} g_i(\boldsymbol{x}) \geqslant 0, & i=1,2,\cdots,m \\ a_j \leqslant f_j(\boldsymbol{x}) \leqslant b_j, & j=2,3,\cdots,p \end{cases} \end{array}\right\} \tag{2.112}$$

上述问题的可行域为

$$R' = \{\boldsymbol{x} \mid g_i(\boldsymbol{x}) \geqslant 0,\ i=1,2,\cdots,m;\ a_j \leqslant F_j(\boldsymbol{x}) \leqslant b_j,\ j=2,3,\cdots,p\} \tag{2.113}$$

2. 评价函数法

求解多目标规划问题时，还有一种常见的方法就是评价函数法，其基本思想就是将多目标规划问题转化为一个单目标规划问题来求解，而且该单目标规划问题的目标函数是用多目标问题的各个目标函数构造出来的，称为评价函数。例如若原多目标规划问题的目标函数为 $\boldsymbol{F}(\boldsymbol{x})$，则可以通过各种不同的方式构造评价函数 $h[\boldsymbol{F}(\boldsymbol{x})]$，然后求解如下问题：

$$\left.\begin{array}{l} \min h[\boldsymbol{F}(\boldsymbol{x})] \\ \text{约束条件：}\boldsymbol{x} \in R \end{array}\right\} \tag{2.114}$$

求解上述问题之后，可以用上述问题的最优解 $\boldsymbol{x}^*$ 作为多目标规划问题的最优解。正是由于可以用不同的方法来构造评价函数，因此有各种不同的评价函数方法。下面主要介绍常用的加权法。

若 p 个非负实数 $\lambda_1,\lambda_2,\cdots,\lambda_p$ 满足其和为 1，则称 $\boldsymbol{\lambda}=[\lambda_1 \quad \lambda_2 \quad \cdots \quad \lambda_p]^{\mathrm{T}}$ 为一组权向量，或者将 $\lambda_1,\lambda_2,\cdots,\lambda_p$ 称为一组权系数。若所有权系数 $\lambda_i > 0$，$i=1,2,\cdots,p$，则称这组权系数为正权。正权的全体可以记为

$$\Lambda^{2+} = \left\{\boldsymbol{\lambda} \,\middle|\, \lambda_i > 0,\ i=1,2,\cdots,p;\ \sum_{i=1}^{p} \lambda_i = 1\right\}$$

若所有权系数 $\lambda_i \geqslant 0$，$i=1,2,\cdots,p$，则称这组权系数为非负权。非负权的全体可以记为

$$\Lambda^{+} = \left\{\boldsymbol{\lambda} \,\middle|\, \lambda_i \geqslant 0,\ i=1,2,\cdots,p;\ \sum_{i=1}^{p} \lambda_i = 1\right\}$$

二次方和加权法和线性加权和法是两种主要的加权方法。

(1)二次方和加权法用于求解如下单目标规划问题：

$$\min_{x \in R} h[\boldsymbol{F}(\boldsymbol{x})] = \sum_{i=1}^{p} \lambda_i \left[F_i(\boldsymbol{x}) - F_i^0\right]^2 \tag{2.115}$$

(2)线性加权和法是按照 p 个目标 $f_i(\boldsymbol{x})(i=1,2,\cdots,p)$ 的重要程度，分别乘以一组权系数 $\lambda_i(i=1,2,\cdots,p)$，然后相加作为目标函数，再对此目标函数在多目标规划问题的约束集合 R 上求最优解，即构造如下单目标规划问题：

$$\min_{x \in R} h[\boldsymbol{F}(\boldsymbol{x})] = \sum_{i=1}^{p} \lambda_i f_i(\boldsymbol{x}) = \boldsymbol{\lambda}^{\mathrm{T}} \boldsymbol{F}(\boldsymbol{x}) \tag{2.116}$$

求此单目标规划问题的最优解，并把它叫作多目标规划问题在线性加权意义下的最优解。

如图 2 - 12 所示，目标函数的等值线 $\bar{\lambda}_1 F_1 + \bar{\lambda}_2 F_2 = C$ 是一条直线。

求 $\min \boldsymbol{\lambda}^{\mathrm{T}} \boldsymbol{F} = \overline{\lambda}_1 f + \overline{\lambda}_2 f_2, \boldsymbol{F} \in \boldsymbol{F}(R)$ 的过程就是在 $\boldsymbol{F}(R)$ 中找一点，使得 $\boldsymbol{\lambda}^{\mathrm{T}} \boldsymbol{F} = C$ 取最小值 $C = \bar{\boldsymbol{\lambda}}^{\mathrm{T}} \bar{\boldsymbol{F}}$。从图 2 - 12 中可以看出，假设 $\overline{\boldsymbol{F}} = [\overline{F}_1 \quad \overline{F}_2]^{\mathrm{T}}$ 是目标函数 $\overline{\boldsymbol{\lambda}}^{\mathrm{T}} \boldsymbol{F}$ 的等值线与 $\boldsymbol{F}(R)$ 的切点，即 $\boldsymbol{F}(R)$ 的有效点，则对应于 $\overline{\boldsymbol{F}}$，存在 $\overline{\boldsymbol{x}} \in R$ 使得 $\overline{\boldsymbol{F}} = \boldsymbol{F}(\overline{\boldsymbol{x}})$，即 $\overline{\boldsymbol{x}}$ 为多目标规划问题的有效解。

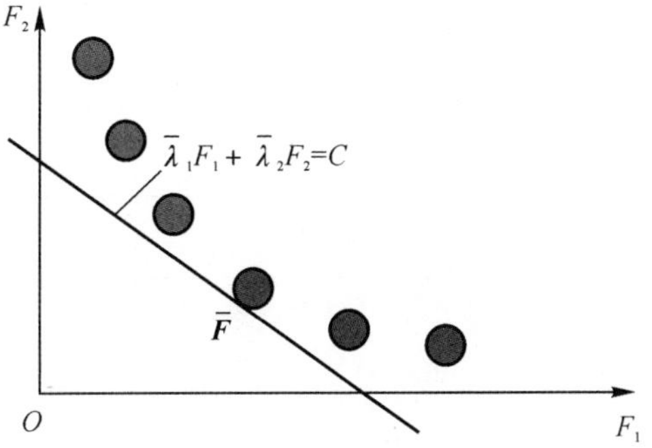

图 2 - 12　多目标规划问题线性加权方法有效解示意图

由于多目标规划中的求解涉及的方法非常多，故在 Matlab 中可以利用不同的函数进行求解，例如：在评价函数法中所得最后的评价函数为一线性函数，且约束条件也为线性函数，则可以利用 Matlab 优化工具箱中提供的 linprog 函数进行求解；如果得到的评价函数为非线性函数，则可以利用 Matlab 优化工具箱中提供的 fmincon 函数进行求解。下面简单介绍用多目标优化函数 fminimax 来求解多目标最优化问题。

最大最小法问题的 Matlab 标准形式为

$$\left.\begin{aligned} &\min_{\boldsymbol{x}} \max_{i} F_i(\boldsymbol{x}) \\ &\text{约束条件：} \begin{cases} \boldsymbol{c}(\boldsymbol{x}) \leqslant \boldsymbol{0} \\ \boldsymbol{c}_{\mathrm{eq}}(\boldsymbol{x}) = \boldsymbol{0} \\ \boldsymbol{A}\boldsymbol{x} \leqslant \boldsymbol{b} \\ \boldsymbol{A}_{\mathrm{eq}}\boldsymbol{x} = \boldsymbol{b}_{\mathrm{eq}} \\ \boldsymbol{l}_b \leqslant \boldsymbol{x} \leqslant \boldsymbol{u}_b \end{cases} \end{aligned}\right\} \tag{2.117}$$

函数 fminimax 的调用方式和其他的最优化函数类似，其中所涉及的输入参数和输出参数的含义与非线性规划的求解函数 fmincon 类似，使用方法也基本相同，具体可参考 Matlab 帮助文档。

例 2.12　求解下列多目标最优化问题：

$$\left.\begin{aligned} &\min_{\boldsymbol{x}} \max_{i} f_i(\boldsymbol{x}) \\ &f_1(\boldsymbol{x}) = 2x_1^2 + x_2^2 - 48x_1 - 40x_2 + 304 \\ &f_2(\boldsymbol{x}) = -x_1^2 - 3x_2^2 \\ &f_3(\boldsymbol{x}) = x_1 + 3x_2 - 18 \\ &f_4(\boldsymbol{x}) = -x_1 - x_2 \\ &f_5(\boldsymbol{x}) = x_1 + x_2 - 8 \end{aligned}\right\} \tag{2.118}$$

解：采用 fminimax 函数求解上述问题。仿真代码如下：

```
function main
    x0=[0 0];
    [x,fval,maxfval] = fminimax(@objfun,x0)
end
function f = objfun(x)
    f(1)= 2 * x(1)^2+x(2)^2-48 * x(1)-40 * x(2)+304;
    f(2)= -x(1)^2 - 3 * x(2)^2;
    f(3)= x(1) + 3 * x(2) -18;
    f(4)= -x(1)- x(2);
    f(5)= x(1) + x(2) - 8;
end
```

其计算结果如下：

```
x =
    4.0000    4.0000
fval =
    0.0000   -64.0006   -1.9999   -8.0000   -0.0000
maxfval =
  2.6988e-08
```

2.6 全局最优化方法

全局最优化方法包括遗传算法、模拟退火算法和粒子群优化算法等，这些算法涉及生物进化、人工智能、数学和物理科学、神经系统和统计力学等概念，都是以一定的直观基础而构造的算法，所以又称为启发式算法。

2.6.1 遗传算法

遗传算法(Genetic Algorithm,GA)最早是于 20 世纪 70 年代根据大自然中生物体进化规律而设计提出的。遗传算法是模拟达尔文生物进化论的自然选择和遗传学机理的生物进化过程的计算模型，是一种通过模拟自然进化过程搜索最优解的方法。在进化论中，每一个物种在不断发展的过程中都是越来越适应环境，物种每个个体的基本特征被后代所继承，但后代又不完全同于父代，这些新的变化，若适应环境，则被保留下来；否则，就将被淘汰。在遗传学中认为，遗传是作为一种指令遗传码封装在每个细胞中，并以基因的形式包含在染色体中，每个基因有特殊的位置并控制某个特殊的性质。每个基因产生的个体对环境有一定的适应性。基因杂交和基因突变可能产生对环境适应性强的后代，通过优胜劣汰的自然选择，适应值高的基因结构就保存下来。遗传算法就是模仿了生物的遗传、进化原理，并引用了随机统计原理而形成的。在求解过程中，遗传算法从一个初始变量群体开始，一代一代地寻找问题的最优解，直到满足收敛判据或预先假定的迭代次数为止。该算法通过数学的方式，利用计算机仿真运算，将问题的求解过程转换成类似生物进化中的染色体基因的交叉、变异等过程。在求解较为复杂的组合优化问题时，相对一些常规的优化算法，通常能够较快地获得较好的优化结果。遗传算法已被人们广泛地应用于组合优化、机器学习、信号处理、自适应控制和人工生命等领域。

遗传算法具有下述特点：

(1)遗传算法直接以适应度作为搜索信息,求解问题时,搜索过程不受优化函数连续性的约束,无需导数或其他辅助信息。

(2)遗传算法具有很高的并行性,可以同时搜索解空间的多个区域搜索信息,从而降低算法陷入局部最优解的可能性。

(3)遗传算法具很强的鲁棒性。在待求解问题为非连续、多峰及有噪声的情况下,它能够以很大的可能性收敛到最优解或近似最优解。

(4)遗传算法具有较高的可扩充性。它易于与其他领域的知识或算法相结合来求解特定问题。

(5)遗传算法的基本思想简单,具有良好的可操作性和简单性。

(6)遗传算法具有较强的智能性,可以用来解决复杂的非结构化问题。

利用遗传算法求解问题时,首先要确定问题的目标函数和变量,然后对变量进行编码。这样做主要是因为在遗传算法中,问题的解是用数字串来表示的,而且遗传算子也是直接对串进行操作的。编码方式可以分为二进制编码和实数编码。若用二进制数表示个体,则将二进制数转化为十进制数的解码公式可以为

$$F(b_{i1},b_{i2},\cdots,b_{il})=R_i+\frac{T_i-R_i}{2^l-1}\sum_{j=1}^{l}b_{ij}2^{j-1} \tag{2.119}$$

式中:$(b_{i1},b_{i2},\cdots,b_{il})$ 为某个个体的第 i 段,每段段长都为 l,每个 b_{ik} 都是 0 或者 1;T_i 和 R_i 是第 i 段分量 X_i 的定义域的两个端点。

遗传操作是模拟生物基因的操作,它的任务就是根据个体的适应度对其施加一定的操作,从而实现优胜劣汰的进化过程。从优化搜索的角度看,遗传操作可以使问题的解逐代优化,逼近最优解。遗传操作包括以下三个基本遗传算子:选择、交叉、变异。选择和交叉基本上完成了遗传算法的大部分搜索功能,变异增加了遗传算法找到最接近最优解的能力。

(1)选择。选择是指从群体中选择优良的个体并淘汰劣质个体的操作。它建立在适应度评估的基础上。适应度越大的个体,被选择的可能性就越大,它的后代在下一代的个数就越多。选择出来的个体被放入配对库中。目前常用的选择方法有轮赌盘方法(也称适应度比例法)、最佳个体保留法、期望值法、排序选择法、竞争法和线性标准化方法等。

(2)交叉。交叉是指把两个父代个体的部分结构加以替换重组而生成新个体的操作。交叉的目的是为了能够在下一代产生新的个体。通过交叉操作,遗传算法的搜索能力得以飞跃性地提高。交叉是遗传算法获得新优良个体的最重要的手段。交叉操作是按照一定的交叉概率 P_c 在配对库中随机地选取两个个体进行的。交叉的位置也是随机确定的。交叉概率 P_c 的值一般取得很大,为 0.6～0.9。

(3)变异。变异就是以很小的变异概率 P_m 随机地改变群体中个体的某些基因的值。变异操作的基本过程是:产生一个 $[0,1]$ 之间的随机数 rand,如果 rand $<P_m$,则进行变异操作。变异操作本身是一种局部随机搜索,与选择、交叉算子结合在一起,能够避免由于选择和交叉算子而引起的某些信息的永久性丢失,保证了遗传算法的有效性,使遗传算法具有局部的随机搜索能力,同时使得遗传算法能够保持群体的多样性,以防止出现未成熟收敛。变异操作是一种防止算法早熟的措施。在变异操作中,变异概率不能取值太大,如果 $P_m>0.5$,遗传算法就退化为随机搜索,而遗传算法的一些重要的数学特性和搜索能力也就不复存在了。

算法 2-7(遗传算法,其流程图见图 2-13)

步骤 1:选择问题的一个编码方式,在搜索空间 U 上定义一个适应度函数 $f(x)$,给定种

群规模 N，交叉率 P_c 和变异率 P_m，代数 T。

步骤 2：随机产生 U 中的 N 个个体 $s_1,s_2,\cdots,s_N$，组成初始种群 $S(1)=\{s_1,s_2,\cdots,s_N\}$，置代数计数器 $t=1$。

步骤 3：计算 S 中的每一个个体 s_i 的适应度函数 $f_i=f(s_i)$。

步骤 4：若满足算法终止规则，则算法停止，取 S 中适应度最大的个体作为所求结果；否则，计算概率：

$$P(s_i)=\frac{f_i}{\sum_{j=1}^{N}f_j},\quad i=1,2,\cdots,N \tag{2.120}$$

并按照上述选择概率分布所决定的选中机会，每次从 S 中随机选定 1 个个体并将其染色体复制，共做 N 次，然后将复制所得的 N 个染色体组成群体 S_1。

步骤 5：按交叉率 P_c 所决定的参加交叉的染色体数 c，从 S_1 中随机确定 c 个染色体，配对进行交叉操作，并用产生的新染色体代替原染色体，得群体 S_2。

步骤 6：按变异率 P_m 所决定的变异次数 m，从 S_2 中随机确定 m 个染色体，分别进行变异操作，并用产生的新染色体代替原染色体，得群体 S_3。

步骤 7：将群体 S_3 作为新一代种群，即用 S_3 代替 S，$t=t+1$，转步骤 3。

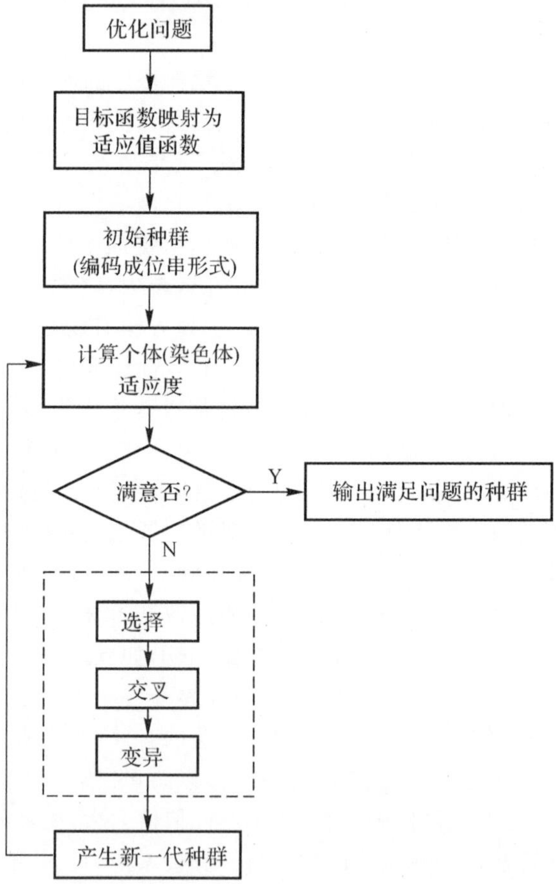

图 2-13　遗传算法流程图

使用遗传算法需要决定的运行参数有编码串长度、种群大小、交叉和变异概率：

(1)编码串长度由优化问题所要求的求解精度决定。

(2)种群大小表示种群中所含个体的数量。种群较小时，可提高遗传算法的运算速度，但却降低了群体的多样性，可能找不到最优解；种群较大时，又会增加计算量，使遗传算法的运行效率降低。一般种群数目取 20～100。

(3)交叉概率控制着交叉操作的频率。由于交叉操作是遗传算法中产生新个体的主要方法，所以交叉概率通常应取较大值；但若过大的话，又可能破坏群体的优良模式。一般交叉概率取 0.4～0.99。

(4)变异概率也是影响新个体产生的一个因素。变异概率小，产生新个体少；变异概率太大，又会使遗传算法变成随机搜索。一般变异概率取 0.000 1～0.1。

遗传算法常采用的收敛判据有：规定遗传代数；连续几次得到的最优个体的适应值没有变化或变化很小等。

Matlab 平台中提供了 GA 函数实现基于遗传算法的全局优化计算，其基本调用形式如下：

```
x = ga(fitnessfun,nvars,A,b,Aeq,beq,LB,UB,nonlcon,IntCon,options)
```

其中：

• x 是使 fitnessfun 函数取最小值时的自变量值。

• nvars 为自变量的数目，即 x 向量中包含的元素个数。

• A，b，Aeq，beq，LB，UB 为线性约束项，即满足约束条件：

$$\left.\begin{array}{l} \mathrm{Ax} \leqslant \mathrm{b} \\ \mathrm{Aeq} \leqslant \mathrm{x} \leqslant \mathrm{beq} \\ \mathrm{LB} \leqslant \mathrm{x} \leqslant \mathrm{UB} \end{array}\right\} \tag{2.121}$$

• nonlcon 为非线性约束。其中运用了矢量化约束(vectorized constraints)的方法。nonlcon 是一个返回两个参数的函数句柄，可以是当前路径下的一个函数文件@functionfile。其具有如下原型：

```
[c ceq] = nonlcon(x)
```

其约束为 $c \leqslant 0$，$ceq = 0$。

• IntCon：自变量向量正整数的下标，从 1 到 nvars。

• options：算法功能设置选项。Matlab 提供了多种选项设置，例如 InitialPopulation 的功能是设置初始种群，Generations 的功能是设置迭代遗传的次数，其调用方式一般通过 gaoptimset('param1',value1,'param2',value2,…)实现。

下面通过一个典型例子进行简单介绍。

例 2.13　求解 Rastrigin 函数的全局最小值：

$$\min f(\boldsymbol{x}) = 20 + x_1^2 + x_2^2 - 10(\cos 2\pi x_1 + \cos 2\pi x_2) \tag{2.122}$$

如图 2 - 14 所示，Rastrigin 函数具有许多局部最小值。然而，该函数只有一个全局最小值，出现在[0,0]点处，函数在该点的值为 0。Rastrigin 函数的值均大于 0。局部最小点距离原点越远，该点的函数值越大。Rastrigin 函数是最常用于遗传算法测试的函数之一，因为它有许多局部最小点，使得使用标准的、基于梯度的查找全局最小值的方法十分困难。

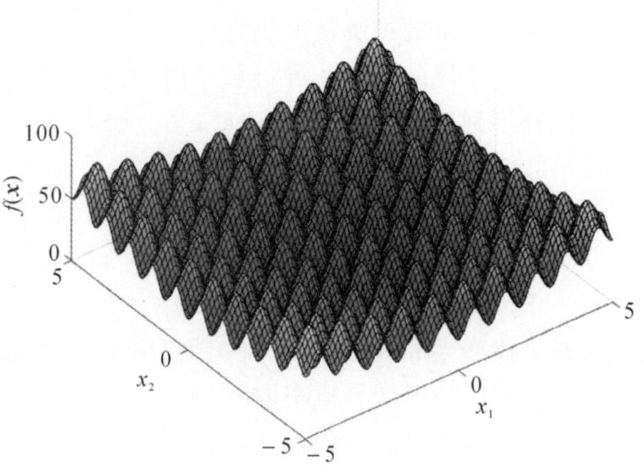

图 2-14 Rastrigin 函数三维曲面图

利用 Matlab 中的遗传算法工具箱 GA 函数对其进行求解：

```
function main
    rf2 = @(x)rastriginsfcn(x/10);
    initpop = 10 * randn(20,2) + repmat([10 30],20,1);
    opts = gaoptimset('InitialPopulation',initpop);
    [xga fga flga oga] = ga(rf2,2,[],[],[],[],[],[],[],opts)
end
```

计算结果如下：

```
xga =
   -0.0286    -0.0244
fga =
    0.0028
flga =
     1
```

需要注意的是，上述计算结果是在全局解附近的近似解，这与 GA 函数的参数设置密切相关，具体可参考 Matlab 帮助文档。

例 2.14 旅行商问题(Travelling Salesman Problem, TSP)，也称货郎担问题或旅行推销员问题，是运筹学中一个著名的问题，其一般提法为：有一个旅行商从城市 1 出发，需要到城市 $2,3,\cdots,n$ 去推销货物，若任意两个城市间的距离已知，则该旅行商应如何选择其最佳行走路线？请采用遗传算法求解旅行商问题。

解：TSP 在图论意义下又常常被称为最小 Hamilton 圈问题，Euler 等人最早研究了该问题的雏形，后来由英国的 Hamilton 爵士作为一个悬赏问题而提出。但这个能让普通人在几分钟内就可理解的游戏之作，却延续至今仍未能完全解决，成了一个世界难题。

TSP 有着明显的实际意义，如，邮局里负责到各信箱开箱取信的邮递员，以及去各分局送邮件的汽车等，都会遇到类似的问题。有趣的是，还有一些问题表面上看似乎与 TSP 无关，而实质上却可以归结为 TSP 来求解。在飞行器轨迹规划/优化研究领域，也存在不少这样的例子。例如在近地轨道多空间碎片清理问题中，碎片清理航天器需以最省的燃料清理尽可能多的碎片，其轨道机动序列优化最终可转化为 TSP 进行求解。

设 V 为顶点集，并假设：

$$x_{ij}=\begin{cases}1, & \text{若}(i,j)\text{在回路路径上}\\ 0, & \text{其他}\end{cases} \tag{2.123}$$

则经典的 TSP 可写为如下的数学规划模型：

$$\min Z=\sum_{i=1}^{n}\sum_{j=1}^{n}d_{ij}x_{ij} \tag{2.124}$$

$$\text{约束条件}:\begin{cases}\sum_{j=1}^{n}x_{ij}=1, & i\in V \quad \text{(A)}\\ \sum_{i=1}^{n}x_{ij}=1, & j\in V \quad \text{(B)}\\ \sum_{i\in S}\sum_{j\in S}x_{ij}\leqslant |S|-1, & \forall S\subset V,\ 2\leqslant |S|\leqslant n-1 \quad \text{(C)}\\ x_{ij}\in\{0,\ 1\}\end{cases}$$

上述模型中，n 为集合中所含图的顶点数，d_{ij} 为顶点间的距离。约束(A)和(B)意味着对每个点而言，仅有一条边进和一条边出；约束(C)则保证了没有任何子回路解的产生。于是，满足约束(A)(B)和(C)的解构成了一条 Hamilton 回路。

基于遗传算法的基本原理，对旅行商问题进行分析求解：

(1)编码方式。把旅行商途经的城市的顺序序号作为遗传算法的编码。假设 n 个城市的序号为 $1,2,\cdots,n$，那么它的任意一个全排列 $i_1,i_2,\cdots,i_n$ 就是一个数据编码，表示一个染色体，每个染色体就代表一个解，不同解是靠染色体上不同的基因 i 决定的。

(2)适应度函数。由于旅行商问题的规划模型的目标函数是要求解最小值，所以适应度函数就用路径的总长度的倒数来表示。这样，符合了遗传算法的优胜劣汰的搜索策略。

(3)初始群体的产生。随机生产一个大小为 n 且每条染色体上的基因长度都是的 n 初始种群，作为第一代个体。

(4)选择过程。构造一个 $\sum f(x_i)$ 合适的隶属函数 $p=f(x_i)\sum f(x_i)$，然后计算出种群中每个遗传个体的适应度 $f(x_i)$，从而得到种群中遗传个体适应度的和。

(5)交叉过程。首先，设定交叉概率；其次，根据这一概率，选出要进行交叉操作的个体，并将它们两两配对；最后，在染色体上 $1\sim n-1$ 个基因编号之间随机地选出两个，之间的基因作为接下来将要进行交叉的对象。

(6)变异过程。交叉操作完成后，以变异概率从群体中选出要进行变异的遗传个体，然后随机地从 $1\sim n-1$ 之间选择两个数作为变异点，将基因进行交换。

(7)复制过程。复制过程就是将适应度值大的个体直接复制到下一代，从而不至于丢掉性质较优的解。

基于遗传算法基本原理所编写的 TSP 求解代码如下：

```
function main
clear;
clc;
cityNum = 20;
maxGEN =300;
popSize = 100; %遗传算法种群大小
crossoverProbabilty = 0.9; %交叉概率
mutationProbabilty = 0.1; %变异概率
gbest = Inf;
% 随机生成城市位置
cities = rand(2,cityNum) * 100;%100 是最远距离
% 计算上述生成的城市距离
distances = calculateDistance(cities);
% 生成种群,每个个体代表一个路径
pop = zeros(popSize, cityNum);
for i=1:popSize
    pop(i,:) = randperm(cityNum);
end
offspring = zeros(popSize,cityNum);
minPathes = zeros(maxGEN,1);
% GA 算法
for  gen=1:maxGEN
    %计算适应度的值,即路径总距离
    [fval, sumDistance, minPath, maxPath] = fitness(distances, pop);
    %轮盘赌选择
    tournamentSize=4; %设置大小
    for k=1:popSize
        %选择父代进行交叉
        tourPopDistances=zeros( tournamentSize,1);
        for i=1:tournamentSize
            randomRow = randi(popSize);
            tourPopDistances(i,1) = sumDistance(randomRow,1);
        end
        %选择最好的,即距离最小的
        parent1  = min(tourPopDistances);
        [parent1X,parent1Y] = find(sumDistance==parent1,1, 'first');
        parent1Path = pop(parent1X(1,1),:);
        for i=1:tournamentSize
            randomRow = randi(popSize);
            tourPopDistances(i,1) = sumDistance(randomRow,1);
        end
        parent2  = min(tourPopDistances);
```

```
            [parent2X,parent2Y] = find(sumDistance==parent2,1, 'first');
            parent2Path = pop(parent2X(1,1),:);
            subPath = crossover(parent1Path, parent2Path, crossoverProbabilty);
            subPath = mutate(subPath, mutationProbabilty);%变异
            offspring(k,:) = subPath(1,:);
            minPathes(gen,1) = minPath;
        end
        fprintf('代数:%d   最短路径:%.2fKM \n', gen,minPath);
        pop = offspring;
        %画出当前状态下的最短路径
        if minPath < gbest
            gbest = minPath;
            paint(cities, pop, gbest, sumDistance,gen);
        end
    end
    figure
    plot(minPathes, 'MarkerFaceColor', 'red','LineWidth',1);
    title('收敛曲线图(每一代的最短路径)');
    set(gca,'ytick',500:100:5000);ylabel('路径长度');xlabel('迭代次数');
    grid on
    end
    % 计算距离
    function [ distances ] = calculateDistance( city )
        [~, col] = size(city);
        distances = zeros(col);
        for i=1:col
            for j=1:col
              distances(i,j)= distances(i,j)+ sqrt( (city(1,i)-city(1,j))^2 + (city(2,i)-city(2,j))^2);
            end
        end
    end
    % 交叉
    function [childPath] = crossover(parent1Path, parent2Path, prob)
        random = rand();
        if prob >= random
            [l, length] = size(parent1Path);
            childPath = zeros(l,length);
            setSize = floor(length/2) -1;
            offset = randi(setSize);
            for i=offset:setSize+offset-1
                childPath(1,i) = parent1Path(1,i);
```

```
            end
            iterator = i+1;
            j = iterator;
            while any(childPath == 0)
                if j > length
                    j = 1;
                end
                if iterator > length
                    iterator = 1;
                end
                if ~any(childPath == parent2Path(1,j))
                    childPath(1,iterator) = parent2Path(1,j);
                   iterator = iterator + 1;
                end
                j = j + 1;
            end
        else
            childPath = parent1Path;
        end
    end

    function [ fitnessvar, sumDistances,minPath, maxPath ] = fitness( distances, pop )
    % 计算整个种群的适应度值
        [popSize, col] = size(pop);
        sumDistances = zeros(popSize,1);
        fitnessvar = zeros(popSize,1);
        for i=1:popSize
           for j=1:col-1
               sumDistances(i) = sumDistances(i) + distances(pop(i,j),pop(i,j+1));
           end
        end
        minPath = min(sumDistances);
        maxPath = max(sumDistances);
        for i=1:length(sumDistances)
             fitnessvar(i,1)=(maxPath - sumDistances(i,1)+0.000001) / (maxPath-minPath+
0.00000001);
        end
    end
    % 对指定的路径利用指定的概率进行更新
    function [ mutatedPath ] = mutate( path, prob )
        random = rand();
        if random <= prob
```

```
        [l,length] = size(path);
        index1 = randi(length);
        index2 = randi(length);
        %交换
        temp = path(l,index1);
        path(l,index1) = path(l,index2);
        path(l,index2)=temp;
    end
        mutatedPath = path;
end

function [ output_args ] = paint( cities, pop, minPath, totalDistances,gen)
    gNumber=gen;
    [~, length] = size(cities);
    xDots = cities(1,:);
    yDots = cities(2,:);
    %figure(1);
    title('GA TSP');
    plot(xDots,yDots, 'p', 'MarkerSize', 14, 'MarkerFaceColor', 'blue');
    xlabel('x');
    ylabel('y');
    axis equal
    hold on
    [minPathX,~] = find(totalDistances==minPath,1, 'first');
    bestPopPath = pop(minPathX,:);
    bestX = zeros(1,length);
    bestY = zeros(1,length);
    for j=1:length
       bestX(1,j) = cities(1,bestPopPath(1,j));
       bestY(1,j) = cities(2,bestPopPath(1,j));
    end
    title('GA TSP');
    plot(bestX(1,:),bestY(1,:), 'red', 'LineWidth', 1.25);
    legend('城市', '路径'); axis equal;     grid on
    %text(5,0,sprintf('迭代次数: %d 总路径长度: %.2f',gNumber, minPath),'FontSize',10);
    drawnow
    hold off
end
```

其仿真结果如图 2－15～图 2－17 所示。

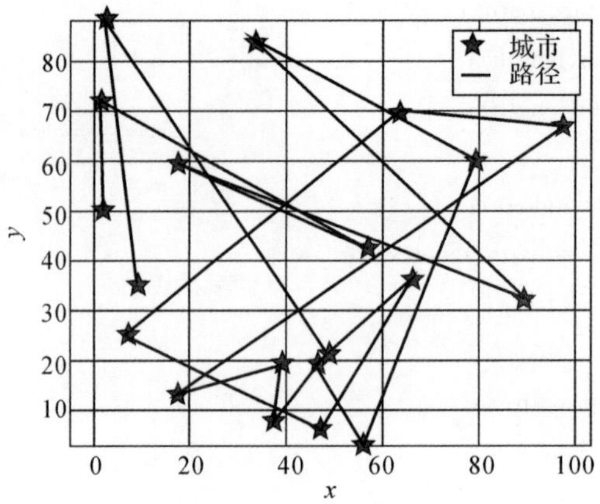

图 2-15　遗传算法求解旅行商问题迭代过程

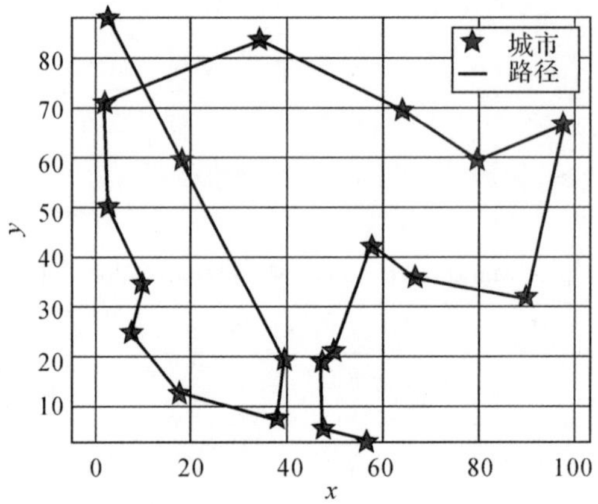

图 2-16　遗传算法求解旅行商问题收敛解

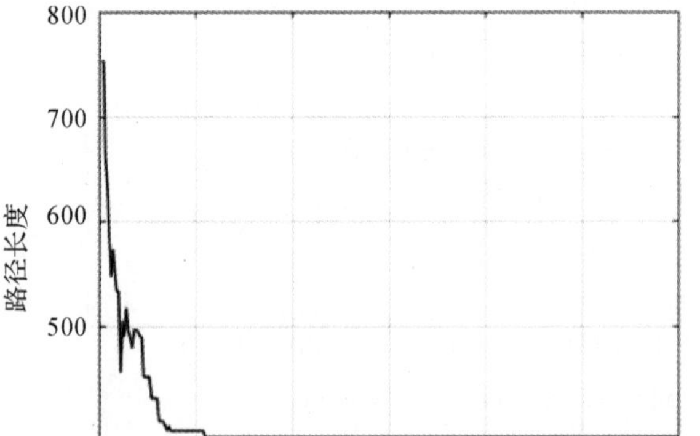

图 2-17　遗传算法求解旅行商问题收敛曲线图

2.6.2 模拟退火算法

模拟退火算法(Simulated Annealing Algorithm,SAA)是一种通用随机搜索算法,是局部搜索算法的扩展,用来在一个大的搜寻空间内找寻命题的最优解。模拟退火算法是针对组合优化提出的,其目的在于:

(1)为具有非定常多项式(Non-deterministic Polynomial,NP)复杂性的问题提供有效的近似求解算法。

(2)克服优化过程陷入局部极小。

(3)克服初值依赖性。模拟退火算法的基本思想出于物理退火过程,因此我们通过比较物理退火和模拟退火来介绍模拟退火的基本思想。

模拟退火来自冶金学的专有名词"退火"。具体的退火过程为:加热固体到一定温度后,它的所有分子在状态空间自由运动,随着温度的逐渐下降,分子停留在不同的状态,分子运动逐渐趋于有序,最后以一定的结构排列。这种由高温向低温逐渐降温的过程称为退火。退火过程中系统的熵值不断减小,系统能量随温度的降低趋于最小值。固体退火过程与优化问题之间存在着类似性,因此可以将固体在恒定温度下达到热平衡过程的模拟引入优化过程中,即"模拟退火算法"。

模拟退火算法在搜索策略上引入了适当的随机因素和物理系统退火过程的自然机理,使得在迭代过程中出现可以接受使目标函数值变"好"的试探点,也可以以一定的概率接受使目标函数值变"差"的试探点,接受概率随着温度的下降逐渐减小。这样避免了搜索过程陷入局部最优解,有利于提高求得全局最优解的可靠性。因此,模拟退火算法具有使用范围广、求得全局最优解的可靠性高、算法简单、便于实现等优点。

算法 2-8(模拟退火法)

步骤 1:给定冷却进度表参数及其迭代初始解 $\boldsymbol{x}_0$ 和 $f(\boldsymbol{x}_0)$。

步骤 2:参数 $t = t_k$ 时作 L_k 次试探搜索。

根据当前解 $\boldsymbol{x}_k$ 产生一随机量,如果是连续变量,则产生一随机向量 $\boldsymbol{z}_k$;如果是离散变量,则产生一随机偏变量,得到 $\boldsymbol{x}_k$ 邻域的新的试探点 $\boldsymbol{x}'_k$:

$$\boldsymbol{x}'_k = \begin{cases} \boldsymbol{x}_k + \boldsymbol{z}_k, & \text{连续变量} \\ \boldsymbol{X}(\boldsymbol{q} + \boldsymbol{q}'), & \text{离散变量} \end{cases} \tag{2.125}$$

式中,$\boldsymbol{X}$ 为离散变量的取值序列,$\boldsymbol{q}$ 为当前解的离散位置。

步骤 3:产生一个在(0, 1)上均匀分布的随机数 η,计算出在给定当前迭代点 $\boldsymbol{x}_k$ 和温度 t_k 下与 Metropolis 接受准则相对应的转移概率 P,有

$$P = \begin{cases} 1, & f(\boldsymbol{x}'_k) \leqslant f(\boldsymbol{x}_k) \\ \mathrm{e}^{\frac{f(\boldsymbol{x}_k) - f(\boldsymbol{x}'_k)}{t_k}}, & f(\boldsymbol{x}'_k) > f(\boldsymbol{x}_k) \end{cases} \tag{2.126}$$

若 $\eta \leqslant P$,则接受新解,$\boldsymbol{x}_k = \boldsymbol{x}'_k$,$f(\boldsymbol{x}_k) = f(\boldsymbol{x}'_k)$;否则不变。

步骤 4:试探点搜索小于 L_k 次,转步骤 2;否则转步骤 3;

步骤 5:检查是否满足迭代终止条件,如果满足则算法停止,当前解为近似全局最优解;否则转步骤 6。

步骤 6:根据给定的温度衰减函数,产生新的温度控制参数 t_{k+1} 以及 Markov 链的长度 L_{k+1}。

步骤 7:重复步骤 2～步骤 6,直到找到最优解。

模拟退火算法是由转移概率描述的 Metropolis 准则，既接受优化解也接受劣化解。算法开始时 t 值较大，就可能接受较差的劣化解，但随 t 的减小，只会接受较好的劣化解。最后在 t 值趋于零时，就不再接受劣化解。因此，模拟退火算法能从局部最优的陷阱中跳出来，以较大的概率获得全局最优解。

Matlab 平台中提供了 simulannealbnd 函数实现模拟退火算法。以求解 Rastrigin 函数的全局最小值为例，其调用代码如下：

```
function main
    rf2 = @(x)rastriginsfcn(x/10);
    x0 = [20 10];
    x = simulannealbnd(rf2,x0)
end
```

其优化结果为

```
x =
    0.0030    0.0255
```

可以看到，由于初始猜想的设置原因，simulannealbnd 函数并没有得到全局最优解。这里需要强调的是，尽管方法是全局最优方法，但由于初始猜想、优化设置及优化问题复杂度等原因，全局最优化方法并不能保证得到全局最优解。

例 2.15 请采用模拟退火算法求解旅行商问题。

解：根据模拟退火算法的基本原理，仿真代码为

```
function main
    clc;
    clear;
    close all;
    %%输入数据
x=[38.24,39.57,40.56,36.26,33.48,37.56,38.42,37.52,41.23,41.17,36.08,38.47,38.15,37.51,35.49,39.36,38.09,36.09,40.44,40.33,40.37,37.57];
y=[20.42,26.15,25.32,23.12,10.54,12.19,13.11,20.44,9.100,13.05,-5.210,15.13,15.35,15.17,14.32,19.56,24.36,23,13.57,14.15,14.23,22.56];
    vertexs=[x;y]';
    n=length(x);
    h=pdist(vertexs);
    dist=squareform(h);
    %%参数
    MaxOutIter=300;
    MaxInIter=15;
    T0=0.025;
    alpha=0.99;
    pSwap=0.2;
    pReversion=0.5;
    pInsertion=1-pSwap-pReversion;
    %%初始化
    currRoute=randperm(n);
```

```
    currL=RouteLength(currRoute,dist);
    bestRoute=currRoute;
    bestL=currL;
    BestLOutIter=zeros(MaxOutIter,1);
    T=T0;
    %%模拟退火
    for outIter=1:MaxOutIter
        for inIter=1:MaxInIter
            newRoute=Neighbor(currRoute,pSwap,pReversion,pInsertion);
            newL=RouteLength(newRoute,dist);
            if newL<=currL
                currRoute=newRoute;
                currL=newL;
            else
                delta=(newL-currL)/currL;
                P=exp(-delta/T);
                if rand<=P
                    currRoute=newRoute;
                    currL=newL;
                end
            end
            if currL<=bestL
                bestRoute=currRoute;
                bestL=currL;
            end
        end
        BestLOutIter(outIter)=bestL;
        disp(['第' num2str(outIter) '次迭代:全局最优路线总距离 = ' num2str(BestLOutIter(outI-
ter))]);
        %更新当前温度
        T=alpha * T;
        %画出外层循环每次迭代的全局最优路线图
        figure(1);
        PlotRoute(bestRoute,x,y)
        pause(0.01);
    end
    %%打印外层循环每次迭代的全局最优路线的总距离变化趋势图
    figure;
    plot(BestLOutIter,'LineWidth',1);
    xlabel('迭代次数');
    ylabel('距离');
end
```

```
function L=RouteLength(route,dist)
    n=length(route);
    route=[route route(1)];
    L=0;
    for k=1:n
        i=route(k);
        j=route(k+1);
        L=L+dist(i,j);
    end
end

function route2=Neighbor(route1,pSwap,pReversion,pInsertion)
    index=Roulette(pSwap,pReversion,pInsertion);
    if index==1
        %交换结构
        route2=Swap(route1);
    elseif index==2
        %逆转结构
        route2=Reversion(route1);
    else
        %插入结构
        route2=Insertion(route1);
    end
end
function index=Roulette(pSwap,pReversion,pInsertion)
    p=[pSwap pReversion pInsertion];
    r=rand;
    c=cumsum(p);
    index=find(r<=c,1,'first');
end

function route2=Swap(route1)
    n=length(route1);
    seq=randperm(n);
    I=seq(1:2);
    i1=I(1);
    i2=I(2);
    route2=route1;
    route2([i1 i2])=route1([i2 i1]);
end

function route2=Reversion(route1)
```

```
    n=length(route1);
    seq=randperm(n);
    I=seq(1:2);
    i1=min(I);
    i2=max(I);
    route2=route1;
    route2(i1:i2)=route1(i2:-1:i1);
end

function route2=Insertion(route1)
    n=length(route1);
    seq=randperm(n);
    I=seq(1:2);
    i1=I(1);
    i2=I(2);
    if i1<i2
        route2=route1([1:i1-1 i1+1:i2 i1 i2+1:end]);
    else
        route2=route1([1:i2 i1 i2+1:i1-1 i1+1:end]);
    end
end

function PlotRoute(route,x,y)
    route=[route route(1)];
    plot(x(route),y(route),'k-o','MarkerSize',10,'MarkerFaceColor','w','LineWidth',1.5);
    xlabel('x');
    ylabel('y');
end
```

其仿真结果如图 2-18 和图 2-19 所示。

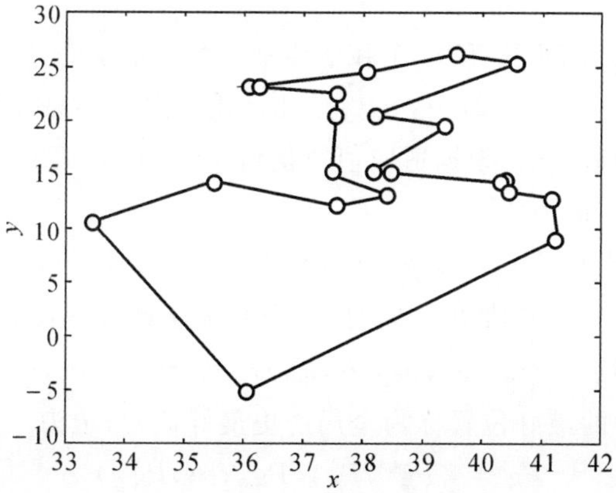

图 2-18　模拟退火算法求解旅行商问题收敛解

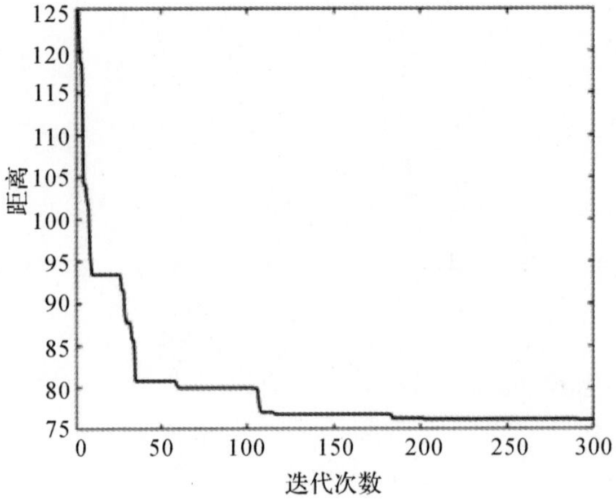

图 2-19　模拟退火算法求解旅行商问题收敛曲线图

2.6.3　粒子群优化算法

粒子群优化算法(Partical Swarm Optimization,PSO)最原始的工作可以追溯到1987年，是在研究鸟类群体行为的基础上发展的新方法。粒子群算法模仿昆虫、兽群、鸟群和鱼群等的群集行为，这些群体按照一种合作的方式寻找食物，群体中的每个成员通过学习它自身的经验和其他成员的经验来不断改变其搜索模式。为便于研究，专家提出了5条基本原则：

(1)邻近原则：群体应该能够执行简单的空间和时间运算。

(2)质量原则：群体应该能感受到周围环境中质量因素的变化，并对其产生响应。

(3)反应多样性原则：群体不应将自己获取资源的途径限制在狭窄的范围之内。

(4)稳定性原则：群体不应随着环境的每一次变化而改变自己的行为模式。

(5)适应性原则：当改变行为模式带来的回报是值得的时候，群体应该改变其行为模式。

在早期的粒子群研究过程中，由于每只鸟在计算机屏幕上显示为一个点，而“点”在数学领域具有多种意义，于是研究专家用“粒子”来称呼每个个体，由此产生了基本的粒子群优化算法。

假设在一个 D 维搜索空间中，有 m 个粒子组成一粒子群，其中第 i 个粒子的空间位置为 $X_i=(x_{i1},x_{i2},x_{i3},\cdots,x_{iD}),i=1,2,\cdots,m$，它是优化问题的一个潜在解。将它带入优化目标函数可以计算出其相应的适应值，根据适应值可衡量 x_i 的优劣；第 i 个粒子所经历的最好位置称为其个体历史最好位置，记为

$$P_i=(p_{i1},p_{i2},p_{i3},\cdots,p_{iD}),\quad i=1,2,\cdots,m \tag{2.127}$$

其相应的适应值为个体最好适应值 F_i。同时，每个粒子还具有各自的飞行速度，即

$$V_i=(v_{i1},v_{i2},v_{i3},\cdots,v_{iD}),\quad i=1,2,\cdots,m \tag{2.128}$$

所有粒子经历过的位置中的最好位置称为全局历史最好位置，记为

$$Pg=(Pg_1,Pg_2,Pg_3,\cdots,Pg_D) \tag{2.129}$$

相应的适应值为全局历史最优适应值。在基本PSO算法中，对第 n 代粒子，其第 d 维($1\leqslant d\leqslant D$)元素速度、位置更新迭代分别为

$$v_{id}^{n+1} = \omega \times v_{id}^{n} + c_1 \times r_1 \times (p_{id}^{n} - x_{id}^{n}) + c_2 \times r_2 \times (p_{gd}^{n} - x_{id}^{n}) \tag{2.130}$$

$$x_{id}^{n+1} = x_{id}^{n} + v_{id}^{n} \tag{2.131}$$

式中：ω 为惯性权值；c_1 和 c_2 都为正常数，称为加速系数；r_1 和 r_2 是两个在[0, 1]范围内变化的随机数。第 d 维粒子元素的位置变化范围和速度变化范围分别限制为 $[X_{d,\min}, X_{d,\max}]$ 和 $[V_{d,\min}, V_{d,\max}]$。迭代过程中，若某一维粒子元素的 X_{id} 或 V_{id} 超出边界值，则令其等于边界值。

粒子群速度更新公式式(2.130)中的第 1 部分(等号右边第 1 个和项，以下类同)由粒子先前速度的惯性引起，为“惯性”部分；第 2 部分为“认知”部分，表示粒子本身的思考，即粒子根据自身历史经验信息对自己下一步行为的影响；第 3 部分为“社会”部分，表示粒子之间的信息共享和相互合作，即群体信息对粒子下一步行为的影响。

算法 2-9(粒子群优化算法)

步骤 1:粒子群初始化。

步骤 2:根据目标函数计算各粒子适应度值，并初始化个体、全局最优值。

步骤 3:判断是否满足终止条件，是则搜索停止，输出搜索结果；否则继续下步。

步骤 4:根据速度、位置更新公式更新各粒子的速度和位置。

步骤 5:根据目标函数计算各粒子适应度值。

步骤 6:更新各粒子历史最优值及全局最优值。

步骤 7:跳转至步骤 3。

对于终止条件，通常可以设置为适应度值误差达到预设要求，或迭代次数超过最大允许迭代次数。

在工程应用中，目前 PSO 算法在函数优化、神经网络训练、调度问题、故障诊断、建模分析、电力系统优化设计、模式识别、图像处理和数据挖掘等众多领域中均有相关的研究应用报道，取得了良好的实际应用效果。

Matlab 平台提供了 particleswarm 函数实现基本的 PSO 求解。以求解 Rastrigin 函数的全局最小值为例，其调用代码如下：

```
function main
    rf2 = @(x)rastriginsfcn(x/10);
    nvars = 2;
    x = particleswarm (rf2, nvars)
end
```

优化结果如下：

```
x =
  1.0e-06 *
  -0.4486     0.1510
```

例 2.16　请采用粒子群算法求解旅行商问题。

解：基于粒子群算法的基本原理，仿真代码为

```
function main
    close all;
    clear all;
    PopSize=500;         %种群大小
```

```
    CityNum = 14;  %城市数
    OldBestFitness=0;%旧的最优适应度值
    Iteration=0;%迭代次数
    MaxIteration =2000;%最大迭代次数
    IsStop=0;%程序停止标志
    Num=0;%取得相同适应度值的迭代次数
    c1=0.5;%认知系数
    c2=0.7;%社会学习系数
    w=0.96-Iteration/MaxIteration;%惯性系数
    %节点坐标
    node=[16.47 96.10; 16.47 94.44; 20.09 92.54; 22.39 93.37; 25.23 97.24;...
        22.00 96.05; 20.47 97.02; 17.20 96.29; 16.30 97.38; 14.05 98.12;...
        16.53 97.38; 21.52 95.59; 19.41 97.13; 20.09 94.55];
    %初始化各粒子,即产生路径种群
    Group=ones(CityNum,PopSize);
    for i=1:PopSize
      Group(:,i)=randperm(CityNum)';
    end
    Group=Arrange(Group);
    %初始化粒子速度(即交换序)
    Velocity =zeros(CityNum,PopSize);
    for i=1:PopSize
      Velocity(:,i)=round(rand(1,CityNum)' * CityNum);
    %计算每个城市之间的距离
    CityBetweenDistance=zeros(CityNum,CityNum);
    for i=1:CityNum
        for j=1:CityNum

CityBetweenDistance(i,j)=sqrt((node(i,1)-node(j,1))^2+(node(i,2)-node(j,2))^2);
        end
    end
    %计算每条路径的距离
    for i=1:PopSize
          EachPathDis(i) = PathDistance(Group(:,i)',CityBetweenDistance);
    end
    IndivdualBest=Group;
    IndivdualBestFitness=EachPathDis;
    [GlobalBestFitness,index]=min(EachPathDis);
    %初始随机解
    figure;
    subplot(3,1,1);
    PathPlot(node,CityNum,index,IndivdualBest);
```

```
title('随机解');
%寻优
while(IsStop == 0) & (Iteration < MaxIteration)
   %迭代次数递增
    Iteration = Iteration +1;
   %更新全局极值点位置,这里指路径
    for i=1:PopSize
       GlobalBest(:,i) = Group(:,index);
    end
    %求 pij-xij ,pgj-xij 交换序,并以概率 c1,c2 保留交换序
   pij_xij=GenerateChangeNums(Group,IndivdualBest);
   pij_xij=HoldByOdds(pij_xij,c1);
   pgj_xij=GenerateChangeNums(Group,GlobalBest);
   pgj_xij=HoldByOdds(pgj_xij,c2);

   %以概率 w 保留上一代交换序
   Velocity=HoldByOdds(Velocity,w);
   Group = PathExchange(Group,Velocity); %根据交换序进行路径交换
    Group = PathExchange(Group,pij_xij);
    Group = PathExchange(Group,pgj_xij);
    for i = 1:PopSize     %更新各路径总距离
         EachPathDis(i) = PathDistance(Group(:,i)',CityBetweenDistance);
   end
   IsChange = EachPathDis<IndivdualBestFitness;
   IndivdualBest(:, find(IsChange)) = Group(:, find(IsChange));
   IndivdualBestFitness = IndivdualBestFitness. * ( ~IsChange) + EachPathDis. * IsChange;
   [GlobalBestFitness, index] = min(EachPathDis);
   if GlobalBestFitness==OldBestFitness
       Num=Num+1; %相等时记录加 1;
    else
       OldBestFitness=GlobalBestFitness;
       Num=0;
   end
    if Num >= 20 %多次迭代的适应度值相近时程序停止
       IsStop=1;
   end
    BestFitness(Iteration) =GlobalBestFitness;%每一代的最优适应度
end

%最优解
subplot(3,1,2);
PathPlot(node,CityNum,index,IndivdualBest);
```

```
        title('优化解');
        %进化曲线
        subplot(3,1,3);
        plot((1:Iteration),BestFitness(1:Iteration));
        grid on;
        title('进化曲线');
        %最小路径值
        GlobalBestFitness
end

function Group=Arrange(Group)
    [x,y]=size(Group);
    [NO1,index]=min(Group',[],2); %找到最小值 1
        for i=1:y
         pop=Group(:,i);
         temp1=pop([1: index(i)-1]);
         temp2=pop([index(i): x]);
         Group(:,i)=[temp2' temp1']';
        end
end

function ChangeNums=GenerateChangeNums(Group,BestVar);
        [x y]=size(Group);
        ChangeNums=zeros(x,y);
        for i=1:y
            pop=BestVar(:,i);
            pop1=Group(:,i);
              for j=1:x
                  NoFromBestVar=pop(j);
                  for k=1:x
                       NoFromGroup=pop1(k);
                       if (NoFromBestVar==NoFromGroup) && (j~=k)
                           ChangeNums(j,i)=k;
                           pop1(k)=pop1(j);
                           pop1(j)=NoFromGroup;
                       end
                   end
              end
        end
end

function Hold=HoldByOdds(Hold,Odds)
```

```
        [x,y]=size(Hold);
        for i=1:x
            for j=1:y
                if rand>Odds
                    Hold(i,j)=0;
                end
            end
        end
    end

    function SumDistance=PathDistance(path,CityBetweenDistance)
        L=length(path); %path 为一个循环的节点顺序
        SumDistance=0;
        for i=1:L-1
            SumDistance=SumDistance+CityBetweenDistance(path(i),path(i+1));
        end
        SumDistance=SumDistance+CityBetweenDistance(path(1),path(L));
    end

    function Group=PathExchange(Group,Index)
        [x y]=size(Group);
        for i=1:y
                a=Index(:,i);          %取出其中一组交换序
                pop=Group(:,i);        %取出对应的粒子
                for j=1:x              %取出其中一个交换算子作交换
                    if a(j)~=0
                        pop1=pop(j);
                        pop(j)=pop(a(j));
                        pop(a(j))=pop1;
                    end
                end
                Group(:,i)=pop;
        end
    end

    function PathPlot(node,CityNum,index,EachBest);
        for i=1:CityNum
            NowBest(i,:)=node((EachBest(i,index)),:);
        end
        NowBest(CityNum+1,:)=NowBest(1,:);
        plot(node(:,1),node(:,2),'*');
        line(NowBest(:,1),NowBest(:,2));
        grid on;
    end
```

其仿真结果如图 2-20 所示。

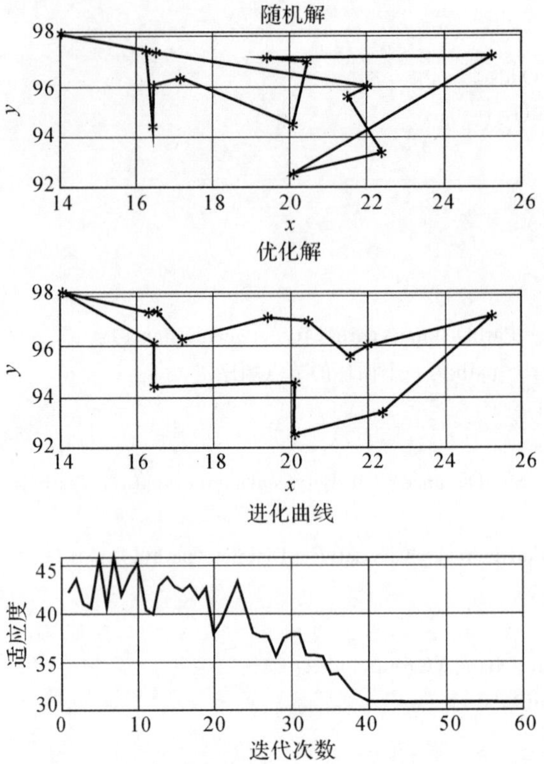

图 2-20 粒子群优化算法求解旅行商问题

除遗传算法、模拟退火算法和粒子群优化算法外，目前国内外发展了多种类型的全局优化算法，具体可参考 Matlab 全局最优化算法工具箱及全局最优化相关资料。

第3章 伪谱法

伪谱法是一种典型的直接方法，对于求解最优控制问题具有良好的收敛性和较低的初值敏感度，在飞行器轨迹优化设计等领域有较广泛的应用。近年来，国内外陆续开发了多种伪谱法求解软件包，具有使用简便等优点，也进一步推动了伪谱法的发展与应用。因此，伪谱法逐渐成为求解最优控制问题的重要方法，是飞行力学等专业需要掌握的方法和工具。

3.1 谱方法

谱方法是求解微分方程的一种方法，简单地说是用一组基函数将微分方程的解表示出来，其要点是把解近似地展开成光滑函数(一般是正交多项式)的有限级数展开式，即所谓解的近似谱展开式，再根据此展开式和原方程，求出展开式系数的方程组。谱方法实质上是标准的分离变量技术的一种推广。

以 $N+1$ 个基函数 $\varphi_k(x)$ 的加权和近似某一未知连续函数 $y(x)$：

$$y(x) \approx \tilde{y}(x) = \sum_{k=0}^{N} \alpha_k \varphi_k(x) \tag{3.1}$$

将上述级数代入方程，可得

$$\boldsymbol{L}y = f(x) \tag{3.2}$$

式中，$\boldsymbol{L}$ 是微分或积分方程的运算算子，其所对应的残差函数 $R(x;\alpha_0,\alpha_1,\cdots,\alpha_N)$ 定义如下：

$$R(x;a_0,a_1,\cdots,a_N) = \boldsymbol{L}y_N - f \tag{3.3}$$

谱方法的基本思想是在某种准则下使残差函数 $R(x;\alpha_0,\alpha_1,\cdots,\alpha_N)$ 最小，从而确定其待定系数。谱方法待定系数有多种确定方法，根据其确定方法的不同可分为配点法和加权残差法等多种方法。

1. 配点法

配点法是指在与未知量个数相对的特定点处令残差为零，即

$$R(\xi_i) = 0, i = 1,2,\cdots,N; a \leqslant \xi_1 < \xi_2 < \cdots < \xi_N \leqslant b \tag{3.4}$$

例 3.1 采用谱方法求解下列一维边值问题：

$$y'' = (x^6 + 3x^2)y \tag{3.5}$$

$$y(-1) = y(1) = 1 \tag{3.6}$$

解：选取未知解的近似形式为

$$\tilde{y}(x) = 1 + (1 - x^2)(a_0 + a_1 x + a_2 x^2) \tag{3.7}$$

其二阶导数为

$$\tilde{y}''(x) = -2(a_0 + a_1 x + a_2 x^2) + 2a_2(1 - x^2) = -4a_2 x^2 - 2a_1 x - 2a_0 + 2a_2 \tag{3.8}$$

因此可得残差函数为

$$R(x;a_0,a_1,a_2)=\tilde{y}''(x)-(x^6+3x^2)\tilde{y}(x) \tag{3.9}$$

人为选择 3 个点,并使得其残差函数为 0,即

$$\left.\begin{aligned}R(-0.5;a_0,a_1,a_2)&=0\\R(0;a_0,a_1,a_2)&=0\\R(0.5;a_0,a_1,a_2)&=0\end{aligned}\right\} \tag{3.10}$$

求解上述线性方程组,可确定待定系数值:

$$a_0=a_2=-\frac{784}{3\ 807},a_1=0 \tag{3.11}$$

因此,可以得到解的近似形式为

$$\tilde{y}(x)=\frac{3\ 023}{3\ 807}+\frac{784}{3\ 807}x^4 \tag{3.12}$$

该问题存在精确解析解为

$$y(x)=\mathrm{e}^{\frac{x^4-1}{4}} \tag{3.13}$$

精确解析解和近似解析解及其残余函数的仿真曲线如图 3-1 所示,其绘制代码如下:

```
x=-1:0.01:1;
figure(1)
subplot(1, 2, 1)
plot(x,exp((x.^4-1)/4),'r-')
hold on
plot(x,3023/3807+784/3807 * x.^4,'b--')
xlabel('x')
ylabel('y')
legend('精确解','近似解')
subplot(1, 2, 2)
plot(x,exp((x.^4-1)/4)-(3023/3807+784/3807 * x.^4),'r-')
xlabel('x')
ylabel('残差函数 R')
```

通过分析上述例子我们可以发现配点法求解存在多个问题:

- 如何选择最优的基函数?
- 如何选择配点使得残余函数最小?
- 如何确定最优配点?

2. *加权残差法*

加权残差法是指加权残差为零,即

$$\int_a^b w_i(x)R(x)\mathrm{d}x=0,\qquad i=1,2,\cdots,N \tag{3.14}$$

式中,$w_i(x)$ 为权函数。特别需要注意的是,与配点法不同,加权残差法不需要在网格点进行插值近似。因此,该方法也常称为非插值谱方法,而配点法则相应称为插值谱方法。

伽辽金法(Galerkin method)是由俄罗斯数学家伽辽金提出的一种数值分析方法,是属于

加权残差法的典型方法。伽辽金法采用微分方程对应的弱形式,其原理为通过选取有限基函数,将它们叠加,再要求结果在求解域内及边界上的加权积分满足原方程,便可以得到一组易于求解的线性代数方程,且自然边界条件能够自动满足。作为加权残差法的一种试函数选取形式,伽辽金法所得到的只是在原求解域内的一个近似解(仅仅是加权平均满足原方程,并非在每个点上都满足)。此外,谱方法与有限元法、有限差分法等方法存在很多相似处,在概念上常常容易与后两者混淆,下述为三者之间的主要区别(见图 3-2):

• 有限元法是一种求解微分方程边值问题近似解的数值方法,其主要思想是将区间分成一些子区间,在子区间选择局部多项式基函数;

• 有限差分法是一种以差商代替微商,以差分方程逼近微分方程,通过求网格点上的函数值来求解微分方程定解问题的数值方法,其主要特点是局部计算;

• 谱方法在整个计算域上应用具有高阶次的全局基函数。

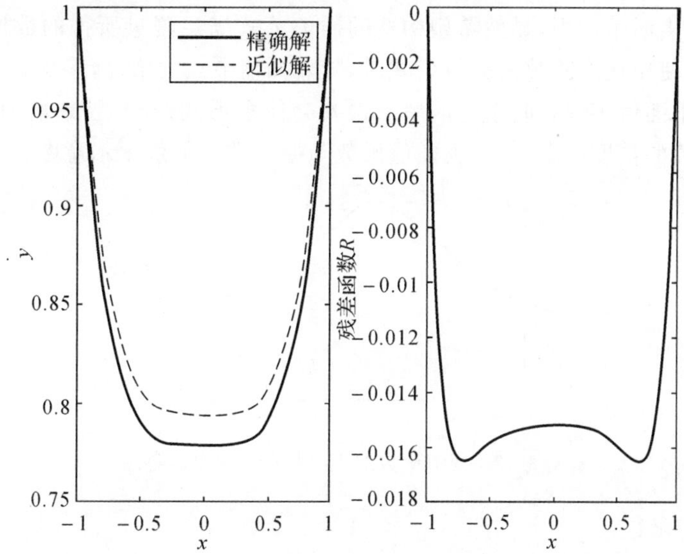

图 3-1 近似解式(3.12)与精确解析解式(3.13)及其残余函数仿真曲线

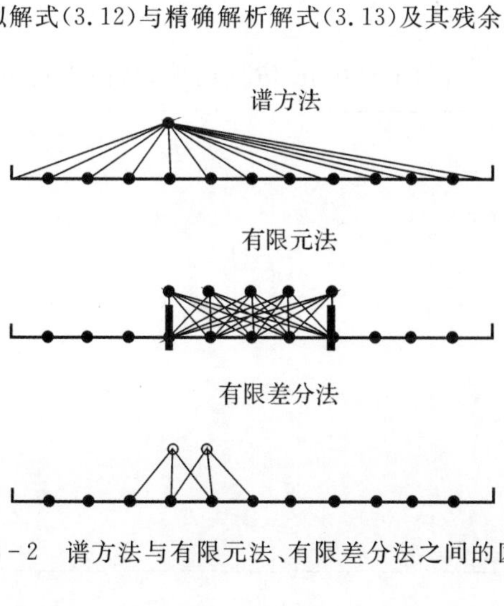

图 3-2 谱方法与有限元法、有限差分法之间的区别

3.2 伪谱法基本原理

伪谱法是一种基于全局插值多项式的直接配点法。其首先构造插值多项式逼近离散点上的控制变量和状态变量，然后对全局插值多项式求导近似状态变量的导数，接着通过数值积分计算终端状态和积分项，最终将最优控制问题转化为具有一系列代数约束的自然语言处理(Natural Language Processing，NLP)问题。从概念上来说，伪谱法和谱方法中的配点法是同义词，但由于配点法在有限元等方法中同样存在大量应用，因此为避免混淆，学者们特意提出了伪谱法这一专属概念。此外，也有学者将伪谱法定义为最佳配点的谱方法，即属于谱方法配点法的子类。但上述两种说法并无本质冲突，因此在本书中对此不再进行明确区分。

3.2.1 Runge 现象

通常，在实际生活生产中，显然希望构造的插值公式满足测量所得的数据越多，插值的效果越好，但往往在使用任意阶数的插值公式时，随着插值节点的增加，多项式次数会增加，用多项式的项相加来求插值多项式时发生的舍入误差会使多项式摆动，导致增加多项式的节点并不一定能增加插值的精度。图 3-3 为插值函数与原函数近似效果示意图。

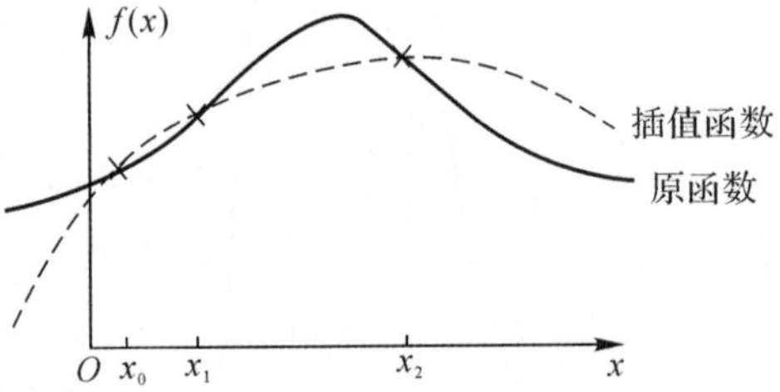

图 3-3 插值函数与原函数近似效果示意图

例 3.2 给定函数

$$f(x)=\frac{1}{1+x^2},\quad x\in[-5,5] \tag{3.15}$$

现在给出 n 分别取 10，20，30 时的 Matlab 仿真结果，其仿真代码如下：

```
function main
    nn = [10,20,30];
    col={'r-','b--','m-.'};
    t=-5:0.1:5;
    y0=1./(1+t.^2);
    plot(t,y0,'k*');
    hold on;
    for k=1:1:3
        n=nn(k);
        syms t;
        x = linspace(-5,5,n);
```

```
        y=f(x);
        for i=1:n
            L(i)=Lagrange(x,n,i,t);
        end
        LN=sum(y. * L);
        fplot(t,LN,col{1,k},'LineWidth',1.5);
    end
    legend('原函数','插值函数, n=10','插值函数, n=20','插值函数, n=30');
    xlabel('x');
    ylabel('f(x)');
    ylim([-2,2])
end
function fi=Lagrange(x,n,i,t)
    fu=1;
    fd=1;
    for  j=1:n
        if i~=j
            fu=fu. * (t-x(j));
            fd=fd. * (x(i)-x(j));
        end
    end
    fi=fu/fd;
end
function y=f(x)
y=1./(1+x.^2);
end
```

由仿真曲线(见图 3-4)可知,节点的加密并不一定能保证在节点之间插值函数结果能够很好逼近被插函数,因此在实际应用中高次多项式插值并不一定会更为有效。此外,由仿真曲线可以发现,插值函数与原函数之间的误差在两端点附近偏大,而在中间区域比较小。因此在设置插值网格点时可适当增加端点附近网格点密度,并减少中间区域的插值点数。

3.2.2 正交多项式

正交多项式是谱方法实现和理论分析的基础,因此很有必要引入有关正交多项式的概念和基本性质。

定义 3.1 函数 $f(x)$与 $g(x)$在加权 Sobolev 空间 $L_\omega^2(a,b)$ 上正交,是指

$$\langle f,g\rangle = (f,g)_\omega = \int_a^b \omega(x)f(x)g(x)\mathrm{d}x = 0 \tag{3.16}$$

式中,$\omega(x)$ 为 (a,b) 上的正值权函数。

定义 3.2 正交多项式序列是指一系列的多项式 $\{p_n(x)\}_{n=0}^{\infty}$,满足

$$\langle p_i,p_j\rangle = 0,\quad i\neq j \tag{3.17}$$

$p_n(x)$ 可规范化为 x 的 n 次首一多项式:

$$p_n(x) = x^n + a_{n-1}^{(n)} x^{n-1} + \cdots + a_0^{(n)} \tag{3.18}$$

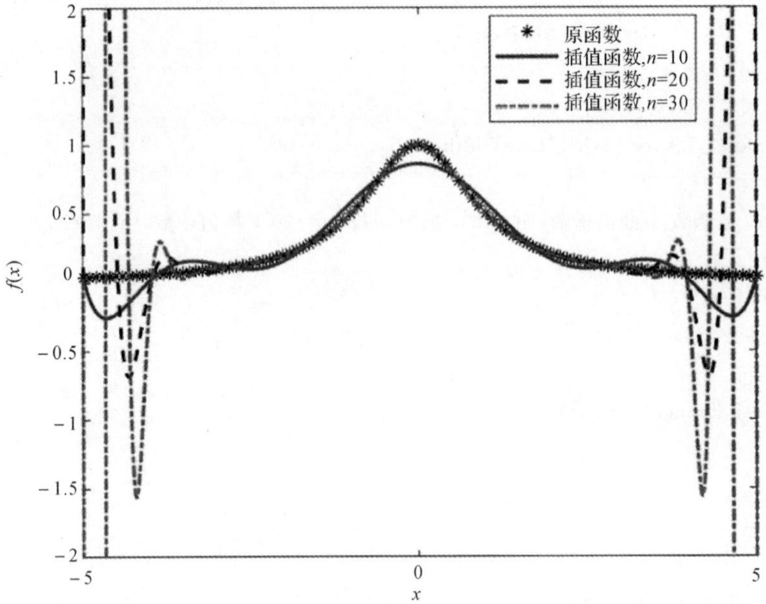

图 3-4　Lagrange 插值仿真曲线

任意 n 次多项式 $q(x)$ 均可表示为正交多项式 $p_0, p_1, \cdots, p_n$ 的线性加权和，即

$$q(x) = b_n p_n + b_{n-1} p_{n-1} + \cdots + b_0 p_0 \tag{3.19}$$

若多项式序列 $\{p_n(x)\}_{n=0}^{\infty}$ 是正交的，则多项式 $p_{n+1}(x)$ 与任何不高于 n 次的多项式正交。若多项式序列 $\{p_n(x)\}_{n=0}^{\infty}$ 是正交的，则多项式 $p_{n+1}(x)$ 的零点是互不相同的实数，且位于开区间 (a,b) 内。

根据正交多项式的定义(以首一情况为例)，令

$$0 = \langle p_1, p_0 \rangle = \int_a^b \omega(x) x dx - \alpha_1 \int_a^b \omega(x) \mathrm{d}x \tag{3.20}$$

其递归表达式为

$$\left.\begin{array}{l} p_0(x) \equiv 1 \\ p_1(x) = x - \alpha_1 \\ \quad \cdots\cdots \\ p_{n+1}(x) = (x - \alpha_{n+1}) p_n(x) - \beta_{n+1} p_{n-1}(x), \quad n \geqslant 1 \end{array}\right\} \tag{3.21}$$

当 $\omega(x) \equiv 1$, $(a,b) = (-1,1)$ 时，得到 Legendre 多项式 $\{L_n(x)\}$：

$$\left.\begin{array}{l} L_0(x) = 1, \quad L_1(x) = x, \quad L_2(x) = \dfrac{3}{2}x^2 - \dfrac{1}{2} \\ (n+1)L_{n+1}(x) = (2n+1)xL_n(x) - nL_{n-1}(x), \quad n \geqslant 1 \end{array}\right\} \tag{3.22}$$

当 $\omega(x) = (1-x^2)^{-\frac{1}{2}}$, $(a,b) = (-1,1)$ 时，得到 Chebyshev 多项式 $\{T_n(x)\}$：

$$\left.\begin{array}{l} T_0(x) = 1, \quad T_1(x) = x, \quad T_2(x) = 2x^2 - 1 \\ T_{n+1}(x) = 2xT_n(x) - T_{n-1}(x), \quad n \geqslant 1 \end{array}\right\} \tag{3.23}$$

图 3-5 为正交多项式曲线图。

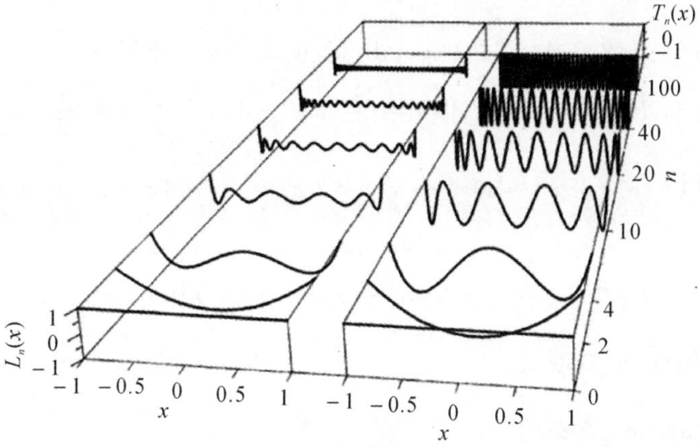

图 3－5　正交多项式曲线图

3.2.3　Legendre 多项式

Legendre 多项式是由 Legendre 方程的通解推导出来的，所以我们首先引入 Legendre 方程，以及 Legendre 方程的幂级数解。Legendre 方程的表达式为

$$(1-x^2)y''-2xy'+n(n+1)y=0 \tag{3.24}$$

式中，n 为非负实数。它的幂级数解如下：

$$y=y_1+y_2 \tag{3.25}$$

式中：

$$y_1=\sum_{k=0}^{\infty}a_{2k}x^{2k}=a_0\left[1-\frac{n(n+1)}{2!}x^2+\frac{n(n-2)(n+1)(n+3)}{4!}x^4+\cdots\right] \tag{3.26}$$

$$y_2=\sum_{k=0}^{\infty}a_{2k+1}x^{2k+1}=a_1\left[x-\frac{(n-1)(n+2)}{3!}x^3+\frac{(n-1)(n-3)(n+2)(n+4)}{5!}x^5+\cdots\right] \tag{3.27}$$

由 D'Alembert 判别法可知，当 $n\geqslant 0$ 且不为整数时，这两个级数的收敛半径为 1，在式(3.26)和式(3.27)中，a_0 与 a_1 可以任意取值，它们起着任意常数的作用，显然，在区间$(-1,1)$内 y_1 和 y_2 都是方程式(3.24)的解，所以式(3.25)是式(3.24)的通解。

式(3.26)和式(3.27)幂级数中，当 $|x|<1$ 时级数收敛，其他情况级数是发散的。并且，当 n 取非负整数时，y_1 和 y_2 中有一个便退化为 n 次多项式，它就是方程式(3.24)在闭区间$[-1,1]$上的有界解。此时，适当地选定这个多项式的最高次幂系数 a_n，所得的多项式称为 n 阶 Legendre 多项式或第一类 Legendre 函数，记作 $P_n(x)$，则有

$$P_n(x)=\sum_{m=0}^{[\frac{n}{2}]}(-1)^m\frac{(2n-2m)!}{2^n m!(n-m)!(n-2m)!}x^{n-2m} \tag{3.28}$$

式中，$[\frac{n}{2}]$ 表示 $\frac{n}{2}$ 的整数部分。

当 n 为非负整数时，y_1 和 y_2 中有一个是 n 阶 Legendre 多项式，而另一个是无穷级数，记作 $Q_n(x)$，称为第二类 Legendre 函数。此时方程式(3.24)的通解为

$$y = c_1 P_n(x) + c_2 Q_n(x) \tag{3.29}$$

特别地，当 $n = 0,1,2,3,4,5$ 时，Legendre 多项式具有以下形式：

$$P_0(x) = 1,\ P_1(x) = x,\ P_2(x) = \frac{1}{2}(3x^2 - 1),\ P_3(x) = \frac{1}{2}(5x^3 - 3x),$$

$$P_4(x) = \frac{1}{8}(35x^4 - 30x^2 + 3),\ P_5(x) = \frac{1}{8}(63x^5 - 70x^3 + 15x)$$

其递归公式为

$$(n+1)P_{n+1}(x) - (2n+1)xP_n(x) + nP_{n-1}(x) = 0 \tag{3.30}$$

3.2.4 Chebyshev 多项式

1. 第一类 Chebyshev 多项式

在初等数学中，三角函数是一个十分有用的工具，余弦函数 $\cos n\alpha$ 是众所周知的偶函数，它的倍角公式如：

$$\left.\begin{aligned} \cos 2\alpha &= 2\cos^2\alpha - 1 \\ \cos 3\alpha &= 4\cos^3\alpha - 3\cos\alpha \\ \cos 4\alpha &= 8\cos^4\alpha - 8\cos^2\alpha + 1 \\ \cos 5\alpha &= 16\cos^5\alpha - 20\cos^3\alpha + 5\cos\alpha \end{aligned}\right\} \tag{3.31}$$

因此可以总结出 n 倍角余弦公式：

$$\cos n\alpha = (2\cos\alpha)^n + \sum_{m=1}^{n/2} (-1)^m \frac{n}{m} C_{n-m-1}^{m-1} (2\cos\alpha)^{n-2m} \tag{3.32}$$

其一般形式为

$$\cos n\alpha = 2^{n-1}(\cos\alpha)^n - \alpha_{n-2}(\cos\alpha)^{n-2} + \alpha_{n-4}(\cos\alpha)^{n-4} + \cdots \tag{3.33}$$

式中，α_i 为正整数。

因为余弦函数 $\cos\alpha$ 在 $\alpha \in [0,\pi]$ 上单调递减，其对应值从 1 降到 -1，即 $\cos\alpha \in [-1,1]$，$\alpha \in [0,\pi]$，所以存在反函数。若令 $\cos\alpha = x$，则 $\alpha = \arccos x$，$x \in [-1,1]$，$\alpha \in [0,\pi]$。因此，在余弦 n 倍角公式中令 $\alpha = \arccos x$，$\alpha \in [0,\pi]$，$x \in [-1,1]$，则倍角公式为

$$\begin{aligned} &\cos(n\arccos x) \\ &= 2^{n-1}[\cos(\arccos x)]^n - \alpha_{n-2}[\cos(\arccos x)]^{n-2} + \alpha_{n-4}[\cos(\arccos x)]^{n-4} + \cdots \\ &= 2^{n-1}x^n - \alpha_{n-2}x^{n-2} + \alpha_{n-4}x^{n-4} + \cdots \end{aligned} \tag{3.34}$$

由式(3.34)可知，$\cos(n\arccos x)$ 可展开为首项系数为 2^{n-1} 的多项式，各项系数是整数，符号依次变化，x 的幂依次递减 2 次，若递减到最后，幂次为负，则该项取零。

第一类 Chebyshev 多项式 $T_n(x)$ 定义如下：

$$T_n(x) = \cos(n\alpha) \tag{3.35}$$

式中，$x = \cos\alpha$。从递推关系可以得到：$T_0(x) = 1$，$T_1(x) = x$，$T_2(x) = 2x^2 - 1$，$T_3(x) = 4x^3 - 3x$，$T_4(x) = 8x^4 - 8x^2 + 1$，$T_5(x) = 16x^5 - 20x^3 + 5x$，$T_6(x) = 32x^6 - 48x^4 + 18x^2 - 1$。

第一类 Chebyshev 多项式有以下许多良好的性质：

(1) $T_n(\cos\theta) = \cos(n\theta)$，$\theta \in \mathbf{R}$，$n \in \mathbf{N}$。

(2) $T_n(-x)=(-1)^n T_n(x)$, $x\in\mathbf{C}, n\in\mathbf{N}$，这表明 $T_n(x)$ 当 n 为奇(偶)数时是奇(偶)函数。

(3) $|T_n(x)|\leqslant 1, x\in\mathbf{R}, |x|\leqslant 1$。

(4) $T_{2m+1}(0)=0$, $T_{2m}(0)=(-1)^m, m\in\mathbf{N}$。

(5)函数列 $\{T_n(x)\}$ 的生成函数为 $\sum\limits_{n\geqslant 0}T_n(x)t^n=\dfrac{1-xt}{1-2xt+t^2}, t\in\mathbf{R}, |t|\leqslant 1$。其中生成函数又叫母函数，在数学中，某个序列的母函数是一种形式幂级数，其每一项的系数可以提供关于这个序列的信息。使用母函数解决问题的方法称为母函数方法。母函数的思想就是把离散数列和幂级数一一对应起来，把离散数列间的相互结合关系对应成为幂级数间的运算关系，最后由幂级数形式来确定离散数列的构造。母函数是解决组合计数问题的有效工具之一，其思想方法是把组合问题的加法法则和幂级数的乘幂的相加对应起来。

(6)函数列 $\{T_n(x)\}$ 满足 2 阶递推关系：$T_{n+2}(x)=2xT_{n+1}(x)-T_n(x), x\in\mathbf{C}, n\in\mathbf{N}$。

2. 第二类 Chebyshev 多项式

第二类 Chebyshev 多项式 $U_n(x)$ 定义如下：

$$U_n(x)=\frac{\sin[(n+1)\theta]}{\sin\theta} \tag{3.36}$$

式中，$x=\cos\theta$。根据递推关系可以得到：$U_0(x)=1, U_1(x)=2x, U_2(x)=4x^2-1, U_3(x)=8x^3-4x, U_4(x)=16x^4-12x^2+1, U_5(x)=32x^5-32x^3+6x, U_6(x)=64x^6-80x^4+24x^2-1$。

第二类 Chebyshev 多项式也有以下许多良好的性质：

(1) $U_n(-x)=(-1)^n U_n(x), x\in\mathbf{C}, n\in\mathbf{N}$，即当 n 为奇(偶)数时是奇(偶)函数。

(2) $U_{2m+1}(0)=0, U_{2m}(0)=(-1)^m, U_n(1)=n+1, U_n(-1)=(-1)^n(n+1), m\in\mathbf{N}$。

(3) 函数列 $\{U_n(x)\}$ 的生成函数为 $\sum\limits_{n\geqslant 0}U(x)_n t^n=\dfrac{\sqrt{1-x^2}}{1-2xt+t^2}, t\in\mathbf{R}, |t|\leqslant 1$。

(4) $|U_n(x)|\leqslant n+1, x\in\mathbf{R}, |x|\leqslant 1$。

(5)函数列 $\{U_n(x)\}$ 满足 2 阶递推关系：

$$U_{n+2}(x)=2xU_{n+1}(x)-U_n(x), x\in\mathbf{C}, n\in\mathbf{N} \tag{3.37}$$

根据上述定义，两类 Chebyshev 多项式存在以下关联：

$$U_n(x)=\sum_{i=0}^{n}T_i(x)x^{n-i} \tag{3.38}$$

3.2.5 最佳配点分布

定义 3.3 将积分表示为被积函数在若干点处的函数值加权和：

$$\int_{-1}^{1}f(x)\mathrm{d}x\approx\sum_{i=0}^{N}\omega_i f(x_i) \tag{3.39}$$

若存在 ω_i 和 x_i，且 $f(x)$ 为阶数不大于 $N+1$ 的多项式，使得被积函数均精确成立，则此时节点 $x_i(i=0,1,\cdots,N)$ 称为 Gauss 求积点。

例 3.3 函数 $f(x)$ 具有如下形式：

$$f(x)=ax^2+bx+c \tag{3.40}$$

式(3.40)定积分具有解析解：

$$\int_{-1}^{1} f(x)\mathrm{d}x = \int_{-1}^{1} ax^2 + bx + c\mathrm{d}x = \frac{2}{3}a + 2c = f(\frac{1}{\sqrt{3}}) + f(-\frac{1}{\sqrt{3}}) \tag{3.41}$$

可知式(3.41)与权值为1、Gauss求积点为 $\pm\frac{1}{\sqrt{3}}$ 的Gauss积分公式式(3.39)等价。

定理3.1 如果多项式 $w_{n+1}(x)=(x-x_0)(x-x_1)\cdots(x-x_n)$ 与任意的不超过 n 次的多项式 $P(x)$ 正交,即

$$\int_{-1}^{1} w_{n+1}(x)P(x)\mathrm{d}x = 0 \tag{3.42}$$

则 $w_{n+1}(x)$ 的所有零点 $x_0, x_1, \cdots, x_n$ 是Gauss求积点。

定理3.2 对于带权函数的Gauss求积:

$$\int_{a}^{b} f(x)\omega(x)\mathrm{d}x \approx \sum_{i=0}^{N} \omega_i f(x_i) \tag{3.43}$$

其中,Gauss求积点为 x_i 正交多项式 p_{n+1} 的零点。

例3.4 函数 $f(x)$ 具有如下形式:

$$f(x) = ax^2 + bx + c \tag{3.44}$$

验证多项式 $w_2(x) = x^2 - \frac{1}{3}$ 是[−1, 1]上正交多项式。

解:计算 $\int_{-1}^{1} f(x)w_2(x)\mathrm{d}x$,可得

$$\int_{-1}^{1}(ax^2+bx+c)w_2(x)\mathrm{d}x = a\int_{-1}^{1}x^2 w_2(x)\mathrm{d}x + b\int_{-1}^{1}xw_2(x)\mathrm{d}x + c\int_{-1}^{1}w_2(x)\mathrm{d}x = 0 \tag{3.45}$$

由此可知 $w_2(x) = x^2 - \frac{1}{3}$ 的零点 $x = \pm\frac{1}{\sqrt{3}}$ 是Gauss求积点,即

$$\int_{-1}^{1} f(x)\mathrm{d}x = f(\frac{1}{\sqrt{3}}) + f(-\frac{1}{\sqrt{3}}) \tag{3.46}$$

在伪谱法中,若选用Gauss点插值,能够实现最佳配点,其最佳配点为Gauss求积点。但由于Gauss求积点不包括两端点 a 和 b,在求解边值问题会带来不便,因此产生了多种衍生Gauss求积点方法。

定义3.4 多项式 $q(x)$ 满足:

$$\left.\begin{aligned} q(x) &= p_{N+1}(x) + \alpha p_N(x) \\ q(a) &= 0 \Rightarrow \alpha \end{aligned}\right\} \tag{3.47}$$

若采用 $x_0 = a$ 以及多项式 $q(x)/(x-a)$ 的零点 $x_1, x_2, \cdots, x_N$ 作为求积点,则称这些求积点为Gauss - Radau求积点。

显然,与Gauss求积点相比,Gauss - Radau求积点包括端点 a。

定义3.5 多项式 $q(x)$ 满足:

$$\left.\begin{aligned} q(x) &= p_{N+1}(x) + \alpha p_N(x) + \beta p_{N-1}(x) \\ q(a) &= q(b) = 0 \Rightarrow \alpha, \beta \end{aligned}\right\} \tag{3.48}$$

若采用 $x_0 = a$, $x_N = b$ 以及多项式 $q(x)/[(x-a)(x-b)]$ 的零点 $x_1, x_2, \cdots, x_{N-1}$ 作为求积点,则称这些求积点为Gauss - Lobatto求积点。Gauss - Lobatto求积点包括端点 a 和 b,适用于两点边值问题。

定义 3.6 令

$$\left.\begin{aligned} &x_0=1,\quad x_N=-1,\quad x_i=\cos\frac{\pi i}{N},\quad 1\leqslant i\leqslant N-1 \\ &\omega_0=\omega_N=\frac{\pi}{2N},\quad \omega_i=\frac{\pi}{N},\quad 1\leqslant i\leqslant N-1 \end{aligned}\right\} \tag{3.49}$$

$x_1,x_2,\cdots,x_N$ 作为求积点,称为 Chebyshev - Gauss - Lobatto 求积点。

定义 3.7 令

$$\left.\begin{aligned} &x_0=-1,\quad x_N=1,\quad x_i\in\{L'_N(x)\text{ 的零点}\},\ 1\leqslant i\leqslant N-1 \\ &\omega_i=\frac{2}{N(N+1)}\ \frac{1}{[L_N(x_i)]^2},\quad 0\leqslant i\leqslant N \end{aligned}\right\} \tag{3.50}$$

$x_1,x_2,\cdots,x_N$ 作为求积点,称为 Legendre - Gauss - Lobatto 求积点。

需要特别注意的是,Legendre - Gauss - Lobatto 求积点没有显式表达式,需数值求解。

3.2.6 常见伪谱法

常见的伪谱法包括 Gauss 伪谱法、Legendre 伪谱法、Radau 伪谱法和 Chebyshev 伪谱法。各种伪谱法的区别在于选取的插值基函数和配点类型不同,见表 3-1。

表 3-1 各种伪谱法插值基函数及配点类型

方 法	插值基函数	配点类型
Gauss 伪谱法	Lagrange	Legendre - Gauss 点
Legendre 伪谱法	Lagrange	Legendre - Gauss - Lobatto 点
Radau 伪谱法	Lagrange	Legendre - Gauss - Radau 点
Chebyshev 伪谱法	Chebyshev	Chebyshev - Gauss - Lobatto 点

3.3 高斯伪谱法

3.3.1 时域变换

高斯伪谱法的插值节点分布在区间 $[-1,1]$ 上,因此,需要将上述最优控制问题的时间区间 $[t_0,t_f]$ 转换到 $[-1,1]$ 上,即

$$\tau=\frac{2t}{t_f-t_0}-\frac{t_f+t_0}{t_f-t_0} \tag{3.51}$$

相应地,时域变换后的最优控制问题可以描述为

$$J=\varphi(\boldsymbol{x}(-1),\boldsymbol{x}(1),-1,1)+\frac{t_f-t_0}{2}\int_{-1}^{1}\boldsymbol{g}(\boldsymbol{x}(\tau),\boldsymbol{u}(\tau),\tau;t_0,t_f)\mathrm{d}\tau \tag{3.52}$$

$$\frac{\mathrm{d}\boldsymbol{x}}{\mathrm{d}\tau}=\dot{\boldsymbol{x}}(\tau)=\frac{t_f-t_0}{2}\boldsymbol{f}(\boldsymbol{x}(\tau),\boldsymbol{u}(\tau),\tau;t_0,t_f),\quad \tau\in[-1,1] \tag{3.53}$$

$$\boldsymbol{B}(\boldsymbol{x}(-1),t_0;\boldsymbol{x}(1),t_f)=\boldsymbol{0} \tag{3.54}$$

$$\boldsymbol{C}_{\min}\leqslant\boldsymbol{C}(\boldsymbol{x}(\tau),\boldsymbol{u}(\tau),\tau;t_0,t_f)\leqslant\boldsymbol{C}_{\max} \tag{3.55}$$

3.3.2 状态变量近似

高斯伪谱法的插值节点为 N 个 Legendre - Gauss 点和 1 个边界点 $\tau_0=-1$。状态变量 $\boldsymbol{x}(\tau)$ 可以由 N 阶 Lagrange 多项式近似：

$$\boldsymbol{x}(\tau)\approx\sum_{i=0}^{N}\boldsymbol{x}(\tau_i)l_i(\tau) \tag{3.56}$$

式中，Lagrange 插值基函数 $l_i(\tau)$ 的表达式为

$$l_i(\tau)=\prod_{j=0,j\neq i}^{N}\frac{\tau-\tau_j}{\tau_i-\tau_j},\quad i=0,1,\cdots,N \tag{3.57}$$

3.3.3 微分方程转换

利用 Lagrange 插值多项式的导数来近似状态变量的导数，从而将动力学微分方程约束转换为代数方程约束。这里仅考虑 Legendre - Gauss 配点上状态变量的导数，即

$$\dot{\boldsymbol{x}}(\tau_k)\approx\sum_{i=0}^{N}\boldsymbol{x}(\tau_i)\dot{l}_i(\tau_k)=\sum_{i=0}^{N}D_{k,i}\boldsymbol{x}(\tau_i),\quad k=1,\cdots,N \tag{3.58}$$

式中，$D_{k,i}(k=1,\cdots,N;i=0,1,\cdots,N)$ 称为高斯微分矩阵，其表达式为

$$D_{k,i}=\begin{cases}\dfrac{(1+\tau_k)\dot{P}_k(\tau_k)+P_k(\tau_k)}{(\tau_k-\tau_i)[(1+\tau_i)\dot{P}_k(\tau_i)+P_k(\tau_i)]}, & i\neq k\\[2ex] \dfrac{(1+\tau_i)\ddot{P}_k(\tau_i)+2\dot{P}_k(\tau_i)}{2[(1+\tau_i)\dot{P}_k(\tau_i)+P_k(\tau_i)]}, & i=k\end{cases} \tag{3.59}$$

$$P_k(\tau)=\frac{1}{2^n n!}\frac{\mathrm{d}^n}{\mathrm{d}\tau^n}[(\tau^2-1)^n] \tag{3.60}$$

方程约束可以转化为代数约束：

$$\sum_{i=0}^{N}D_{k,i}\boldsymbol{x}(\tau_i)=\frac{t_f-t_0}{2}\boldsymbol{f}(\boldsymbol{x}(\tau_k),\boldsymbol{u}(\tau_k),\tau_k;t_0,t_f),\quad k=1,\cdots,N \tag{3.61}$$

3.3.4 性能指标近似

根据 Gauss 积分公式，式(3.52)中 Lagrange 项的积分部分可以表示为

$$\int_{-1}^{1}\boldsymbol{g}(\boldsymbol{x}(\tau),\boldsymbol{u}(\tau),\tau;t_0,t_f)\mathrm{d}\tau\approx\sum_{k=1}^{N}\omega_k\boldsymbol{g}(\boldsymbol{x}(\tau_k),\boldsymbol{u}(\tau_k),\tau_k;t_0,t_f) \tag{3.62}$$

式中，$\omega_k(k=1,\cdots,N)$ 是 Gauss 积分公式中的积分权重，其表达式为

$$\omega_k=\frac{2}{(1-\tau_k^2)(\dot{P}_N(\tau_k))^2} \tag{3.63}$$

性能指标式(3.52)可以转化为

$$J=\varphi(\boldsymbol{x}(-1),\boldsymbol{x}(1),-1,1)+\frac{t_f-t_0}{2}\sum_{k=1}^{N}\omega_k\boldsymbol{g}(\boldsymbol{x}(\tau_k),\boldsymbol{u}(\tau_k),\tau_k;t_0,t_f) \tag{3.64}$$

3.3.5 约束条件处理

Lagrange 插值多项式中未定义终端状态 $\boldsymbol{x}(\tau_{N+1})$，这里采用 Gauss 积分近似，可得

$$\boldsymbol{x}(\tau_{N+1}) = \boldsymbol{x}(\tau_0) + \frac{t_f - t_0}{2}\sum_{k=1}^{N}\omega_k f(\boldsymbol{x}(\tau_k), \boldsymbol{u}(\tau_k), \tau_k; t_0, t_f) \tag{3.65}$$

边界约束式(3.54)可以转化为

$$\boldsymbol{B}(\boldsymbol{x}(\tau_0), t_0; \boldsymbol{x}(\tau_{N+1}), t_f) = \boldsymbol{0} \tag{3.66}$$

另外，路径约束式(3.55)可以转化为

$$\boldsymbol{C}_{\min} \leqslant \boldsymbol{C}(\boldsymbol{x}(\tau_k), \boldsymbol{u}(\tau_k), \tau_k; t_0, t_f) \leqslant \boldsymbol{C}_{\max}, \quad k = 1, \cdots, N \tag{3.67}$$

3.3.6 非线性规划问题

通过上述参数化处理，最优控制问题式(3.52)～式(3.55)可以转换为非线性规划问题求解，其性能指标如式(3.64)所示，状态方程约束如式(3.61)所示，边界约束如式(3.66)所示，路径约束如式(3.67)所示。其中，求解变量为：状态变量 $\boldsymbol{x}(\tau_k)$，$k = 0, 1, \cdots, N+1$；控制变量 $\boldsymbol{u}(\tau_k)$，$k = 1, \cdots, N$；时间 t_0，t_f。最后，利用非线性规划算法进行求解，进而获得原最优控制问题的最优解。

3.4 GPOPS

GPOPS 是基于 Matlab 平台开发的商业化软件（试用版可通过以下链接申请下载：http://www.gpops2.com/），使用自适应 Radau 伪谱法进行优化求解，采用 Legendre - Gauss - Radau 等求积点作为离散配点。GPOPS 具有以下特点：

(1)可以对最优控制问题进行通用化建模。

(2)支持含积分约束及常用边界条件问题。

(3)提供最优控制问题的一阶和二阶稀疏有限差分，可计算 NLP 求解器所需的所有导数。

(4)基于高斯正交积分方法实现快速收敛。

(5)高精度协态变量估算。

(6)包含 NLP 求解器 IPOPT。

3.4.1 GPOPS 算法流程

GPOPS 的使用一般包括以下步骤：

(1)剖析待求解最优控制问题，明确求解的性能指标和约束。

(2)编写自定义的文件或函数，一般需要包含以下 3 个主要函数：

1)主函数，包括设计变量（状态、控制、路径）的等式和不等式约束，设计变量初始值，求导过程采取的微分策略，网格优化信息。

2)性能指标函数，包括端点代价和积分代价。

3)常微分方程函数。

(3) 运行程序，如果无法收敛，需要修改初始猜想、控制参数等，直到算法收敛。

如图 3-6 所示,GPOPS 算法流程如下:

(1)用户按照要求的格式提供待解决的最优控制问题模型。

(2)GPOPS 对用户提供的问题信息进行提取,如变量数目、约束数目、求解设置等。

(3)判断各个函数对各个变量是否依赖,确定依赖矩阵。

(4)对问题进行伪谱离散。

(5)对离散结果进行无量纲处理。

(6)对离散的 NLP 问题在当前的区间网格和插值阶次设置下进行求解。

(7)判断每个单元终点处动力学约束、状态约束、控制约束以及路径约束是否满足给定的容差偏差,若满足则迭代结束,若不满足则转入步骤(8)。

(8)根据情况细分网格或者增加单元的配点数目(增加插值多项式的阶数)并转入步骤(6)。

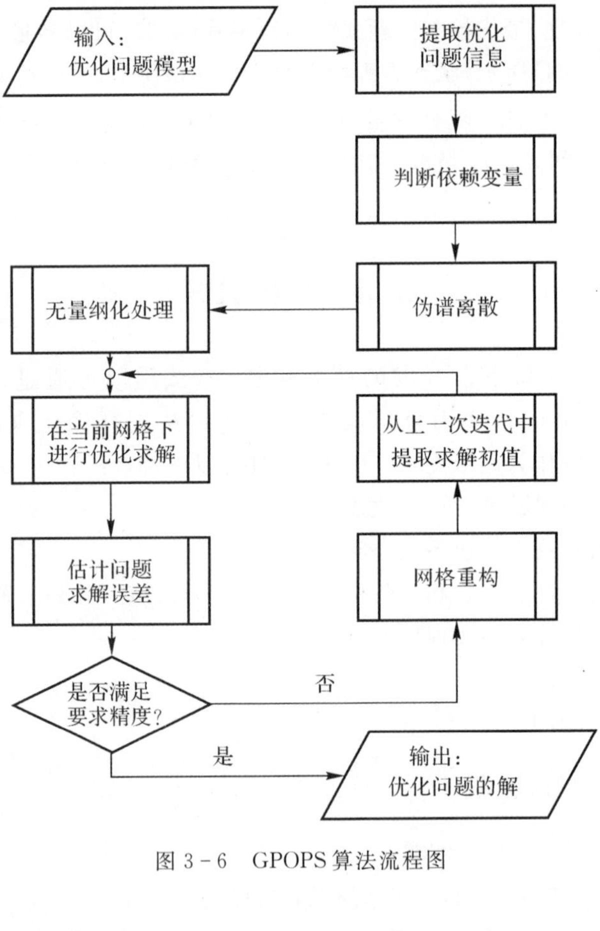

图 3-6 GPOPS 算法流程图

3.4.2 GPOPS 调用形式

在 Matlab 中调用 GPOPS 工具的一般形式为

```
[output, gpops History]=gpops(setup)
```

其中,setup 是一个用户定义的结构体,包含了最优控制问题的所有信息。这个结构体包括的重点部分为:

1)setup. limits：一个结构体数组，包含了问题每个阶段中变量和约束的上、下限。

2)setup. guess：一个结构体数组，包含了问题每个阶段中 solution 的估值。

3)setup. mesh：指定网格优化算法使用的参数。

4)setup. autoscale：指定用户是否希望自动缩放最优控制问题的变量和参数。

5)setup. derivatives：指定使用的微分方法。

6)setup. check Derivatives：一个标记，用来检查用户定义的解析导数。

7)setup. max Iterations：指定 NLP 求解器采用的最大迭代次数。

输出部分的 output 和 gpops History 分别是一个结构体和数组，其中 output 包含了最后一步网格优化的信息，gpops History 包含了每一步网格优化的历史信息。

1. 网格优化参数设置

在构建一个最优控制问题时，为了能够正确地调用 GPOPS，需要设置网格优化参数：

1)setup. tolerance：一个标量实数，代表网格优化容差。

2)setup. iteration：一个正整数，代表网格优化的迭代次数。

3)setup. nodes Per Interval：一个包含字段 min 和 max 的结构，其中 min 和 max 是整数，分别代表在一个网格区间内包含最小和最大允许的配点数量。

4)setup. splitmult：一个实数，这个实数指定了如何快速地增加网格中段的总数(当进行网格加密时会用到)。

2. 微分选项的选取

在计算目标函数梯度的导数和使用 NLP 求解器计算限制 Jacobian 矩阵时，GPOPS 提供了 5 种选择，分别代表不同的微分方法：

1)setup. derivatives＝" finite－difference"：使用默认的内部稀疏有限差分算法。

2)setup. derivatives＝"complex"：使用内置的复变量微分算法。用复变量微分算法估计导数，用以求解复杂函数的导数。与有限差分方法不同，复步长微分算法求函数的一阶偏导数时无须进行函数相减操作，可以有效地避免舍入误差，在很多领域，复步长微分法可以简化许多问题。

3)setup. derivatives＝"automatic"：使用内置的自动微分器。对任一光滑函数，不论有没有解析式，自动微分可以在求解过程中将任意阶导数求出，消除了截断误差和舍入误差，目标函数越复杂越能提现自身优势，计算精度仅受限于机器的精度。

4)setup. derivatives＝"automatic－ INTLAB"：如果所使用的计算机安装了 INTLAB，自动微分将使用第三方程序。

5)setup. derivatives＝"analytic"：使用由用户提供的解析导数。

以上提供的微分方法，工程中比较倾向于使用的是内置的自动微分器和复变量微分算法这两种，因为它们提供了高精度的导数而且被包含在 GPOPS 软件中。使用复变量微分方法的一个缺陷是必须仔细地求解一个确定的方程。特别地，在使用复步长微分时，需要重新定义函数 min，max，abs 和 dot。

3.4.3 GPOPS 仿真示例

1. 最速降线问题

最速降线问题性能指标为时间最小，即

$$J = t_f \tag{3.68}$$

其动力学方程为

$$\left.\begin{aligned} x'(t) &= v(t)\ \sin(u(t)) \\ y'(t) &= v(t)\ \cos(u(t)) \\ v'(t) &= g\ \cos(u(t)) \end{aligned}\right\} \tag{3.69}$$

端点约束为

$$\left.\begin{aligned} x(0) = y(0) = v(0) = 0 \\ x(t_f) = 2, y(t_f) = -2 \end{aligned}\right\} \tag{3.70}$$

采用 GPOPS 求解上述问题需要设置三类函数文件：

(1)主函数文件 brachistochroneMain. m：

```
clear all; close all; clc

global CONSTANTS

auxdata.g = 10;
t0 = 0;
tfmin = 0; tfmax = 100;
x0 = 0; y0 = 0; v0 = 0;
xf = 2; yf = -2;
xmin = -50; xmax =  50;
ymin = -50; ymax =  0;
vmin = xmin; vmax = xmax;
umin = -pi/2; umax = pi/2;

%-------------------------------------------------------------------------%
%-------------------------- Setup for Problem Bounds ---------------------%
%-------------------------------------------------------------------------%
iphase = 1;
bounds.phase.initialtime.lower = t0;
bounds.phase.initialtime.upper = t0;
bounds.phase.finaltime.lower = tfmin;
bounds.phase.finaltime.upper = tfmax;
bounds.phase.initialstate.lower = [x0,y0,v0];
bounds.phase.initialstate.upper = [x0,y0,v0];
bounds.phase.state.lower = [xmin,ymin,vmin];
bounds.phase.state.upper = [xmax,ymax,vmax];
bounds.phase.finalstate.lower = [xf,yf,vmin];
```

```
bounds.phase.finalstate.upper = [xf,yf,vmax];
bounds.phase.control.lower = umin;
bounds.phase.control.upper = umax;

%----------------------------------------------------------------------%
%------------------- Provide Guess of Solution -------------------%
%----------------------------------------------------------------------%
guess.phase.time     = [t0; tfmax];
guess.phase.state    = [[x0; xf],[y0; yf],[v0; v0]];
guess.phase.control = [0; 0];

%----------------------------------------------------------------------%
%----------- Assemble Information into Problem Structure -----------%
%----------------------------------------------------------------------%
setup.name = 'Brachistochrone-Problem';
setup.functions.continuous = @brachistochroneContinuous;
setup.functions.endpoint = @brachistochroneEndpoint;
setup.auxdata = auxdata;
setup.bounds = bounds;
setup.guess = guess;
setup.nlp.solver = 'snopt';
setup.derivatives.supplier = 'sparseCD';
setup.derivatives.derivativelevel = 'second';
setup.mesh.method = 'hp1';
setup.mesh.tolerance = 1e-6;
setup.mesh.maxiteration = 45;
setup.mesh.colpointsmin = 4;
setup.mesh.colpointsmax = 10;
setup.mesh.phase.colpoints = 4 * ones(1,10);
setup.mesh.phase.fraction =  0.1 * ones(1,10);
setup.method = 'RPMintegration';

%----------------------------------------------------------------------%
%---------------- Solve Problem Using GPOP2 ----------------%
%----------------------------------------------------------------------%
output = gpops2(setup);
solution = output.result.solution;

%----------------------------------------------------------------------%
%-------------------- Plot Solution --------------------%
%----------------------------------------------------------------------%
figure(1)
```

```
pp = plot(solution.phase(1).time,solution.phase(1).state,'-o');
xl = xlabel('time');
yl = ylabel('state');
set(pp,'LineWidth',1.25,'MarkerSize',8);
set(xl,'FontSize',18);
set(yl,'FontSize',18);
set(gca,'FontSize',16);
grid on
print -depsc2 brachistochroneState.eps
print -dpng brachistochroneState.png

figure(1)
pp = plot(solution.phase(1).time,solution.phase(1).control,'-o');
xl = xlabel('time');
yl = ylabel('control');
set(pp,'LineWidth',1.25,'MarkerSize',8);
set(xl,'FontSize',18);
set(yl,'FontSize',18);
set(gca,'FontSize',16);
grid on
print -depsc2 brachistochroneControl.eps
print -dpng brachistochroneControl.png
```

(2)性能指标函数文件 brachistochroneEndpoint. m：

```
function output = brachistochroneEndpoint(input);

tf = input.phase(1).finaltime;
output.objective = tf;
```

(3) 动力学常微分方程文件 brachistochroneContinuous. m：

```
function phaseout = brachistochroneContinuous(input);


g = input.auxdata.g;


t = input.phase.time;
x = input.phase.state(:,1);
y = input.phase.state(:,2);
v = input.phase.state(:,3);
u = input.phase.control;
xdot =  v.*sin(u);
ydot = -v.*cos(u);
vdot = g*cos(u);
phaseout.dynamics = [xdot, ydot, vdot];
```

在 Matlab 平台执行仿真程序，其仿真结果如图 3 - 7 所示。

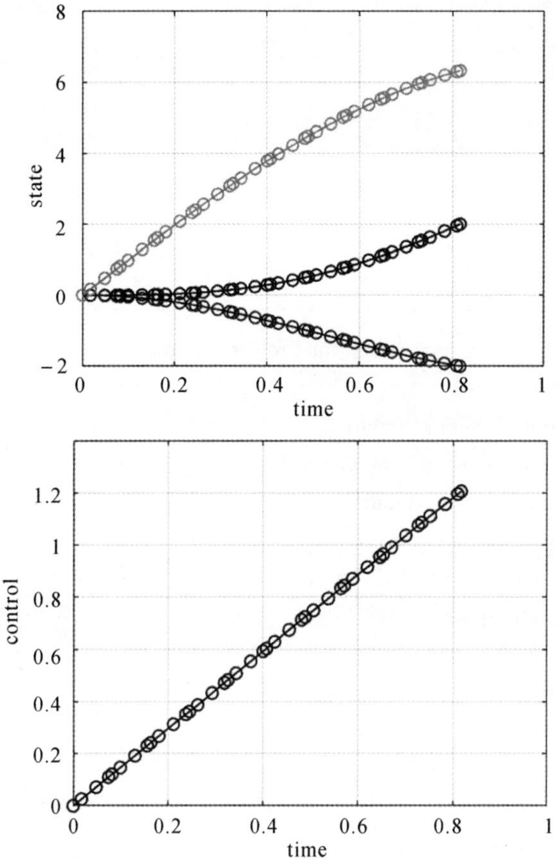

图 3 - 7　基于 GPOPS 求解最速降线问题仿真结果

2. 月面着陆燃料最优问题

考虑性能指标：

$$J = \int_0^{t_f} u(t)\mathrm{d}t \tag{3.71}$$

动力学约束为

$$\left.\begin{aligned} \dot{h}(t) &= v(t) \\ \dot{v}(t) &= -g + u(t) \end{aligned}\right\} \tag{3.72}$$

端点约束为

$$\left.\begin{aligned} h(0) = h_0, \quad h(t_f) = 0 \\ v(0) = v_0, \quad v(t_f) = 0 \end{aligned}\right\} \tag{3.73}$$

采用 GPOPS 求解上述问题需要设置三类函数文件：

(1) 主函数文件 moonLanderMain. m：

```
clear all; close all; clc


auxdata.g = 1.6;
```

```
t0min = 0;    t0max = 0;
tfmin = 0;    tfmax = 200;
h0 = 10;      hf = 0;
v0 = -2;      vf = 0;
hmin = 0;     hmax =  20;
vmin = -10;   vmax =  10;
umin = 0;     umax = 3;

%-------------------------------------------------------------------%
%------------------ Setup for Problem Bounds ---------------------%
%-------------------------------------------------------------------%
bounds.phase.initialtime.lower = t0min;
bounds.phase.initialtime.upper = t0max;
bounds.phase.finaltime.lower = tfmin;
bounds.phase.finaltime.upper = tfmax;
bounds.phase.initialstate.lower = [h0, v0];
bounds.phase.initialstate.upper = [h0, v0];
bounds.phase.state.lower = [hmin, vmin];
bounds.phase.state.upper = [hmax, vmax];
bounds.phase.finalstate.lower = [hf, vf];
bounds.phase.finalstate.upper = [hf, vf];
bounds.phase.control.lower = [umin];
bounds.phase.control.upper = [umax];
bounds.phase.integral.lower = [-100];
bounds.phase.integral.upper = [100];

%-------------------------------------------------------------------%
%---------------- Provide Guess of Solution ----------------------%
%-------------------------------------------------------------------%
tGuess                  = [t0min; 5];
hGuess                  = [h0; hf];
vGuess                  = [v0; vf];
uGuess                  = [umin; umin];
guess.phase.state       = [hGuess, vGuess];
guess.phase.control     = [uGuess];
guess.phase.time        = [tGuess];
guess.phase.integral = 10;

%-------------------------------------------------------------------%
%--------Provide Mesh Refinement Method and Initial Mesh ----------%
%-------------------------------------------------------------------%
```

```
mesh.method              = 'hp1';
mesh.tolerance           = 1e-6;
mesh.maxiteration        = 45;
mesh.colpointsmin        = 4;
mesh.colpointsmax        = 10;
mesh.phase.colpoints = 4 * ones(1,10);
mesh.phase.fraction   = 0.1 * ones(1,10);

%-------------------------------------------------------------------%
%---------- Assemble Information into Problem Structure ------------%
%-------------------------------------------------------------------%
setup.name                              = 'Soft-Lunar-Landing';
setup.functions.endpoint               = @moonLanderEndpoint;
setup.functions.continuous             = @moonLanderContinuous;
setup.auxdata                           = auxdata;
setup.bounds                            = bounds;
setup.guess                             = guess;
setup.nlp.solver                        = 'ipopt';
setup.derivatives.supplier             = 'sparseCD';
setup.derivatives.derivativelevel = 'second';
setup.mesh.method                       = 'hp1';
setup.mesh.tolerance                    = 1e-6;
setup.method                            = 'RPMintegration';

%-------------------------------------------------------------------%
%------------------ Solve Problem Using GPOPS2 ----------------------%
%-------------------------------------------------------------------%
output = gpops2(setup);
```

(2)性能指标函数文件 moonLanderEndpoint.m:

```
function output = moonlanderEndpoint(input)

Qu = input.phase.integral;

output.objective = Qu;
```

(3) 动力学常微分方程文件 moonLanderContinuous.m:

```
function phaseout = moonlanderContinuous(input)
g = input.auxdata.g;

t = input.phase.time;
h = input.phase.state(:,1);
v = input.phase.state(:,2);
```

```
u = input.phase.control(:,1);

dh = v;
dv = -g + u;
phaseout.dynamics = [dh, dv];
phaseout.integrand = u;
```

在 Matlab 平台执行仿真程序，其仿真结果如图 3-8 所示。

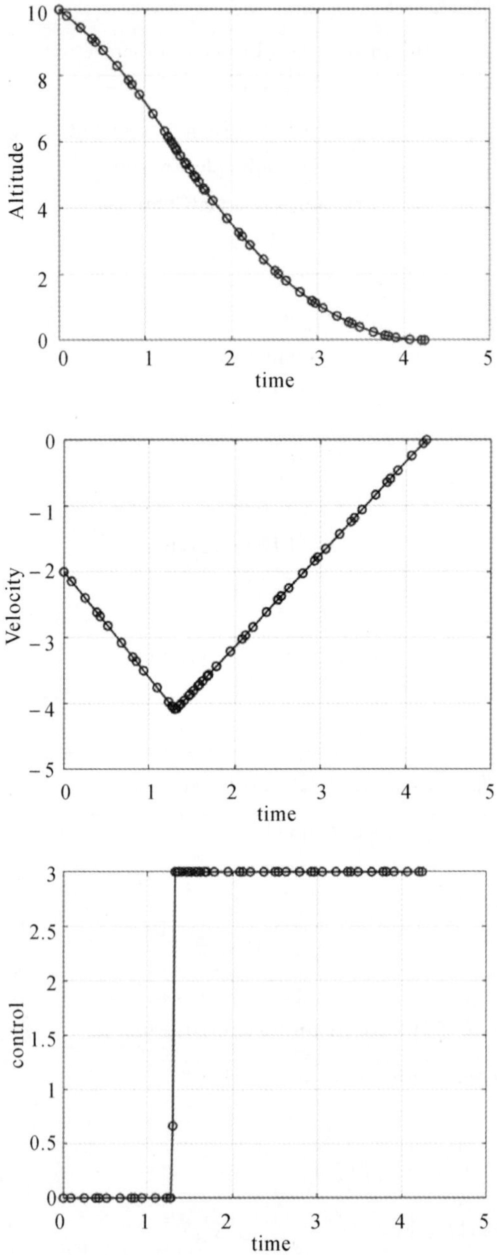

图 3-8　基于 GPOPS 求解月面着陆燃料最优问题仿真结果

3. 可重复使用飞行器再入轨迹优化问题

可重复使用飞行器再入轨迹优化问题性能指标为

$$J = \varphi(t_f) \tag{3.74}$$

动力学约束为

$$\left.\begin{aligned}
\dot{r} &= v\sin\gamma \\
\dot{\theta} &= \frac{v\cos\gamma\sin\psi}{r\cos\varphi} \\
\dot{\varphi} &= \frac{v\cos\gamma\cos\psi}{r} \\
\dot{v} &= -\frac{D}{m} - g\sin\gamma \\
\dot{\gamma} &= \frac{L\cos\sigma}{mv} - \left(\frac{g}{v} - \frac{v}{r}\right)\cos\gamma \\
\dot{\psi} &= \frac{L\sin\sigma}{mv\cos\gamma} + \frac{v\cos\gamma\sin\psi\tan\varphi}{r}
\end{aligned}\right\} \tag{3.75}$$

端点约束为

$$\left.\begin{array}{llllll}
h(0) & = & 79.248\text{km} & , h(t_f) & = & 24.384\text{km} \\
\theta(0) & = & 0\text{deg} & , \theta(t_f) & = & \text{Free} \\
\varphi(0) & = & 0\text{deg} & , \varphi(t_f) & = & \text{Free} \\
v(0) & = & 7.803\text{km}\cdot\text{s}^{-1} & , v(t_f) & = & 0.762\text{km}\cdot\text{s}^{-1} \\
\gamma(0) & = & -1\text{deg} & , \gamma(t_f) & = & -5\text{deg} \\
\psi(0) & = & -90\text{deg} & , \psi(t_f) & = & \text{Free}
\end{array}\right\} \tag{3.76}$$

采用 GPOPS 求解上述问题需要设置三类函数文件：

(1)主函数文件 rlvEntryMain. m：

```
clear all
clc


cft2m = 0.3048;
cft2km = cft2m/1000;
cslug2kg = 14.5939029;
%-------------%
%           Problem Setup           %
%-------------%
auxdata.Re = 20902900 * cft2m;             % Equatorial Radius of Earth (m)
auxdata.S  = 2690 * cft2m^2;               % Vehicle Reference Area (m^2)
auxdata.cl(1) = -0.2070;                   % Parameters for lift coefficient
auxdata.cl(2) = 1.6756;
auxdata.cd(1) = 0.0785;
auxdata.cd(2) = -0.3529;
auxdata.cd(3) = 2.0400;
auxdata.b(1)  = 0.07854;
```

```
auxdata.b(2)   = -0.061592;
auxdata.b(3)   = 0.00621408;
auxdata.H      = 23800 * cft2m;                % Density Scale Height (m)
auxdata.al(1) = -0.20704;
auxdata.al(2) = 0.029244;
auxdata.rho0   = 0.002378 * cslug2kg/cft2m^3; % Sea Level Atmospheric Density (slug/ft^3)
auxdata.mu     = 1.4076539e16 * cft2m^3;      % Earth Gravitational Parameter (ft^^3/s^2)
auxdata.mass   = 6309.433 * cslug2kg;

% inital conditions
t0 = 0;
alt0 = 260000 * cft2m;
rad0 = alt0+auxdata.Re;
lon0 = 0;
lat0 = 0;
speed0 = 25600 * cft2m;
fpa0   = -1 * pi/180;
azi0   = 90 * pi/180;

% terminal conditions
altf = 80000 * cft2m;
radf = altf+auxdata.Re;
speedf = 2500 * cft2m;
fpaf   = -5 * pi/180;
azif   = -90 * pi/180;

%---------------------%
% Lower and Upper Limits on Time, State, and Control %
%---------------------%
tfMin = 0;               tfMax = 3000;
radMin = auxdata.Re;   radMax = rad0;
lonMin = -pi;            lonMax = -lonMin;
latMin = -70 * pi/180;  latMax = -latMin;
speedMin = 10;           speedMax = 45000;
fpaMin = -80 * pi/180;  fpaMax =  80 * pi/180;
aziMin = -180 * pi/180; aziMax =  180 * pi/180;
aoaMin = -90 * pi/180;  aoaMax = -aoaMin;
bankMin = -90 * pi/180; bankMax =   1 * pi/180;

bounds.phase.initialtime.lower = t0;
```

```
bounds.phase.initialtime.upper = t0;
bounds.phase.finaltime.lower = tfMin;
bounds.phase.finaltime.upper = tfMax;
bounds.phase.initialstate.lower = [rad0, lon0, lat0, speed0, fpa0, azi0];
bounds.phase.initialstate.upper = [rad0, lon0, lat0, speed0, fpa0, azi0];
bounds.phase.state.lower = [radMin, lonMin, latMin, speedMin, fpaMin, aziMin];
bounds.phase.state.upper = [radMax, lonMax, latMax, speedMax, fpaMax, aziMax];
bounds.phase.finalstate.lower = [radf, lonMin, latMin, speedf, fpaf, aziMin];
bounds.phase.finalstate.upper = [radf, lonMax, latMax, speedf, fpaf, aziMax];
bounds.phase.control.lower = [aoaMin, bankMin];
bounds.phase.control.upper = [aoaMax, bankMax];

%---------%
% Set up Initial Guess %
%---------%
tGuess = [0; 1000];
radGuess = [rad0; radf];
lonGuess = [lon0; lon0+10*pi/180];
latGuess = [lat0; lat0+10*pi/180];
speedGuess = [speed0; speedf];
fpaGuess = [fpa0; fpaf];
aziGuess = [azi0; azif];
aoaGuess = [0; 0];
bankGuess = [0; 0];

guess.phase.state   = [radGuess, lonGuess, latGuess, speedGuess, fpaGuess, aziGuess];
guess.phase.control = [aoaGuess, bankGuess];
guess.phase.time    = tGuess;

%---------%
% Set up Initial Mesh %
%---------%
meshphase.colpoints = 4*ones(1,10);
meshphase.fraction = 0.1*ones(1,10);

setup.name = 'Reusable-Launch-Vehicle-Entry-Problem';
setup.functions.continuous = @rlvEntryContinuous;
setup.functions.endpoint   = @rlvEntryEndpoint;
setup.auxdata = auxdata;
setup.mesh.phase = meshphase;
```

```
setup.bounds = bounds;
setup.guess = guess;
setup.nlp.solver = 'ipopt';
setup.derivatives.supplier = 'sparseCD';
setup.derivatives.derivativelevel = 'second';
setup.scales.method = 'automatic-bounds';
setup.method = 'RPMintegration';
setup.mesh.method = 'hp1';
setup.mesh.tolerance = 1e-6; % default 1e-3
setup.mesh.colpointsmin = 4;
setup.mesh.colpointsmax = 16;

%--------------%
% Solve Problem Using OptimalPrime %
%--------------%
output = gpops2(setup);
```

(2)性能指标函数文件 rlvEntryEndpoint.m：

```
function output = rlvEntryEndpoint(input)


latf = input.phase.finalstate(3);


cost
output.objective = -latf;
```

(3) 动力学常微分方程文件 rlvEntryContinuous.m：

```
function phaseout = rlvEntryContinuous(input)
rad = input.phase.state(:,1);
lon = input.phase.state(:,2);
lat = input.phase.state(:,3);
speed = input.phase.state(:,4);
fpa = input.phase.state(:,5);
azimuth = input.phase.state(:,6);
aoa = input.phase.control(:,1);
bank = input.phase.control(:,2);

cd0 = input.auxdata.cd(1);
cd1 = input.auxdata.cd(2);
cd2 = input.auxdata.cd(3);
cl0 = input.auxdata.cl(1);
```

```
cl1 = input.auxdata.cl(2);
mu   = input.auxdata.mu;
rho0 = input.auxdata.rho0;
H = input.auxdata.H;
S = input.auxdata.S;
mass = input.auxdata.mass;
altitude = rad - input.auxdata.Re;

CD = cd0+cd1*aoa+cd2*aoa.^2;

rho = rho0*exp(-altitude/H);
CL = cl0+cl1*aoa;
gravity = mu./rad.^2;
dynamic_pressure = 0.5*rho.*speed.^2;
D = dynamic_pressure.*S.*CD./mass;
L = dynamic_pressure.*S.*CL./mass;
slon = sin(lon);
clon = cos(lon);
slat = sin(lat);
clat = cos(lat);
tlat = tan(lat);
sfpa = sin(fpa);
cfpa = cos(fpa);
sazi = sin(azimuth);
cazi = cos(azimuth);
cbank = cos(bank);
sbank = sin(bank);

raddot   = speed.*sfpa;
londot   = speed.*cfpa.*sazi./(rad.*clat);
latdot   = speed.*cfpa.*cazi./rad;
speeddot = -D-gravity.*sfpa;
fpadot   = (L.*cbank-cfpa.*(gravity-speed.^2./rad))./speed;
azidot   = (L.*sbank./cfpa + speed.^2.*cfpa.*sazi.*tlat./rad)./speed;

phaseout.dynamics  = [raddot, londot, latdot, speeddot, fpadot, azidot];
```

在 Matlab 平台执行仿真程序，其仿真结果如图 3-9 所示。

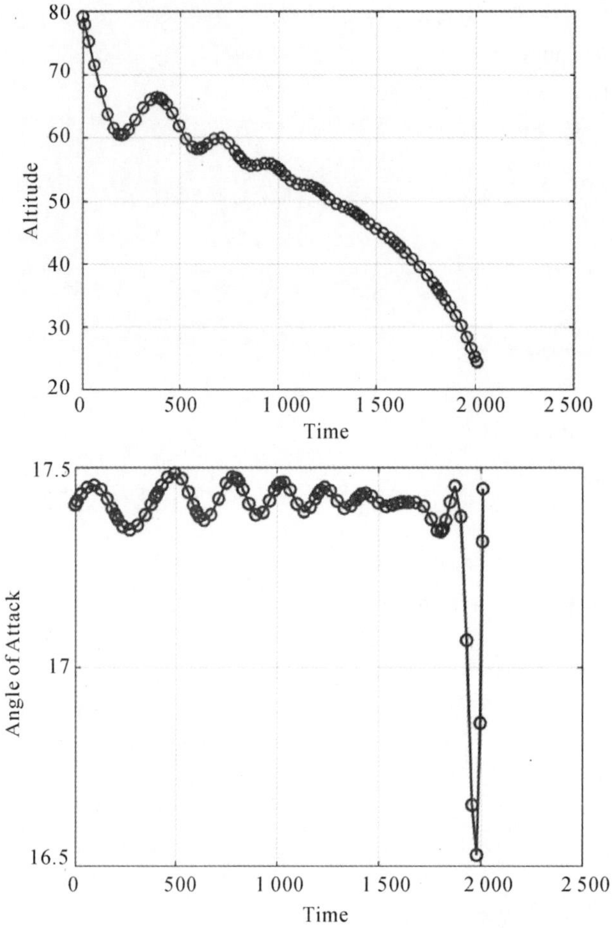

图 3-9　基于 GPOPS 求解可重复使用飞行器再入轨迹优化问题仿真结果

第 4 章　序列凸优化方法

序列凸优化方法是近年来受到广泛关注的一种数值优化方法，特别是在航天器器载计算的在线轨迹及在线制导控制领域得到了重要应用。

4.1　凸优化问题

凸优化是数学规划领域中具有非常重要地位的一个分支。它是研究非线性规划问题的一个主要手段。在现在已有的算法可以迅速求解大规模凸优化问题的基础上，相较于非凸问题，凸优化问题最大的特点就是一旦将一个问题描述为凸优化问题，那么基本上就可以认为这个问题已经解决了。

20 世纪 40 年代末学者提出求解一般线性规划问题的单纯型法后，凸优化作为一门独立的学科逐渐发展起来，特别是在 20 世纪 80 年代，人们认识到内点法（Interior Point Method，IPM）不只可以用来求解线性规划问题，也可以用来求解一些特殊的凸优化问题，例如半定规划（Semi - definite Programming，SDP）和二阶锥规划（Second - order Cone Programming，SOCP）问题等。此后，作为一种数学工具，凸优化在各个领域中的应用十分广泛，例如航空航天、信号处理、机器学习、控制和金融等。

凸优化作为一种数学工具，受到这样广泛应用的原因是，如果某个实际问题可以描述为一个凸优化问题，它就可以用内点法或者其他方法迅速又可靠地求解，并且可以很好地避开局部极值点，获得全局最优解。另外，凸优化理论中的对偶理论可以简化复杂问题，对原问题给出有意义的解释。

然而，判断一个问题是否可以描述为凸优化问题或者是否可以转化为凸优化问题十分具有挑战性，所以利用凸优化的关键就在于判断一个问题是否是凸优化问题或者如何将原问题转化为凸优化问题，一旦将实际问题描述为凸优化问题，那么就可以认为这个问题已经被解决了，因为剩下的只是算法和技术的应用。

4.1.1　凸集

凸集是最优化的基础，本节主要介绍凸集的若干定义和基本性质。首先介绍实向量空间 $\mathbf{R}^n$ 内线段的概念。

假设 x_1 和 x_2 是空间内的任两点，且 $x_1 \neq x_2$，那么

$$y = \theta x_1 + (1-\theta)x_2 \tag{4.1}$$

可以表示经过 x_1 和 x_2 的一条直线，其中 $\theta \in \mathbf{R}$。当参数 $\theta = 0$ 时，则 $y = x_2$，表示点 x_2；当参数 $\theta = 1$ 时，则 $y = x_1$，表示点 x_1；当参数 θ 在 0～1 之间变化时，则 y 表示 x_1 和 x_2 之间的线段。

也可以换成另一种表示方式：

$$y = x_2 + \theta(x_1 - x_2) \tag{4.2}$$

式中，x_2 表示原点，而 $x_1 - x_2$ 表示直线的方向。那么参数 θ 可以看作是点 x_2 到点 x_1 的轨迹。当 θ 从 0 增加到 1 时，表示点 y 从点 x_2 移动到点 x_1；当 $\theta > 1$ 时，则表示点 x_2 到点 x_1 方向的过点 x_1 的射线，如图 4-1 所示。

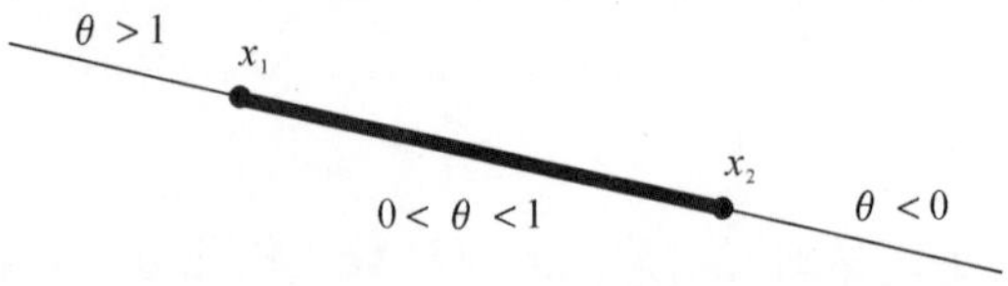

图 4-1　经过点 x_2 和点 x_1 的线的图形表示

定义 4.1(仿射集)　假设 S 是属于实向量空间的集合，$S \subseteq \mathbf{R}^n$。若 S 中任意两点之间的直线都属于 S，那么称集合 S 是仿射(affine)的，即

$$\forall x_1, x_2 \in S, \forall \theta \in \mathbf{R} \Rightarrow \theta x_1 + (1-\theta)x_2 \in S \tag{4.3}$$

将这种思想扩展到空间 $\mathbf{R}^n$ 内的有限个点 $x_1, x_2, \cdots, x_m \in \mathbf{R}^n$。对诸如 $\theta_1 x_1 + \theta_2 x_2 + \cdots + \theta_m x_m$ 这样的线性组合，当 $\theta_1 + \theta_2 + \cdots + \theta_m = 1$ 时，称该组合为 $x_1, x_2, \cdots, x_m$ 的仿射组合(affine combination)。也就是说，一个仿射集包含了集合内所有点的仿射组合：若 S 是一个仿射集，点 $x_1, x_2, \cdots, x_m \in S$，且 $\theta_1 + \theta_2 + \cdots + \theta_m = 1$，则点 $\theta_1 x_1 + \theta_2 x_2 + \cdots + \theta_m x_m$ 仍然在集合 S 内。

定义 4.2(仿射包)　集合 $S \subseteq \mathbf{R}^n$ 内的所有仿射组合的集合，称为 S 的仿射包(affine hull)，表示为

$$\operatorname{aff}(S) = \{\theta_1 x_1 + \theta_2 x_2 + \cdots + \theta_m x_m \mid x_i \in S, \theta_1 + \theta_2 + \cdots + \theta_m = 1\} \tag{4.4}$$

由以上定义可知，仿射包 aff(S) 是包含在 S 内的最小仿射集。

定义 4.3(凸集)　假设 S 是属于实向量空间的集合，$S \subseteq \mathbf{R}^n$。若 S 中任意两点之间的线段都属于 S，那么称集合 S 是凸集，即

$$\forall x_1, x_2 \in S, 0 \leqslant \theta \leqslant 1 \Rightarrow \theta x_1 + (1-\theta)x_2 \in S \tag{4.5}$$

换句话说，如果站在集合中的任意一个点上，从这个点向这个集合中的任意的另一个点看去，都可以一览无余，那么这个集合就是凸集，也就是说视线所在的路径也全都包含在这个集合当中。根据仿射集合的定义，其中任意两个点间的线段也包含在其中，符合凸集的定义，因此仿射集是凸集。图 4-2 清晰地展示了凸集和非凸集之间的区别。

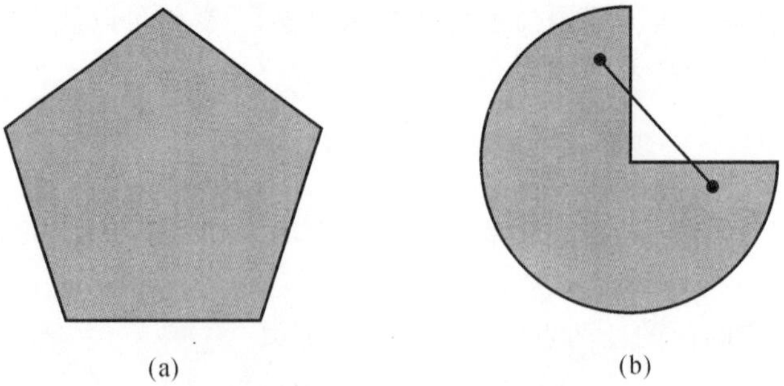

图 4-2　凸集与非凸集

(a)凸集；(b)非凸集

由仿射集定义可知，每个仿射集都是凸的，因为它包含了经过两点的整条直线，也就包括了两点之间的线段。同样，可以定义凸组合(convex combination)。推广到空间内的有限个点，当 $\theta_1+\theta_2+\cdots+\theta_m=1$ 且 $\theta_1,\theta_2,\cdots,\theta_m\geqslant 0$ 时，称 $\theta_1x_1+\theta_2x_2+\cdots+\theta_mx_m$ 为点 $x_1,x_2,\cdots,x_m$ 的凸组合。若 $\theta_1+\theta_2+\cdots+\theta_m=1$ 且 $\theta_1,\theta_2,\cdots,\theta_m>0$，则称 $\theta_1x_1+\theta_2x_2+\cdots+\theta_mx_m$ 为点 $x_1,x_2,\cdots,x_m$ 的严格凸组合。

定义 4.4(凸包)　在 S 内所有点的凸组合的集合，称为集合 S 的凸包，即

$$\mathrm{conv}(S)=\{\theta_1x_1+\theta_2x_2+\cdots+\theta_mx_m \mid x_i\in S,\theta_i\geqslant 0,\theta_1+\theta_2+\cdots+\theta_m=1\} \tag{4.6}$$

根据定义可知，凸包 conv(S)就是包含集合 S 的最小凸集。如果集合 B 是包含集合 S 的任意凸集，那么 $\mathrm{conv}(S)\subseteq B$。

定义 4.5(锥)　在集合 $S\subseteq\mathbf{R}^n$ 内，如果对任意 $x\in S$ 和 $\theta\geqslant 0$，都有 $\theta x\in S$，那么称集合 S 是一个锥(cone)。

定义 4.6(凸锥)　如果集合 $S\subseteq\mathbf{R}^n$ 是一个锥且是凸的，那么称集合 S 是一个凸锥(convex cone)，即

$$\forall x_1,x_2\in S,\forall\theta_1,\theta_2\geqslant 0\Rightarrow\theta_1x_1+\theta_2x_2\in S \tag{4.7}$$

在几何上，锥可以描述成顶点为原点、边界经过点 x_1 和点 x_2 的二维射线，如图 4-3 所示。扇区则表示了 $\theta_1x_1+\theta_2x_2$ 形式的所有点。

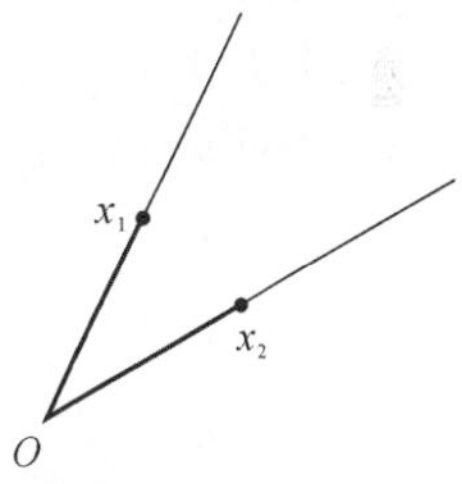

图 4-3　凸锥

类似地，当 $\theta_1,\theta_2,\cdots,\theta_m\geqslant 0$ 时，称 $\theta_1x_1+\theta_2x_2+\cdots+\theta_mx_m$ 为点 x_1，$x_2,\cdots,x_m$ 的凸锥组合(convex cone combination)。如果点 x_i 在凸锥 S 中，那么 x_i 的每个凸锥组合都在 S 中。相反，当且仅当集合 S 包含了它内部所有点的所有凸锥组合时，集合 S 是一个凸锥。

以上描述了关于凸集的一些重要的概念。下面对一些特殊集合的性质进行总结：

(1)空集 $\varnothing$，任意的单个点，以及整个实向量空间 $\mathbf{R}^n$ 都是集合 $\mathbf{R}^n$ 的仿射(也是凸的)子集。

(2)任何直线都是仿射的。如果该直线经过了原点，那么它是一个子空间，因此也是一个凸锥。

(3)线段是凸的，但不是仿射的，除非该线段简化为一个点。

(4)如 $\{x_0+\theta v \mid \theta\geqslant 0,v\neq 0\}$ 形式的射线是凸的，但不是仿射的。

(5)任何子空间都是仿射且凸的。

凸集的举例：

1)所有的 $\mathbf{R}^n$。很显然，对任意给定的 $x,y\in\mathbf{R}^n$ 都有 $\theta x+(1-\theta)y\in\mathbf{C}$。

2)单位球。设 $\|\cdot\|$ 为 $\mathbf{R}^n$ 上的模，那么集合 $\{x\mid \|x\|\leqslant 1\}$ 是一个凸集。

下面的定理给出了凸集的性质，即两个凸集的交集是凸集，两个凸集的代数和也是凸集。

定理 4.1　设 S_1 和 S_2 是 $\mathbf{R}^n$ 中的凸集，则

1) $S_1\cap S_2$ 为凸集。

2) $S_1\pm S_2=\{x_1\pm x_2 \mid x_1\in S_1,x_2\in S_1\}$ 是凸集。

下面介绍一下开集、闭集、开凸集和闭凸集的概念。

定义 4.7 设 $x \in \mathbf{R}^n$，开球 $B(x,r)$ 定义为

$$B(x,r) = \{y \in \mathbf{R}^n \mid \| y - x \| < r\} \tag{4.8}$$

这个开球以 x 为中心，以 r 为半径。

定义 4.8 设 $x \in \mathbf{R}^n$，闭球 $\overline{B}(x,r)$ 定义为

$$\overline{B}(x,r) = \{y \in \mathbf{R}^n \mid \| y - x \| \leqslant r\} \tag{4.9}$$

该闭球以 x 为中心，以 r 为半径。

定义 4.9 设 $S \subset \mathbf{R}^n$，如果存在 $r > 0$，使得 $B(x,r) \subset S$，则称 $x \in \mathbf{R}^n$ 是 S 的内点。S 的所有内点的集合叫 S 的内部，用 $\mathrm{int}(S)$ 表示。

定义 4.10 如果 S 的每一点都是 S 的内点，即 $\mathrm{int}(S) = S$，则称 S 为开子集。显然，空集 $\varnothing$ 和 n 维空间 $\mathbf{R}^n$ 是 $\mathbf{R}^n$ 的开子集。

定义 4.11 设

$$S \cap B(x,r) \neq \varnothing, \forall r > 0 \tag{4.10}$$

则 x 称为属于 S 的闭包，即 $x \in \overline{S}$。

定义 4.12 如果 $S = \overline{S}$，则 S 称为闭子集。

定义 4.13 设 $S \subset \mathbf{R}^n$ 是凸集，若它是开的，则称为开凸集；若它是闭的，则称为闭凸集。

下面的定理表明凸集的闭包也是凸集。

定理 4.2 如果 $C \subset \mathbf{R}^n$ 是凸集，那么 C 的闭包 $\overline{C}$ 也是凸集。

4.1.2 凸函数

定义 4.14(仿射函数) 如果某函数是一个线性函数和一个常数的和，即可表示为 $f(x) = Ax + b$ 的形式，则称函数 $f: \mathbf{R}^n \to \mathbf{R}^m$ 是仿射函数，其中 $A \in \mathbf{R}^{m \times n}$，$b \in \mathbf{R}^m$。

定义 4.15(凸函数) 函数 $f: \mathbf{R}^n \to \mathbf{R}$ 是凸的，如果 $\mathrm{dom}\, f$ 是凸集，且对于任意 $x, y \in \mathrm{dom}\, f$ 和任意 $0 \leqslant \theta \leqslant 1$，有

$$f(\theta x + (1-\theta)y) \leqslant \theta f(x) + (1-\theta) f(y) \tag{4.11}$$

那么称 f 为凸函数。

从几何意义上看，上述不等式意味着点 $(x, f(x))$ 和 $(y, f(y))$ 之间的线段，即从 x 到 y 的弦，在函数 f 的图像上方，如图 4-4 所示。如果当 $x \neq y$ 且 $0 \leqslant \theta \leqslant 1$ 时，式(4.11)中的不等式严格成立，则称函数 f 是严格凸的。如果函数 $-f$ 是凸的，则称函数是凹的；如果 $-f$ 严格凸，则称函数 f 是严格凹的。

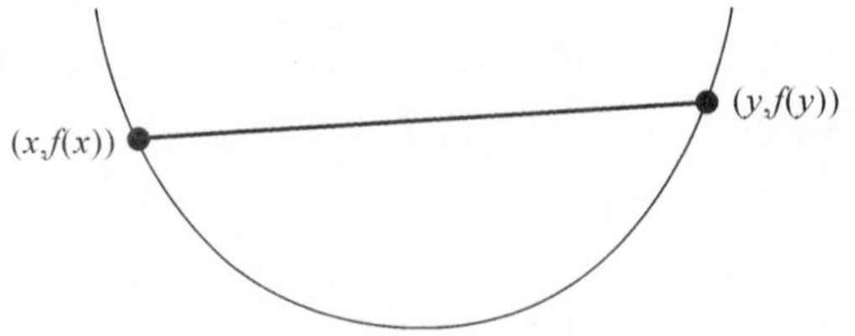

图 4-4 凸函数示意图

4.1.3　凸优化问题

1. 一般的优化问题

将一般的优化问题描述为

$$\left.\begin{aligned}&\min\ f_0(\boldsymbol{x})\\&\text{约束条件：}\begin{cases}f_i(\boldsymbol{x})\leqslant 0, i=1,2,\cdots,m\\h_i(\boldsymbol{x})=0, i=1,2,\cdots,p\end{cases}\end{aligned}\right\}\tag{4.12}$$

式中，$f_i(\boldsymbol{x})\leqslant 0(i=1,2,\cdots,m)$ 为不等式约束，$h_i(\boldsymbol{x})=0(i=1,2,\cdots,p)$ 为等式约束。

2. 凸优化问题

凸优化问题可以描述为

$$\left.\begin{aligned}&\min\ f_0(\boldsymbol{x})\\&\text{约束条件：}\begin{cases}f_i(\boldsymbol{x})\leqslant 0, i=1,2,\cdots,m\\\boldsymbol{a}_i^{\mathrm{T}}\boldsymbol{x}=\boldsymbol{b}_i, i=1,2,\cdots,p\end{cases}\end{aligned}\right\}\tag{4.13}$$

式中，$f_0,f_2,\cdots,f_m$ 为凸函数。对比问题式(4.13)和一般的标准形式问题式(4.12)，凸优化问题有 3 个附加的要求：①目标函数必须是凸的。②不等式约束函数必须是凸的。③等式约束函数 $h_i(\boldsymbol{x})=\boldsymbol{a}_i^{\mathrm{T}}\boldsymbol{x}-\boldsymbol{b}_i$ 必须是仿射的。

凸优化属于非线性优化的子类，包括线性规划、二次规划、二阶锥规划、半正定规划等多个类别，具体如图 4-5 所示。此外，凸优化问题也可与几何规划问题、熵优化问题等相互转换，在不同的场景将会带来极大的便利性。

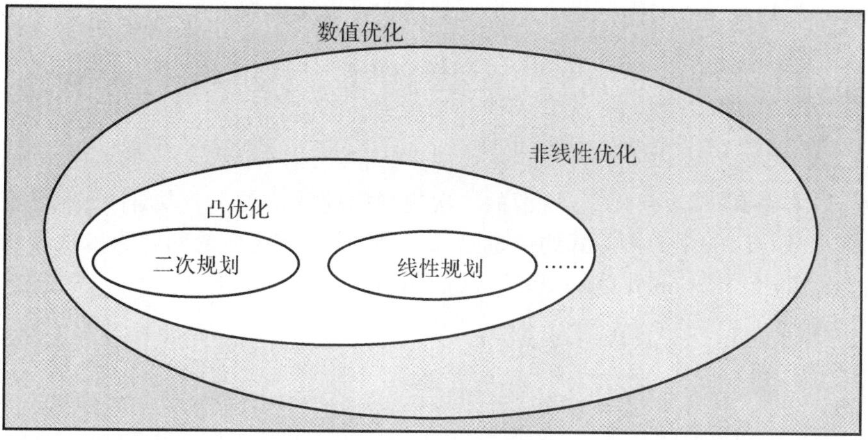

图 4-5　凸优化问题

4.1.3.1　线性规划问题

如果一个优化问题的目标函数和约束函数都是仿射的，那么该优化问题为线性规划(Linear Program，LP)问题。根据定义，LP 问题可以写成以下形式：

$$\left.\begin{aligned}&\min\ \boldsymbol{c}^{\mathrm{T}}\boldsymbol{x}+\boldsymbol{d}\\&\text{约束条件：}\begin{cases}\boldsymbol{Gx}\leqslant\boldsymbol{h}\\\boldsymbol{Ax}=\boldsymbol{b}\end{cases}\end{aligned}\right\}\tag{4.14}$$

式中，$\boldsymbol{G}\in\mathbf{R}^{m\times n}$，$\boldsymbol{A}\in\mathbf{R}^{p\times n}$。显然，线性规划属于凸优化问题。

如果忽略式(4.14)中的常数 $\boldsymbol{d}$,并不会影响最优(或可行)集。因此,LP 问题的标准形式为

$$\left.\begin{aligned}&\min\ \boldsymbol{c}^{\mathrm{T}}\boldsymbol{x}\\&\text{约束条件:}\begin{cases}\boldsymbol{Gx}\leqslant\boldsymbol{h}\\\boldsymbol{Ax}=\boldsymbol{b}\end{cases}\end{aligned}\right\}\tag{4.15}$$

图 4-6 所示为一个 LP 问题的几何表示。LP 问题的可行集是多面体 $\boldsymbol{P}$,问题式(4.15)就是在多面体 $\boldsymbol{P}$ 上最小化仿射函数$\boldsymbol{c}^{\mathrm{T}}\boldsymbol{x}$。

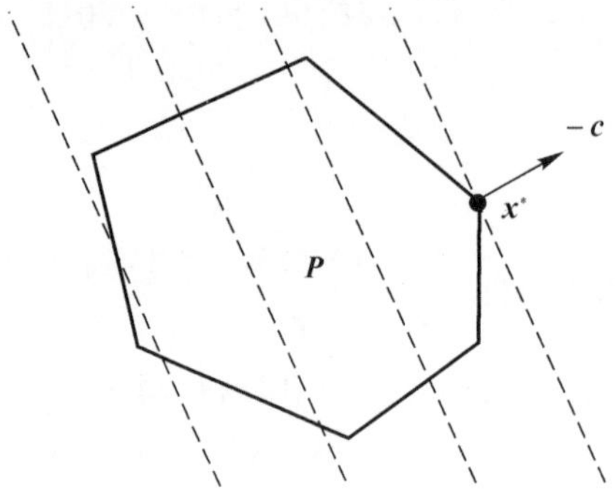

图 4-6　线性规划的几何表示

4.1.3.2　二次规划问题

如果凸优化问题的目标函数是(凸)二次的,其约束函数是仿射的,则称该问题是一个二次规划(Quadratic Program,QP)问题。二次规划问题可以写成如下形式:

$$\left.\begin{aligned}&\min\ \ \frac{1}{2}\boldsymbol{x}^{\mathrm{T}}\boldsymbol{Px}+\boldsymbol{q}^{\mathrm{T}}\boldsymbol{x}+\boldsymbol{r}\\&\text{约束条件:}\begin{cases}\boldsymbol{Gx}\leqslant\boldsymbol{h}\\\boldsymbol{Ax}=\boldsymbol{b}\end{cases}\end{aligned}\right\}\tag{4.16}$$

其中,$\boldsymbol{P}\in S^{n}$,$\boldsymbol{G}\in\mathbf{R}^{m\times n}$,$\boldsymbol{A}\in\mathbf{R}^{p\times n}$。所谓的二次规划问题就是在一个多面体上最小化一个凸二次函数。如果式(4.16)中的不等式约束也是二次型的,则称这样的问题为二次型约束二次规划(Quadratically Constrained Quadratic Program,QCQP)问题:

$$\left.\begin{aligned}&\min\ \ \frac{1}{2}\boldsymbol{x}^{\mathrm{T}}\boldsymbol{Px}+\boldsymbol{q}^{\mathrm{T}}\boldsymbol{x}+\boldsymbol{r}\\&\text{约束条件:}\begin{cases}\dfrac{1}{2}\boldsymbol{x}^{\mathrm{T}}\boldsymbol{P}_i\boldsymbol{x}+\boldsymbol{q}_i{}^{\mathrm{T}}\boldsymbol{x}+\boldsymbol{r}_i\leqslant\boldsymbol{0},\quad i=1,2,\cdots,m\\\boldsymbol{Ax}=\boldsymbol{b}\end{cases}\end{aligned}\right\}\tag{4.17}$$

LP 问题可看作是 QP 问题的一种特殊形式,即当 $\boldsymbol{P}=\boldsymbol{0}$ 时,QP 问题就变为一个 LP 问题。图 4-7 显示了二次规划的几何表示。

4.1.3.3　二阶锥规划问题

在凸优化问题中,二阶锥规划(Second - Order Cone Program,SOCP)问题是很重要的一类,LP 问题、QP 问题、QCQP 问题都可以转化为 SOCP 问题。SOCP 问题的标准形式为

$$\left.\begin{aligned}&\min\ \boldsymbol{f}^{\mathrm{T}}\boldsymbol{x}\\&\text{约束条件:}\begin{cases}\|\boldsymbol{A}_i\boldsymbol{x}+\boldsymbol{b}_i\|_2\leqslant\boldsymbol{c}_i^{\mathrm{T}}\boldsymbol{x}+\boldsymbol{d}_i,\ i=1,2,\cdots,m\\\boldsymbol{Fx}=\boldsymbol{g}\end{cases}\end{aligned}\right\}\tag{4.18}$$

式中，$x \in \mathbf{R}^n$ 为需要优化的变量，$A_i \in \mathbf{R}^{n_i \times n}$，$F \in \mathbf{R}^{p \times n}$。形如 $\| Ax + b \|_2 \leqslant c^T x + d$ 的约束称为二阶锥约束。当 $c_i = 0$，$i = 1,2,\cdots,m$ 时，SOCP 等同于 QCQP；而当 $A_i = 0$，$i = 1,2,\cdots,m$ 时，SOCP 退化为 LP。因此，SOCP 是一种更一般的规划问题。二阶锥规划的几何表示如图4-8所示。

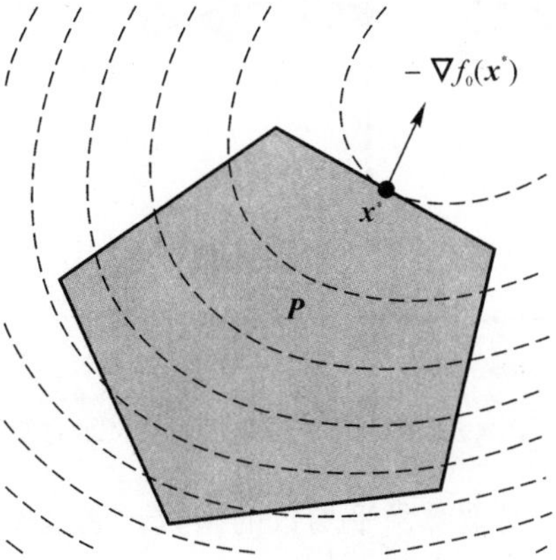

图 4-7　二次规划的几何表示

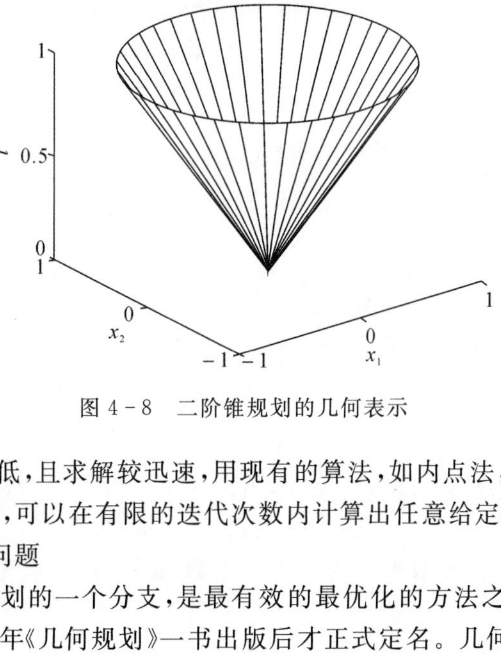

图 4-8　二阶锥规划的几何表示

SOCP 问题复杂性较低，且求解较迅速，用现有的算法，如内点法，可以根据给定的精度得到优化解。这也就意味着，可以在有限的迭代次数内计算出任意给定精确度所对应的优化解。

4.1.3.4　几何规划问题

几何规划是非线性规划的一个分支，是最有效的最优化的方法之一。几何规划最初是在1961 年提出的，直到 1967 年《几何规划》一书出版后才正式定名。几何规划的数学基础是哈代(英国数学家)的平均理论，由于算术-几何平均不等式的关键性作用，几何规划由此得名。几何规划的目标函数和约束条件均由广义多项式构成，这是一类特殊的非线性规划，利用其对偶原理，可以把高度非线性问题的求解转化为具有线性约束的优化问题求解，使计算大为简化。

定义 4.16(几何平均数)　几何平均数定义为 n 个数的乘积的 n 次方根，即对于一组数字 $x_1, x_2, \cdots, x_n$，几何平均数定义为

$$\left(\prod_{i=1}^{n} x_i\right)^{\frac{1}{n}} = \sqrt[n]{x_1 x_2 \cdots x_n} \tag{4.19}$$

在数学中，几何平均数是一种均值，它通过使用一组数的乘积来指示该组数的集中趋势或典型值，其几何意义如图 4-9 所示。

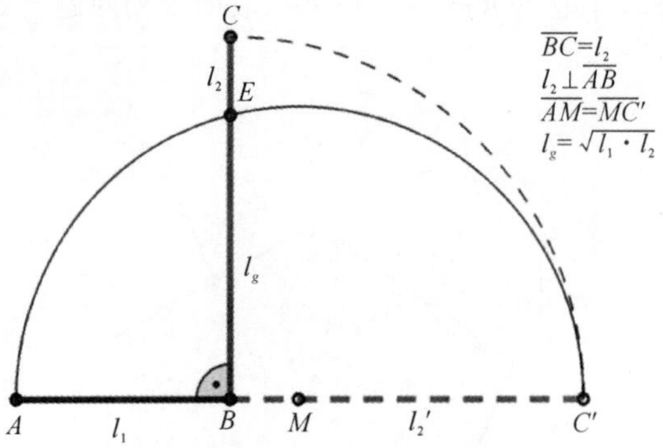

图 4-9　几何平均数几何意义示意图

几何平均数也可以表示为对数算术平均数的指数。通过使用对数恒等式来变换公式，乘法可以表示为总和，而幂可以表示为乘法：

$$\left(\prod_{i=1}^{n}a_i\right)^{\frac{1}{n}}=\exp\left[\frac{1}{n}\sum_{i=1}^{n}\ln a_i\right],\quad a_1,a_2,\cdots,a_n>0 \tag{4.20}$$

$$\left(\prod_{i=1}^{n}a_i\right)^{\frac{1}{n}}=(-1)^m\exp\left[\frac{1}{n}\sum_{i=1}^{n}\ln|a_i|\right],\quad \exists a_j<0 \tag{4.21}$$

式中，m 是负数的数目。

定义 4.17(算术-几何平均不等式)　设 $x_1,x_2,\cdots,x_n$ 为 n 个正实数，它们的算术平均数是 $A_n=\dfrac{x_1+x_2+\cdots+x_n}{n}$，它们的几何平均数是 $G_n=\sqrt[n]{x_1\times x_2\times\cdots\times x_n}$，总有

$$A_n\geqslant G_n \tag{4.22}$$

等号成立当且仅当 $x_1=x_2=\cdots=x_n$。

例 4.1　$x_1=3.5,x_2=6.2,x_3=8.4,x_4=5$，则

$$A_4=\frac{3.5+6.2+8.4+5}{4}=5.775,G_4=\sqrt[4]{3.5\times 6.2\times 8.4\times 5}=5.494\,5 \tag{4.23}$$

显然可以得到 $A_4\geqslant G_4$。

定义 4.18(单项式函数)　函数 $f:\mathbf{R}^n\rightarrow\mathbf{R},\mathrm{dom}f=R_{++}^n$ 具有如下形式：

$$f(x)=cx_1^{a_1}x_2^{a_2}\cdots x_n^{a_n} \tag{4.24}$$

式中，$c>0,a_i\in\mathbf{R}$。这种函数被称为单项式函数，指数 a_i 可以是任意实数，但是系数 c 必须非负。

定义单项式函数的和如下：

$$f(x)=\sum_{k=1}^{K}c_kx_1^{a_{1k}}x_2^{a_{2k}}\cdots x_n^{a_{nk}} \tag{4.25}$$

式中，$c_k>0$。式(4.25)为典型的正项式，其对于加法、乘法以及非负伸缩变化是封闭的。因此，几何规划问题具有以下标准形式：

$$\left.\begin{array}{l}\min\ f_0(x)\\ \text{约束条件}\begin{cases}f_i(x)\leqslant 1,\ i=1,2,\cdots,m\\ h_i(x)=1,\ i=1,2,\cdots,p\end{cases}\end{array}\right\} \tag{4.26}$$

式中，$f_0(x), f_1(x), \cdots, f_m(x)$ 为正项式，$h_1, h_2, \cdots, h_p$ 为单项式。

但是上述的几何规划问题不是凸优化问题，可以通过变量代换以及函数的转换来将其变成凸优化问题。定义新的变量 $y_i = \ln x_i$，$b = \ln c$，可以得到 $x_i = \mathrm{e}^{y_i}$。由此，单项式函数和正项式函数可以改写成以下形式：

$$\begin{aligned} f(x) &= c(\mathrm{e}^{y_1})\,a_1(\mathrm{e}^{y_2})\,a_2\cdots(\mathrm{e}^{y_n})\,a_n \\ &= \mathrm{e}^{\boldsymbol{a}^{\mathrm{T}}\boldsymbol{y}+\boldsymbol{b}} \end{aligned} \tag{4.27}$$

$$\begin{aligned} f(x) &= \sum_{k=1}^{K} c_k x_1^{a_{1k}} x_2^{a_{2k}} \cdots x_n^{a_{nk}} \\ &= \sum_{k=1}^{K} \mathrm{e}^{\boldsymbol{a}_k^{\mathrm{T}}\boldsymbol{y}+\boldsymbol{b}_k} \end{aligned} \tag{4.28}$$

因此，几何规划问题可以改写成一个以变量 y 表示的优化问题：

$$\left.\begin{aligned} &\min \sum_{k=1}^{K_0} \mathrm{e}^{\boldsymbol{a}_{0k}^{\mathrm{T}}\boldsymbol{y}+\boldsymbol{b}_{0k}} \\ &\text{约束条件：}\begin{cases} \displaystyle\sum_{k=1}^{K_i} \mathrm{e}^{\boldsymbol{a}_{ik}^{\mathrm{T}}\boldsymbol{y}+\boldsymbol{b}_{ik}} \leqslant 1,\ i = 1,2,\cdots,m \\ \mathrm{e}^{\boldsymbol{g}_i{}^{\mathrm{T}}\boldsymbol{y}+\boldsymbol{h}_i} = 1,\ i = 1,2,\cdots,p \end{cases} \end{aligned}\right\} \tag{4.29}$$

在上述问题的基础上，采用对数函数把目标函数和约束函数转换，从而得到一个凸的优化问题如下：

$$\left.\begin{aligned} &\min f_0 = \lg\Big(\sum_{k=1}^{K_0} \mathrm{e}^{\boldsymbol{a}_{0k}^{\mathrm{T}}\boldsymbol{y}+\boldsymbol{b}_{0k}}\Big) \\ &\text{约束条件：}\begin{cases} f_i = \lg\Big(\displaystyle\sum_{k=1}^{K_i} \mathrm{e}^{\boldsymbol{a}_{ik}^{\mathrm{T}}\boldsymbol{y}+\boldsymbol{b}_{ik}} \leqslant 1,\ i = 1,2,\cdots,m\Big) \\ \boldsymbol{t}_i = \boldsymbol{g}_i{}^{\mathrm{T}}\boldsymbol{y} + \boldsymbol{h}_i, i = 1,\ i = 1,2,\cdots,p \end{cases} \end{aligned}\right\} \tag{4.30}$$

4.1.3.5　熵优化问题

熵是信息论以及机器学习中非常重要的一个概念，有着很广泛的应用，不同的熵之间的定义也有着相互的联系。熵表示了随机变量分布的混乱程度，分布越没有规律，熵越大，其在物理学上也是描述物质状态的参量之一，也是体系混乱程度的度量；熵存在的意义是度量信息量的多少。对于熵的定义有以下几种：

(1)信息熵：信息熵可以用来描述一个随机分布含有的信息量的均值，也叫香农熵。公式定义为

$$H(X) = E_{X\sim P}[-\lg p(x)] = -\sum_{i-1}^{N} p(x_i)\lg p(x_i) = -\int_x p(x)\lg p(x)\,\mathrm{d}x \tag{4.31}$$

从式(4.31)可以看出来，信息熵是全部信息的总和，随着随机变量数量的增加，信息熵也会变大，混乱程度也在增加。

(2)条件熵：在 X 给定条件下，Y 的条件概率分布的熵对 X 的数学期望。公式定义为

$$H(Y|X) = E_{X\sim P}[H(Y|X=x)] = \sum_{i=1}^{n} p(x)H(Y|X=x) = H(x,y) - H(X) \tag{4.32}$$

(3)交叉熵：p 是真实样本分布，q 是预测得到的样本分布，p 对 q 的交叉熵表示 q 分布的自信息对 p 分布的期望。公式定义为

$$H(p,q)=E_{x\sim p}[-\lg q(x)]=-\sum_{i=1}^{n}p(x)\lg q(x) \tag{4.33}$$

(4)相对熵：相对熵也叫作 KL 散度，可以用来度量两种不同分布之间的差异，差异越大，则对应两种分布的相对熵也越大。设 $P(x)$ 和 $Q(x)$ 是随机变量 X 上的两个概率分布，则 KL 散度可以表示为这两个概率分布对数差值的期望，即

$$D_{\mathrm{KL}}(P\,||\,Q)=E_{x\sim p}[\lg\frac{p(x)}{q(x)}]=-\sum_{i=1}^{n}p(x)\lg\frac{q(x)}{p(x)} \tag{4.34}$$

相对熵有许多优异性质，主要为：

1)如果 Q 与 P 的分布相等，那么 D_{KL} 的值为 0，这是一个非常好的性质。

2)相对熵是非负的，即 $D_{\mathrm{KL}}(P\,||\,Q)\geqslant 0$。

3)相对熵是非对称的，即 $D_{\mathrm{KL}}(P\,||\,Q)\neq D_{\mathrm{KL}}(Q\,||\,P)$。

KL 散度度量了两个分布的不相似性，差异越大，相对熵的值越大，当两个分布完全相同时，相对熵的值为 0。

熵优化问题一般具有以下形式：

$$\left.\begin{aligned}&\min\sum_{j=1}^{n}d_jx_j\ln(x_j)+\boldsymbol{c}^{\mathrm{T}}\boldsymbol{x}\\&\text{约束条件：}\begin{cases}\boldsymbol{l}^c\leqslant\boldsymbol{Ax}\leqslant\boldsymbol{u}^c\\\boldsymbol{x}\geqslant\boldsymbol{0}\end{cases}\end{aligned}\right\} \tag{4.35}$$

4.2 CVX 凸优化软件包

目前国内外发展了多个用于凸优化求解的软件包，如 MOSEK，SeDuMi，CPLEX，CVX，SDPT3，YALMIP 等。本书重点介绍斯坦福大学 Stephen P. Bold 教授等开发的 CVX 凸优化软件包。

CVX 是一个基于 Matlab 的商业化凸优化软件包，可通过以下链接下载及申请试用版：http://cvxr.com/cvx/。CVX 将 Matlab 转换为建模语言，允许使用标准 Matlab 表达式语法指定约束和目标。

4.2.1 CVX 软件包使用基础

1. cvx_begin 及 cvx_end

首先，所有 CVX 模型都必须以命令 cvx_begin 开头，并以命令 cvx_end 结束。所有的变量声明、目标函数和约束都应该介于两者之间。cvx_begin 命令可能包含更多的修饰符：

```
cvx_begin quiet:防止模型在解算时产生任何屏幕输出。
cvx_begin sdp:调用半确定编程模式。
cvx_begin gp:调用几何编程模式。
```

这些修饰剂可以在适当的时候结合使用。例如，cvx_begin sdp quiet 会调用 SDP 模式并使求解器不显示输出。

2. 变量

CVX 的变量可以是实数或复数标量、向量、矩阵或 n 维数组。例如下列代码就分别定义了一个标量 X，一个 20×10 的矩阵 Y(包含 200 个标量变量)和一个 5×5×5 的数组 Z(包含 125 个标量变量)：

```
variable X
variable Y(20,10)
variable Z(5,5,5)
```

变量声明还可以包含一个或多个关键字来表示变量上的各种结构或条件。例如，要声明一个复杂的变量，可以使用复杂的关键字：

```
variable w(50) complex
```

非负变量和对称/ Hermitian 半正定矩阵可分别用非负半定义关键字指定：

```
variable x(10) nonnegative
variable Z(5,5) semidefinite
variable Q(5,5) complex semidefinite
```

此外，变量声明中添加各种关键字可用于帮助构造具有矩阵结构的变量。例如，下面代码段就声明 Y 是一个实的 50×50 的对称矩阵变量：

```
variable Y(50,50) symmetric
```

CVX 支持的结构关键字有

banded(lb,ub)	diagonal	hankel	hermitian
skew_symmetric	symmetric	toeplitz	tridiagonal
lower_bidiagonal	lower_hessenberg	lower_triangular	
upper_bidiagonal	upper_hankel	upper_hessenberg	upper_triangular

采用 variable 声明变量非常灵活，但它只能用于声明单个变量。如果要声明多个变量，可采用 variables 进行声明，例如：

```
variables x1 x2 x3y1(10) y2(10,10,10);
```

3. 目标函数

声明一个目标函数需要使用 minimize 或 maximize，其中调用的最小化目标函数必须是凸的，而最大化目标函数必须是凹的。例如：

```
minimize( norm( x, 1 ) )
maximize( geo_mean( x ) )
```

在 CVX 规范中最多可以声明一个目标函数，并且该函数必须具有标量值。

如果没有指定目标函数，则该问题被解释为可行性问题，这与将目标函数设置为零的最小化问题相同。在这种情况下，如果找到可行点，则 cvx_optval 为 0；如果约束不可行，则 optval 为＋ Inf。

4. 约束

CVX 支持以下约束类型：

- 等于(＝＝)约束，其中左侧和右侧都是仿射表达式。
- 小于或等于(＜＝)不等式约束，其中左边的表达式是凸的，右边的表达式是凹的。

• 大于或等于(>=)约束,其中左边的表达式是凹的,右边的表达式是凸的。

5. 函数

CVX 提供了一系列基础库,主要包括各种凸函数、凹函数和仿射函数等常用函数,它们能够接受 CVX 变量或表达式作为参数。许多常用的 Matlab 函数,如 sum,trace,diag,sqrt,max 和 min,根据需要重新实现以支持 CVX。

6. 设置成员

CVX 支持凸集的定义和使用。基础库中包括正半定 n×n 矩阵的锥,二阶或洛伦兹锥,以及各种规范球。例如,采用下列语法可定义矩阵表达式 X 是对称正半定:

```
X == semidefinite(n)
```

或使用以下基于伪运算符的形式:

```
X<In> semidefinite(n);
```

上述两种形式完全等价,使用者可根据自己的习惯选择使用。

除此之外,集合可以在仿射表达式中组合,并且我们可以将仿射表达式约束在凸集合中。例如:

```
A * X * A'-X <In> B * semidefinite(n) * B';
```

式中,X 是 n×n 对称变量矩阵,A 和 B 是 n×n 常数矩阵。上述约束要求对于 $\boldsymbol{Y} \in \boldsymbol{S}_{+}^{n}$,满足 $\boldsymbol{AXA}^{\mathrm{T}} - \boldsymbol{X} = \boldsymbol{BYB}^{\mathrm{T}}$。

CVX 还支持其元素是有序数量列表的集合,例如:

$$\left.\begin{array}{l}\min\ y \\ \text{约束条件}:(Ax-b,y) \in \boldsymbol{Q}^{m}\end{array}\right\} \tag{4.36}$$

式中,$\boldsymbol{Q}^m$ 定义为

$$\boldsymbol{Q}^{m} = \{(x,y) \in \mathbf{R}^{m} \times \mathbf{R} \mid \| x \|_{2} \leqslant y\} \tag{4.37}$$

上述问题可采用以下 CVX 代码实现:

```
cvx_begin
    variables x(n) y;
    minimize( y );
    subject to
        { A * x-b, y } <In> lorentz(m);
cvx_end
```

4.2.2 CVX 仿真示例

1. 凸优化问题建模

说明下列 3 个问题等价,其中:

(1)鲁棒最小二乘问题:

$$\min \quad \sum_{i=1}^{m} \varphi(\boldsymbol{a}_i{}^{\mathrm{T}} \boldsymbol{x} - \boldsymbol{b}_i) \tag{4.38}$$

式中,$\boldsymbol{x} \in \mathbf{R}^n$,$\varphi$ 定义如下:

$$\varphi(u)=\begin{cases}\boldsymbol{u}^2, & |\boldsymbol{u}|\leqslant M\\ M(2|\boldsymbol{u}|-M), & |\boldsymbol{u}|>M\end{cases} \tag{4.39}$$

(2)变权重最小二乘问题：

$$\left.\begin{aligned}&\min \sum_{i=1}^{m}(\boldsymbol{a}_i{}^{\mathrm{T}}\boldsymbol{x}-\boldsymbol{b}_i)^2/(\omega_i+1)+M^2\,\mathbf{1}^{\mathrm{T}}\boldsymbol{\omega}\\ &\text{约束条件}:\boldsymbol{\omega}\geqslant\mathbf{0}\end{aligned}\right\} \tag{4.40}$$

式中，$\boldsymbol{x}\in\mathbf{R}^n,\boldsymbol{\omega}\in\mathbf{R}^m$，定义域为 $\boldsymbol{D}=\{(\boldsymbol{x},\boldsymbol{\omega})\in\mathbf{R}^n\times\mathbf{R}^m\mid\boldsymbol{\omega}>-\mathbf{1}\}$。

(3)二次问题：

$$\left.\begin{aligned}&\min \sum_{i=1}^{m}(\boldsymbol{u}_i{}^2+2\boldsymbol{M}\boldsymbol{v}_i)\\ &\text{约束条件}:\begin{cases}-\boldsymbol{u}-\boldsymbol{v}\leqslant\boldsymbol{A}\boldsymbol{x}-\boldsymbol{b}\leqslant\boldsymbol{u}\\ \mathbf{0}\leqslant\boldsymbol{u}\leqslant M\mathbf{1}\\ \boldsymbol{v}\geqslant\mathbf{0}\end{cases}\end{aligned}\right\} \tag{4.41}$$

执行以下代码：

```
% Generate input data
randn('state',0);
m = 16; n = 8;
A = randn(m,n);
b = randn(m,1);
M = 2;

% (a) robust least-squares problem
disp('Computing the solution of the robust least-squares problem...');
cvx_begin
    variable x1(n)
    minimize( sum(huber(A * x1-b,M)) )
cvx_end

% (b)least-squares problem with variable weights
disp('Computing the solution of the least-squares problem with variable weights...');
cvx_begin
    variable x2(n)
    variable w(m)
    minimize( sum(quad_over_lin(diag(A * x2-b),w'+1)) + M^2 * ones(1,m) * w)
    w >= 0;
cvx_end

% (c) quadratic program
disp('Computing the solution of the quadratic program...');
cvx_begin
    variable x3(n)
    variable u(m)
```

```
    variable v(m)
    minimize( sum(square(u) +  2 * M * v) )
    A * x3 - b <= u + v;
    A * x3 - b >= -u - v;
    u >= 0;
    u <= M;
    v >= 0;
cvx_end

% Display results
disp('-----------------------------');
disp('The optimal solutions for problem formulations 1, 2 and 3 are given');
disp('respectively as follows (per column): ');
[x1 x2 x3]
```

2.有界约束最小二乘问题

考虑以下含上下界约束的最小二乘问题：

$$\left.\begin{array}{l}\min \ \|\boldsymbol{Ax}-\boldsymbol{b}\|_2 \\ \text{约束条件：} \boldsymbol{l} \leqslant \boldsymbol{x} \leqslant \boldsymbol{u}\end{array}\right\} \tag{4.42}$$

仿真代码如下：

```
bnds = randn(n,2);
l = min( bnds, [] ,2 );
u = max( bnds, [], 2 );

if has_quadprog,
    % Quadprog version
    x_qp = quadprog( 2 * A' * A, -2 * A' * b, [], [], [], [], l, u );
else
    % quadprog not present on this system.
end

% cvx version
cvx_begin
    variable x(n)
    minimize( norm(A * x-b) )
    subject to
        l <= x <= u
cvx_end

echo off

% Compare
if has_quadprog,
```

```
disp( sprintf( '\nResults:\n---------\nnorm(A * x_qp-b): %6.4f\nnorm(A * x-b):
%6.4f\ncvx_optval:      %6.4f\ncvx_status:      %s\n', norm(A * x_qp-b), norm(A * x-b),
cvx_optval, cvx_status ) );
        disp( 'Verify that l <= x_qp == x <= u:' );
        disp( [ '   l      = [ ', sprintf( '%7.4f ', l ), ']' ] );
        disp( [ '   x_qp   = [ ', sprintf( '%7.4f ', x_qp ), ']' ] );
        disp( [ '   x      = [ ', sprintf( '%7.4f ', x ), ']' ] );
        disp( [ '   u      = [ ', sprintf( '%7.4f ', u ), ']' ] );
    else

disp( sprintf( '\nResults:\n---------\nnorm(A * x-b): %6.4f\ncvx_optval:   %6.4f\ncvx_sta-
tus:   %s\n', norm(A * x-b), cvx_optval, cvx_status ) );
        disp( 'Verify that l <= x <= u:' );
        disp( [ '   l      = [ ', sprintf( '%7.4f ', l ), ']' ] );
        disp( [ '   x      = [ ', sprintf( '%7.4f ', x ), ']' ] );
        disp( [ '   u      = [ ', sprintf( '%7.4f ', u ), ']' ] );
    end
    disp( 'Residual vector:' );
    disp( [ '   A * x-b = [ ', sprintf( '%7.4f ', A * x-b ), ']' ] );
    disp( ' ' );
```

仿真结果如下：

```
    Results:
    ---------
    norm(A * x_qp-b): 3.6602
    norm(A * x-b):    3.6602
    cvx_optval:       3.6602
    cvx_status:       Solved

    Verify that l <= x_qp == x <= u:
       l      = [ -0.1914 -0.0605  0.6005 -1.9946 -0.9651 -0.9432 -0.2007 -0.5605 ]
       x_qp   = [  0.4194 -0.0489  0.6005 -0.2082 -0.1188  0.2474 -0.2007 -0.3978 ]
       x      = [  0.4194 -0.0489  0.6005 -0.2082 -0.1188  0.2474 -0.2007 -0.3978 ]
       u      = [  0.9866 -0.0489  1.1929  2.6856  0.8537  1.0055 -0.0010  0.5562 ]
    Residual vector:
       A * x-b = [ -0.6056 -0.8516  0.8384 -1.0204 -0.4646 -0.5339  0.6720 -1.0125
0.1531  0.1884  1.7266 -1.2148  0.5698 -0.6537  1.2155  1.3557 ]
```

4.3　MOSEK 凸优化软件包

MOSEK 凸优化软件包由丹麦 Mosek ApS 公司开发，是公认的求解二次规划和二阶锥规划问题最快的求解器之一，主要针对大规模线性规划、二次规划、半正定规划和锥规划等复杂优化问题，广泛应用于金融、能源和航空航天等领域。MOSEK 凸优化软件包可通过以下链接下载及申请试用版或教育版序列号：https://www.mosek.com/。

MOSEK 具有以下几种技术优势：

(1)可求解的问题规模仅受限于计算机内存容量。

(2)一流的内点法实现，用于求解线性、二阶锥和二次规划问题。

(3)充分利用多核处理器硬件特点进行并行计算。

(4)提供基于矩阵和 Fusion 的编程接口，包括 C，C＋＋，Python，Java，C＃，Matlab，R，Pyomo。

(5)支持多种建模环境，包括 AMPL，GAMS 和 CVX 等商业工具，CVXPY 和 JuMP 等开源工具。

(6)支持多种操作系统，包括 Windows，Linux 和 MacOS。

(7)提供优化服务器用于远程优化。

4.3.1 MOSEK 软件包使用基础

1. 变量

MOSEK 定义了 prob 结构体，用于 Matlab 和 MOSEK 求解器之间的信息交互。该结构体主要子字段定义如下：

- names (string)：包括问题名、性能指标名等信息。
- c (double[])：性能指标线性项。
- a (double[][])：约束矩阵。它必须是一个稀疏矩阵，其行和列的数量等于问题中约束和变量的数量。即使问题没有任何限制，也应始终定义此字段。
- blc (double[])：约束的下限。$-\infty$ 表示无下限约束，如果未定义或 blc＝＝[]，则所有下限均假定等于 $-\infty$。
- buc (double[])：约束的上限。∞ 表示无上限约束，如果未定义或 buc＝＝[]，则所有上限均假定等于 ∞。
- blx (double[])：变量的下限。$-\infty$ 表示无下限约束，如果未定义或 blx ＝＝[]，则所有下限均假定等于 $-\infty$。
- bux (double[])：变量的上限。∞ 表示无上限约束，如果未定义或 bux ＝＝[]，则所有上限均假定等于 ∞。
- cones (cones)：定义锥约束的结构体。
- sol (solver_solutions)：包含求解变量初始猜想的结构体。例如，其子字段 xc 记录约束有效信息，xx 为返回的最优结果。

2. 接口函数

MOSEK Matlab 工具箱提供一组调用 MOSEK 求解器的接口函数，其中主要包括下述函数：

(1)主要接口函数。mosekopt 函数是 MOSEK Matlab 工具箱的主要接口函数。其调用格式如下：

```
rcode, res = mosekopt(cmd, prob, param, callback)
```

(2)辅助接口函数。辅助接口函数可在 mosekopt 函数中设置调用，也可以作为独立的接口函数使用：

- msklpopt：求解线性优化问题。该问题具有以下形式：

$$
\left.\begin{aligned}
&\min\ \boldsymbol{c}^{\mathrm{T}}\boldsymbol{x}\\
&\text{约束条件：}\begin{cases}\text{blc}\leqslant \boldsymbol{Ax}\leqslant \text{buc}\\ \text{bux}\leqslant \boldsymbol{x}\leqslant \text{bux}\end{cases}
\end{aligned}\right\}\tag{4.43}
$$

其调用格式为

```
res = msklpopt(c, a, blc, buc, blx, bux, param, cmd)
```

- mskqpopt：求解二次优化问题。该问题具有以下形式：

$$
\left.\begin{aligned}
&\min\ \frac{1}{2}\boldsymbol{x}^{\mathrm{T}}\boldsymbol{Qx}+\boldsymbol{c}^{\mathrm{T}}\boldsymbol{x}\\
&\text{约束条件：}\begin{cases}\text{blc}\leqslant \boldsymbol{Ax}\leqslant \text{buc}\\ \text{blx}\leqslant \boldsymbol{x}\leqslant \text{bux}\end{cases}
\end{aligned}\right\}\tag{4.44}
$$

其调用格式为

```
res = mskqpopt(q, c, a, blc, buc, blx, bux, param, cmd)
```

- mskgpopt:求解几何优化问题。该问题具有以下形式：

$$
\left.\begin{aligned}
&\min\quad \lg(\text{sum}(k\in \text{find}(\text{map}==0),c(k)*\exp(a(k,:)*x))\\
&\text{约束条件：}\quad \lg(\text{sum}(k\in \text{find}(\text{map}==i),c(k)*\exp(a(k,:)*x))<=0
\end{aligned}\right\}\tag{4.45}
$$

其中，$k=1,\cdots,\max(\text{map}),c>0.0$。

其调用格式为

```
res = mskgpopt(c, a, map, param, cmd)
```

- mskenopt：求解熵优化问题。该问题具有以下形式：

$$
\left.\begin{aligned}
&\min\ \boldsymbol{d}^{\mathrm{T}}(\sum \boldsymbol{x}_i\ln(\boldsymbol{x}_i))+\boldsymbol{c}^{\mathrm{T}}\boldsymbol{x}\\
&\text{约束条件：}\begin{cases}\text{blc}\leqslant \boldsymbol{Ax}\leqslant \text{buc}\\ \boldsymbol{x}\in \mathbf{R}_+^n\end{cases}
\end{aligned}\right\}\tag{4.46}
$$

其调用格式为

```
res = mskenopt(d, c, a, blc, buc, param, cmd)
```

- mskscopt：求解可分离的凸优化问题。该问题具有以下形式：

$$
\left.\begin{aligned}
&\min\ \boldsymbol{c}^{\mathrm{T}}\boldsymbol{x}+\sum_j \boldsymbol{f}_j(\boldsymbol{x}_j)\\
&\text{约束条件：}\begin{cases}\text{blc}\leqslant a_x+\sum\limits_j g_{kj}(x_j)\leqslant \text{buc}(k),\quad k=1,2,\cdots,\text{size}(a)\\ \text{blx}\leqslant \boldsymbol{x}\leqslant \text{bux}\end{cases}
\end{aligned}\right\}\tag{4.47}
$$

其调用格式为

```
res = mskscopt(opr, opri, oprj, oprf, oprg, c, a, blc, buc, blx, bux, param, cmd)
```

(3)I/O 接口函数：

- mskgpwri：将几何优化问题写入文件。
- mskgpread：从文件中读取几何优化问题。

(4)可选函数：

- mskoptimget：获取求解器参数。

- mskoptimset：设置求解器参数。

(5)与 Matlab 优化工具箱兼容的函数：

- linprog：求解线性优化问题。
- quadprog：求解二次优化问题。
- intlinprog：求解含整数变量线性优化问题。
- lsqlin：求解含线性约束的最小二乘问题。
- lsqnonneg：求解含非负约束的最小二乘问题。

4.3.2 MOSEK 仿真示例

1. 线性优化问题

考虑线性优化问题：

$$\left.\begin{array}{l}\max\ 3x_0+x_1+5x_2+x_3 \\ \text{约束条件：}\begin{cases}3x_0+x_1+2x_2=30 \\ 2x_0+x_1+3x_2+x_3\geqslant 15 \\ 2x_1+3x_3\leqslant 25 \\ 0\leqslant x_0\leqslant\infty \\ 0\leqslant x_1\leqslant 10 \\ 0\leqslant x_2\leqslant\infty \\ 0\leqslant x_3\leqslant\infty\end{cases}\end{array}\right\}\tag{4.48}$$

在 MOSEK 软件中有多种方式求解上述问题，如可采用 msklpopt 接口函数求解，其仿真代码如下：

```
function lo1()
c      = [3 1 5 1]';
a      = [[3 1 2 0];[2 1 3 1];[0 2 0 3]];
blc    = [30 15 -inf]';
buc    = [30 inf 25 ]';
blx    = zeros(4,1);
bux    = [inf 10 inf inf]';

[res] = msklpopt(c,a,blc,buc,blx,bux,[],'maximize');
sol    = res.sol;

% Interior-point solution.
sol.itr.xx'         % x solution.
sol.itr.sux'        % Dual variables corresponding to buc.
sol.itr.slx'        % Dual variables corresponding to blx.

% Basic solution
sol.bas.xx'         % x solution in basic solution.
End
```

此外，也可以调用 mosekopt 接口函数求解，代码如下：

```
function lo2()
clear prob;

% Specify the c vector.
prob.c   = [3 1 5 1]';

% Specify a in sparse format.
subi    = [1 1 1 2 2 2 2 3 3];
subj    = [1 2 3 1 2 3 4 2 4];
valij   = [3 1 2 2 1 3 1 2 3];
prob.a = sparse(subi,subj,valij);

% Specify lower bounds of the constraints.
prob.blc = [30 15   -inf]';

% Specify  upper bounds of the constraints.
prob.buc = [30 inf 25 ]';

% Specify lower bounds of the variables.
prob.blx = zeros(4,1);

% Specify upper bounds of the variables.
prob.bux = [inf 10 inf inf]';

% Perform the optimization.
[r,res] = mosekopt('maximize',prob);

% Show the optimal x solution.
res.sol.bas.xx
end
```

2. 二阶锥优化问题

二阶锥优化具有以下形式：

$$\left.\begin{aligned}&\min\ \boldsymbol{c}^{\mathrm{T}}\boldsymbol{x}+\boldsymbol{c}^{f}\\&\text{约束条件：}\begin{cases}\boldsymbol{l}^{c}\leqslant\boldsymbol{A}\boldsymbol{x}\leqslant\boldsymbol{u}^{c}\\\boldsymbol{l}^{x}\leqslant\boldsymbol{x}\leqslant\boldsymbol{u}^{x}\\\boldsymbol{x}\in Q^{n}\end{cases}\end{aligned}\right\}\tag{4.49}$$

式中，Q^n 定义为

$$Q^{n}=\left\{\boldsymbol{x}\in\mathbf{R}^{n}:x_{0}\geqslant\sqrt{\sum_{j=1}^{n-1}x_{j}^{2}}\right\}\tag{4.50}$$

例如，$(x_4,x_0,x_2)\in Q^3$ 描述了下列不等式：

$$x_4 \geqslant \sqrt{x_0^2 + x_2^2} \tag{4.51}$$

求解下列二阶锥优化问题：

$$\left.\begin{aligned} &\min\ x_4 + x_5 + x_6 \\ &\text{约束条件：}\begin{cases} x_1 + x_2 + 2x_3 = 1 \\ x_1, x_2, x_3 \geqslant 0 \\ x_4 \geqslant \sqrt{x_1^2 + x_2^2} \\ 2x_5 x_6 \geqslant x_3^2 \end{cases} \end{aligned}\right\} \tag{4.52}$$

采用 MOSEK 求解，代码如下：

```
function cqo1()
clear prob;
[r, res] = mosekopt('symbcon');
% Specify the non-conic part of the problem.
prob.c    = [0 0 0 1 1 1];
prob.a    = sparse([1 1 2 0 0 0]);
prob.blc = 1;
prob.buc = 1;
prob.blx = [0 0 0 -inf -inf -inf];
prob.bux = inf * ones(6,1);

% Specify the cones.
prob.cones.type    = [res.symbcon.MSK_CT_QUAD, res.symbcon.MSK_CT_RQUAD];
prob.cones.sub     = [4, 1, 2, 5, 6, 3];
prob.cones.subptr = [1, 4];
% The field 'type' specifies the cone types, i.e., quadratic cone
% or rotated quadratic cone. The keys for the two cone types are MSK_CT_QUAD
% and MSK_CT_RQUAD, respectively.
%
% The fields 'sub' and 'subptr' specify the members of the cones,
% i.e., the above definitions imply that
%    x(4) >= sqrt(x(1)^2+x(2)^2) and 2 * x(5) * x(6) >= x(3)^2.

% Optimize the problem.

[r,res]=mosekopt('minimize',prob);

% Display the primal solution.
res.sol.itr.xx'
```

3. 几何优化问题

求解几何优化问题：

$$\left.\begin{array}{l}\min\ 40t_1^{-1}t_2^{-0.5}t_3^{-1}+20t_1t_3+40t_1t_2t_3 \\ \text{约束条件：}\begin{cases}\dfrac{1}{3}t_1^{-2}t_2^{-2}+\dfrac{4}{3}t_2^{0.5}t_3^{-1}\leqslant 1 \\ t_1,t_2,t_3>0\end{cases}\end{array}\right\}\tag{4.53}$$

MOSEK 无法直接求解上述几何优化问题，需要通过 mskgpopt 函数将其转化为凸优化问题，其具体求解代码如下：

```
function go1()
c = [40 20 40 1/3 4/3]';
a = sparse([[-1  -0.5  -1];[1 0 1];...
            [1 1 1];[-2 -2 0];[0 0.5 -1]]);
map = [0 0 0 1 1]';
[res] = mskgpopt(c,a,map);

fprintf('\nPrimal optimal solution to original gp:');
fprintf(' %e',exp(res.sol.itr.xx));
fprintf('\n\n');

% Compute the optimal objective value and
% the constraint activities.
v = c.*exp(a*res.sol.itr.xx);

% Add appropriate terms together.
f = sparse(map+1,1:5,ones(size(map)))*v;

% First objective value. Then constraint values.
fprintf('Objective value: %e\n',log(f(1)));
fprintf('Constraint values:');
fprintf(' %e',log(f(2:end)));
fprintf('\n\n');

% Dual multipliers (should be negative)
fprintf('Dual variables (should be negative):');
fprintf(' %e',res.sol.itr.y);
fprintf('\n\n');
```

4. 熵优化问题

求解熵优化问题：

$$\left.\begin{array}{l}\min\ x_1\ln(x_1)-x_1+x_2\ln(x_2) \\ \text{约束条件：}\begin{cases}-1\leqslant x_1+x_2\leqslant 1 \\ 0\leqslant x_1,x_2\end{cases}\end{array}\right\}\tag{4.54}$$

其 MOSEK 求解代码如下：

```
function eo1()
d = [1 1]'
c = [-1 0]'
a = [1 1]
blc = 1
buc = 1
[res] = mskenopt(d,c,a,blc,buc)
res.sol.itr.xx
```

4.4 非凸问题的凸化技术

为了能使用凸优化方法来解决一个复杂的航空航天工程问题，原来的最优控制问题应该被转换成一种能被离散为凸优化问题的形式，然后求解一个或一系列凸优化问题，逼近原问题的解。这通常对非凸性的问题提出了挑战。例如，LP，SOCP，SDP 中的等式约束都是线性的，这就要求动力学方程必须是线性的，使它们离散后成为线性代数方程。本节将介绍航天工程问题中常见的非凸问题，然后介绍各种处理非凸问题的凸化技术。

4.4.1 非凸优化问题

假设需要求解的最优控制问题具有以下一般形式：

问题 O：

$$\min \varphi(\boldsymbol{x}(t_f),t_f)+\int_{t_0}^{t_f}\bar{\omega}(x(t),\boldsymbol{u}(t),t)\mathrm{d}t \tag{4.55}$$

$$约束条件：\dot{\boldsymbol{x}}=\boldsymbol{f}(\boldsymbol{x}(t),\boldsymbol{u}(t),t),\ \boldsymbol{x}(t_0)=\boldsymbol{x}_0 \tag{4.56}$$

$$s_1(\boldsymbol{x}(t),\boldsymbol{u}(t),t)\leqslant 0 \tag{4.57}$$

$$s_2(\boldsymbol{x}(t),\boldsymbol{u}(t),t)=0 \tag{4.58}$$

$$\psi_1(\boldsymbol{x}(t_f),t_f)\leqslant 0 \tag{4.59}$$

$$\psi_2(\boldsymbol{x}(t_f),t_f)=0 \tag{4.60}$$

式中，t 为自变量(可以是时间，长度等单调变化的量)，t_0 为初始值，t_f 为终端值，$\boldsymbol{x}\in\mathbf{R}^n$ 为状态向量，$\boldsymbol{u}\in\mathbf{R}^n$ 为控制向量。式(4.57)和式(4.58)中的函数 s_1 和 s_2 可以是关于 $\boldsymbol{x}$ 或 $\boldsymbol{u}$ 的函数，也可以是它们共同的函数。式(4.59)和式(4.60)为终端不等式约束和终端等式约束。若问题 O 离散化后不是凸优化问题，则该问题为非凸优化问题。问题的非凸性可能由目标函数或约束条件决定，也可能由它们共同决定。式(4.55)中的目标函数 φ 或 $\bar{\omega}$ 只要是非线性的，经过离散化后就不是线性的。式(4.56)中的动力学方程在许多航空航天应用中都是非线性的。非线性动力学方程在离散化后将成为非线性代数等式约束，它们可能是非凸性的主要来源。式(4.59)中所定义的可行集非凸时，过程约束也是非凸的。避障约束就是一种非凸的过程约束。如果式(4.60)的函数是非线性的，则等式过程约束是非凸的。最后，如果 ψ_1 不能表示成锥约束或 ψ_2 是非线性函数，则式(4.59)和式(4.60)的终端约束是非凸的。

4.4.2 凸化技巧

为了用凸优化方法求解原问题 O，我们需要使用一定的凸化技巧对问题进行凸化，使其最终可以离散为一个凸优化问题。本小节将介绍几种常用的凸化技巧。

4.4.2.1　非线性动力学方程的线性化

复杂航空航天工程问题的动力学方程一般都是非线性的，这里用

$$\dot{\boldsymbol{x}} = \boldsymbol{f}(\boldsymbol{x},\boldsymbol{u},t) \tag{4.61}$$

作为非线性动力学方程的一般形式，其中 $\boldsymbol{x}$ 是状态量，$\boldsymbol{u}$ 是控制量。只有对非线性动力学方程线性化，才能将问题描述为凸优化问题。常见的线性化方法有以下 3 种。

1. 逐次线性化

$$\begin{aligned}\dot{\boldsymbol{x}} &= \boldsymbol{f}(\boldsymbol{x}^{(k)},\boldsymbol{u}^{(k)},t) + \boldsymbol{f}_x(\boldsymbol{x}^{(k)},\boldsymbol{u}^{(k)},t)(\boldsymbol{x}-\boldsymbol{x}^{(k)}) + \boldsymbol{f}_u(\boldsymbol{x}^{(k)},\boldsymbol{u}^{(k)},t)(\boldsymbol{u}-\boldsymbol{u}^{(k)}) \\ &= \boldsymbol{A}(\boldsymbol{x}^{(k)},\boldsymbol{u}^{(k)},t)\boldsymbol{x} + \boldsymbol{B}(\boldsymbol{x}^{(k)},\boldsymbol{u}^{(k)},t)\boldsymbol{u} + \boldsymbol{b}(\boldsymbol{x}^{(k)},\boldsymbol{u}^{(k)},t)\end{aligned} \tag{4.62}$$

式中，$\boldsymbol{f}_x(\boldsymbol{x}^{(k)},\boldsymbol{u}^{(k)},t)$ 和 $\boldsymbol{f}_u(\boldsymbol{x}^{(k)},\boldsymbol{u}^{(k)},t)$ 是函数 $\boldsymbol{f}(\boldsymbol{x},\boldsymbol{u},t)$ 分别关于 $\boldsymbol{x}$ 和 $\boldsymbol{u}$ 的导数。系数矩阵定义为

$$\boldsymbol{A}(\boldsymbol{x}^{(k)},\boldsymbol{u}^{(k)},t) = \boldsymbol{f}_x(\boldsymbol{x}^{(k)},\boldsymbol{u}^{(k)},t) \tag{4.63}$$

$$\boldsymbol{B}(\boldsymbol{x}^{(k)},\boldsymbol{u}^{(k)},t) = \boldsymbol{f}_u(\boldsymbol{x}^{(k)},\boldsymbol{u}^{(k)},t) \tag{4.64}$$

$$\boldsymbol{b}(\boldsymbol{x}^{(k)},\boldsymbol{u}^{(k)},t) = \boldsymbol{f}(\boldsymbol{x}^{(k)},\boldsymbol{u}^{(k)},t) - \boldsymbol{A}(\boldsymbol{x}^{(k)},\boldsymbol{u}^{(k)},t)\boldsymbol{x}^{(k)} - \boldsymbol{B}(\boldsymbol{x}^{(k)},\boldsymbol{u}^{(k)},t)\boldsymbol{u}^{(k)} \tag{4.65}$$

此外，为了保证线性化的收敛性，还要引入以下信赖域约束：

$$\|\boldsymbol{x}-\boldsymbol{x}^{(k)}\| \leqslant \boldsymbol{\delta}_x,\ \ \|\boldsymbol{u}-\boldsymbol{u}^{(k)}\| \leqslant \boldsymbol{\delta}_u \tag{4.66}$$

式中，不等式符号作用于每个分量，$\boldsymbol{\delta}_x$ 和 $\boldsymbol{\delta}_u$ 是具有相应维数的常值向量，且该约束是线性的。也可以用二范数形式 $\|\cdot\|$ 来表达该信赖域约束，转化为二阶锥约束。

2. 逐次逼近法

如果式(4.61)可以表示为

$$\dot{\boldsymbol{x}} = \boldsymbol{A}(\boldsymbol{x},t)\boldsymbol{x} + \boldsymbol{B}(\boldsymbol{x},t)\boldsymbol{u} \tag{4.67}$$

的形式，那么该动力学方程可以近似表示为

$$\dot{\boldsymbol{x}} = \boldsymbol{A}(\boldsymbol{x}^{(k)},t)\boldsymbol{x} + \boldsymbol{B}(\boldsymbol{x}^{(k)},t)\boldsymbol{u} \tag{4.68}$$

式中，系数矩阵 $\boldsymbol{A}(\boldsymbol{x}^{(k)},t)$ 和 $\boldsymbol{B}(\boldsymbol{x}^{(k)},t)$ 是由第 k 步迭代解得的 $\boldsymbol{x}^{(k)}$ 计算得到，它们都是已知的常值，这样动力学方程关于 $\boldsymbol{x}$ 和 $\boldsymbol{u}$ 是线性的。需要注意的是，为了保证迭代序列 $\{\boldsymbol{x}^{(k)}\}$ 收敛，$\boldsymbol{A}(\boldsymbol{x},t)$ 和 $\boldsymbol{B}(\boldsymbol{x},t)$ 需要满足一定的条件。由于这种逐次求解方法不依赖于标准线性化，因此当解收敛时，它就是原问题的解，而不是线性化解的近似。

3. 结合逐次线性化和逐次逼近的方法

如果式(4.61)可以转化为

$$\dot{\boldsymbol{x}} = \boldsymbol{f}(\boldsymbol{x},t) + \boldsymbol{B}(\boldsymbol{x},t)\boldsymbol{u} \tag{4.69}$$

的仿射控制模型，就可以使用逐次线性化法在 $\boldsymbol{x}^{(k)}$ 处对非控制部分 $\boldsymbol{f}(\boldsymbol{x},\boldsymbol{u},t)$ 进行线性化，使用逐次逼近法得到控制部分 $\boldsymbol{B}(\boldsymbol{x},t)$ 的近似值 $\boldsymbol{B}(\boldsymbol{x}^{(k)},t)$，可得

$$\begin{aligned}\dot{\boldsymbol{x}} &= \boldsymbol{f}(\boldsymbol{x}^{(k)},t) + \boldsymbol{f}_x(\boldsymbol{x}^{(k)},t)(\boldsymbol{x}-\boldsymbol{x}^{(k)}) + \boldsymbol{B}(\boldsymbol{x}^{(k)},t)\boldsymbol{u} \\ &= \boldsymbol{A}(\boldsymbol{x}^{(k)},t)\boldsymbol{x} + \boldsymbol{B}(\boldsymbol{x}^{(k)},t)\boldsymbol{u} + \boldsymbol{b}(\boldsymbol{x}^{(k)},t)\end{aligned} \tag{4.70}$$

式中，系数矩阵和信赖域约束定义为

$$\boldsymbol{A}(\boldsymbol{x}^{(k)},t) = \boldsymbol{f}_x(\boldsymbol{x}^{(k)},t) \tag{4.71}$$

$$\boldsymbol{b}(\boldsymbol{x}^{(k)},t) = \boldsymbol{f}(\boldsymbol{x}^{(k)},t) - \boldsymbol{f}_x(\boldsymbol{x}^{(k)},t)\boldsymbol{x}^{(k)} \tag{4.72}$$

$$\|\boldsymbol{x}-\boldsymbol{x}^{(k)}\| \leqslant \boldsymbol{\delta}_x \tag{4.73}$$

显然，第三种方法得到的线性化模型比单纯采用逐次线性化的形式更加简洁，信赖域约束也更简洁，因此在实时求解上更加有优势。

4.4.2.2　等价变换

等价变换广泛应用于不能通过离散进行线性化的目标函数的凸化。例如，存在非凸的目标函数：

$$\min \int_{t_0}^{t_f} \| \boldsymbol{\varphi} \| \, \mathrm{d}t \tag{4.74}$$

使用等价变换可以转化为

$$\min \int_{t_0}^{t_f} \mu \, \mathrm{d}t \tag{4.75}$$

$$\text{约束条件：} \| \boldsymbol{\varphi} \| \leqslant \mu \tag{4.76}$$

这样目标函数就可以离散为线性函数，同时也引入新的不等式约束式(4.76)，这个约束为二阶锥约束，属于凸约束。

4.4.2.3　变量代换

在某些优化问题中，状态方程中存在非线性项，例如，探测车的航向角为 $\dot{\psi} = \boldsymbol{a}_{\mathrm{N}} / \boldsymbol{v}$，其中 $\boldsymbol{a}_{\mathrm{N}}$ 为法向加速度，$\boldsymbol{v}$ 为小车速度。使用变量代换用一个线性项来替换原来的非线性项，可以定义这个线性项为

$$\boldsymbol{u} = \frac{\boldsymbol{a}_{\mathrm{N}}}{\boldsymbol{v}} \tag{4.77}$$

这样状态方程就变为 $\dot{\psi} = \boldsymbol{u}$，此方程关于 $\boldsymbol{u}$ 是线性的。

4.4.2.4　松弛处理

松弛处理的定义是将非凸约束松弛成凸约束，实质上就是放开一些限制条件，但是不改变问题的本质。如果松弛后的问题变为 LP，SOCP 或 SDP 问题，则对应的松弛过程分别是 LP 松弛，SOCP 松弛或 SDP 松弛。通常，松弛处理后的可行域要大于原问题的可行域，这表明在求最小值问题中，凸松弛处理后求得的解要比原问题的解更小。当它们的解相同时，凸松弛过程是精确的，或者称为精确凸松弛。

最常用的松弛处理方法就是扩大非凸约束的可行域，由于任何非凸集的凸包一定是凸的，因此用非凸约束可行域的凸包来代替原可行域。例如，存在非凸约束：

$$u_1^2 + u_2^2 = 1 \tag{4.78}$$

如图 4-10 所示，左边的约束是一个单位圆弧，是一个非凸集。我们用单位圆弧的凸包单位圆来代替它，显然这是一个凸集，其数学表达式为

$$u_1^2 + u_2^2 \leqslant 1 \tag{4.79}$$

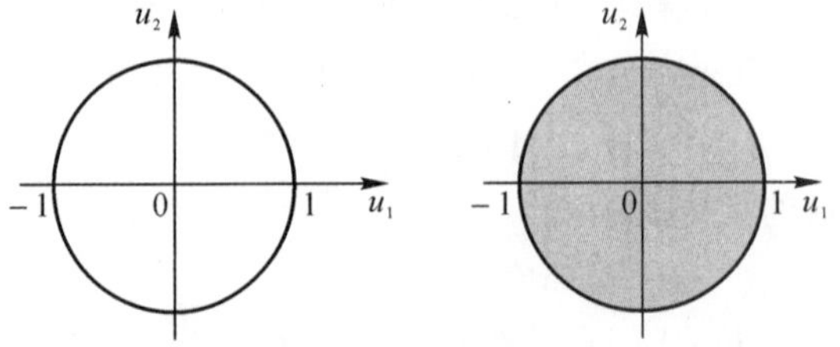

图 4-10　单位圆弧和单位圆

4.4.2.5　序列凸优化方法

大部分航空航天问题的动力学模型都是强非线性的，可采用逐次线性化法等方法进行凸化，将原问题转化为一系列子凸优化问题(见图 4-11)，然后采用内点法求解子问题，将该次迭代求得的子问题的解作为下一次迭代的初值。序列凸优化方法本质上是一个双层优化方法，其外层为数值迭代算法，以更新求解变量序列；内层将原来的非凸问题转化为凸的子问题并采用内点法进行求解。

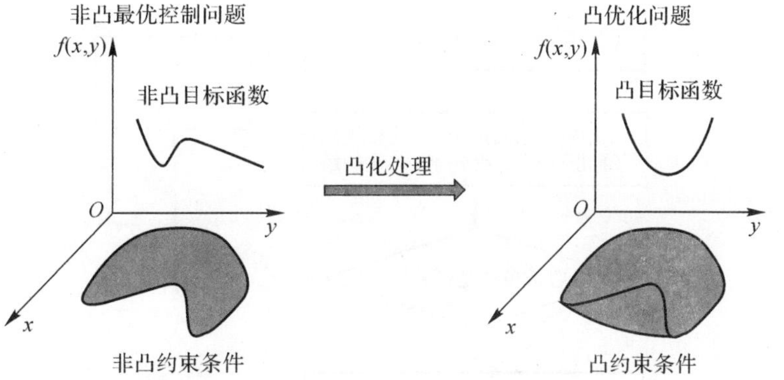

图 4-11　非凸问题凸化处理过程示意图

下面给出一种典型的序列凸优化方法，称为序列二阶锥规划方法。其计算步骤如下：

(1)令迭代步数 $k=0$，给定初始轨迹 $\boldsymbol{X}^0$；

(2)在第 $k+1$ 步迭代过程中，根据第 k 步所得的轨迹 $\boldsymbol{X}^k$ 计算当前子问题 P^{k+1} 的系数矩阵以及其他参数，然后采用内点法求解该二阶锥规划子问题，可以得到解 $\boldsymbol{Z}^{k+1}=\{\boldsymbol{X}^{k+1},\boldsymbol{U}^{k+1}\}$；

(3)判断收敛条件是否满足：$\max\limits_i\left|\boldsymbol{X}_i^{k+1}-\boldsymbol{X}_i^k\right|\leqslant\varepsilon$。若该条件成立，则执行步骤(4)，否则令 $\boldsymbol{Z}^k=\boldsymbol{Z}^{k+1}$，$k=k+1$，返回步骤(2)继续进行计算。

(4) $\boldsymbol{Z}^{k+1}$ 即原弹道优化问题的解，结束。

其流程图如图 4-12 所示。

4.5　基于序列凸优化的无人系统避障轨迹优化

4.5.1　优化问题

考虑某无人系统避障优化问题 P0：

P0：
$$\min\int_{t_0}^{t_f}|\dot{\psi}|\,\mathrm{d}t \tag{4.80}$$

约束条件：

状态方程：
$$f=\begin{cases}\dot{x}=V\sin\psi\\ \dot{y}=V\cos\psi\\ \dot{\psi}=a_{\mathrm{N}}/V\end{cases} \tag{4.81}$$

初始约束：
$$x(t_0)=x_0,\ y(t_0)=y_0,\ \psi(t_0)=\psi_0 \tag{4.82}$$

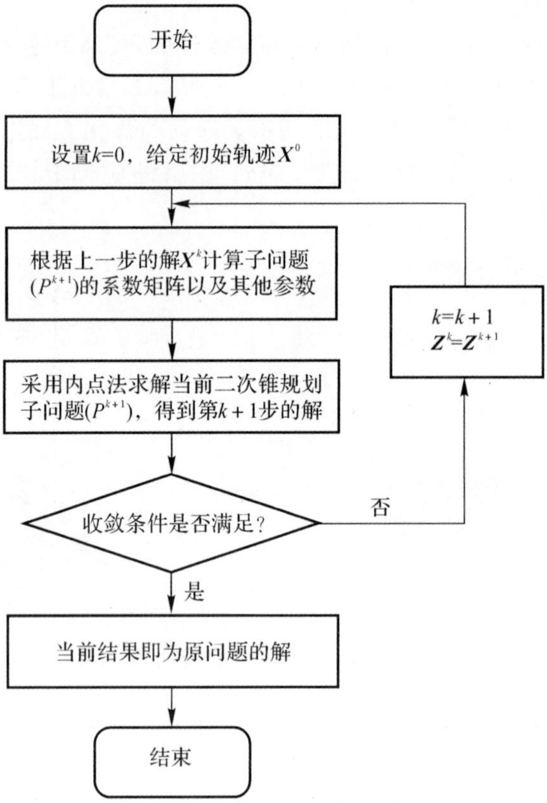

图 4-12　SCP 算法流程图

状态量约束：
$$-5 \leqslant x \leqslant 5 \tag{4.83}$$
$$-\pi/2 \leqslant \psi \leqslant \pi/2 \tag{4.84}$$
终端约束：
$$y(t_f) = y_f \tag{4.85}$$
控制量约束：
$$|a_N| \leqslant a_{N\max} \tag{4.86}$$
避障约束：
$$(x - x_{c,i})^2 + (y - y_{c,i})^2 \geqslant r_i^2 \tag{4.87}$$

由于不确定无人系统出障碍的终端时间，因此将 y 作为动力学模型的自变量，且满足 $y_0 = 1$ 和 $y_f = 10$，P0 转化为 P1：

P1：
$$\min \int_{y_0}^{y_f} |\dot{\psi}| \mathrm{d}y \tag{4.88}$$
约束条件：

状态方程：
$$f = \begin{cases} \dfrac{\mathrm{d}x}{\mathrm{d}y} = \tan\psi \\ \dfrac{\mathrm{d}\psi}{\mathrm{d}y} = \dfrac{a_N/V}{V\cos\psi} \\ \dfrac{\mathrm{d}t}{\mathrm{d}y} = \dfrac{1}{V\cos\psi} \end{cases} \tag{4.89}$$
初始约束：
$$x(y_0) = x_0,\ \psi(y_0) = \psi_0 \tag{4.90}$$
状态量约束：
$$-5 \leqslant x \leqslant 5 \tag{4.91}$$

$$-\pi/2 \leqslant \psi \leqslant \pi/2 \tag{4.92}$$

控制量约束：
$$|a_N| \leqslant a_{N\max} \tag{4.93}$$

避障约束：
$$(x - x_{c,i})^2 + (y - y_{c,i})^2 \geqslant r_i^2 \tag{4.94}$$

4.5.2　凸化处理

1. 变量代换

在式(4.89)的第 2 式 $\mathrm{d}\psi/\mathrm{d}y = a_N/(V^2\cos\psi)$ 中，控制量 a_N 和状态量 ψ 存在非线性耦合。如果直接对状态方程线性化，a_N 将会出现在线性化矩阵 $\partial f/\partial x = F_x$ 中，那么一旦出现振荡现象，将 a_N 会导致 F_x 也发生振荡，然后进一步诱发 a_N 振荡，发生恶性循环。因此，为了避免让控制量出现在线性化矩阵中，采用变量代换的方法，定义控制量为

$$u = \frac{a_N}{\cos\psi} \tag{4.95}$$

于是状态方程就变为

$$f = \begin{cases} \dfrac{\mathrm{d}x}{\mathrm{d}y} = \tan\psi \\ \dfrac{\mathrm{d}\psi}{\mathrm{d}y} = \dfrac{u}{V^2} \\ \dfrac{\mathrm{d}t}{\mathrm{d}y} = \dfrac{1}{V\cos\psi} \end{cases} \tag{4.96}$$

性能指标变为

$$\min \int_{y_0}^{y_f} |\dot{\psi}|\ \mathrm{d}y = \int_{y_0}^{y_f} \left|\frac{u}{V^2}\right|\ \mathrm{d}y \tag{4.97}$$

2. 松弛处理

由于式(4.97)中性能指标包含绝对值，是非凸指标，因此引入松弛变量 η 来代替性能指标中的积分项，可得

$$\min \int_{y_0}^{y_f} \eta\ \mathrm{d}y \tag{4.98}$$

同时引入约束：

$$\eta \geqslant 0 \tag{4.99}$$

$$\left|\frac{u}{V^2}\right| \leqslant \eta \tag{4.100}$$

这样性能指标中的积分项就转为线性的。由于 $V^2 \geqslant 0$，可以得到 $|u| \leqslant V^2\eta$，由于 $-\pi/2 \leqslant \psi \leqslant \pi/2$，可以得到 $\cos\psi \geqslant 0$。根据式(4.95)和控制量约束式(4.93)，有

$$|a_N| = |u\cos\psi| = |u|\cos\psi \leqslant V^2\eta\cos\psi \leqslant a_{N\max} \tag{4.101}$$

引入以下约束来代替 P1 中的控制量约束：

$$V^2\eta\cos\psi \leqslant a_{N\max} \tag{4.102}$$

3. 控制量约束的线性化

由于式(4.102)中的控制量约束是非线性的，因此需要将其进行线性化。用上标 k 代表第 k 次迭代得到的结果，则第 $k+1$ 次迭代的结果为

$$
\begin{aligned}
V^2\eta\cos\psi &= V^2\eta^{(k)}\cos\psi^{(k)} + V^2\frac{\partial(\eta^{(k)}\cos\psi^{(k)})}{\partial\eta}(\eta-\eta^{(k)}) + V^2\frac{\partial(\eta^{(k)}\cos\psi^{(k)})}{\partial\psi}(\psi-\psi^{(k)}) \\
&= V^2[\eta^{(k)}\cos\psi^{(k)} + \cos\psi^{(k)}(\eta-\eta^{(k)}) - \eta^{(k)}\sin\psi^{(k)}(\psi-\psi^{(k)})] \\
&= V^2[\eta\cos\psi^{(k)} - \eta^{(k)}\psi\sin\psi^{(k)} + \eta^{(k)}\psi^{(k)}\sin\psi^{(k)}]
\end{aligned} \tag{4.103}
$$

于是控制量约束可以近似转化为

$$
\eta\cos\psi^{(k)} - \eta^{(k)}\psi\sin\psi^{(k)} + \eta^{(k)}\psi^{(k)}\sin\psi^{(k)} \leqslant a_{\mathrm{Nmax}}/V^2 \tag{4.104}
$$

4.避障约束的线性化

设 $x^{(k)}$ 和 $y^{(k)}$ 为第 k 次迭代所得轨迹，$d^{(k)}=\sqrt{(x^{(k)}-x_{c,i})^2+(y^{(k)}-y_{c,i})^2}$ 为其距离障碍中心 $(x_{c,i},y_{c,i})$ 的距离，则第 $k+1$ 次迭代所得轨迹 x,y 距离障碍中心的距离的二次方 d^2，可以利用一阶展开近似得到，即

$$
\begin{aligned}
d^2 &= (d^{(k)})^2 + \frac{\partial[(x^{(k)}-x_{c,i})^2+(y^{(k)}-y_{c,i})^2]}{\partial x}(x-x^{(k)}) + \\
&\quad \frac{\partial[(x^{(k)}-x_{c,i})^2+(y^{(k)}-y_{c,i})^2]}{\partial y}(y-y^{(k)}) \\
&= (x^{(k)}-x_{c,i})^2+(y^{(k)}-y_{c,i})^2+2(x^{(k)}-x_{c,i})(x-x^{(k)})+2(y^{(k)}-y_{c,i})(y-y^{(k)}) \\
&= (x^{(k)}-x_{c,i})^2+(y^{(k)}-y_{c,i})^2-2(x^{(k)}-x_{c,i})x^{(k)}-2(y^{(k)}-y_{c,i})y^{(k)} + \\
&\quad 2(x^{(k)}-x_{c,i})x+2(y^{(k)}-y_{c,i})y
\end{aligned} \tag{4.105}
$$

将式(4.105)代入 $d^2 \geqslant r_i{}^2$ 中，有

$$
2(x^{(k)}-x_{c,i})x+2(y^{(k)}-y_{c,i})y \geqslant r_i^2+\tilde{r} \tag{4.106}
$$

$$
\tilde{r} = -(x^{(k)}-x_{c,i})^2-(y^{(k)}-y_{c,i})^2+2(x^{(k)}-x_{c,i})x^{(k)}+2(y^{(k)}-y_{c,i})y^{(k)} \tag{4.107}
$$

考虑到 y 作为自变量，从 y_0 到 y_f 均匀变化，不随迭代发生变化，即可以认为 $y=y^{(k)}$，则式(4.107)可以简化为

$$
2(x^{(k)}-x_{c,i})x \geqslant r_i^2+\tilde{r} \tag{4.108}
$$

$$
\tilde{r} = -(x^{(k)}-x_{c,i})^2-(y^{(k)}-y_{c,i})^2+2(x^{(k)}-x_{c,i})x^{(k)} \tag{4.109}
$$

综上所述，式(4.90)、式(4.91)、式(4.92)、式(4.96)、式(4.98)、式(4.100)、式(4.104)、式(4.108)、式(4.109)组成问题P2：

P2：

$$
\min\int_{y_0}^{y_f}\eta\mathrm{d}y \tag{4.110}
$$

约束条件：

状态方程：

$$
f=\begin{cases}
\dfrac{\mathrm{d}x}{\mathrm{d}y}=\tan\psi \\
\dfrac{\mathrm{d}\psi}{\mathrm{d}y}=\dfrac{u}{V^2} \\
\dfrac{\mathrm{d}t}{\mathrm{d}y}=\dfrac{1}{V\cos\psi}
\end{cases} \tag{4.111}
$$

初始约束：

$$
x(y_0)=x_0,\ \psi(y_0)=\psi_0 \tag{4.112}
$$

状态量约束：

$$
-5 \leqslant x \leqslant 5 \tag{4.113}
$$

$$
-\pi/2 \leqslant \psi \leqslant \pi/2 \tag{4.114}
$$

控制量约束：

$$
0 \leqslant \left|\frac{u}{V^2}\right| \leqslant \eta \tag{4.115}
$$

避障约束：
$$2(x^{(k)}-x_{c,i})x \geqslant r_i^2+\tilde{r} \tag{4.116}$$
$$\tilde{r}=-(x^{(k)}-x_{c,i})^2-(y^{(k)}-y_{c,i})^2+2(x^{(k)}-x_{c,i})x^{(k)} \tag{4.117}$$
补充约束：
$$\eta\cos\psi^{(k)}-\eta^{(k)}\psi\sin\psi^{(k)}+\eta^{(k)}\psi^{(k)}\sin\psi^{(k)} \leqslant a_{N\max}/V^2 \tag{4.118}$$
式中，状态量为 $\boldsymbol{x}=[x \quad \psi \quad t]^{\mathrm{T}}$，控制量为 $\boldsymbol{u}=[u]$。

4.5.3 状态方程线性化

由于状态方程可以写成以下仿射控制模型，因此结合逐次线性化和逐次逼近的方法对其进行线性化：
$$\dot{\boldsymbol{x}}=\boldsymbol{f}(\boldsymbol{x},y)+\boldsymbol{B}(\boldsymbol{x},y)\boldsymbol{u} \tag{4.119}$$
式中：
$$\boldsymbol{f}(\boldsymbol{x},y)=\begin{bmatrix}\tan\psi \\ 0 \\ \dfrac{1}{V\cos\psi}\end{bmatrix}, \quad \boldsymbol{B}(\boldsymbol{x},y)=\begin{bmatrix}0 \\ \dfrac{1}{V^2} \\ 0\end{bmatrix} \tag{4.120}$$

使用逐次线性化法在 $\boldsymbol{x}^{(k)}$ 处对非控制部分 $f(\boldsymbol{x},\boldsymbol{y})$ 进行线性化，使用逐次逼近法得到控制部分 $(\boldsymbol{x},y)$ 的近似值 $B(\boldsymbol{x}^{(k)},\boldsymbol{y})$，线性化结果如下：
$$\begin{aligned}\dot{\boldsymbol{x}}&=\boldsymbol{f}(\boldsymbol{x}^{(k)},y)+\boldsymbol{f}_x(\boldsymbol{x}^{(k)},y)(\boldsymbol{x}-\boldsymbol{x}^{(k)})+\boldsymbol{B}(\boldsymbol{x}^{(k)},y)\boldsymbol{u}\\&=\boldsymbol{A}(\boldsymbol{x}^{(k)},y)\boldsymbol{x}+\boldsymbol{B}(\boldsymbol{x}^{(k)},y)\boldsymbol{u}+\boldsymbol{b}(\boldsymbol{x}^{(k)},y)\end{aligned} \tag{4.121}$$
式中：
$$\boldsymbol{A}(\boldsymbol{x}^{(k)},y)=\boldsymbol{f}_x(\boldsymbol{x}^{(k)},y)=\begin{bmatrix}0 & \dfrac{1}{(\cos\psi^{(k)})^2} & 0 \\ 0 & 0 & 0 \\ 0 & \dfrac{\sin\psi^{(k)}}{V^{(k)}(\cos\psi^{(k)})^2} & 0\end{bmatrix} \tag{4.122}$$
$$\boldsymbol{B}(\boldsymbol{x}^{(k)},y)=\begin{bmatrix}0 \\ \dfrac{1}{(V^{(k)})^2} \\ 0\end{bmatrix} \tag{4.123}$$
$$\boldsymbol{b}(\boldsymbol{x}^{(k)},y)=\boldsymbol{f}(\boldsymbol{x}^{(k)},y)-\boldsymbol{f}_x(\boldsymbol{x}^{(k)},y)\boldsymbol{x}^{(k)} \tag{4.124}$$
引入信赖域约束：
$$\|\boldsymbol{x}-\boldsymbol{x}^{(k)}\| \leqslant \delta_x \tag{4.125}$$
至此，可以得到新的优化问题 P3：

P3：
$$\min\int_{y_0}^{y_f}\eta\,\mathrm{d}y \tag{4.126}$$
约束条件：

状态方程：
$$\dot{\boldsymbol{x}}=\boldsymbol{A}(\boldsymbol{x}^{(k)},y)\boldsymbol{x}+\boldsymbol{B}(\boldsymbol{x}^{(k)},y)\boldsymbol{u}+\boldsymbol{b}(\boldsymbol{x}^{(k)},y) \tag{4.127}$$

初始约束：
$$x(y_0)=x_0,\ \psi(y_0)=\psi_0 \tag{4.128}$$
状态量约束：
$$-5\leqslant x\leqslant 5 \tag{4.129}$$
$$-\pi/2\leqslant \psi\leqslant \pi/2 \tag{4.130}$$
控制量约束：
$$0\leqslant \left|\frac{u}{V^2}\right|\leqslant \eta \tag{4.131}$$
避障约束：
$$2(x^{(k)}-x_{c,i})x\geqslant r_i^2+\tilde{r} \tag{4.132}$$
$$\tilde{r}=-(x^{(k)}-x_{c,i})^2-(y^{(k)}-y_{c,i})^2+2(x^{(k)}-x_{c,i})x^{(k)} \tag{4.133}$$
信赖域约束：
$$\|\boldsymbol{x}-\boldsymbol{x}^{(k)}\|\leqslant \delta_x \tag{4.134}$$
补充约束：
$$\eta\cos\psi^{(k)}-\eta^{(k)}\psi\sin\psi^{(k)}+\eta^{(k)}\psi^{(k)}\sin\psi^{(k)}\leqslant a_{\mathrm{Nmax}}/V^2 \tag{4.135}$$
其中式(4.127)中的系数矩阵见式(4.122)～式(4.124)。

4.5.4 状态方程离散化

取节点数为 $N+1$，步长 $\Delta y=(y_f-y_0)/N$，利用表达式 $y_i=y_0+\mathrm{i}\Delta y$ 将自变量 y 等间距离散为 $\{y_0,y_1,\cdots,y_N\}$。状态量和控制量分别离散为 $\boldsymbol{x}_i=\boldsymbol{x}(y_i)$ 和 $\boldsymbol{u}_i=\boldsymbol{u}(y_i)$，则状态方程式(4.127)可根据梯形公式进行数值积分：

$$\boldsymbol{x}_i=\boldsymbol{x}_{i-1}+\frac{\Delta y}{2}[(\boldsymbol{A}_{i-1}^{(k)}\boldsymbol{x}_{i-1}+\boldsymbol{B}_{i-1}^{(k)}\boldsymbol{u}_{i-1}+\boldsymbol{b}_{i-1}^{(k)})+(\boldsymbol{A}_i^{(k)}\boldsymbol{x}_i+\boldsymbol{B}_i^{(k)}\boldsymbol{u}_i+\boldsymbol{b}_i^{(k)})],\ i=1,2,\cdots,N \tag{4.136}$$

式中，$\boldsymbol{A}_i^{(k)}=\boldsymbol{A}(x_i^{(k)},y_i)$，$\boldsymbol{B}_i^{(k)}=\boldsymbol{B}(x_i^{(k)},y_i)$，$\boldsymbol{b}_i^{(k)}=\boldsymbol{b}(x_i^{(k)},y_i)$。将上式整理后得到：

$$\boldsymbol{H}_{i-1}\boldsymbol{x}_{i-1}+\boldsymbol{H}_i\boldsymbol{x}_i+\boldsymbol{G}_{i-1}\boldsymbol{u}_{i-1}+\boldsymbol{G}_i\boldsymbol{u}_i=-\frac{\Delta y}{2}(\boldsymbol{b}_{i-1}^{(k)}+\boldsymbol{b}_i^{(k)}) \tag{4.137}$$

式中，$\boldsymbol{H}_{i-1}=\frac{\Delta y}{2}\boldsymbol{A}_{i-1}^{(k)}+\boldsymbol{I}$，$\boldsymbol{G}_{i-1}=\frac{\Delta y}{2}\boldsymbol{B}_{i-1}^{(k)}+\boldsymbol{I}$，$\boldsymbol{I}$ 是和矩阵 $\boldsymbol{A}$ 数相同的单位矩阵。状态量 $\{\boldsymbol{x}_0,\boldsymbol{x}_1,\cdots,\boldsymbol{x}_N\}$ 和控制量 $\{\boldsymbol{u}_0,\boldsymbol{u}_1,\cdots,\boldsymbol{u}_N\}$，以及松弛变量 $\{\boldsymbol{\eta}_0,\boldsymbol{\eta}_1,\cdots,\boldsymbol{\eta}_N\}$，都是需要优化的变量，它们可以写在一起组成优化变量向量：

$$\boldsymbol{z}=[\boldsymbol{x}_0^{\mathrm{T}},\boldsymbol{x}_1^{\mathrm{T}},\cdots,\boldsymbol{x}_N^{\mathrm{T}},\boldsymbol{u}_0,\boldsymbol{u}_1,\cdots,\boldsymbol{u}_N,\boldsymbol{\eta}_0,\boldsymbol{\eta}_1,\cdots,\boldsymbol{\eta}_N]$$

由此，离散的状态方程可以写成以下线性代数方程的形式：

$$\boldsymbol{Mz}=\boldsymbol{F} \tag{4.138}$$

式中：

$$\boldsymbol{M}=\begin{bmatrix} H_0 & H_1 & 0 & \cdots & 0 & 0 & G_0 & G_1 & 0 & \cdots & 0 & 0 & 0_{1\times(N+1)} \\ 0 & H_1 & H_2 & \cdots & 0 & 0 & 0 & G_1 & G_2 & \cdots & 0 & 0 & 0_{1\times(N+1)} \\ \vdots & \vdots & \vdots & & \vdots & \vdots & \vdots & \vdots & \vdots & & \vdots & \vdots & \vdots \\ 0 & 0 & 0 & \cdots & H_{N-1} & H_N & 0 & 0 & 0 & \cdots & G_{N-1} & G_N & 0_{1\times(N+1)} \end{bmatrix} \tag{4.139}$$

$$\boldsymbol{F}=-\frac{\Delta y}{2}\begin{bmatrix} \boldsymbol{b}_0^{(k)}+\boldsymbol{b}_1^{(k)} \\ \boldsymbol{b}_1^{(k)}+\boldsymbol{b}_2^{(k)} \\ \vdots \\ \boldsymbol{b}_{N-1}^{(k)}+\boldsymbol{b}_N^{(k)} \end{bmatrix} \tag{4.140}$$

4.5.5 序列凸优化问题及其求解

综上所述，可以得到最终的优化问题 P4：

P4：
$$\min\int_{y_0}^{y_f}\eta\,\mathrm{d}y \tag{4.141}$$

约束条件：

状态方程：
$$\boldsymbol{M z}=\boldsymbol{F} \tag{4.142}$$

初始约束：
$$x(y_0)=x_0,\ \psi(y_0)=\psi_0 \tag{4.143}$$

状态量约束：
$$-5 \leqslant x \leqslant 5 \tag{4.144}$$
$$-\pi/2 \leqslant \psi \leqslant \pi/2 \tag{4.145}$$

控制量约束：
$$0 \leqslant \left|\frac{u}{V^2}\right| \leqslant \eta \tag{4.146}$$

避障约束：
$$2(x^{(k)}-x_{c,i})x \geqslant r_i^2+\tilde{r} \tag{4.147}$$
$$\tilde{r}=-(x^{(k)}-x_{c,i})^2-(y^{(k)}-y_{c,i})^2+2(x^{(k)}-x_{c,i})x^{(k)} \tag{4.148}$$

信赖域约束：
$$\|\boldsymbol{x}-\boldsymbol{x}^{(k)}\| \leqslant \delta_x \tag{4.149}$$

补充约束：
$$\eta\cos\psi^{(k)}-\eta^{(k)}\psi\sin\psi^{(k)}+\eta^{(k)}\psi^{(k)}\sin\psi^{(k)} \leqslant a_{N\max}/V^2 \tag{4.150}$$

其中状态方程中的系数矩阵见式(4.139)、式(4.140)。问题 P4 是一个 SCP 问题，根据其迭代求解步骤即可完成求解计算。

4.5.6　仿真结果与分析

设信赖域为 $\boldsymbol{\delta}=[5\quad 90\pi/180\quad 5]$，收敛条件为 $\boldsymbol{\varepsilon}=[0.5\quad 5\pi/180\quad 0.1]$，随机生成 10 个不同的障碍物环境，使用凸优化方法得到的避障轨迹规划如图 4-13～图 4-17 所示，其中不同半径和位置的圆圈代表随机生成的障碍物，左侧、右侧和底侧分别是三面墙形障碍。

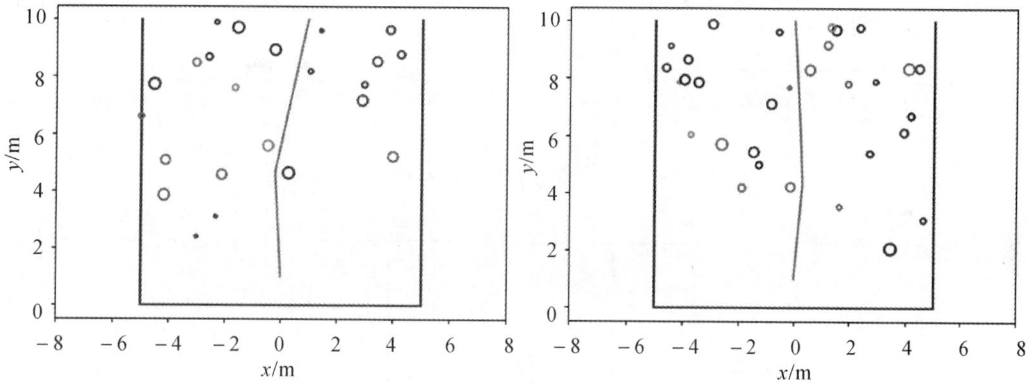

图 4-13　环境 1(左图)和环境 2(右图)的避障轨迹

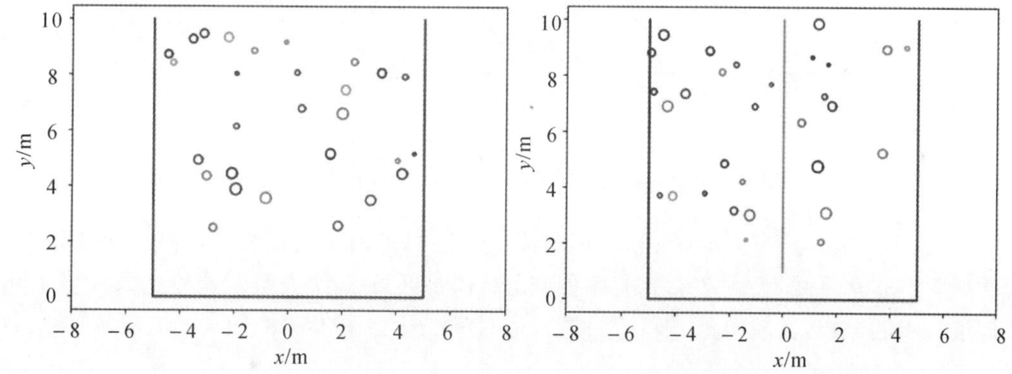

图 4-14　环境 3(左图)和环境 4(右图)的避障轨迹

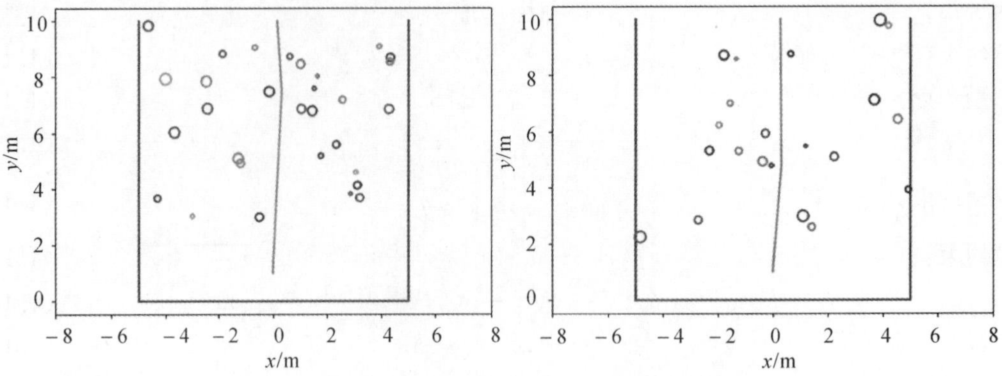

图 4-15　环境 5(左图)和环境 6(右图)的避障轨迹

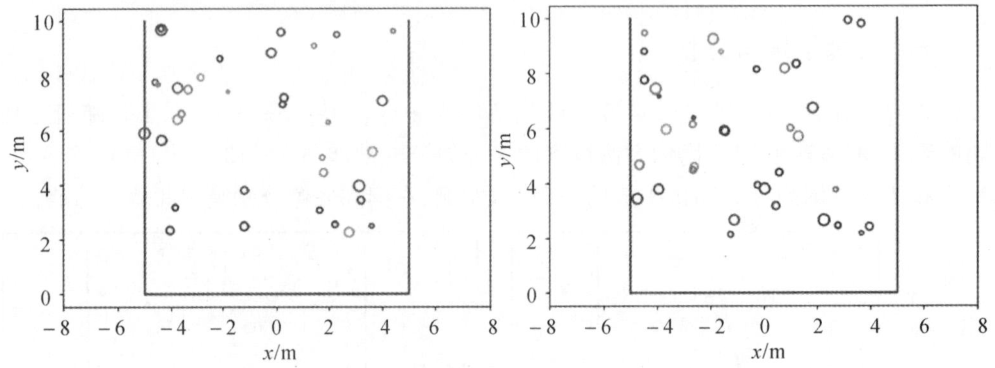

图 4-16　环境 7(左图)和环境 8(右图)的避障轨迹

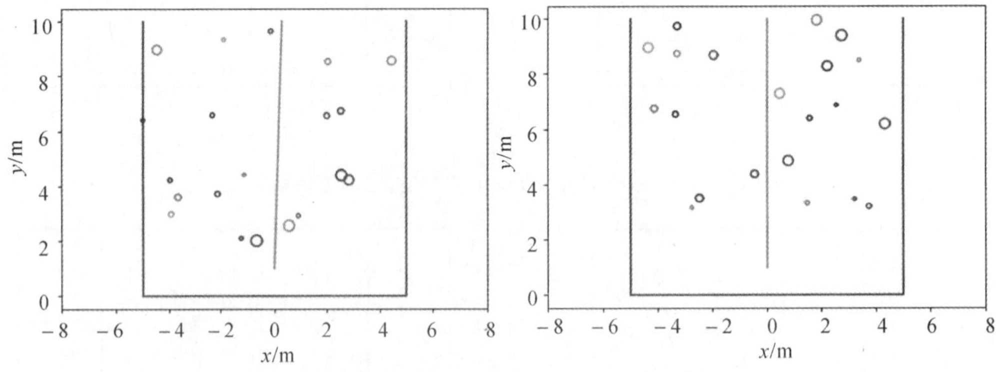

图 4-17　环境 9(左图)和环境 10(右图)的避障轨迹

从图 4-13～图 4-17 可以看出，使用凸优化方法得出的无人系统的避障轨迹比较平滑，但成功率不是非常可观，无人系统 7 次顺利驶出障碍物区域，3 次失败。这里选取环境 1 和环境 2 作进一步的分析，其航向角 ψ 和控制量 u 随时间变化如图 4-18、图 4-19 所示。

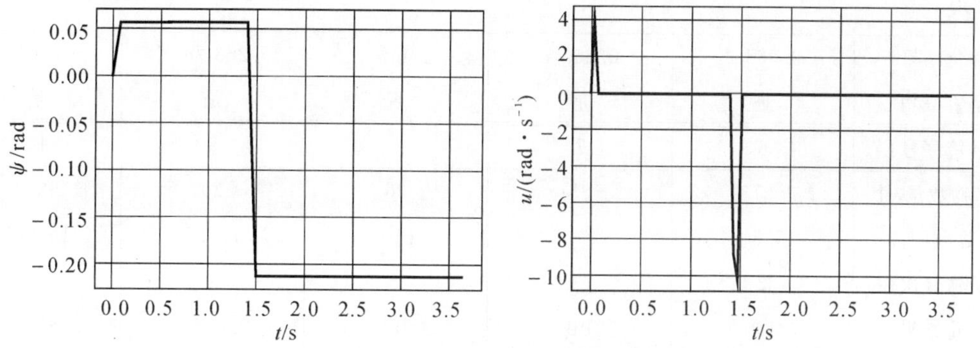

图 4-18　环境 1 中航向角(左图)和控制量(右图)随时间的变化

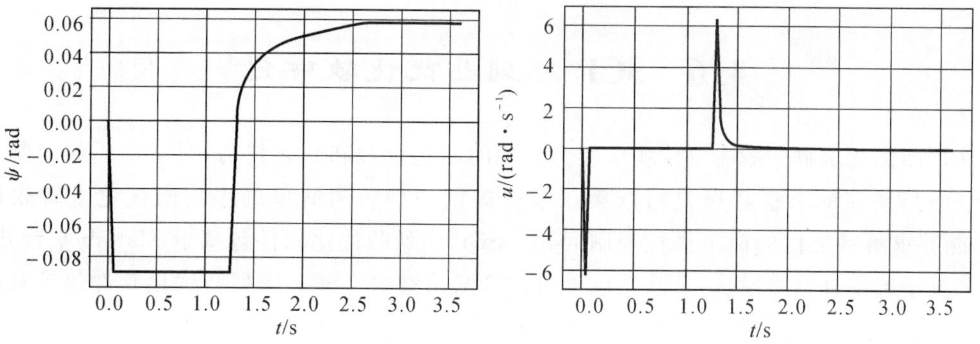

图 4-19　环境 2 中航向角(左图)和控制量(右图)随时间的变化

从图 4-18、图 4-19 可以看出,基于凸优化算法的控制量为 bang-bang 控制。在环境 1 中,初始时刻控制量增加,航向角增加,无人系统向左转弯,随后控制量为 0,无人系统沿同一方向继续行驶,当在 1.4s 遇到障碍物时,控制量变化,控制无人系统转弯避开障碍物,之后控制量又变为 0,无人系统沿当前方向驶出环境 1。在环境 2 中,初始时刻控制量变为负数,航向角减少,无人系统向右转弯,随后控制量为 0,无人系统沿同一方向继续行驶,在 1.25s 遇到障碍物时,控制量增加,控制无人系统向左转弯避开障碍物,之后控制量变为 0,无人系统沿当前方向驶出环境 2。

表 4-1 中给出了 10 个示例环境的仿真结果。可以看出,当障碍物数量比较多或障碍物位置条件比较苛刻时,SCP 算法可能不收敛。且由于 SCP 算法存在外层收敛条件,所以其计算的快速性存在不足。

当样本环境数量为 100 时,凸优化方法的平均收敛时间为 22.378s,有 64 个环境可以收敛,收敛率为 64%。

表 4-1　10 个示例环境的仿真结果

环境序号	1	2	3	4	5
障碍物数量/个	23	31	28	30	30
计算时间/s	33.471	43.823	—	19.681	20.304
外层迭代次数	4	4	—	2	2

续 表

优化结果	0.365 2	0.265 7	Inf	5.263 7e^{-10}	0.183 8
是否成功	是	是	否	是	是
环境序号	6	7	8	9	10
障碍物数量/个	21	35	36	20	21
计算时间/s	15.804	—	—	7.522	16.041
外层迭代次数	2	—	—	1	2
优化结果	0.190 5	Inf	Inf	0.034 9	7.186 2e^{-10}
是否成功	是	否	否	是	是

4.6 SCP 序列凸优化软件包

序列凸优化求解一般需要依赖于较为烦琐的凸化过程和凸化技巧，对于不同的问题一般也需要编写独立的求解程序进行求解。本书提供一种较为简单的序列凸优化求解软件包SCP，能够求解一般性的简单最优控制问题。SCP序列凸优化软件包基于Matlab平台开发，目前尚处于内部开发阶段，仿真软件包可与作者联系索取。SCP序列凸优化软件包具有以下特点：

(1)可以对最优控制问题进行通用化建模。

(2)支持含积分约束及常用边界条件问题。

(3)提供自动微分功能，可计算NLP求解器所需的所有导数。

(4)基于高斯正交积分方法实现快速收敛。

(5)依赖于凸优化求解器MOSEK。

SCP软件包在开发过程中充分借鉴了GPOSP软件包的代码结构和使用方式，使用方式与GPOPS软件包类似，此处不再赘述。下面给出一个高度敏感问题的仿真示例说明其使用方法。

高度敏感问题性能指标为

$$\min \quad J = \frac{1}{2}\int_0^{t_f}[x_1^{\,2}(t) + x_2^{\,2}(t) + u^2(t)]\mathrm{d}t \tag{4.151}$$

其动力学方程为

$$\left.\begin{aligned} \dot{x}_1(t) &= x_2(t) \\ \dot{x}_2(t) &= -x_1(t) - x_1^{\,3}(t) + u(t) \end{aligned}\right\} \tag{4.152}$$

端点约束为

$$\left.\begin{aligned} &x_1(0) = 1, \quad x_2(0) = 0 \\ &x_1(t_f) = 1, \quad x_2(t_f) = 0 \\ &t_f = 40 \end{aligned}\right\} \tag{4.153}$$

采用 SCP 软件包求解上述问题需要设置两类函数文件：

(1)主函数文件 hyperSensitive2Dmain. m：

```
bounds.phase.initialtime.lower = 0;
bounds.phase.initialtime.upper = 0;
bounds.phase.finaltime.lower = 40;
bounds.phase.finaltime.upper = 40;
bounds.phase.initialstate.lower = [1,0];
bounds.phase.initialstate.upper = [1,0];
bounds.phase.state.lower = -50 * ones(1,2);
bounds.phase.state.upper = 50 * ones(1,2);
bounds.phase.finalstate.lower = [0.75,0];
bounds.phase.finalstate.upper = [0.75,0];
bounds.phase.control.lower = -50;
bounds.phase.control.upper = 50;

guess.phase.time = [0;40];
guess.phase.state = [1,0;0.75,0];
guess.phase.control = [0;0];

setup.bounds = bounds;
setup.guess = guess;
setup.functions.problem = @hyperSensitive2D;
% setup.method = 'LGRD';
setup.method = 'RK2';
meshphase.nodes = 201;
setup.mesh.phase(1) = meshphase;

setup.plot = 1;
output = SCP(setup);

time = output.solution.phase.time;
state = output.solution.phase.state;
control = output.solution.phase.control;

figure;
subplot(2,1,1);
hold on;
plot(time,state(:,1),'r-','linewidth',2);
plot(time,state(:,2),'b--','linewidth',2);
xlabel('t');
ylabel('x')
subplot(2,1,2);
```

```
hold on;
plot(time(1:end-1),control(1:end-1,1),'r-','linewidth',2);
xlabel('t');
ylabel('u')
```

(2)优化模型文件 hyperSensitive2D. m:

```
function phaseout = hyperSensitive2D(input)

t0 = input.phase(1).initialtime;
t  = input.phase(1).time;
tf = input.phase(1).finaltime;
x0 = input.phase(1).initialstate;
x  = input.phase(1).state;
xf = input.phase(1).finalstate;
u = input.phase(1).control;

x1 = x(:,1);
x2 = x(:,2);
u1 = u(:,1);

phaseout.phase(1).Dynamics  = [x2,-x1-x1.^3+u1];
phaseout.phase(1).Mayer     = 0;
phaseout.phase(1).Lagrange  = 0.5*(x1.^2+x2.^2+u1.^2);
phaseout.phase(1).Path      = [];
phaseout.phase(1).Link      = [];
```

在 Matlab 平台执行仿真程序,其仿真结果如图 4-20 所示。

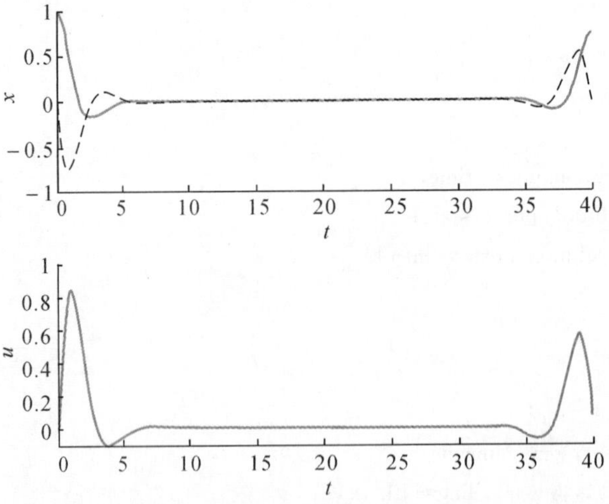

图 4-20 基于 SCP 软件包求解高度敏感问题仿真曲线

第5章　模型预测控制方法

20世纪60年代初期发展起来并日趋完善的现代控制理论，具有最优的性能指标和系统而精确的理论设计方法，在航天航空、制导等领域中获得了卓越的成就。但是在应用于工业过程控制时却没有收到预期的效果。究其原因，现代控制理论的基础是精确的对象参数模型，而工业过程往往具有非线性、时变性、强耦合和不确定性等特点，难以得到精确的数学模型，因而控制效果大大降低。面对理论发展与实际应用之间的不协调，人们从工业过程控制的特点与需求出发，探索各种对模型精度要求不高而同样能实现高质量控制的方法。滚动时域控制即模型预测控制正是在这种背景下应运而生的一类新型控制算法。一经问世，它就在石油、电力和航空等工业中得到十分成功的应用并迅速发展起来。因此，预测控制的出现并不是某种理论研究的产物，而是在工业实践过程中发展起来的一种有效的控制方法。

5.1　模型预测控制基础

模型预测控制(Model Predictive Control，MPC)是一类特定的控制方法。它是利用预测模型和系统的历史数据、未来输入来预测系统的未来输出的控制。通过某一性能指标在滚动的有限时间区间内进行优化得到反馈校正控制。模型预测控制不同于传统控制，打破了传统控制思想的条条框框，采用预测模型、滚动优化、反馈矫正以及多步预测等新的控制思路方法，得到了更多系统运行信息，这种方法使模型预测控制可以在一定程度上比较有效地改善系统模型本身不够精确的问题，同时削弱外界干扰对系统控制性能的影响。

预测模型注重模型的功能，而不注重模型的具体形式，其功能就是根据历史信息和未来输入来预测系统的未来输出，只要具有预测功能的模型，无论其有什么样的表现形式，均可作为预测模型。状态方程、传递函数及稳定系统的阶跃响应、脉冲响应函数等都可以作为预测模型。预测模型具有展示系统未来动态行为的功能，因此就可以利用预测模型为预测控制进行优化提供先验知识，从而决定采用何种控制输入，使未来时刻被控对象的输出变化符合预期的目标。

模型预测控制是一种基于优化策略的控制，它在每个采样点，以当前状态作为最优控制问题的初始状态，在一段有限时间内，求解其开环最优控制问题，得到一个最优控制序列，但是只实施第一个控制作用，驱动系统进入下一个采样点，再以下一个采样点的状态作为初始状态，重复之前的过程，如此循环下去。模型预测控制具有控制效果好、鲁棒性强、适用于控制不易于建立精确数学模型且比较复杂的工艺过程等优点，已经成功应用在化学过程控制、电力控制、机器人手臂、医疗和船舶自动舵等领域。

预测控制的优化不是一次性离线进行，而是随着采样时刻的前进反复地在线进行，故称为滚动优化。滚动优化与传统的全局优化不同,滚动优化在每一时刻优化性能指标只涉及从该时刻起未来有限的时间,而到下一时刻,这一优化时间同时向前推移,不断地进行在线优化。在每一时刻得到一组未来的控制动作,而只实现本时刻的控制动作,到下一时刻重新预测优化出一组新的控制,也是只实现一个新的控制动作,每步都有反馈校正。因此,预测控制不是用一个对全局相同的优化性能指标,而是在每一时刻有一个相对于该时刻的优化性能指标。这种滚动优化虽然得不到理想的全局最优解,但是反复对每一采样时刻的偏差进行优化计算,可及时地校正控制过程中出现的各种复杂情况。预测控制有了预见性,滚动优化和反馈校正能够更好地适应实际系统,有更强的鲁棒性。

模型预测控制是一种致力于将更长时间跨度甚至无穷时间的最优控制问题,分解为若干个更短时间跨度或者有限时间跨度的最优控制问题,并在控制时域内仍然追求最优解。系统未来的状态是不定的,因此在控制过程中需要预测系统的状态,并根据系统的状态对未来的控制量作出调整,也就是说,具有优化和预测的能力。模型预测控制在实现上有三个要素:

(1)预测模型:预测模型是模型预测控制的基础。预测模型的主要功能是根据对象的历史信息和未来输入,预测系统的未来输出。

(2)滚动优化:预测控制是以优化为基础的控制算法。通过反复在线进行的使某一性能指标最优而确定控制作用。这是模型预测控制与传统最优控制的根本区别。

(3)反馈矫正:为防止模型失配或者环境干扰引起控制偏离理想状态,将闭环机制引入预测控制。在新的采样时刻,先检测对象实际输出,利用实时信息修正基于模型的预测结果,将下一步的预测和优化建立在与实际接近的基础上进行。

基于这三个要素,模型预测控制的基本原理可以用图 5-1 表示。在模型预测控制过程中,一直有一条期望轨迹,如图 5-1 所示。将时刻 k 当作当前时刻(坐标系纵轴所在位置),控制器将当前测量值和预测模型结合,预测系统未来的一段时间内$[k,k+N_{\mathrm{p}}]$(被称为预测时域)系统输出,如图 5-1 中的预测输出曲线所示。通过求解满足目标函数以及各种约束条件的优化问题,得到控制时域$[k,k+N_{\mathrm{p}}]$内一系列控制序列,如图预测控制量矩形波所示,并将该控制序列的第一个元素作为受控对象的实际控制量。到达下一时刻 $k+1$ 时,将以上过程重复,这样滚动地完成一系列带约束条件的优化问题,实现对被控对象的持续控制。

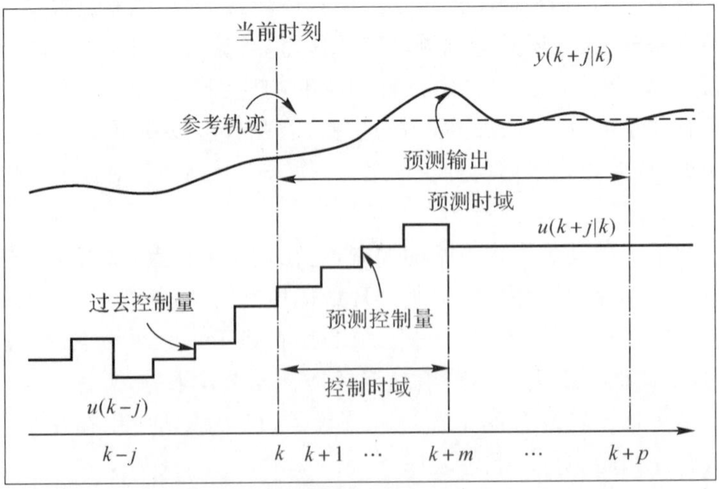

图 5-1　模型预测控制基本原理

模型预测控制流程框图如图 5-2 所示，其中包括 MPC 控制器、被控平台及状态估计器这三个模块。其中，MPC 控制器结合了预测模型、目标函数和约束条件进行最优求解，得到当前时刻的最优控制序列 $\boldsymbol{u}^*(t)$，输入被控平台，被控平台按照当前控制量实施控制，将当前状态量观测值 $\boldsymbol{x}(t)$ 输入状态估计器。状态估计器会对无法通过传感器观测或者观测成本高的状态量进行估计。常用的估计方法有粒子滤波和 Kalman 滤波等等。将估计得到的状态量 $\tilde{\boldsymbol{x}}(t)$ 输入 MPC 控制器，再次最优化求解，将获得未来一段时间的控制序列。这样循环往复，组成完整的模型预测控制过程。

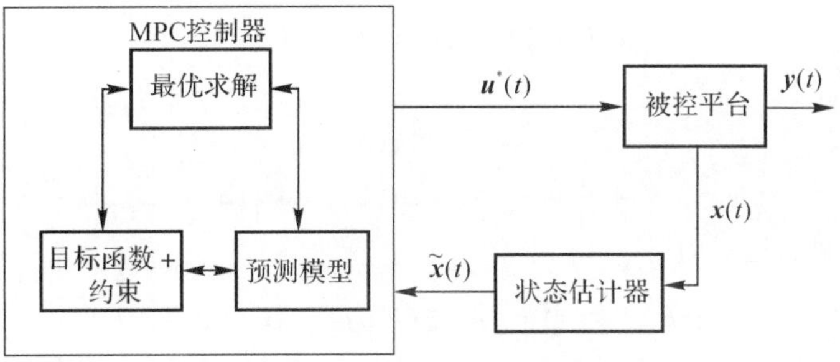

图 5-2　模型预测控制流程框图

尽管预测控制在国内外工业过程中都得到了成功的应用，但要解决当前社会经济面临的复杂约束优化控制的问题，仍然具有以下局限性：

(1)由于模型预测控制需要反复地在线优化计算，因此模型预测控制技术最适用的场合是系统自身动态变化比较缓慢的场合(比如过程系统控制)。对于采样速率比较高的系统，模型预测控制存在一定的适用性问题。

(2) 模型预测控制是从工程实践中逐步发展产生的，因此在理论研究方面(如系统综合性能的分析)并不完善，甚至存在一定程度的滞后。这主要是因为，预测控制算法具有反复在线计算优化的特点，这导致被控对象哪怕是最简单的线性时不变标准模型，它的闭环预测控制系统本质上来讲还是一种隐性的非线性模型系统。这里的隐性指的是很难建立闭环预测控制系统其输入和输出之间的显式关系表达式，也就是显式模型很难建立。而系统的闭环传递函数中包含了系统主要的设计参数，模型建立的问题导致对于闭环模型预测控制系统的理论分析在各个方面都存在不小的问题。

(3)在实际的工程实践中，建立的模型难免存在一定的时变性和非线性性，并且模型的参数和结构也存在一定的摄动性，模型也不可避免地存在外部干扰。通常的建模思路是用一个线性标称模型来近似代替实际模型，随后基于线性标称模型来建立预测控制算法，所以一般需要分析外部干扰以及模型误差的存在对于模型预测控制系统实际控制性能的影响。

模型预测控制需要在每个采样点在线求解一个二次规划或者非线性规划问题，能够满足系统对优化的需求，同时带来了计算量大的问题。目前，常用的模型预测控制应用于变化比较缓慢的生产过程或者对象时，能取得比较好的结果，而对于变化迅速而复杂的过程或对象，由于模型不精确、控制算法复杂和运算量大，难以实现在线控制。寻找算法简单、建模容易、控制迅速而且有效的方法一直是人们努力的方向。

5.2 线性时变模型预测控制算法

线性时变模型预测控制算法将线性时变模型当作预测模型。与非线性模型预测控制相比，其最大的优势是计算简单，实时性较好。以下将线性状态空间模型当作基本，推导模型预测控制的预测方程、优化求解和反馈控制。

1. 预测方程

考虑以下离散线性化模型：

$$\boldsymbol{x}(k+1)=\boldsymbol{A}_{k,t}\boldsymbol{x}(k)+\boldsymbol{B}_{k,t}\boldsymbol{u}(k) \tag{5.1}$$

设

$$\boldsymbol{\xi}(k\mid t)=\begin{bmatrix}\boldsymbol{x}(k\mid t)\\ \boldsymbol{u}(k-1\mid t)\end{bmatrix} \tag{5.2}$$

可得新的状态空间表达式为

$$\boldsymbol{\xi}(k+1\mid t)=\widetilde{\boldsymbol{A}}_{k,t}\boldsymbol{\xi}(k\mid t)+\widetilde{\boldsymbol{B}}_{k,t}\Delta\boldsymbol{u}(k\mid t) \tag{5.3}$$

$$\boldsymbol{\eta}(k\mid t)=\widetilde{\boldsymbol{C}}_{k,t}\boldsymbol{\xi}(k\mid t) \tag{5.4}$$

式中各矩阵定义如下：

$$\widetilde{\boldsymbol{A}}_{k,t}=\begin{bmatrix}\boldsymbol{A}_{k,t} & \boldsymbol{B}_{k,t}\\ \boldsymbol{0}_{m\times n} & \boldsymbol{I}_m\end{bmatrix},\widetilde{\boldsymbol{B}}_{k,t}=\begin{bmatrix}\boldsymbol{B}_{k,t}\\ I_m\end{bmatrix},\widetilde{\boldsymbol{C}}_{k,t}=[\boldsymbol{C}_{k,t},0] \tag{5.5}$$

为简化计算，假设：

$$\left.\begin{aligned}\widetilde{\boldsymbol{A}}_{k,t}&=\widetilde{\boldsymbol{A}}_t,k=1,\cdots,t+N-1\\ \widetilde{\boldsymbol{B}}_{k,t}&=\widetilde{\boldsymbol{B}}_t,k=1,\cdots,t+N-1\end{aligned}\right\} \tag{5.6}$$

如果系统的预测时域为 N_{p}，控制时域为 N_{c}，预测时域内的状态量和系统输出量将计算如下：

$$\boldsymbol{\xi}(t+N_{\mathrm{p}}\mid t)=\widetilde{\boldsymbol{A}}_t^{N_{\mathrm{p}}}\boldsymbol{\xi}(t\mid t)+\widetilde{\boldsymbol{A}}_t^{N_{\mathrm{p}}-1}\widetilde{\boldsymbol{B}}_t\Delta u(t\mid t)+\cdots+\widetilde{\boldsymbol{A}}_t^{N_{\mathrm{p}}-N_{\mathrm{c}}-1}\widetilde{\boldsymbol{B}}_t\Delta\boldsymbol{u}(t+N_{\mathrm{c}}\mid t) \tag{5.7}$$

$$\boldsymbol{\eta}(t+N_{\mathrm{p}}\mid t)=\widetilde{\boldsymbol{C}}_{t,t}\widetilde{\boldsymbol{A}}_{t,t}^{N_{\mathrm{p}}}\boldsymbol{\xi}(t\mid t)+\widetilde{\boldsymbol{C}}_t\widetilde{\boldsymbol{A}}_t^{N_{\mathrm{p}}-1}\widetilde{\boldsymbol{B}}_t\Delta\boldsymbol{u}(t\mid t)+\widetilde{\boldsymbol{C}}_t\widetilde{\boldsymbol{A}}_t^{N_{\mathrm{p}}-N_{\mathrm{c}}-1}\widetilde{\boldsymbol{B}}_t\Delta\boldsymbol{u}(t+N_{\mathrm{c}}\mid t) \tag{5.8}$$

为明确完整的关系，用矩阵形式表达系统未来时刻的输出：

$$\boldsymbol{Y}(t)=\boldsymbol{\Psi}_t\boldsymbol{\xi}(t\mid t)+\boldsymbol{\Theta}_t\Delta\boldsymbol{U}(t) \tag{5.9}$$

式中：

$$\boldsymbol{Y}(t)=\begin{bmatrix}\boldsymbol{\eta}(t+1\mid t)\\ \boldsymbol{\eta}(t+2\mid t)\\ \vdots\\ \boldsymbol{\eta}(t+N_{\mathrm{c}}\mid t)\\ \vdots\\ \boldsymbol{\eta}(t+N_{\mathrm{p}}\mid t)\end{bmatrix}\qquad \boldsymbol{\Psi}_t=\begin{bmatrix}\widetilde{\boldsymbol{C}}_t\widetilde{\boldsymbol{A}}_t\\ \widetilde{\boldsymbol{C}}_t\widetilde{\boldsymbol{A}}_t^2\\ \vdots\\ \widetilde{\boldsymbol{C}}_t\widetilde{\boldsymbol{A}}_t^{N_{\mathrm{c}}}\\ \vdots\\ \widetilde{\boldsymbol{C}}_t\widetilde{\boldsymbol{A}}_t^{N_{\mathrm{p}}}\end{bmatrix}\qquad \Delta\boldsymbol{U}(t)=\begin{bmatrix}\Delta\boldsymbol{u}(t\mid t)\\ \Delta\boldsymbol{u}(t+1\mid t)\\ \vdots\\ \Delta\boldsymbol{u}(t+N_{\mathrm{c}}\mid t)\end{bmatrix}$$

$$\boldsymbol{\Theta}_t = \begin{bmatrix} \tilde{\boldsymbol{C}}_t\tilde{\boldsymbol{B}}_t & 0 & 0 & 0 \\ \tilde{\boldsymbol{C}}_t\tilde{\boldsymbol{A}}_t\tilde{\boldsymbol{B}}_t & \tilde{\boldsymbol{C}}_t\tilde{\boldsymbol{B}}_t & 0 & 0 \\ \vdots & \vdots & & \vdots \\ \tilde{\boldsymbol{C}}_t\tilde{\boldsymbol{A}}_t^{N_c-1}\tilde{\boldsymbol{B}}_t & \tilde{\boldsymbol{C}}_t\tilde{\boldsymbol{A}}_t^{N_c-2}\tilde{\boldsymbol{B}}_t & \cdots & \tilde{\boldsymbol{C}}_t\tilde{\boldsymbol{B}}_t \\ \tilde{\boldsymbol{C}}_t\tilde{\boldsymbol{A}}_t^{N_c}\tilde{\boldsymbol{B}}_t & \tilde{\boldsymbol{C}}_t\tilde{\boldsymbol{A}}_t^{N_c-1}\tilde{\boldsymbol{B}}_t & \cdots & \tilde{\boldsymbol{C}}_t\tilde{\boldsymbol{A}}_t\tilde{\boldsymbol{B}}_t \\ \vdots & \vdots & & \vdots \\ \tilde{\boldsymbol{C}}_t\tilde{\boldsymbol{A}}_t^{N_p-1}\tilde{\boldsymbol{B}}_t & \tilde{\boldsymbol{C}}_t\tilde{\boldsymbol{A}}_t^{N_p-2}\tilde{\boldsymbol{B}}_t & \cdots & \tilde{\boldsymbol{C}}_t\tilde{\boldsymbol{A}}_t^{N_p-N_c-1}\tilde{\boldsymbol{B}}_t \end{bmatrix}$$

通过式(5.9)可看到,预测时域内的状态量和输出量可通过系统当前状态量$\boldsymbol{\xi}(t|t)$和控制时域内的控制增量$\Delta\boldsymbol{U}(t)$计算获得。这将实现模型预测控制算法中的“预测”功能。

2.优化求解

系统的控制增量是未知的,只有设定合适的优化目标并求解,才可得到控制时域内的控制序列。考虑目标函数:

$$\boldsymbol{J}(k) = \sum_{j=1}^{N}\tilde{\boldsymbol{\chi}}^{\mathrm{T}}(k+j \mid k)\boldsymbol{Q}\tilde{\boldsymbol{\chi}}(k+j) + \tilde{\boldsymbol{u}}^{\mathrm{T}}(k+j-1)\boldsymbol{R}\tilde{\boldsymbol{u}}(k+j-1) \tag{5.10}$$

以上形式优化目标,通过处理可转换为二次规划问题。二次规划的优化目标是二次实函数,包含线性或非线性约束。常见解法为内点法和有效集法。有效集法可解决仅包含不等式约束的二次规划问题,内点法则适合所有形式的二次规划问题。

式(5.10)存在一些缺点,如无法精确约束控制增量。当系统对控制量跳变严格要求时,这样的目标函数就不可用。因此,控制增量可作为目标函数的状态量,优化目标函数设为如下形式:

$$\begin{aligned} &\boldsymbol{J}[\boldsymbol{\xi}(t),\boldsymbol{u}(t-1),\Delta\boldsymbol{U}(t)] \\ &= \sum_{i=1}^{N_p}\|\boldsymbol{\eta}(t+i \mid t)-\boldsymbol{\eta}_{\mathrm{ref}}(t+i \mid t)\|_{\boldsymbol{Q}}^2 + \sum_{i=1}^{N_c-1}\|\Delta\boldsymbol{u}(t+i \mid t)\|_{\boldsymbol{R}}^2 \end{aligned} \tag{5.11}$$

式中,第一项反映系统对参考轨迹的跟踪能力,第二项反映控制量稳定变化的要求。$\boldsymbol{Q}$和$\boldsymbol{R}$是权重矩阵,整个表达式使系统能快速并且平稳地跟踪上期望轨迹。在实际控制系统中,需要满足系统状态量和控制量的约束条件:

(1)控制量的约束条件:

$$\boldsymbol{u}_{\min}(t+k) \leqslant \boldsymbol{u}(t+k) \leqslant \boldsymbol{u}_{\max}(t+k), \quad k=0,1,\cdots,N_c-1 \tag{5.12}$$

(2)控制增量的约束条件:

$$\Delta\boldsymbol{u}_{\min}(t+k) \leqslant \Delta\boldsymbol{u}(t+k) \leqslant \Delta\boldsymbol{u}_{\max}(t+k), \quad k=0,1,\cdots,N_c-1 \tag{5.13}$$

(3)输出的约束条件:

$$\boldsymbol{y}_{\min}(t+k) \leqslant \boldsymbol{y}(t+k) \leqslant \boldsymbol{y}_{\max}(t+k), \quad k=0,1,\cdots,N_c-1 \tag{5.14}$$

式(5.11)~式(5.14)就组成完整的优化目标表达式。求解此含约束条件的优化目标,得到未来一段时间内的控制序列。然而因为系统的模型随时间变化,每一时刻优化目标不是都可得到可行解,所以要对优化目标进行处理。常见且有效的方式是将松弛因子加入优化目标,则有

$$\begin{aligned} &\boldsymbol{J}[\boldsymbol{\xi}(t),\boldsymbol{u}(t-1),\Delta\boldsymbol{U}(t)] \\ &= \sum_{i=1}^{N_p}\|\boldsymbol{\eta}(t+i \mid t)-\boldsymbol{\eta}_{\mathrm{ref}}(t+i \mid t)\|_{\boldsymbol{Q}}^2 + \sum_{i=1}^{N_c-1}\|\Delta\boldsymbol{u}(t+i \mid t)\|_{\boldsymbol{R}}^2 + \rho\boldsymbol{\varepsilon}^2 \end{aligned} \tag{5.15}$$

式中，$\boldsymbol{\rho}$ 是权重系数，$\boldsymbol{\varepsilon}$ 是松弛因子。

将式(5.9)代入式(5.15)，预测时域内的输出偏差可表示为

$$\boldsymbol{E}(t)=\boldsymbol{\Psi}_t\tilde{\boldsymbol{\xi}}(t\mid t)-\boldsymbol{Y}_{\mathrm{ref}}(t),\boldsymbol{Y}_{\mathrm{ref}}=[\boldsymbol{\eta}_{\mathrm{ref}}(t+1\mid t),\cdots,\boldsymbol{\eta}_{\mathrm{ref}}(t+N_{\mathrm{p}}\mid t)]^{\mathrm{T}} \tag{5.16}$$

上述优化目标可重新描述为

$$\boldsymbol{J}(\xi(t),\boldsymbol{u}(t-1),\Delta\boldsymbol{U}(t))=[\Delta\boldsymbol{U}(t)^{\mathrm{T}},\boldsymbol{\varepsilon}]^{\mathrm{T}}\boldsymbol{H}_t[\Delta\boldsymbol{U}(t)^{\mathrm{T}},\boldsymbol{\varepsilon}]+\boldsymbol{G}_t[\Delta\boldsymbol{U}(t)^{\mathrm{T}},\boldsymbol{\varepsilon}]+\boldsymbol{P}_t \tag{5.17}$$

式中：

$$\boldsymbol{H}_t=\begin{bmatrix}\boldsymbol{\Theta}_t^{\mathrm{T}}\boldsymbol{Q}_e\boldsymbol{\Theta}_t+\boldsymbol{R}_e & \boldsymbol{0}\\ \boldsymbol{0} & \boldsymbol{\rho}\end{bmatrix},\boldsymbol{G}_t=[2\boldsymbol{E}(t)^{\mathrm{T}}\boldsymbol{Q}_e\boldsymbol{\Theta}_t\quad \boldsymbol{0}],\boldsymbol{P}_t=\boldsymbol{E}(t)^{\mathrm{T}}\boldsymbol{Q}_e\boldsymbol{E}(t)$$

式中，$\boldsymbol{P}_t$ 为常量，于是模型预测控制每步约束优化求解问题等价于求解以下二次规划问题：

$$\left.\begin{aligned}&\min_{\Delta U_{t,\varepsilon}}[\Delta\boldsymbol{U}(t)^{\mathrm{T}},\boldsymbol{\varepsilon}]^{\mathrm{T}}\boldsymbol{H}_t[\Delta\boldsymbol{U}(t)^{\mathrm{T}},\boldsymbol{\varepsilon}]+\boldsymbol{G}_t[\Delta\boldsymbol{U}(t)^{\mathrm{T}},\boldsymbol{\varepsilon}]\\&\Delta\boldsymbol{U}_{\min}\leqslant\Delta\boldsymbol{U}(k)\leqslant\Delta\boldsymbol{U}_{\max},k=t,\cdots,t+H_e-1\\&\boldsymbol{Y}_{\min}-\boldsymbol{\varepsilon}\leqslant\boldsymbol{\Psi}_t\boldsymbol{\xi}(t\mid t)+\boldsymbol{\Theta}_t\Delta\boldsymbol{U}(t)\leqslant\boldsymbol{Y}_{\max}+\boldsymbol{\varepsilon}\\&\boldsymbol{\varepsilon}>\boldsymbol{0}\end{aligned}\right\} \tag{5.18}$$

3. 反馈机制

每个控制周期中求解完式(5.18)后，获得控制时域内一系列控制输入增量：

$$\Delta\boldsymbol{U}_t^{*}=[\Delta\boldsymbol{u}_t^{*},\Delta\boldsymbol{u}_{t+1}^{*},\cdots,\Delta\boldsymbol{u}_{t+N_{\mathrm{c}}-1}^{*}]^{\mathrm{T}} \tag{5.19}$$

将该控制序列中第一个元素作为实际控制输入增量作用系统：

$$\boldsymbol{u}(t)=\boldsymbol{u}(t-1)+\Delta\boldsymbol{u}_t^{*} \tag{5.20}$$

在下一时刻，系统以状态信息为依据更新预测下一段时域的输出，通过优化得到新的控制增量序列。这样循环下去，直到系统完成控制过程。

5.3 非线性系统线性化方法

非线性系统近似为线性时变系统的方法可分为近似线性化方法和精确线性化方法。近似线性化方法简单，适用性比较强，缺点是当控制精度要求高时不适用；精确线性化方法没有普遍性，需要具体分析单个系统。一般采用近似线性化方法。下面介绍两种线性化方法。

1. 含参考系统的线性化方法

此法的主要思想是假设参考系统已在期望轨迹上通过，获得路径每一时刻的状态量和控制量。处理设计参考系统和当前系统之间的偏差，使模型预测控制器跟踪期望轨迹。状态量和控制量满足

$$\dot{\boldsymbol{\xi}}_{\mathrm{r}}=f(\boldsymbol{\xi}_{\mathrm{r}},\boldsymbol{u}_{\mathrm{r}}) \tag{5.21}$$

在任意点$(\boldsymbol{\xi}_{\mathrm{r}},\boldsymbol{u}_{\mathrm{r}})$处进行泰勒展开，只保留一阶项，忽略高阶项，可得

$$\dot{\boldsymbol{\xi}}=f(\boldsymbol{\xi}_{\mathrm{r}},\boldsymbol{u}_{\mathrm{r}})+\left.\frac{\partial f}{\partial\boldsymbol{\xi}}\right|_{\substack{\xi=\xi_{\mathrm{r}}\\ u=u_{\mathrm{r}}}}(\boldsymbol{\xi}-\boldsymbol{\xi}_{\mathrm{r}})+\left.\frac{\partial f}{\partial\boldsymbol{u}}\right|_{\substack{\xi=\xi_{\mathrm{r}}\\ u=u_{\mathrm{r}}}}(\boldsymbol{u}-\boldsymbol{u}_{\mathrm{r}}) \tag{5.22}$$

也可以写为

$$\dot{\boldsymbol{\xi}}=f(\boldsymbol{\xi}_{\mathrm{r}},\boldsymbol{u}_{\mathrm{r}})+\boldsymbol{J}_{\mathrm{f}}(\boldsymbol{\xi})(\boldsymbol{\xi}-\boldsymbol{\xi}_{\mathrm{r}})+\boldsymbol{J}_{\mathrm{f}}(\boldsymbol{u})(\boldsymbol{u}-\boldsymbol{u}_{\mathrm{r}}) \tag{5.23}$$

式中，$\boldsymbol{J}_{\mathrm{f}}(\boldsymbol{\xi})$和$\boldsymbol{J}_{\mathrm{f}}(\boldsymbol{u})$是 f 分别相对于 $\boldsymbol{\xi}$ 和 $\boldsymbol{u}$ 的雅可比矩阵。

式(5.23)和式(5.21)相减可得

$$\dot{\tilde{\boldsymbol{\xi}}} = \boldsymbol{A}(t)\tilde{\boldsymbol{\xi}} + \boldsymbol{B}(t)\tilde{\boldsymbol{u}} \tag{5.24}$$

式中，$\tilde{\boldsymbol{\xi}}=\boldsymbol{\xi}-\boldsymbol{\xi}_r$，$\tilde{\boldsymbol{u}}=\boldsymbol{u}-\boldsymbol{u}_r$，$\boldsymbol{A}(t)=\boldsymbol{J}_f(\boldsymbol{\xi})$，$\boldsymbol{B}(t)=\boldsymbol{J}_f(\boldsymbol{u})$。

如此得到新的状态方程。此方程是连续的，需对其进行离散化处理。采用近似离散化：

$$\left.\begin{aligned} \boldsymbol{A}_{k,t} &= \boldsymbol{I} + T\boldsymbol{A}(t) \\ \boldsymbol{B}_{k,t} &= T\boldsymbol{B}(t) \end{aligned}\right\} \tag{5.25}$$

结合式(5.24)和式(4.24)，可以得到：

$$\tilde{\boldsymbol{\xi}}(k+1) = \boldsymbol{A}_{k,t}\tilde{\boldsymbol{\xi}}(k) + \boldsymbol{B}_{k,t}\tilde{\boldsymbol{u}}(k) \tag{5.26}$$

至此，得到了非线性系统在任意一个参考点处线性化后的系统。该系统是设计线性模型预测控制算法的基础。

2. 针对状态轨迹的线性化方法

此法的中心思想是通过对系统施加不变的控制量，得到状态轨迹，根据此状态轨迹和系统实际状态量的偏差设计线性模型预测控制算法。这种方法的主要优点是不需要预先得到期望跟踪路径的状态量和控制量。

考虑系统的某个工作点为$[\boldsymbol{\xi}_0,\boldsymbol{u}_0]$，$\hat{\boldsymbol{\xi}}_0(k)$是施加控制量为 $\boldsymbol{u}_0$ 后获得的系统状态量，有如下关系：

$$\left.\begin{aligned} \hat{\boldsymbol{\xi}}_0(k+1) &= f(\hat{\boldsymbol{\xi}}_0(k),\boldsymbol{u}_0) \\ \hat{\boldsymbol{\xi}}_0(0) &= \boldsymbol{\xi}_0 \end{aligned}\right\} \tag{5.27}$$

从而可以进一步得到：

$$\tilde{\boldsymbol{\xi}}(k+1) = \boldsymbol{A}_{k,t}\tilde{\boldsymbol{\xi}}(k) + \boldsymbol{B}_{k,t}\tilde{\boldsymbol{u}}(k) \tag{5.28}$$

式中，$\tilde{\boldsymbol{\xi}}=\boldsymbol{\xi}(k)-\hat{\xi}_0(k)$，$\tilde{\boldsymbol{u}}=\boldsymbol{u}(k)-\boldsymbol{u}_0$。

5.4　非线性模型预测控制算法

对于一个非线性系统，考虑如下一般形式的离散模型：

$$\left.\begin{aligned} \boldsymbol{\xi}(t+1) &= f(\boldsymbol{\xi}(t),\boldsymbol{u}(t)) \\ \boldsymbol{\xi}(t) &\in \boldsymbol{\chi},\boldsymbol{u}(t) \in \boldsymbol{\Gamma} \end{aligned}\right\} \tag{5.29}$$

式中，$f(\cdot,\cdot)$为系统的状态转移函数，$\boldsymbol{\xi}$ 为 n_s 维状态变量，$\boldsymbol{u}$ 为 m_c 维控制变量，$\boldsymbol{\chi}$ 为状态变量约束，$\boldsymbol{\Gamma}$ 为控制变量约束。

设定 $f(0,0)=0$ 为系统的一个稳定点，同时也是系统的控制目标。对于任意的时域 N，考虑如下的优化目标函数 $J_N(\cdot,\cdot)$：

$$J_N(\boldsymbol{\xi}(t),\boldsymbol{U}(t)) = \sum_{k=t}^{t+N-1} l(\boldsymbol{\xi}(k),\boldsymbol{u}(k)) + P(\boldsymbol{\xi}(t+N)) \tag{5.30}$$

式中，$\boldsymbol{U}(t)=[\boldsymbol{u}(t)\quad\cdots\quad\boldsymbol{u}(t+N-1)]^T$ 是在时域 N 内的控制量输入序列，$\boldsymbol{\xi}(t)$是在输入向量序列 $\boldsymbol{U}(t)$作用于系统下的状态向量轨迹，优化目标函数中的第一项 $l(\cdot,\cdot)$表征对期望输出的跟踪能力，第二项 $P(\cdot)$ 表征终端约束。

结合式(5.29)和式(5.30),非线性模型预测控制就是要在每一个步长内求解以下带约束的有限时域优化问题:

$$\min_{U_t,\xi_{t+1},\cdots,\xi_t+N,t} J_{\mathrm{N}}(\boldsymbol{\xi}_t,\boldsymbol{U}_t) \tag{5.31}$$

$$\boldsymbol{\xi}_{k+1,t}=f(\boldsymbol{\xi}_{k,t},\boldsymbol{u}_{k,t})\quad k=t,\cdots,N-1 \tag{5.32}$$

$$\boldsymbol{\xi}_{k,t}\in\boldsymbol{\chi}\quad k=t+1,\cdots,t+N-1 \tag{5.33}$$

$$\boldsymbol{u}_{k,t}\in\boldsymbol{\Gamma}\quad k=t\ ,\cdots,t+N-1 \tag{5.34}$$

$$\boldsymbol{\xi}_{t,t}=\boldsymbol{\xi}(t) \tag{5.35}$$

$$\boldsymbol{\xi}_{N,t}\in\boldsymbol{\chi}_{\mathrm{fin}} \tag{5.36}$$

其中,式(5.32)为系统所决定的状态约束,式(5.33)和式(5.34)分别为状态向量和控制输入向量约束,式(5.35)为初始状态约束,式(5.36)为终端状态约束。

对上述优化问题求解,可得最优控制序列 $\boldsymbol{U}_t^*(t)=[\boldsymbol{u}_{t,t}^* \quad \cdots \quad \boldsymbol{u}_{t+N-1,t}^*]$。根据 MPC 的原理,将此控制序列中第一个元素作为受控对象的实际控制输入:

$$\boldsymbol{u}(\boldsymbol{\xi}(t))=\boldsymbol{u}_{t,t}^* \tag{5.37}$$

在下一个采样时刻,系统重新以新的采样时刻为初始状态求解式(5.31)～式(5.36),并继续将控制序列的第一个元素施加给受控对象,如此循环,直至完成整个受控过程。对于任意非线性模型预测问题,在方程求解的整个过程中包含了 $N(n+m)$ 个最优变量,nN 个非线性状态约束,同时含有由控制输入约束和状态向量约束决定的线性约束,所以非线性模型预测控制求解难度较大。

5.5 Matlab 模型预测控制工具箱

Matlab 模型预测控制工具箱中使用了两种专用的系统模型格式,即 MPC 状态空间模型和 MPC 传递函数模型。这两种模型格式分别是状态空间模型和传递函数模型在模型预测控制工具箱中的特殊表达形式。这种模型格式化可以同时支持连续和离散系统模型的表达,在 MPC 传递函数模型中还增加了对纯时延的支持。模型预测控制工具箱的模型建立与转换函数见表 5-1。

表 5-1 模型建立与转换函数

函数名	功 能
ss2mod()	将通用状态空间模型转换为 MPC 状态空间模型
mod2ss()	将 MPC 状态空间模型转换为通用状态空间模型
poly2tfd()	将通用传递函数模型转换为 MPC 传递函数模型
tfd2mod()	将 MPC 传递函数模型转换为 MPC 状态空间模型
mod2step()	将 MPC 状态空间模型转换为 MPC 阶跃响应模型
tfd2step()	将 MPC 传递函数模型转换为 MPC 附跃响应模型
ss2step()	将通用状态空间模型转换为 MPC 附跃响应模型
mod2mod()	改变 MPC 状态空间模型的采样周期

续　表

函数名	功　能
th2mod()	将 Theta 格式模型转换为 MPC 状态空间模型
addmod()	将两个开环 MPC 模型连接构成闭环模型,使其中一个模型输出叠加到另一个模型输入
addmd()	向 MPC 对象添加一个或多个测量扰动
addumd()	向 MPC 对象添加一个或多未测量扰动
paramod()	将两个 MPC 系统模型并型
sermod()	将两个 MPC 系统模型串联
appmod()	用两个 MPC 系统模型构成增广系统模型

5.5.1　模型转换

在 Matlab 模型预测工具箱中支持多种系统模型格式。这些模型格式包括：

(1)通用状态空间模型；

(2)通用传递函数模型；

(3)MPC 阶跃响应模型；

(4)MPC 状态空间模型；

(5)MPC 传递函数模型。

在上述 5 种模型格式中,前两种模型格式是 Matlab 通用的模型格式,在其他控制类工具箱中,如控制系统工具箱、鲁棒控制工具等都予以支持,而后 3 种模型格式化则是模型预测控制工具箱特有的。其中,MPC 状态空间模型和 MPC 传递函数模型是通用的状态空间模型和传递函数模型在模型预测控制工具箱中采用的增广格式。模型预测控制工具箱提供了若干函数,用于完成上述模型格式间的转换功能。下面对这些函数的用法加以介绍。

1. 通用状态空间模型与 MPC 状态空间模型之间的转换

MPC 状态空间模型在通用状态空间模型的基础上增加了对系统输入/输出扰动和采样周期的描述信息,函数 ss2mod()和 mod2ss()用于实现这两种模型格式之间的转换。

(1)通用状态空间模型转换为 MPC 状态空间模型函数 ss2mod()。

该函数的调用格式为

```
pmod=ss2mod(A,B,C,D)
pmod=ss2mod(A,B,C,D,minfo)
pmod=ss2mod(A,B,C,D,minfo,x0,u0,y0,f0)
```

其中：

A, B, C, D 为通用状态空间矩阵。

minfo 为构成 MPC 状态空间模型的其他描述信息,为 7 个元素的向量,各元素分别定义为：

- minfo(1)=dt,系统采样周期,默认值为 1；
- minfo(2)=n,系统阶次,默认值为系统矩阵 A 的阶次；

- minfo(3)＝nu，受控输入的个数，默认值为系统输入的维数；
- minfo(4)＝nd，测量扰的数目，默认值为 0；
- minfo(5)＝nw，未测量扰动的数目，默认值为 0；
- minfo(6)＝nym，测量输出的数目，默认值系统输出的维数；
- minfo(7)＝nyu，未测量输出的数目，默认值为 0。

x0，u0，y0，f0 为线性化条件件，默认值均为 0。

pmod 为系统的 MPC 状态空间模型格式。

例 5.1 将如下以传递函数表示的系统模型转换为 MPC 状态空间模型：

$$G(s)=\frac{s^2+3s+1}{s^3+2s^2+2s+1} \tag{5.38}$$

解：Matlab 命令为

```
num=[1 3 1];
den=[1 2 2 1];
[A,B,C,D]=tf2ss(num,den);
pmod=ss2mod(A,B,C,D)
```

其输出结果为

```
pmod=
  1     3     1     0    0  1  0
NaN    -2    -2    -1    1  0  0
  0     1     0     0    0  0  0
  0     0     1     0    0  0  0
  0     1     3     1    0  0  0
```

(2)MPC 状态空间模型转换为通用状态空间模型函数 mod2ss()。

该函数的调用格式为

```
[A, B, C, D]=mod2ss(pmod)
[A, B, C, D, minfo]=mod2ss(pmod)
[A,B,C,D,minfo,x0,u0,y0,f0]=mod2ss(pmod)
```

其中：

pmod 为系统的 MPC 状态空间模型格式。

A,B,C,D 为通用状态空间矩阵。

minfo 为构成 MPC 状态空间模型的其他描述信息，其说明参见函数 ss2mod()。

2. 通用传递函数模型转换为 MPC 传递函数模型

通用传递函数模型与 MPC 传递函数模型的转换函数 poly2tfd()的调用格式为

```
g=poly2tfd(num,den,delt,delay)
```

其中：

num 为通用传递函数模型的分子多项式系数向量。

den 为通用传递函数模型的分母多项式系数向量。

delt 为采样周期，对连续系统，该参数为 0。

delay 为系统纯时延，对于离散系统，纯时延为采样时间周期的整数倍。

g 为被控对象的 MPC 传递函数模型。

例 5.2　考虑如下的纯时延二阶对象，并将其转换为 MPC 传递函数模型：

$$G(s)=\frac{e^{-0.5s}(s+1)}{s^2+4s+4} \tag{5.39}$$

解：Matlab 命令为

```
num=[1 1];den=[1 4 4];
g=poly2tfd(num,den,0,0.5)
```

结果显示：

```
g=
   0      1.0000   1.0000
1.0000   4.0000   4.0000
   0      0.5000     0
```

3. MPC 传递函数模型转换为 MPC 状态空间模型函数 tfd2mod()

该函数的调用格式为

```
pmod=tfd2mod(delt,ny,g1,g2,…,g25)
```

其中：

delt 为采样时间。

ny 为输出个数。

g1,g2,…,g25 为 SISO 传递函数，对应多变量系统传递函数矩阵的各个元素按行向量顺序排序构成的向量，其最大个数限制为 25。

pmod 为系统的 MPC 状态空间模型。

4. MPC 阶跃响应模型与其他模型格式之间的转换

函数 mod2step()、tfd2step()和 ss2step()分别用于将 MPC 状态空间模型、MPC 传递函数模型和通用状态空间模型转换为 MPC 阶跃响应模型。下面对这个三函数的用法进行说明。

(1)MPC 状态空间模型转换为 MPC 阶跃响应模型函数 mod2step()。

该函数的调用格式为

```
plant=mod2step(pmod,tfinal)
[plant, dplant]=mod2step(pmod,tfinal,delt,nout)
```

其中：

pmod 为系统的 MPC 状态空间模型。

tfinal 为阶跃响应模型的截断时间。

delt 为采样周期，默认值由 MPC 状态空间模型的参数 minfo(1)决定。

nout 为输出稳定性向量，用于指定输出的稳定性。对于稳定的系统，nout 等于输出的个数；对于具有一个或多个积怨分输出的系统，nout 为一个长度等于输出个数的向量，该向量对应积分输出的分量为 0，其余分量为 1。

plant 为对象在受控变量作用下的阶跃响应系数矩阵。

dplant 为对象在扰动作用下阶跃响应矩阵。

(2)MPC 传递函数模型转换为 MPC 阶跃响应模型函数 tfd2step()

该函数的调用格式为

```
plant=tfd2step(tfinal,delt,nout,g1)
plant=tfd2step(tfinal,delt,nout,g1,…,g25)
```

其中：

tfinal 为阶跃响应的截断时间。

delt 为采样周期。

nout 为输出稳定性向量，参见函数 mod2step()的有关说明。

g1，…，g25 为 SISO 传递函数，对应多变量系统传递函数矩阵的各个元素按行向量顺序排列构成的向量，其最大个数限制为 25。

plant 为对象的阶跃响应系统矩阵。

例 5.3 设系统传递函数为

$$G(s) = \frac{s+2}{s^2+3s+1} \tag{5.40}$$

将其转换为阶跃响应模型。

解：Matlab 命令为

```
num=[1 2];den=[1 3 1];
tf1=poly2tfd(num,den,0,0);
plant=tfd2step(5,0.1,1,tf1);
plotstep(plant)
```

由阶跃响应模型绘制的系统阶跃响应曲线如图 5-3 所示。

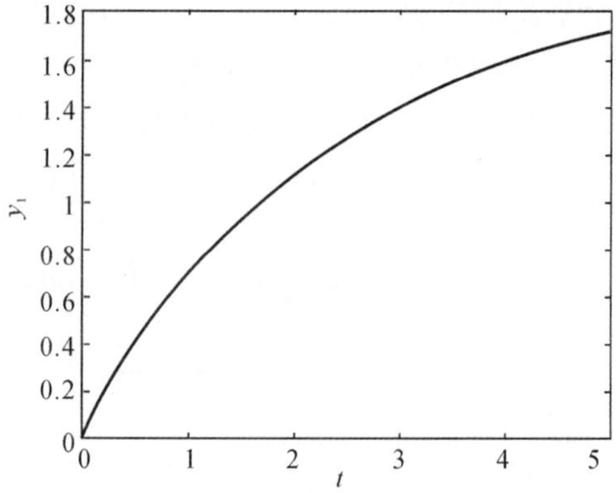

图 5-3　系统阶跃响应曲线

5.5.2　基于阶跃响应模型的控制器设计与仿真函数

基于系统的阶跃响应模型进行模型预测控制器设计的方法称为动态矩阵控制方法。该方法采用工程上易于获取的对象阶跃响应模型，算法较为简单，计算量较少，鲁棒性较强，适用于纯时延、开环渐近稳定的非最小相位系统。

Matlab 模型预测控制工具箱提供了对动态矩阵控制方法的支持，有关的函数能够基于阶跃响应模型的模型预测控制器设计与仿真见表 5-2。

表 5-2　动态矩阵控制设计与仿真函数

函数名	功　能
cmpc()	输入/输出有约束的模型预测控制器设计
mpccon()	输入/输出无约束的模型预测控制器设计
mpccl()	计算模型预测控制系统的闭环模型
mpcsim()	模型预测控制系统的仿真(输入/输出无约束)
nlcmpc()	Simulink 块 nlcmpc 对应的 S 函数
nlmpcsim()	Simulink 块 nlmpcsim 对应的 S 函数

例 5.4　考虑如下的双输入输出纯时延对象,其传递函数矩阵为

$$\boldsymbol{G}(s)=\begin{bmatrix}\dfrac{12.8e^{-1s}}{16.7s+1} & \dfrac{6.6e^{-7s}}{10.9s+1}\\ \dfrac{-18.9e^{-3s}}{21.0s+1} & \dfrac{-19.4e^{-3s}}{14.4s+1}\end{bmatrix} \tag{5.41}$$

解:Matlab 程序为

```
clc,clear;
close all;
%将传递函数模型转换为阶跃响应模型
g11=poly2tfd([12.8],[16.7 1],0,1);
g12=poly2tfd([6.6],[10.9 1],0,7);
g21=poly2tfd([-18.9],[21 1],0,3);
g22=poly2tfd([-19.4],[14.4 1],0,3);
delt=3;%采样周期
ny=2;
tfinal=90;
model=tfd2step(tfinal,delt,ny,g11,g12,g21,g22);
%进行模型预测控制器设计
plant=model;
%预测时域长度为 6
p=6;m=2;
ywt=[];uwt=[];
%设置输入约束和参考轨迹等控制器参数
r=[1 1];
tend=30;%仿真时间为 30
ulim=[-0.1-0.1 0.55 0.5 0.1 100];
ylim=[];
[y,u,ym]=cmpc(plant,model,ywt,uwt,m,p,tend,r,ulim,ylim);
plotall(y,u,delt)
```

闭环系统的输出和控制量变化曲线如图 5-4 所示。

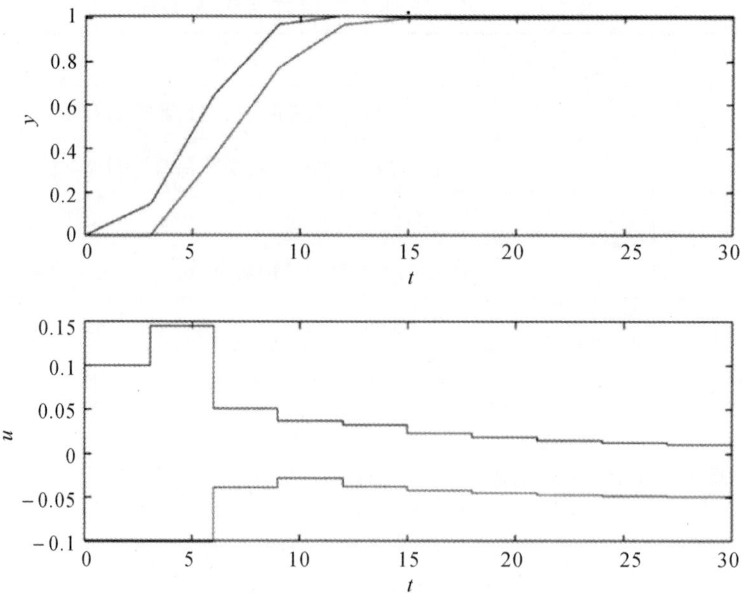

图 5-4 闭环系统的输出和控制量变化曲线

5.5.3 基于状态空间模型的预测控制器设计函数

在 Matlab 模型预测控制工具箱中，除了提供基于阶跃响应模型的预测控制器设计功能外，还提供了 MPC 状态空间模型的预测控制器设计功能。有关的函数见表 5-3。

表 5-3 基于 MPC 状态空间模型的预测控制器设计函数

函数名	功 能
scmpc()	输入/输出有约束的状态空间模型预测控制器设计
smpccon()	输入/输出无约束的状态空间模型预测控制器设计
smpccl()	计算输入/输出无约束的模型预测闭环控制系统模型
smpcsim()	输入有约束的模型预测闭环控制系统仿真
smpcest()	状态估计器设计

1. 输入/输出有约束的状态空间模型预测控制器设计

函数 scmpc()用于进行输入/输出有约束条件下的状态空间模型预测控制器设计，该函数的调用格式为

```
[y, u, ym]=scmpc(pmod, imod, ywt, uwt, M, P, tend, r, ulim, ylim, kest, z, v, w, wu)
```

其中：

pmod 为 MPC 状态空间模型格式的对象状态空间模型，用于仿真。

imod 为 MPC 状态空间模型格式的对象内部模型，用于预测控制器设计。

ywt 为二次型性能指标的输出误差加权矩阵。

uwt 为二次型性能指标的控制量加权矩阵。

M 为控制时域长度。

P 为预测时域长度。

tend 为仿真的结束时间。

r 为输入设定值或参考轨迹。

ulim=[ulow uhigh delu]，其中，ulow 为控制变量的下界，uhigh 为控制变量的上界，delu 为控制变量的变化率约束。

ylim=[ylow yhigh]，式中，ylow 为输出的下界，yhigh 为输出的上界。

kest 为估计器的增益矩阵。

z 为测量噪声，v 为测量扰动，w 为输出未测量扰动，wu 为施加到控制输入的未测量扰动。

y 为系统响应，u 为控制变量，ym 为模型预测输出。

例 5.5　考虑如下的双输入输出纯时延对象，其传递函数矩阵为

$$\boldsymbol{G}(s)=\begin{bmatrix}\dfrac{12.8\mathrm{e}^{-1s}}{16.7s+1} & \dfrac{6.6\mathrm{e}^{-7s}}{10.9s+1}\\ \dfrac{-18.9\mathrm{e}^{-3s}}{21.0s+1} & \dfrac{-19.4\mathrm{e}^{-3s}}{14.4s+1}\end{bmatrix}\tag{5.42}$$

解：Matlab 程序为

```
%将传递函数模型转换为状态空间模型
g11=poly2tfd([12.8],[16.7 1],0,1);
g12=poly2tfd([6.6],[10.9 1],0,7);
g21=poly2tfd([-18.9],[21 1],0,3);
g22=poly2tfd([-19.4],[14.4 1],0,3);
delt=3;
ny=2;
imodel=tfd2mod(delt,ny,g11,g12,g21,g22);
%进行模型预测控制器设计
pmodel=imodel;
%预测时域长度为 6,控制时域长度为 2
p=6;m=2;
ywt=[];uwt=[1 1];
%设置输入约束和参考轨迹等控制器参数
r=[0 1];
tend=30;%仿真时间为 30
ulim=[-inf-0.15 inf inf 0.1 100];
ylim=[];
% ylim=[0 0 inf inf];
[y,u]=scmpc(pmodel,imodel,ywt,uwt,m,p,tend,r,ulim,ylim);
plotall(y,u,delt)
```

闭环系统的输出和控制量变化曲线如图 5－5 所示。

2. 输入/输出无约束的状态空间模型预测控制器设计

函数 smpccon( )用于完成输入/输出无约束的状态空间模型预测控制器设计，其输出为预测控制器的增益矩阵。在这一基础上，利用函数 smpcsim( )可以对模型预测控制闭环系统

进行仿真，在仿真时还可以对控制量施加约束。函数 smpccl( )则用于计算闭环系统的 MPC 状态空间模型。

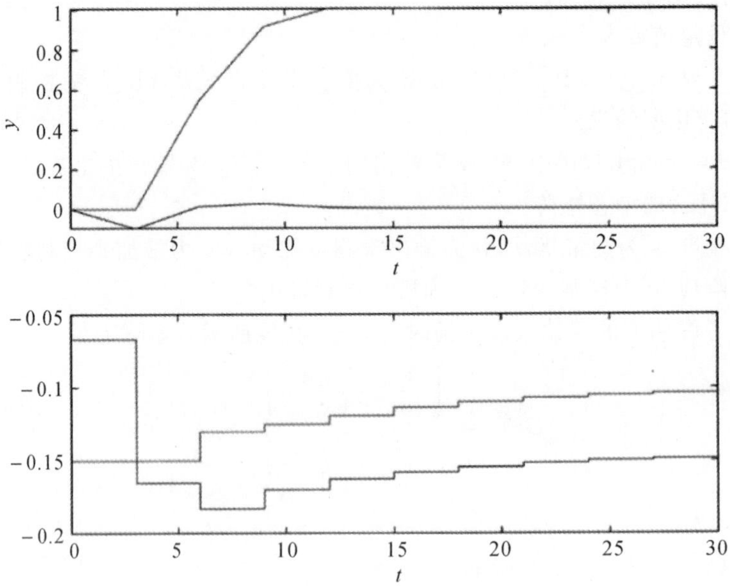

图 5-5　闭环系统的输出和控制量变化曲线

函数 smpccon( )的调用格式为

```
Ks=smpccon(imod,ywt,uwt,M,P)
```

其中：

imod 为 MPC mod 格式的对象内部模型，用于预测控制器设计。

ywt 为二次型性能指标的输出误差加权矩阵。

uwt 为二次型性能指标的控制量加权矩阵。

M 为控制时域长度。

P 为预测时域长度。

Ks 为预测控制器的增益矩阵。

函数 smpccl( )的调用格式为

```
[clmod,cmod]=smpccl(pmod,imod,Ks)
[clmod,cmod]=smpccl(pmod,imod,Ks,Kest)
```

其中：

pmod 为 MPC 状态空间模型。

imod 为 MPC 状态空间模型格式的对象内部模型。

Ks 为预测控制器的增益矩阵。

Kest 为状态估计器的增益矩阵。

clmod 为闭环系统的 MPC 状态空间模型。

cmod 为预测控制器的 MPC 状态空间模型。

例 5.6 考虑如下的双输入/输出纯时延对象，其传递函数矩阵为

$$G(s)=\begin{bmatrix}\dfrac{12.8e^{-1s}}{16.7s+1} & \dfrac{6.6e^{-7s}}{10.9s+1}\\ \dfrac{-18.9e^{-3s}}{21.0s+1} & \dfrac{-19.4e^{-3s}}{14.4s+1}\end{bmatrix} \tag{5.43}$$

解：Matlab 程序为

```
T=2;
g11=poly2tfd(12.8,[16.7  1],0,1);
g21=poly2tfd(6.6,[10.9  1],0,7);
g12=poly2tfd(-18.9,[21.0  1],0,3);
g22=poly2tfd(-19.4,[14.4  1],0,3);
umod=tfd2mod(T,2,g11,g21,g12,g22);
g13=poly2tfd(3.8,[14.9 1],0,8);
g23=poly2tfd(4.9,[13.2 1],0,3);
dmod=tfd2mod(T,2,g13,g23);
pmod=addumd(umod,dmod);
imod=pmod;
ywt=[ ];
uwt=[ ];
P=5; M=P;
Ks=smpccon(imod,ywt,uwt,M,P);
tend=30;
r=[1 0];
[y,u]=smpcsim(pmod,imod,Ks,tend,r);
plotall(y,u,T)
```

在精确建模的情况下，闭环系统的输出曲线和控制量变化曲线如图 5-6 所示。如果增加预测时域长度，同时减少控制时域长度，闭环系统的输出曲线和控制量变化曲线如图 5-7 所示。仿真代码如下：

```
P=10;
M=3;
Ks=smpccon(imod,ywt,uwt,M,P);
[y,u]=smpcsim(pmod,imod,Ks,tend,r);
plotall(y,u,T)
```

进一步改变控制时域长度，采用控制量分块的形式，闭环系统的输出曲线和控制量变化曲线如图 5-8 所示。仿真代码如下：

```
M=[2  3  4];
Ks=smpccon(imod,ywt,uwt,M,P);
[y,u]=smpcsim(pmod,imod,Ks,tend,r);
plotall(y,u,T)
```

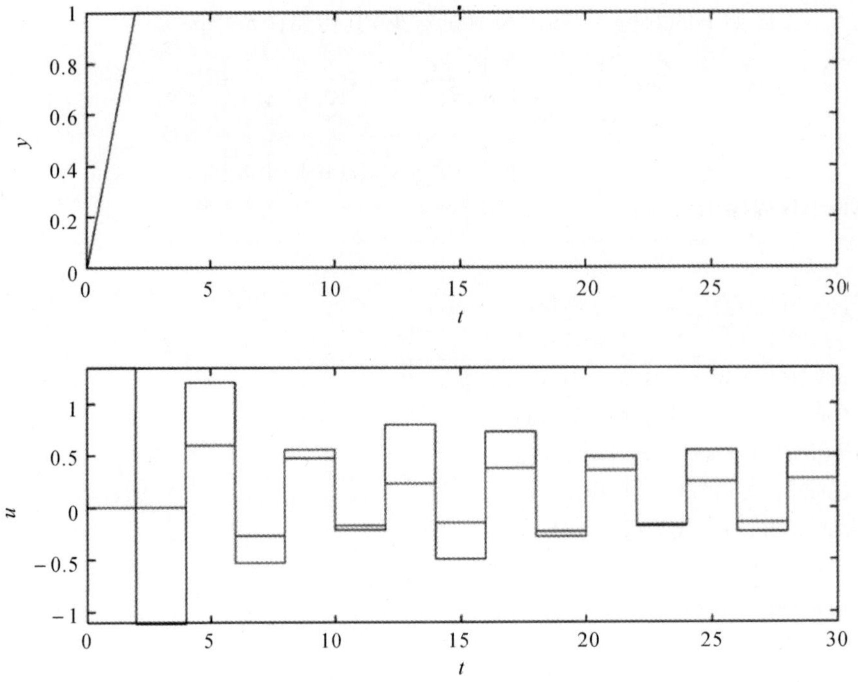

图 5-6 闭环系统输出曲线和控制量变化曲线

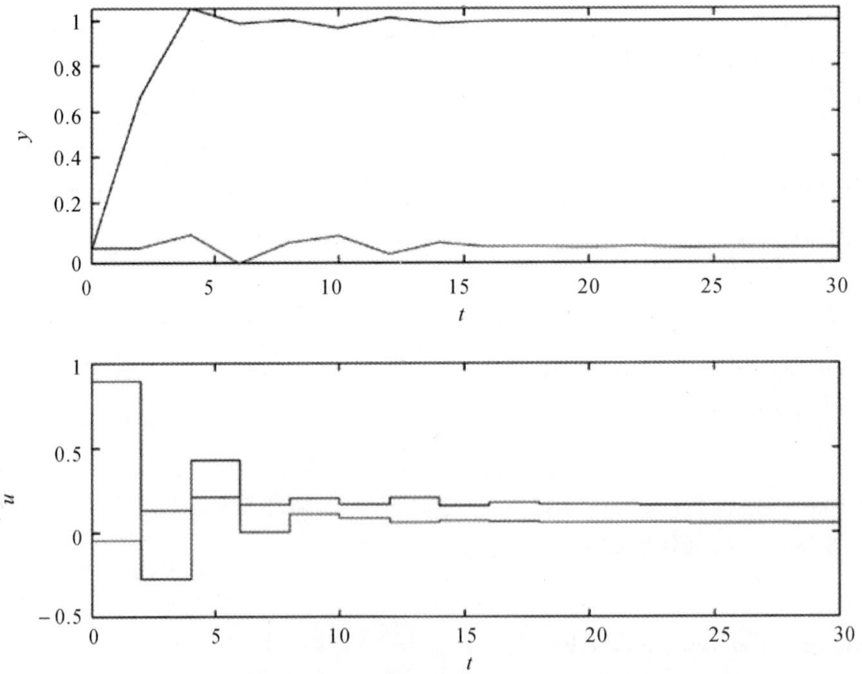

图 5-7 改变预测时域长度后的闭环系统输出曲线和控制量变化曲线

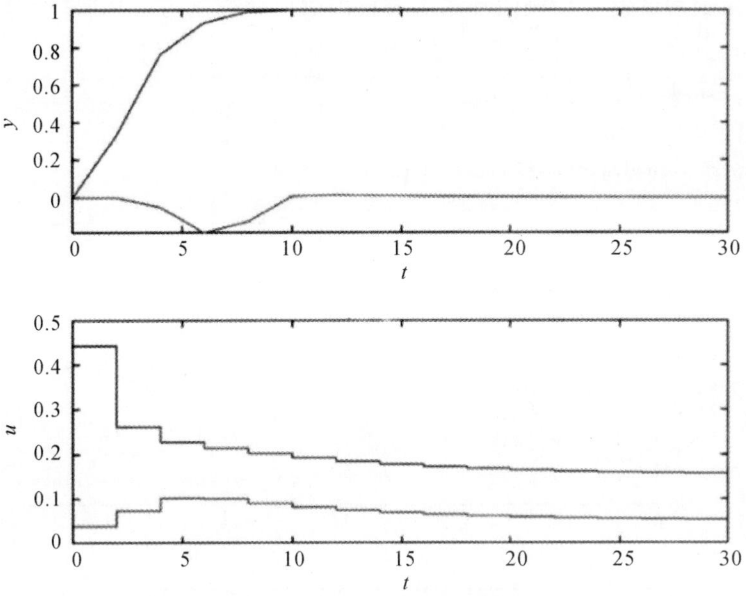

图 5-8　改变控制时域长度后的闭环系统输出曲线和控制量变化曲线

增加输入控制量的加权矩阵系数，模型预测闭环控制系统的响应曲线和控制量变化曲线如图 5-9 所示。仿真代码如下：

```
uwt=[1  1];
P=5;
M=P;
Ks=smpccon(imod,ywt,uwt,M,P);
[y,u]=smpcsim(pmod,imod,Ks,tend,r);
plotall(y,u,T)
```

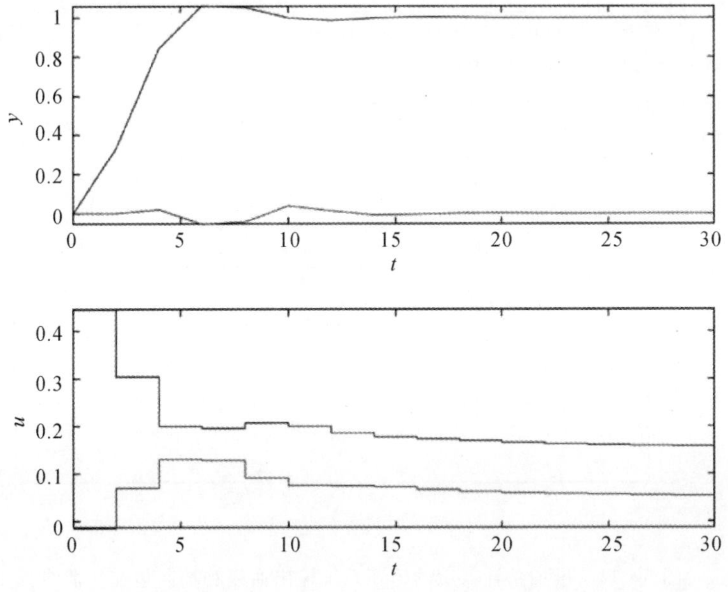

图 5-9　增加控制量加权矩阵后的闭环系统输出曲线和控制量变化曲线

将输出设定值均设为 0，绘制闭环系统的输出响应和控制量变化曲线，如图 5－10 所示。仿真代码如下：

```
ulim=[ ];Kest=[ ];R=[ ];
z=[ ];v=[ ];w=[ 1];
[y,u]=smpcsim(pmod,imod,Ks,tend,r,ulim,Kest,z,v,w);
plotall(y,u,T)
```

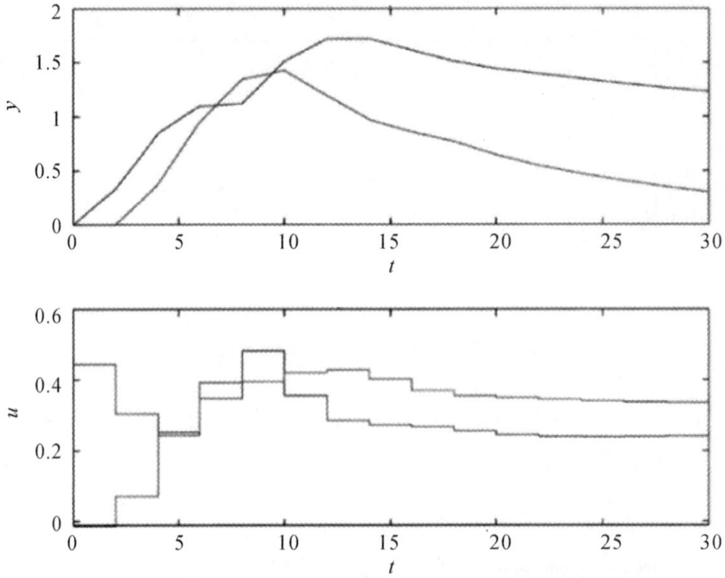

图 5－10　零设定值时的闭环系统输出曲线和控制量变化曲线

采用估计器进一步改善系统性能(参见函数 smpcest)，对应的系统输出和控制量变化曲线如图 5－11 所示。仿真代码如下：

```
[Kest,newmod]=smpcest(imod,[15,15],[3 3]);
Ks=smpccon(newmod,ywt,uwt,M,P);
[y,u]=smpcsim(pmod,newmod,Ks,tend,r,ulim,Kest,z,v,w);
plotall(y,u,T)
```

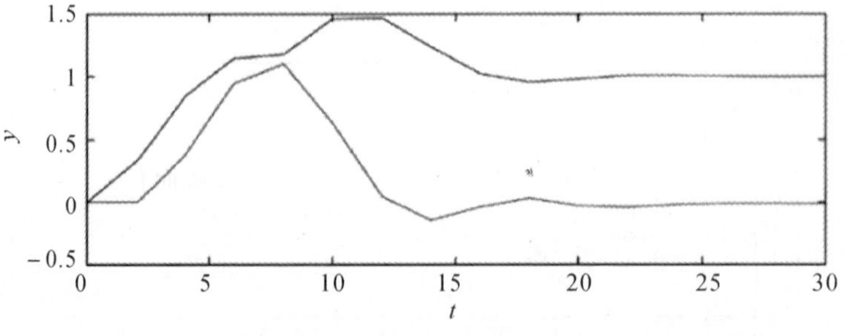

图 5－11　增加估计器后的闭环系统输出曲线和控制量变化曲线

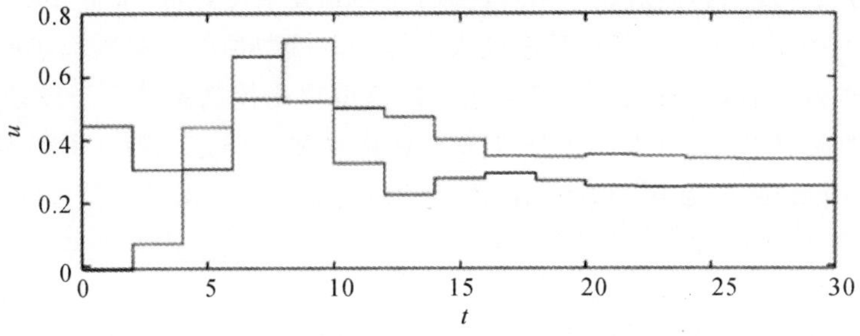

续图 5－11　增加估计器后的闭环系统输出曲线和控制量变化曲线

5.6　显式模型预测控制

对于模型预测控制系统，理论分析上的难度导致在实际工程运行前，对于这个系统的控制性能，我们很难做出一个比较准确的评价和预测。目前，为了确保闭环预测控制系统可行性以及稳定性的要求，通常在预测控制系统设计阶段就开始考虑系统性能要求，并且在设计初始阶段就开始添加与性能要求相对应的大部分额外约束条件。比如，通过引入终点状态等式约束来保证系统的稳定性。但这是人为的约束条件，往往会使设计得到的闭环预测系统可行区域减少，计算复杂性增加，控制性能下降。

显式模型预测控制(Explicit Model Predictive Control，EMPC)的出现巧妙地弥补了现阶段模型预测控制系统的缺点，其主要思路是将多参数规划理论引入线性时不变对象的约束二次优化问题中进行求解，对系统参数区域进行凸划分，通过离线计算的方法得到其对应的每个状态分区上的状态反馈的最优显式控制率，同时建立显式模型控制系统。在线计算只需要查询当前的状态所在分区就能够得到相应的控制率，大大提高了在线计算速度，使系统获得更好的实时性。在此基础上，可以开始考虑将模型预测应用于实时性和采样频率要求比较高的系统，比如汽车、航空航天等领域。

2002 年，Bemporad 等人在研究显式模型预测控制时，将多参数规划理论引入线性时不变对象所含约束的二次优化问题的求解，对参数区域进行凸划分，随后离线计算出对应的每个状态分区上最优显式控制率，最后建立得到显式模型预测控制系统。随后很多科研人员从减少显式模型预测控制在线计算时间及提高多参数规划问题解决效率两个方面进行进一步研究。目前最好用的三种方法分别为提高离线计算速度、提升在线计算速度及设计鲁棒模型预测控制系统。

1. 离线计算速度提高

首先，通过研究参数区域的分区策略以及增加搜索方法来提高离线计算速度：参数区域通过参数分区与有效约束集间的关系来划分，状态分区的减少提高了对于二次规划求解的速度；边界盒及射线形方法的采用可以比较有效地除去多余超平面，从而使状态分区的数目大大减少，离线计算量也就减小了。一旦优化问题的控制时域过长，多参数二次规划问题的解决将变得困难。

2. 在线计算速度提高

建立状态分区恰当的数据结构，通过二叉树搜索法来提高多面体分区上仿射函数计算效率;将多参数的二次规划和插值技术结合起来,使问题复杂度降低,降低在线计算搜索时间,因此显式模型预测控制方法的在线计算速度大大提升。模型预测控制系统在被控对象模型不确定或是外部扰动发生时,一般只能研究建立鲁棒模型预测控制系统——设计初期就开始考虑系统扰动和不确定性,采用引入约束条件来排除扰动和不确定性对于系统鲁棒性能的影响。最近几年,离线计算(多参数规划方法)在鲁棒模型上的应用取得了比较多的成果,这些成果大大降低了系统的在线计算时间。

3. 鲁棒模型预测控制系统的建立

通过使用鲁棒约束输出,来确保标准约束和多面体不确定系统的稳定性。使用离线迭代设计状态反馈控制法则和状态估计器,直到达到闭环系统的鲁棒稳定性要求为止。在线搜索和确定状态反馈控制律是基于当前满足输入和输出约束的状态估计来完成的。采用离线方法建立显式模型的控制率,并通过控制律与估计量相结合的方法分析系统的鲁棒稳定性,通过修改参数,使闭环系统的鲁棒稳定性由目前的约束保证。此外,在设计初期还可以加入对应不确定性的闭环系统的约束条件,以多参数规划法为基础,将最小化性能指标和可行性约束相结合,使显式鲁棒控制率可以通过离线求解得到。这种求解思路确保了系统可行性,同时还减少了系统的保守性。

至今为止,显式模型预测控制已经逐步应用于航空、航天、电子、机电和汽车等领域。在线计算速度的提高,使很多原本很难满足实时性要求的系统具备了较好的实时性,可以预见,在未来显式模型预测控制系统的应用范围将进一步扩大。

从理论上讲,显式模型预测控制的状态分区,随着控制时域增加,状态分区数目呈指数倍增长,所需要的储存内存增加,在线计算所需要的时间进一步增加。随着系统复杂度的不断提升,显式模型预测控制的适用性逐渐变低。因此,显式模型预测控制系统并不能够完全取代模型预测控制,它只是对于模型预测控制的一个补充和发展,使模型预测控制系统的应用范围不断地扩展。

5.6.1 多胞形

线性规划的可行空间是一个凸集,该凸集由有限个线性不等式所定义。这样的凸集称为多面体(polyhedra),是约束控制问题的一个重要的组成部分。而有界的多面体称为多胞形(polytope),本小节中重点介绍多胞形的概念。

定义 5.1 (超平面)将以下形式的集合称为超平面(hyperplane)

$$\boldsymbol{H} = \{\boldsymbol{x} \mid \boldsymbol{a}^{\mathrm{T}}\boldsymbol{x} = \boldsymbol{b}\} \tag{5.44}$$

式中,$\boldsymbol{a} \in \mathbf{R}^n$ 且 $\boldsymbol{a} \neq \mathbf{0}$,$\boldsymbol{b} \in \mathbf{R}$。从几何上讲,超平面还可以表示为以下形式:

$$\boldsymbol{H} = \{\boldsymbol{x} \mid \boldsymbol{a}^{\mathrm{T}}(\boldsymbol{x} - \boldsymbol{x}_0) = \boldsymbol{b}\} \tag{5.45}$$

式中,$\boldsymbol{x}_0$ 是在超平面上的任意一点,即满足 $\boldsymbol{a}^{\mathrm{T}}\boldsymbol{x}_0 = b$ 的任意点。而向量 $\boldsymbol{a}$ 称为法向量,如图 5-12所示。

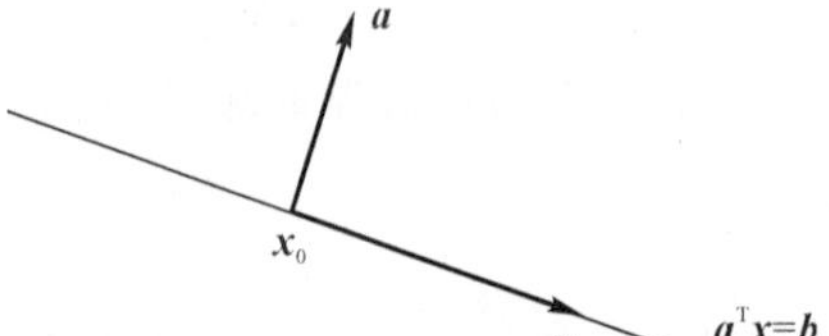

图 5-12 超平面

从图 5 - 12 中可以看出，超平面 $\boldsymbol{H}$ 将整个实向量空间 $\mathbf{R}^n$ 划分为两个半空间，如图 5 - 13 所示。

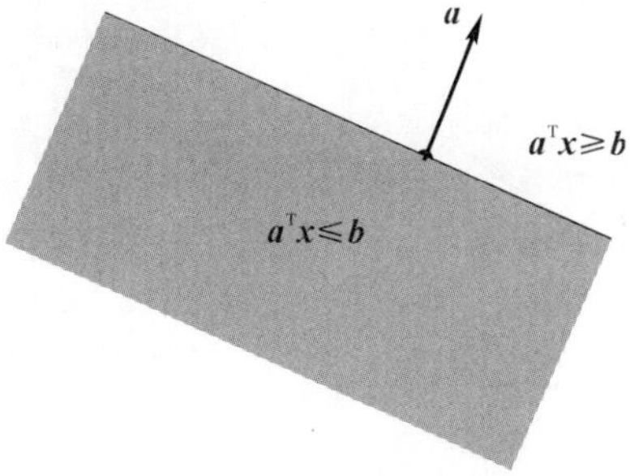

图 5 - 13　超平面划分的两个半空间

由图 5 - 13 可见，$\boldsymbol{a}^{\mathrm{T}}\boldsymbol{x} \geqslant \boldsymbol{b}$ 决定的半空间 H^+ 朝向量 $\boldsymbol{a}$ 的方向延伸，而 $\boldsymbol{a}^{\mathrm{T}}\boldsymbol{x} \leqslant \boldsymbol{b}$ 决定的半空间 H^- 朝向量 $-\boldsymbol{a}$ 的方向延伸。两个半空间的边界都是超平面 $\boldsymbol{H}=\{\boldsymbol{x} \mid \boldsymbol{a}^{\mathrm{T}}\boldsymbol{x}=\boldsymbol{b}\}$。半空间 $\boldsymbol{H}^-=\{\boldsymbol{x} \mid \boldsymbol{a}^{\mathrm{T}}\boldsymbol{x} \leqslant \boldsymbol{b}\}$ 的内部集是集合 $\{\boldsymbol{x} \mid \boldsymbol{a}^{\mathrm{T}}\boldsymbol{x}<\boldsymbol{b}\}$，称为开半空间。

定义 5.2 （多面体）有限数量的线性等式方程和线性不等式方程的解集，称为多面体(polyhedron)，其数学表达式如下：

$$P=\{\boldsymbol{x} \mid \boldsymbol{a}_i{}^{\mathrm{T}}\boldsymbol{x} \leqslant \boldsymbol{b}_i, i=1,2,\cdots,m, \boldsymbol{c}_j{}^{\mathrm{T}}\boldsymbol{x} \leqslant \boldsymbol{d}_j, i=1,2,\cdots,p\} \tag{5.46}$$

因此，多面体也可以看作是有限个闭半空间的交集。假设凸集 $P \subseteq \mathbf{R}^n$，多面体可表示为

$$P=\{\boldsymbol{x} \in \mathbf{R}^n \mid \boldsymbol{P}^x\boldsymbol{x} \leqslant \boldsymbol{P}^c\} \tag{5.47}$$

式中，$\boldsymbol{P}^x \in \mathbf{R}^{n_p \times n}$，$\boldsymbol{P}^c \in \mathbf{R}^{n_p}$，$n_p<\infty$。根据定义可知，仿射集、射线、线段和半空间等都是多面体。把有界的多面体称为多胞形，其定义如下：

定义 5.3 （多胞形）一个有界的多面体 $P \subset \mathbf{R}^n$ 称为一个多胞形(polytope)。

式(5.47)的表示方法称为多胞形的半空间表示。多胞形还可用顶点表示为

$$P=\{\boldsymbol{x} \in \mathbf{R}^n \mid \boldsymbol{x}=\sum_{i=1}^{\upsilon_p}\alpha_i V_i^p, 0 \leqslant \alpha_i \leqslant 1, \sum_{i=1}^{\upsilon_p}\alpha_i=1\} \tag{5.48}$$

式中，V_i^p 表示多胞形 P 的第 i 个顶点，而 υ_p 表示多胞形 P 的顶点总数。

定义 5.4 （多胞形的维数）如果在多胞形 P 中存在一个 d 维的 Euclidean 球，但是并不存在一个 $d+1$ 维的 Euclidean 球，那么我们说多胞形 P 的维数(dimension)是 d。

从上述定义中可以看出，每个多胞形表示一个凸的紧致集。

单纯形是多面体的另一种重要类型。假设 $k+1$ 个点 $\upsilon_0,\cdots,\upsilon_k \in \mathbf{R}^n$ 都是仿射独立(affinely independent)的，也就是说，$\upsilon_1-\upsilon_0,\cdots,\upsilon_k-\upsilon_0$ 之间是线性独立的，那么单纯形可以表示为

$$C=\operatorname{conv}\{\upsilon_0,\cdots,\upsilon_k\}=\{\theta_0\upsilon_0+\cdots+\theta_k\upsilon_k \mid \theta_i \geqslant 0, \sum_{i=1}^{k}\theta_i=1\} \tag{5.49}$$

该单纯形的仿射维数为 k，因此也称为在空间 $\mathbf{R}^n$ 内的 k 维单纯形。一些常见的单纯形如：一维的单纯形是线段，二维的单纯形是三角形，而三维的单纯形是四面体。

定义 5.5 （投影）对于给定的多胞形 $P=\{x \in \mathbf{R}^n, y \in \mathbf{R}^m \mid \boldsymbol{P}^x\boldsymbol{x}+\boldsymbol{P}^y y \leqslant \boldsymbol{P}^c\}$，到 $\boldsymbol{x}$ 空间 $\mathbf{R}^n$ 的投影(projection)定义为

$$\operatorname{proj}_x(P)=\{x \in \mathbf{R}^n \mid \exists\, \boldsymbol{y} \in \mathbf{R}^m : \boldsymbol{P}^x\boldsymbol{x}+\boldsymbol{P}^y\boldsymbol{y} \leqslant \boldsymbol{P}^c\} \tag{5.50}$$

例 5.7　多胞形的投影。对图 5 - 14(a)所示的多胞形，图 5 - 14(b)和图 5 - 14(c)显示了

它在 xOy 平面上的投影。

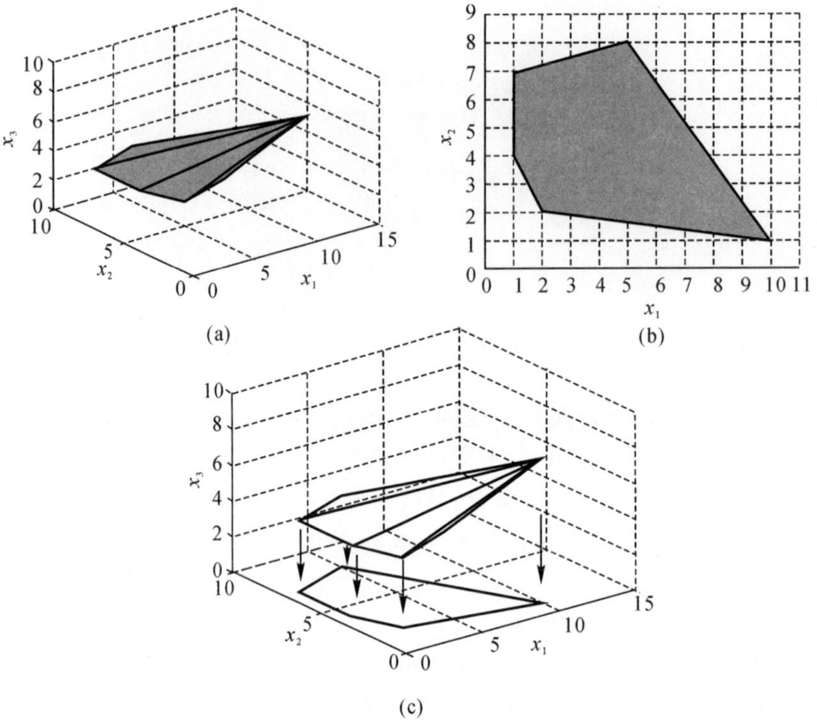

图 5-14　多胞形的投影

5.6.2　多参数规划

分析参数变化给问题的解所带来的影响主要有以下两种方法：灵敏度分析（sensitivity analysis）法和参数规划（parametric programming）法。分析参数摄动时，问题的解受影响的程度，或者是问题的解对于参数摄动的灵敏程度，称为灵敏度分析。而参数规划法研究的是，当参数在一个很大的范围内变化时，问题的解随之表现出来的变化规律，即参数在所有可能的范围内变化时，设法求解得到问题的解以及该解的内在规律。通常，参数规划问题指的是单参数规划问题，即只存在一个变化的参数。当问题存在多个参数时，称为多参数规划（multi-parametric programming）问题。在多参数规划问题中，往往存在着多个不确定性的参数。而这些不确定性的参数往往是未知的或者在当前时刻所不能确定的。多参数规划方法能够系统地分割参数区域，在每一参数子区域内分别建立问题的最优解与参数之间的函数关系。因此，一旦得到这些参数的值，很快就能获得问题的最优解。

离散系统的有限时间约束最优控制问题，其目标函数和约束条件都包含系统的初始状态。该最优控制问题可以归结为一个数学规划问题，系统初始状态可视为问题的参数向量。通过多参数规划理论，可以得到最优控制向量与系统初始状态之间的显式函数关系。因而，当系统的初始状态不断改变时，就无须反复求解优化控制问题。

1. 多参数非线性规划

考虑如下多参数非线性规划(multi-parametric nonlinear programming, mp－NLP)问题：

$$\left.\begin{aligned} J^*(\boldsymbol{x}) &= \inf_{z} f(\boldsymbol{z},\boldsymbol{x}) \\ \boldsymbol{g}(\boldsymbol{z},\boldsymbol{x}) &\leqslant \boldsymbol{0} \end{aligned}\right\} \tag{5.51}$$

式中，$\boldsymbol{z}\in M\subseteq \mathbf{R}^s$ 是最优化变量，$\boldsymbol{x}\in\mathbf{R}^n$ 为参数，$f:\mathbf{R}^s\times\mathbf{R}^n\to\mathbf{R}$ 是目标函数，$\boldsymbol{g}:\mathbf{R}^s\times\mathbf{R}^n\to\mathbf{R}^{n_g}$ 是约束条件。

参数 $\boldsymbol{x}$ 的微小摄动，可能会造成数学规划问题式(5.51)的最优解 $\boldsymbol{z}^*(\boldsymbol{x})$的变化，这个变化可能是微小的，也可能是很急剧的，其程度取决于函数 f 和 $\boldsymbol{g}$ 的性质。用 K^* 表示可行参数集，即

$$K^* = \{\boldsymbol{x}\in\mathbf{R}^n \mid \exists z\in\mathbf{R}^s, \boldsymbol{g}(\boldsymbol{z},\boldsymbol{x})\leqslant\boldsymbol{0}\} \tag{5.52}$$

用 $R(\boldsymbol{x})$表示参数 $\boldsymbol{x}$ 到优化变量 $\boldsymbol{z}$ 的映射，即

$$R(\boldsymbol{x}) = \{\boldsymbol{z}\in M \mid g(\boldsymbol{z},\boldsymbol{x})\leqslant 0\} \tag{5.53}$$

用 $J^*(\boldsymbol{x})$表示最优目标函数值，它依赖于参数 $\boldsymbol{x}$ 的变化，即

$$J^*(\boldsymbol{x}) = \inf_{x}\ \{f(\boldsymbol{z},\boldsymbol{x}) \mid \boldsymbol{z}\in R(\boldsymbol{x})\} \tag{5.54}$$

对应上述非线性数学规划问题式(5.51)最优解的 KKT 条件为

$$\left.\begin{aligned} &\boldsymbol{\nabla} f(\boldsymbol{z},\boldsymbol{x}) + \sum_{i=1}^{n_g}\lambda_i \boldsymbol{\nabla} g_i(\boldsymbol{z},\boldsymbol{x}) = \boldsymbol{0} \\ &\lambda_i g_i(\boldsymbol{z},\boldsymbol{x}) = 0 \\ &\lambda_i \geqslant 0 \\ &i = 1,2,\cdots,n_g \end{aligned}\right\} \tag{5.55}$$

式中，$\boldsymbol{\nabla}$ 是指对于优化变量 $\boldsymbol{z}$ 求偏导数。

2. 多参数线性规划

考虑如下形式的多参数线性规划(multi-parametric linear program, mp-LP)问题：

$$\left.\begin{aligned} J^*(\boldsymbol{x}) &= \min_{z}\quad J(\boldsymbol{z},\boldsymbol{x}) = \boldsymbol{c}^{\mathrm{T}}\boldsymbol{z} \\ \boldsymbol{Gz} &\leqslant \boldsymbol{W}+\boldsymbol{Sx} \end{aligned}\right\} \tag{5.56}$$

$\boldsymbol{z}\in\mathbf{R}^s$ 是最优化变量，$\boldsymbol{x}\in\mathbf{R}^n$ 为参数，$f:\mathbf{R}^s\times\mathbf{R}^n\to\mathbf{R}$ 是目标函数。另外，$\boldsymbol{c}\in\mathbf{R}^s$，$\boldsymbol{G}\in\mathbf{R}^{m\times s}$，$\boldsymbol{W}\in\mathbf{R}^m$，$\boldsymbol{S}\in\mathbf{R}^{m\times n}$。给定一个参数的多面体集 $K\subset\mathbf{R}^n$，则有

$$K = \{\boldsymbol{x}\in\mathbf{R}^n : T\boldsymbol{x}\leqslant Z\} \tag{5.57}$$

我们用 $K^*\subseteq K$ 表示使 mp-LP 问题式(5.56)可行的参数域，其中参数 $\boldsymbol{x}\in K$。对任意给定的 $\bar{\boldsymbol{x}}\in K^*$，$J^*(\bar{\boldsymbol{x}})$表示问题最小的目标函数值，且 $\boldsymbol{x}=\bar{\boldsymbol{x}}$。而函数 $J^*:K^*\to\mathbf{R}$ 表示在参数域 K^* 上，参数 $\boldsymbol{x}$ 对目标函数的最小值的影响。$J^*(\cdot)$称为价值函数。我们的目标是：得到参数的可行域 $K^*\subseteq K$、价值函数的表达式和最优值的表达式 $z^*(\boldsymbol{x})\in Z^*(\boldsymbol{x})$。

5.6.3 约束线性系统的显式模型预测控制

考虑以下离散时间线性定常(linear time-invariant, LTI)系统：

$$\boldsymbol{x}(k+1) = \boldsymbol{Ax}(k) + \boldsymbol{Bu}(k) \tag{5.58}$$

约束如下：

$$\boldsymbol{x}(k)\in X\subseteq\mathbf{R}^n, \boldsymbol{u}(k)\in U\subseteq\mathbf{R}^m, k\geqslant 0 \tag{5.59}$$

为方便起见，可把式(5.59)的状态和输入约束合并在一起，记为

$$\boldsymbol{C}^{x}\boldsymbol{x}(k)+\boldsymbol{C}^{u}\boldsymbol{u}(k)\leqslant\boldsymbol{C}^{c},\ \forall k\geqslant 0 \tag{5.60}$$

针对典型的二次型目标问题：

$$\left.\begin{aligned}&J_{\mathrm{N}}^{*}(\boldsymbol{x}(0))=\min_{u_0,\cdots,u_{N-1}}\left\{\sum_{k=0}^{N-1}(\boldsymbol{u}_k{}^{\mathrm{T}}\boldsymbol{Q}_u\boldsymbol{u}_k+\boldsymbol{x}_k{}^{\mathrm{T}}\boldsymbol{Q}_x\boldsymbol{x}_k)+\boldsymbol{x}_{\mathrm{N}}^{\mathrm{T}}\boldsymbol{Q}_{x_{\mathrm{N}}}\boldsymbol{x}_{\mathrm{N}}\right\}\\&\boldsymbol{x}_k\in X,\boldsymbol{u}_k\in U,k\in\{1,\cdots,N\}\\&\boldsymbol{x}_{\mathrm{N}}\in\Phi_{set},\boldsymbol{x}(k+1)=\boldsymbol{A}\boldsymbol{x}(k)+\boldsymbol{B}\boldsymbol{u}(k),\boldsymbol{x}_0=\boldsymbol{x}(0)\\&\boldsymbol{Q}_x\geqslant\boldsymbol{0},\boldsymbol{Q}_{x_{\mathrm{N}}}\geqslant\boldsymbol{0},\boldsymbol{Q}_u>\boldsymbol{0}\end{aligned}\right\} \tag{5.61}$$

可以通过替换 $\boldsymbol{x}_k=\boldsymbol{A}^k\boldsymbol{x}(0)+\sum\limits_{j=0}^{k-1}\boldsymbol{A}^j\boldsymbol{B}\boldsymbol{u}_{k-1-j}$，构造为一个 QP 问题，使得

$$\left.\begin{aligned}&J_{\mathrm{N}}^{*}(\boldsymbol{x}(0))=\boldsymbol{x}(0)^{\mathrm{T}}\boldsymbol{Y}\boldsymbol{x}(0)+\min_{U_{\mathrm{N}}}\{\boldsymbol{U}_{\mathrm{N}}^{\mathrm{T}}\boldsymbol{H}\boldsymbol{U}_{\mathrm{N}}+\boldsymbol{x}(0)^{\mathrm{T}}\boldsymbol{F}\boldsymbol{U}_{\mathrm{N}}\}\\&\boldsymbol{G}\boldsymbol{U}_{\mathrm{N}}\leqslant\boldsymbol{W}+\boldsymbol{E}\boldsymbol{x}(0)\end{aligned}\right\} \tag{5.62}$$

通过在每个时间步长内在线求解一个最优化问题(如 QP 问题)或者通过离线预计算来估计最优化分段仿射反馈控制律，可以求得问题式(5.61)的输入序列。

如图 5-15 所示，带约束 LTI 系统的显式模型预测控制算法的复杂度主要体现在三方面：

(1)控制器计算。这部分的主要目标是减少约束 LTI 系统反馈控制器计算所需要的时间，即加速多参数规划求解。为了减少计算时间，需要构建一个独立的控制器域。

(2)分区复杂度。这部分的主要目标是减少 PWA 状态反馈控制器的分区复杂度，即减少控制器域的数量。为了达到这个目标，一般采用以下两种方法：合理构造控制问题，从而产生一个简单的控制器；通过后处理减少复杂分区的域数量。

(3)域辨识。这部分的主要目标是减少查找给定控制器域的有效反馈律的查找时间。

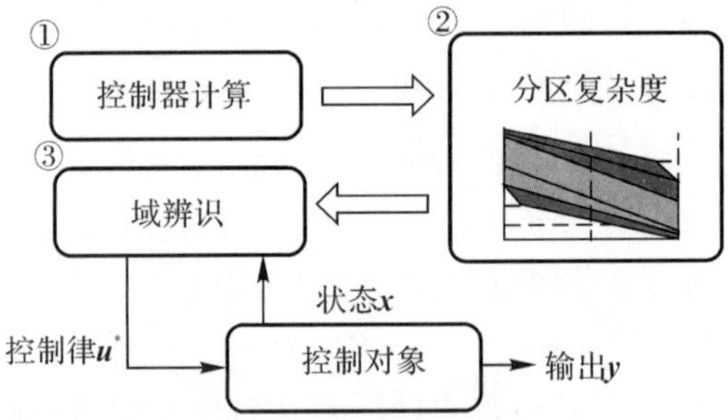

图 5-15　显式模型预测控制算法的复杂度降低的三个等级

图 5-16 所示为显式预测控制模型的主要工作流程，即

(1)离线计算：使用多参数规划方法来对系统状态区域进行凸划分，计算对应的每个状态分区上状态反馈的最优控制率。

(2)在线计算：查表确定此时此刻系统状态所处的状态分区，然后按照这个分区上最优控制率来计算当前时刻最优控制量。

由图 5-16 可知，显式模型预测控制在线计算需要做以下两点：

(1)查表得到当前时刻分区。

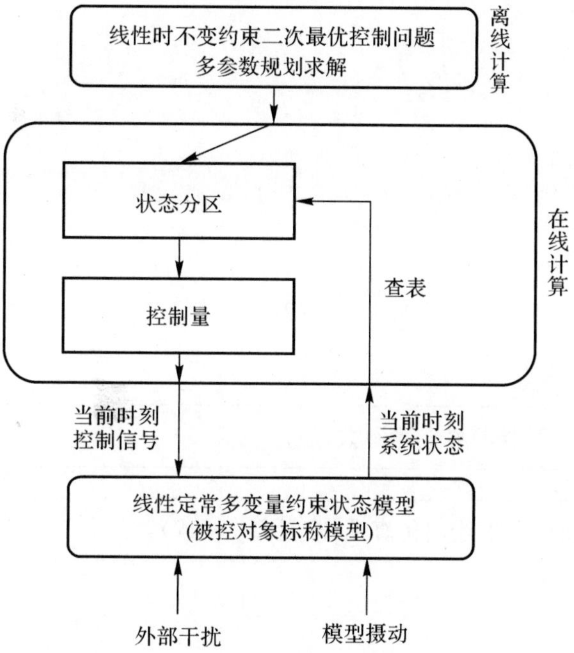

图 5-16　显式模型预测控制的工作过程

(2)根据该分区最优控制得出最优控制量。

显式模型预测控制与其他模型预测控制对比,它一方面减少了在线计算所需要的时间,可以应用于采样速度高的系统;另一方面显式模型的建立有益于我们对系统的性能进行分析(可行性分析、鲁棒性分析、稳定性分析)。

5.6.4　MPT 工具箱

MPT(Multi-Parametric Toolbox)工具箱又名多参数工具箱,是一个开源的、基于 Matlab 的工具箱(可通过以下链接下载:https://www.mpt3.org),主要用于参数优化、计算几何和模型预测控制。

5.6.4.1　参数优化

考虑求解下列参数化线性问题:

$$\left.\begin{aligned}&\min(\boldsymbol{c}+\boldsymbol{D}\theta)^{\mathrm{T}}x\\&\text{约束条件}:\boldsymbol{Ax}\leqslant\boldsymbol{b},\boldsymbol{x}\geqslant\boldsymbol{0},0\leqslant\theta\leqslant u\end{aligned}\right\}\tag{5.63}$$

式中,$\boldsymbol{A},\boldsymbol{b},\boldsymbol{c},\boldsymbol{d},u$ 给定。例如:

```
A=[eye(2);-eye(2)];
b=[1; 1;-0.5;-0.5];
u=2;
c=[1; 1];
D=[1; 1];
```

针对上例,采用以下方式建立优化问题模型:

```
%优化变量
nx=size(A, 2);
x=sdpvar(nx, 1);
%参数
theta=sdpvar(1, 1);
%目标函数
J=(c+D*theta)'*x;
%约束
C=[ A*x <=b, x >=0, 0 <=theta <=u ];
%优化问题设置
plp=Opt(C, J, theta, x);
```

之后，调用 MPT 求解器求解上述参数：

```
solution=plp.solve();
```

求解后可调用下列代码来绘出仿真曲线(见图 5-17)：

```
solution.xopt.fplot('obj');
xlabel('\theta');
ylabel('J(\theta)');
```

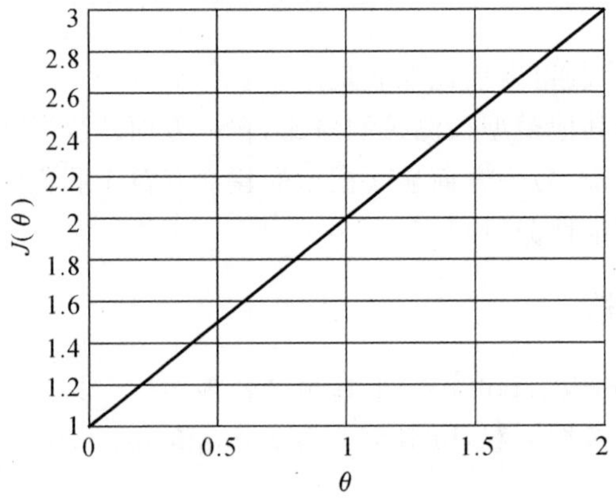

图 5-17　MPT 工具箱绘制参数优化仿真图

5.6.4.2　计算几何

MPT 的计算几何库能够实现集合/函数的构造、集合并集的描述及几何运算等。例如，执行以下代码可以画出满足给定多个约束的集合(见图 5-18)：

```
x=sdpvar(2, 1);
constraints=[ 0 <=x <=5; 4*x(1)^2- 2*x(2) <=0.4;
sqrt( x(1)^2+0.6*x(2)^2 ) <=1.3 ];
S=YSet(x, constraints);
S.isEmptySet();
S.isBounded();
S.plot('color', 'lightblue', 'linewidth', 2, 'linestyle', '--')
```

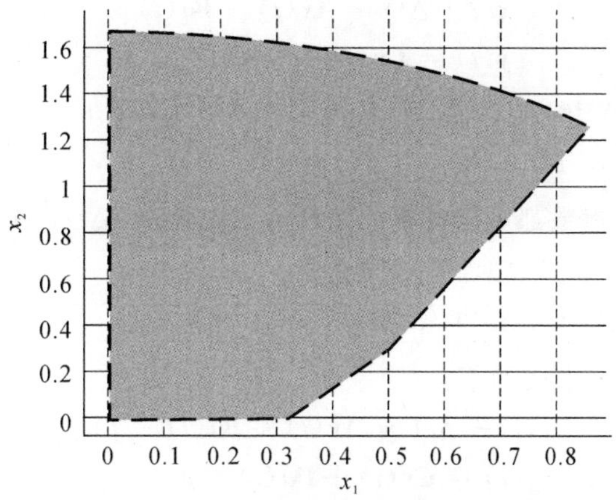

图 5-18 MPT 工具箱绘制给定约束的集合图

又如，执行以下代码可以画出给定多面形的 Chebyshev 球（见图 5-19）：

```
P5=Polyhedron([ 1.8  -4.8;-7.2-3.4;-4.2 1.2; 5.8  2.7]);
data=P5.chebyCenter()
x=sdpvar(2,1);
S=YSet(x, norm(x- data.x) <=data.r);
P5.plot('wire', true, 'linewidth', 2);
hold on
S.plot('color', 'lightgreen');
plot(data.x(1), data.x(2), 'ko', 'MarkerSize', 10, 'MarkerFaceColor', 'k');
```

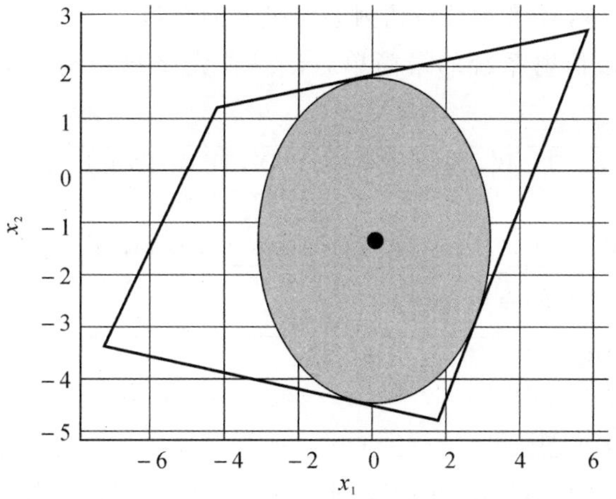

图 5-19 MPT 工具箱绘制给定多面形的 Chebyshev 球

5.6.4.3 模型预测控制

1. 动态系统建模

MPT 工具箱支持线性系统、仿射系统、分段仿射系统等三类动态系统。

(1)线性系统。其标准形式如下：

$$\left.\begin{aligned}\boldsymbol{x}(t+\Delta t)&=\boldsymbol{A}\boldsymbol{x}(t)+\boldsymbol{B}\boldsymbol{u}(t)\\ \boldsymbol{y}(t)&=\boldsymbol{C}\boldsymbol{x}(t)+\boldsymbol{D}\boldsymbol{u}(t)\end{aligned}\right\}\tag{5.64}$$

线性系统采用 LTISystem 函数描述，其调用命令格式如下：

```
sys=LTISystem('A', A, 'B', B, 'C', C, 'D', D, 'Ts', Ts)
```

其中，除矩阵 **A** 外的其他参数都可以省略。如自治系统 $\boldsymbol{x}(t+\Delta t)=\boldsymbol{A}\boldsymbol{x}(t)$，$\boldsymbol{y}(t)=\boldsymbol{C}\boldsymbol{x}(t)$ 调用如下：

```
sys=LTISystem('A', A, 'C', C, 'Ts', Ts)
```

(2)仿射系统。其标准形式如下：

$$\left.\begin{aligned}\boldsymbol{x}(t+\Delta t)&=\boldsymbol{A}\boldsymbol{x}(t)+\boldsymbol{B}\boldsymbol{u}(t)+\boldsymbol{f}\\ \boldsymbol{y}(t)&=\boldsymbol{C}\boldsymbol{x}(t)+\boldsymbol{D}\boldsymbol{u}(t)+\boldsymbol{g}\end{aligned}\right\}\tag{5.65}$$

仿射系统也采用 LTISystem 函数描述，其调用命令格式如下：

```
sys=LTISystem('A', A, 'B', B, 'f', f, 'C', C, 'D', D, 'g', g, 'Ts', Ts)
```

同样，除矩阵 **A** 外的其他参数都可以省略，如：

```
sys=LTISystem('A', A, 'f', f)
```

用来建立自治仿射系统 $\boldsymbol{x}(t+1)=\boldsymbol{A}\boldsymbol{x}(t)+\boldsymbol{f}$。

(3)分段仿射系统。其标准形式如下：

$$\left.\begin{aligned}\boldsymbol{x}(t+\Delta t)&=\begin{cases}\boldsymbol{A}_1\boldsymbol{x}(t)+\boldsymbol{B}_1\boldsymbol{u}(t)+\boldsymbol{f}_1, & (x(t),u(t))\in R_1\\ \boldsymbol{A}_M\boldsymbol{x}(t)+\boldsymbol{B}_M\boldsymbol{u}(t)+\boldsymbol{f}_M, & (\boldsymbol{x}(t),\boldsymbol{u}(t))\in R_M\end{cases}\\ \boldsymbol{y}(t)&=\begin{cases}\boldsymbol{C}_1\boldsymbol{x}(t)+\boldsymbol{D}_1\boldsymbol{u}(t)+\boldsymbol{g}_1, & (\boldsymbol{x}(t),\boldsymbol{u}(t))\in R_1\\ \boldsymbol{C}_M\boldsymbol{x}(t)+\boldsymbol{D}_M\boldsymbol{u}(t)+\boldsymbol{g}_M, & (\boldsymbol{x}(t),\boldsymbol{u}(t))\in R_M\end{cases}\end{aligned}\right\}\tag{5.66}$$

式中，$R_1,\cdots,R_M$ 是多面体，M 表示分段仿射系统模式的数目。

在 MPT 中定义分段仿射系统的最简单方法是首先将每个局部动力学方程描述为仿射系统：

```
sys1=LTISystem('A', A_1, 'B', B_1, 'C', C_1, 'D', D_1, 'f', f_1, 'g', g_1, 'Ts', Ts);
...
sysM=LTISystem('A', A_M, 'B', B_M, 'C', C_M, 'D', D_M, 'f', f_M, 'g', g_M, 'Ts', Ts);
```

然后分配每个局部模型的有效范围：

```
sys1.setDomain('xu', R_1)
...
sysM.setDomain('xu', R_M)
```

其中，$R_1,\cdots,R_M$必须是由 Polyhedron 命令创建的多面体。我们可以通过向 PWASystem 构造函数提供局部线性模型的列表来创建分段仿射系统：

```
pwa=PWASystem([sys1, …, sysM])
```

需要注意的是，除矩阵 **A** 外的其他参数都可以省略。例如：

$$\boldsymbol{x}(t+\Delta t)=\begin{cases}\boldsymbol{A}_1\boldsymbol{x}(t)+\boldsymbol{f}_1, & (\boldsymbol{x}(t),\boldsymbol{u}(t))\in R_1\\ \boldsymbol{A}_2\boldsymbol{x}(t)+\boldsymbol{f}_2, & (\boldsymbol{x}(t),\boldsymbol{u}(t))\in R_2\end{cases}\tag{5.67}$$

其定义格式如下：

```
sys1=LTISystem('A', A_1, 'f', f_1, 'Ts', Ts)
sys1.setDomain('xu', R_1)
sys2=LTISystem('A', A_2, 'f', f_2, 'Ts', Ts)
sys2.setDomain('xu', R_2)
pwa=PWASystem([sys1, sys2])
```

2. 闭环仿真

MPT 工具箱引入了一个特殊的对象来表示闭环系统，它由动态系统和 MPC 控制器组成：

```
loop=ClosedLoop(mpc, sys)
```

其中，mpc 为 MPC 控制器(在线或显式 MPC)，sys 为动态系统。之后，可以通过以下方式对其进行仿真：

```
data=loop.simulate(x0, Nsim)
```

其中，x0 是仿真初始状态，Nsim 是仿真步数。

例如考虑预测线性系统：

- $\boldsymbol{A}=\begin{bmatrix}1 & 1\\0 & 1\end{bmatrix}$，$\boldsymbol{B}=\begin{bmatrix}1\\0.5\end{bmatrix}$；
- 状态约束$\begin{bmatrix}-5\\-5\end{bmatrix}\leqslant \boldsymbol{x}\leqslant\begin{bmatrix}5\\5\end{bmatrix}$；
- 控制约束$-1\leqslant u\leqslant 1$；
- 预测时域 4；
- 二次型性能指标，其权值矩阵为单位矩阵。

其定义格式如下：

```
prediction_model=LTISystem('A', [1 1; 0 1], 'B', [1; 0.5]);
prediction_model.x.min=[-5;-5];
prediction_model.x.max=[5; 5];
prediction_model.u.min=-1;
prediction_model.u.max=1;
prediction_model.x.penalty=QuadFunction([1 0; 0 1]);
prediction_model.u.penalty=QuadFunction(1);
N=4;
mpc=MPCController(prediction_model, N);
```

如果实际线性模型为

$$\boldsymbol{A}=\begin{bmatrix}1 & 1\\0.2 & 1\end{bmatrix},\quad \boldsymbol{B}=\begin{bmatrix}1\\0.8\end{bmatrix} \tag{5.68}$$

则闭环仿真代码如下：

```
simulation_model=LTISystem('A', [1 1; 0.2 1], 'B', [1; 0.8]);
loop=ClosedLoop(mpc, simulation_model);
x0=[4; 0];
Nsim=20;
data=loop.simulate(x0, Nsim);
plot(data.X')
```

其仿真曲线如图 5－20 所示。

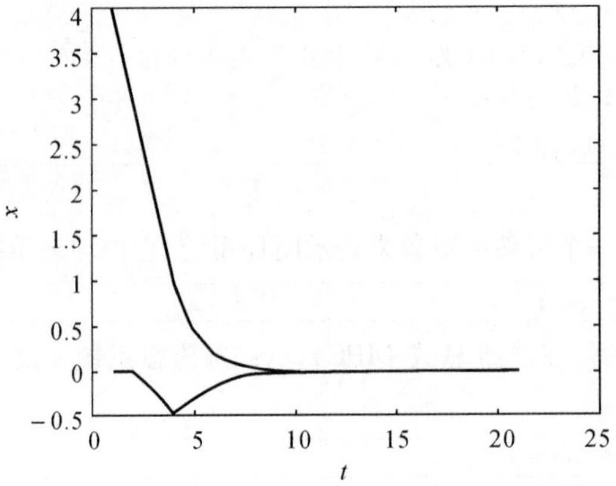

图 5－20　MPT 工具箱线性系统闭环仿真曲线图

3. 约束规范

MPT 工具箱支持以下多种约束形式：

（1）二元约束，在 MPT 工具箱中采用 binary 指令定义。如：

```
model=LTISystem('A', 0.8, 'B', 1);
model.u.with('binary')
model.u.binary=true;
model.x.min=-5;
model.x.max=5;
model.x.penalty=OneNormFunction( 1 );
model.u.penalty=OneNormFunction( 1 );
horizon=5;
ctrl=MPCController( model, horizon);
loop=ClosedLoop( ctrl, model);
x0=-5;
Nsim=10;
data=loop.simulate( x0, Nsim);
subplot(2, 1, 1);
plot( 1:Nsim, data.X(1:Nsim), 'linewidth', 2);
title('连续状态');
axis([1 Nsim-6 6]);
subplot(2, 1, 2);
plot( 1:Nsim, data.U, 'linewidth', 2);
title('二元控制');
axis([1 Nsim-0.5 1.5]);
```

其仿真曲线如图 5－21 所示。

（2）移动阻止约束，在 MPT 工具箱中采用 block 指令定义。例如：

```
mode1=LTISystem('A', [0.7 0.4;-1.3 0.9], 'B', [1.8; 0]);
mode1.setDomain( 'x', Polyhedron( [1 0;-1 0], [5; 5]) );
```

```
mode2=LTISystem('A', [0.7 0.4;-1.3 0.9], 'B', [2.3; 0]);
mode2.setDomain( 'x', Polyhedron( [-1 0],-5) )
mode3=LTISystem('A', [0.7 0.4;-1.3 0.9], 'B', [2.3; 0]);
mode3.setDomain( 'x', Polyhedron( [1 0],-5) )
model=PWASystem( [mode1, mode2, mode3] );
model.x.min=[-20;-20]
model.x.max=[20; 20];
model.u.min=-5;
model.u.max=5;
model.x.penalty=InfNormFunction( diag([0.5; 0.5]) );
model.u.penalty=InfNormFunction( 1 );
N=10;
complex_controller=MPCController(model, N);
model.u.with( 'block' );
model.u.block.from=3;
model.u.block.to=N;
simple_controller=MPCController(model, N);
x0=[-7; 8];
[u1, feasible1, openloop1]=complex_controller.evaluate( x0 );
[u2, feasible2, openloop2]=simple_controller.evaluate( x0 );
subplot(2, 1, 1);
stairs(1:N, openloop1.U, 'linewidth', 2, 'color', 'k');
title('无移动阻止约束');
subplot(2, 1, 2);
stairs(1:N, openloop2.U, 'linewidth', 2, 'color', 'k');
title('有移动阻止约束,从第三个预测开始');
```

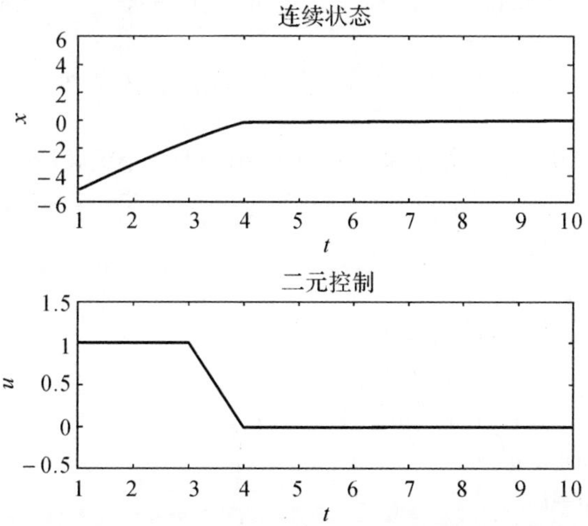

图 5-21　MPT 工具箱二元约束仿真曲线图

(3)初始集约束,在 MPT 工具箱中采用 initialSet 指令定义($x_0 \in P$)。例如:

```
model=LTISystem('A', [1.2-0.8; 1.5 2.3], 'B', [0.5-0.4;-1.2 0.8])
model.u.min=[-5;-4];
model.u.max=[6; 3];
model.u.penalty=QuadFunction(eye(2));
model.x.penalty=QuadFunction(eye(2));
P=Polyhedron('lb', [-10;-10], 'ub', [10; 10]);
model.x.with('initialSet');
model.x.initialSet=P;
ctrl=MPCController(model, 4);
explicit_ctrl=ctrl.toExplicit()
explicit_ctrl.partition.plot()
hold on
P.plot('wire', true, 'linestyle', '-.', 'linewidth', 2)
```

其仿真曲线如图 5-22 所示。

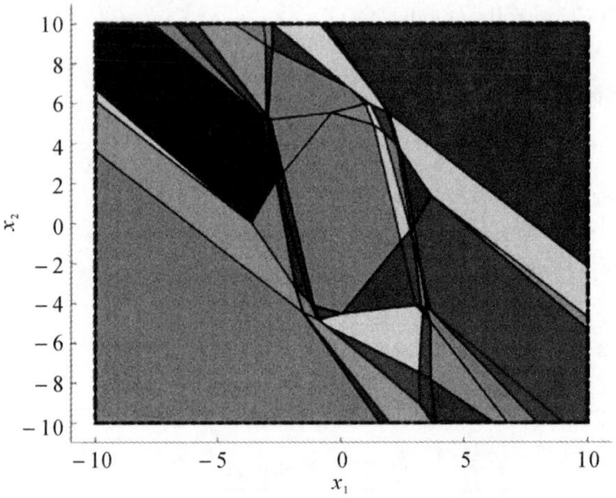

图 5-22　MPT 工具箱初始集约束仿真图

(4)过程集约束,在 MPT 工具箱中采用 set Constraint 指令定义($x_k \in P, k=0,\cdots,N$)。例如:

```
model=LTISystem('A', [1.2-0.8; 1.5 2.3], 'B', [0.5-0.4;-1.2 0.8])
model.u.min=[-5;-4];
model.u.max=[6; 3];
model.u.penalty=QuadFunction(eye(2));
model.x.penalty=QuadFunction(eye(2));
P=Polyhedron('lb', [-10;-10], 'ub', [10; 10]);
model.x.with('setConstraint');
model.x.setConstraint=P;
ctrl=MPCController(model, 4);
explicit_ctrl=ctrl.toExplicit()
explicit_ctrl.partition.plot()
```

```
hold on
P.plot('wire', true, 'linestyle', '—.', 'linewidth', 2)
```

其仿真曲线如图 5－23 所示。

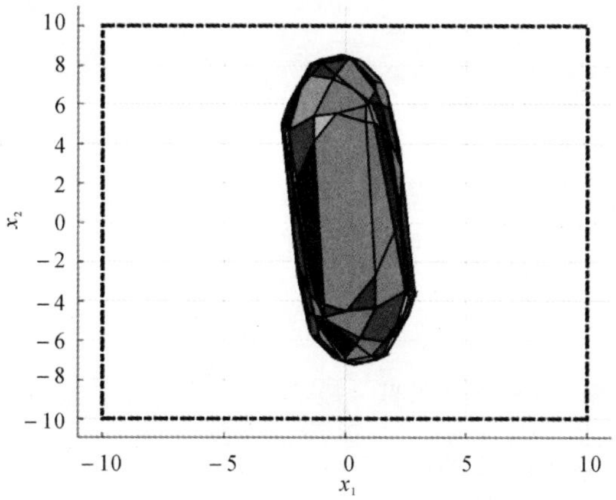

图 5－23　MPT 工具箱过程集约束仿真图

(5)终端集约束，在 MPT 工具箱中采用 terminalSet 指令定义($x_N \in P$)。例如，下列要求满足 $x_N=3$ 的终端约束：

```
model=LTISystem('A', 0.5, 'B', 1);
model.u.min=-3;
model.u.max=3;
model.u.penalty=QuadFunction( 0.5 );
model.x.penalty=QuadFunction( 1 );
Tset=Polyhedron( 'Ae', 1, 'be', 3);
model.x.with('terminalSet');
model.x.terminalSet=Tset;
ctrl=MPCController(model, 5);
[u, feasible, openloop ]=ctrl.evaluate(0);
openloop.X
```

仿真输出结果如下：

```
ans=0    0.001811028530044    0.011762934475167    0.074605131429561    0.472962418184500
3.000000000000000
```

显而易见，满足终端约束 $x_N=3$。

(6)控制上限约束，在 MPT 工具箱中采用 max 指令定义。

(7)控制下限约束，在 MPT 工具箱中采用 min 指令定义。

(8)控制速率上限约束，在 MPT 工具箱中采用 deltaMax 指令定义。

(9)控制速率上限约束，在 MPT 工具箱中采用 deltaMin 指令定义。例如：

```
model=LTISystem('A', [-0.3-0.8 0.6;1 0-2.3; 0.3 1.08 0.2], 'B', [-0.8;-0.9; 0.5], 'C',
[-0.4 1.8 2.8]);
```

```
model.u.min=-9;
model.u.max=9;
model.u.with('deltaMin');
model.u.with('deltaMax');
model.u.deltaMin=-7;
model.u.deltaMax=7;
model.y.penalty=QuadFunction( 10 );
model.u.penalty=QuadFunction( 0.1 );
ctrl=MPCController(model, 10);
loop=ClosedLoop(ctrl, model);
x0=[-1;-2; 3];
u0=0;
Nsim=15;
data=loop.simulate(x0, Nsim, 'u.previous', u0)
subplot(3, 1, 1);
plot(1:Nsim, data.Y, 'linewidth', 2);
title('输出');
subplot(3, 1, 2);
stairs(1:Nsim, data.U, 'linewidth', 2);
title('控制');
hold on;
plot( 1:Nsim, model.u.min * ones(1,Nsim), 'k--', 1:Nsim, model.u.max * ones(1,Nsim), 'k--');
subplot(3, 1, 3);
stairs(1:Nsim, [u0, diff(data.U) ], 'linewidth', 2);
title('控制偏差');
hold on;
plot( 1:Nsim, model.u.deltaMin * ones(1,Nsim), 'k--', 1:Nsim, model.u.deltaMax * ones(1,Nsim), 'k--');
```

其仿真曲线如图 5-24 所示。

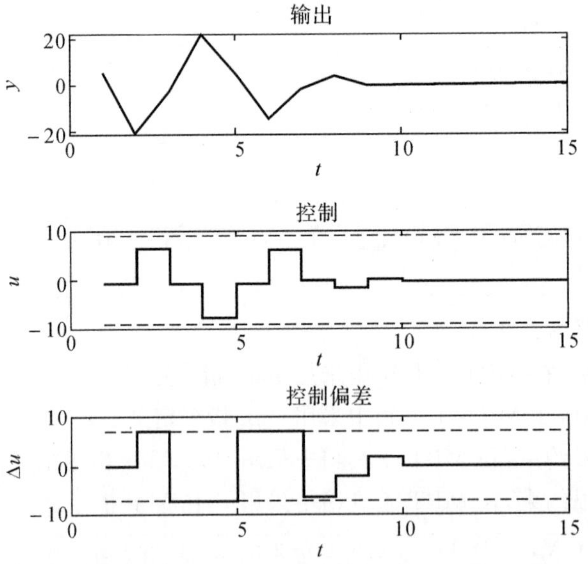

图 5-24　MPT 工具箱控制、控制速率上下限约束仿真曲线图

(10)软上限约束,在 MPT 工具箱中采用 softMax 指令定义。当 MPC 控制器遇到不可行问题时,可以稍微违反软约束。此时 MPC 控制器会对超出约束部分进行严厉处罚,以使系统回到可行的范围。

(11)软下限约束,在 MPT 工具箱中采用 softMin 指令定义。考虑传递函数模型:

$$G(s) = \frac{2}{s^2 + 2s + 1} \tag{5.69}$$

由于 MPT 工具箱仅支持在状态空间中表示的离散时间模型,因此连续模型将随采样时间 $T_s=1$ 离散化。其仿真代码如下:

```
continuous_model=tf(2, [1 2 1]);
Ts=1;
discrete_model=c2d(continuous_model, Ts);
state_space_model=ss(discrete_model);
model=LTISystem( state_space_model )
model.u.min=-1;
model.u.max=1;
model.y.max=1.2;
model.y.min=0;
model.y.with('softMax');
model.y.with('softMin');
model.y.with('reference');
model.y.reference=1;
model.y.penalty=OneNormFunction( 5 );
model.u.penalty=OneNormFunction( 1 );
ctrl=MPCController( model, 5);
explicit_ctrl=ctrl.toExplicit();
Nsim=20;
x0=[0;0];
Y=[]; U=[];
model.initialize(x0);
for i=1:Nsim
   if i==10
       x0=x0+[-1.6; 0.9];
   end
   u=explicit_ctrl.evaluate(x0);
   [x0, y]=model.update(u);
   U=[U; u];
   Y=[Y; y];
end
subplot(2,1,1);
plot(1:Nsim, Y, 'linewidth', 2');
title('输出');
hold on;
```

```
plot( 1:Nsim, model.y.max * ones(1,Nsim), 'k--', 1:Nsim, model.y.min * ones(1,Nsim), 'k--');
axis([1 Nsim  -0.2 1.4])
subplot(2,1,2);
stairs(1:Nsim, U, 'linewidth', 2);
title('控制');
hold on;
plot( 1:Nsim, model.u.max * ones(1,Nsim), 'k--', 1:Nsim, model.u.min * ones(1,Nsim), 'k--');
axis([1 Nsim  -1.4 1.4])
```

其仿真曲线如图 5-25 所示。

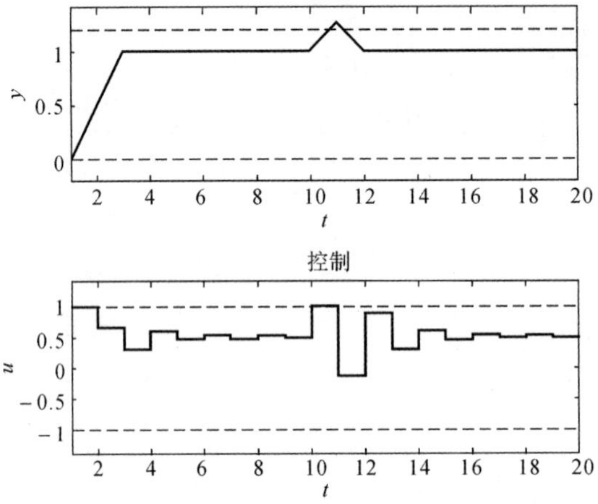

图 5-25　MPT 工具箱软上下限约束仿真曲线图

4. 惩罚函数规范

MPT 工具箱支持多种类型的惩罚函数，包括一范数形式、二范数形式、无穷范数形式、速率形式、终端形式和参考信号形式等多种类型。

(1)一范数($\|\boldsymbol{Qx}\|_1$)形式，在 MPT 工具箱中采用 OneNormFunction 指令定义。

(2)二范数($\boldsymbol{x}^{\mathrm{T}}\boldsymbol{Qx}$)形式，在 MPT 工具箱中采用 QuadFunction 指令定义。

(3)无穷范数($\|\boldsymbol{Qx}\|_\infty$)形式，在 MPT 工具箱中采用 InfNormFunction 指令定义。

(4)速率形式($\Delta s_k = s_k - s_{k-1}$)，在 MPT 工具箱中采用 deltaPenalty 指令定义。例如考虑简单线性模型 $\boldsymbol{x}_{k+1} = \boldsymbol{x}_k + \boldsymbol{u}_k$，其惩罚函数具有下列形式：

$$\sum_{k=0}^{N-1}(\boldsymbol{x}_k^{\mathrm{T}}\boldsymbol{Q}\boldsymbol{x}_k + \boldsymbol{u}_k^{\mathrm{T}}\boldsymbol{R}\boldsymbol{u}_k + \Delta\boldsymbol{u}_k^{\mathrm{T}}\boldsymbol{S}\Delta\boldsymbol{u}_k) \tag{5.70}$$

其 MPT 仿真代码如下：

```
model=LTISystem('A', 1, 'B', 1);
model.x.min=-10;
model.x.max=10;
odel.u.min=-1;
model.u.max=1;
Q=1;
```

```
R=1;
S=1;
model.x.penalty=QuadFunction( Q );
model.u.penalty=QuadFunction( R );
model.u.with('deltaPenalty');
model.u.deltaPenalty=QuadFunction( S );
ctrl=MPCController( model, 5);
explicit_ctrl=ctrl.toExplicit();
loop=ClosedLoop(explicit_ctrl, model);
x0=10; u0=0;
Nsim=20;
data=loop.simulate(x0, Nsim, 'u.previous', u0);
subplot(2, 1, 1); plot(1:Nsim, data.X(1:Nsim), 'linewidth', 2);
title('状态');
hold on
plot(1:Nsim, model.x.min * ones(1,Nsim), 'k--', 1:Nsim, model.x.max * ones(1,Nsim), 'k--');
axis([1 Nsim -12 12]);
subplot(2, 1, 2); stairs(1:Nsim, data.U, 'linewidth', 2);
title('控制');
hold on
plot(1:Nsim, model.u.min * ones(1,Nsim), 'k--', 1:Nsim, model.u.max * ones(1,Nsim), 'k--');
axis([1 Nsim -1.2 1.2]);
```

其仿真曲线如图 5 - 26 所示。

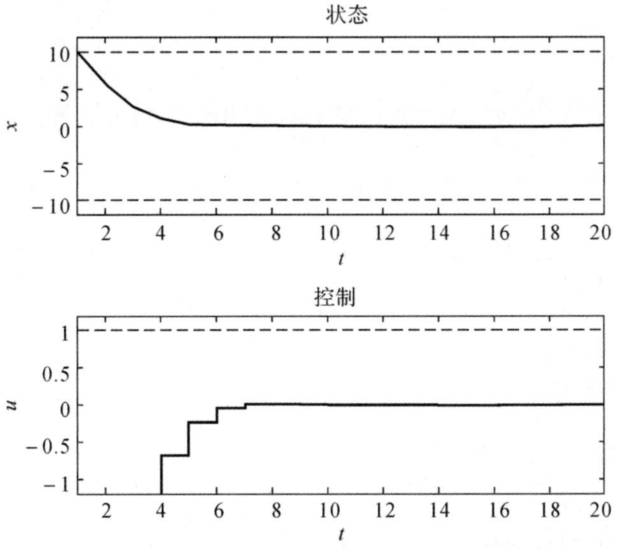

图 5 - 26　MPT 工具箱速率形式惩罚函数仿真曲线图

(5)终端形式，在 MPT 工具箱中采用 deltaPenalty 指令定义。例如，考虑凸约束的稳定线性系统：

```
model=LTISystem('A', [-1.08-1.52; 0.2-0.72], 'B', [0.03; 0.55]);
model.x.min=[-10;-9];
model.x.max=[10; 9];
model.u.min=-2;
model.u.max=2;
Q=eye(2);
model.x.penalty=QuadFunction( Q );
R=0.1;
model.u.penalty=QuadFunction( R );
ctrl=MPCController(model, 2)
ectrl=ctrl.toExplicit()
ectrl.clicksim()
```

仿真结果显示给定初始位置，控制器并未实现稳定反馈控制，如图 5-27 所示。

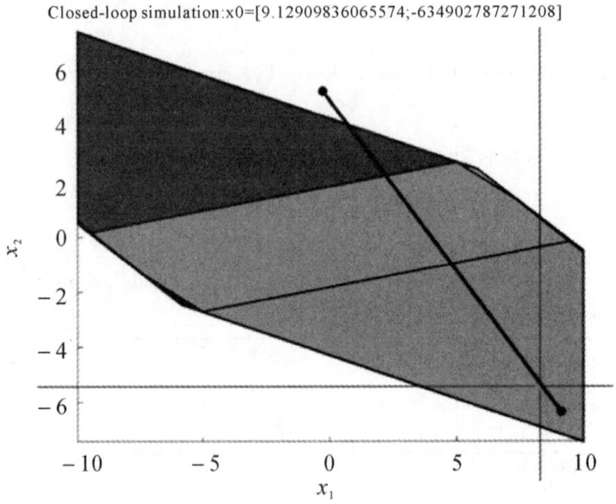

图 5-27　MPT 工具箱无终端形式惩罚函数仿真图

为补偿控制器的稳定特性，借助 LQRPenalty 和 LQRSet 方法计算终端形式惩罚函数和终端集约束：

```
P=model.LQRPenalty;
Tset=model.LQRSet;
model.x.with('terminalPenalty');
model.x.with('terminalSet');
model.x.terminalPenalty=P;
model.x.terminalSet=Tset;
ctrl_new=MPCController(model, 2)
ectrl_new=ctrl_new.toExplicit()
ectrl_new.clicksim()
```

ectrl_new 具有终端惩罚和终端集约束的显式控制器，在比较小的可行区域上定义，能够在可行区域内的所有初始条件下稳定闭环系统，如图 5-28 所示。

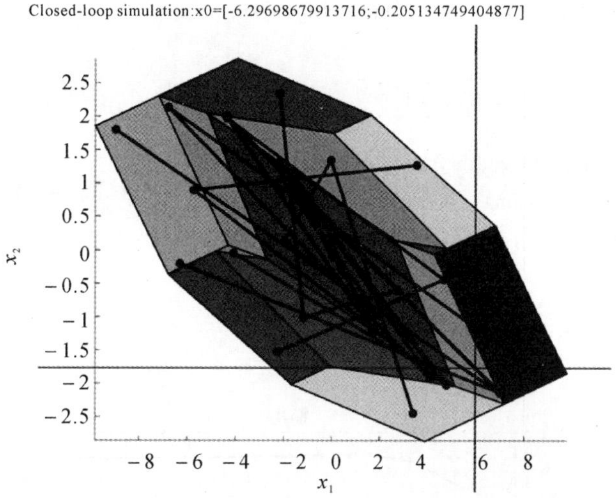

图 5-28　MPT 工具箱终端形式惩罚函数仿真图

(6)参考信号形式，在 MPT 工具箱中采用 reference 指令定义。参考信号的值可以是恒定的，也可以是随时间变化的。对于时变信号，将其标记为'free'。参考信号形式的惩罚函数主要对于当前信号 s 和参考信号 r 的偏差 $s-r$ 进行惩罚。例如考虑性能指标：

$$\sum_{k=0}^{N-1}\left[\boldsymbol{u}_k^{\mathrm{T}}\boldsymbol{R}\boldsymbol{u}_k+(\boldsymbol{y}_k-\boldsymbol{r})^{\mathrm{T}}\boldsymbol{Q}(\boldsymbol{y}_k-\boldsymbol{r})\right] \tag{5.71}$$

式中，$r=2$。MPT 仿真代码如下：

```
A=[1.45  -0.85 0.29; 1 0 0; 0 0.25 0];
B=[1; 0; 0];
C=[0.41 0.28-0.19];
model=LTISystem('A', A, 'B', B, 'C', C, 'Ts', 1);
model.u.min=-2;
model.u.max=2;
R=1;
model.u.penalty=QuadFunction( R );
Q=5;
model.y.penalty=QuadFunction( Q );
r=2;
model.y.with('reference');
model.y.reference=r;
ctrl=MPCController(model, 4);
loop=ClosedLoop(ctrl, model);
Nsim=10;
x0=[0; 0; 0];
data=loop.simulate(x0, Nsim)
subplot(2, 1, 1);
plot(1:Nsim, data.Y, 'linewidth', 2); hold on;
```

```
plot(1:Nsim, 2 * ones(1,Nsim), 'k--', 'linewidth', 2);
axis([1, Nsim,-3, 3]);
title('输出');
subplot(2, 1, 2);
stairs(1:Nsim, data.U, 'linewidth', 2); hold on;
plot(1:Nsim, 2 * ones(1,Nsim), 'k--', 'linewidth', 2);
plot(1:Nsim,-2 * ones(1,Nsim), 'k--', 'linewidth', 2);
axis([1, Nsim,-3, 3]);
title('控制');
```

其仿真结果如图 5-29 所示。

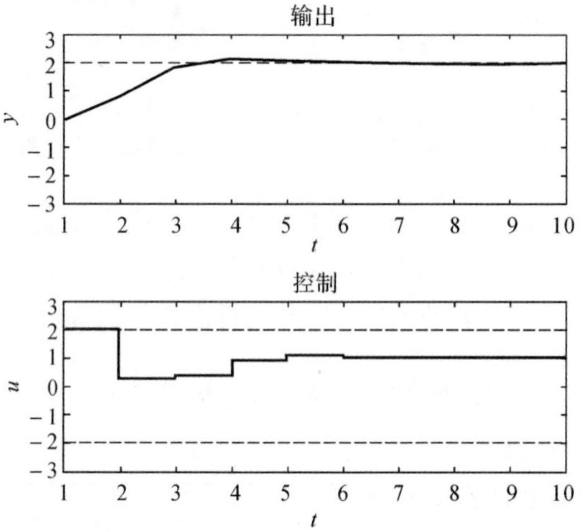

图 5-29　MPT 工具箱参考信号形式惩罚函数仿真曲线图

考虑时变参考信号问题,其仿真代码如下(仿真结果见图 5-30):

```
mode1=LTISystem('A', [ 0.4 0.69;-0.69 0.4], 'B', [0;1], 'C', [1, 0]);
mode1.setDomain('x', Polyhedron('A', [1 0], 'b', 0) );
mode2=LTISystem('A', [ 0.4 -0.69; 0.69 0.4], 'B', [0;1], 'C', [1, 0]);
mode2.setDomain('x', Polyhedron('A', [-1 0], 'b', 0) );
model=PWASystem([mode1, mode2]);
model.u.min=-3;
model.u.max=3;
model.y.min=-10;
model.y.max=10;
model.y.with('reference');
model.y.reference='free';
model.y.penalty=OneNormFunction( 3 );
model.u.penalty=OneNormFunction( 0.5 );
ctrl=MPCController(model, 3);
ectrl=ctrl.toExplicit();
ectrl.partition.plot()
```

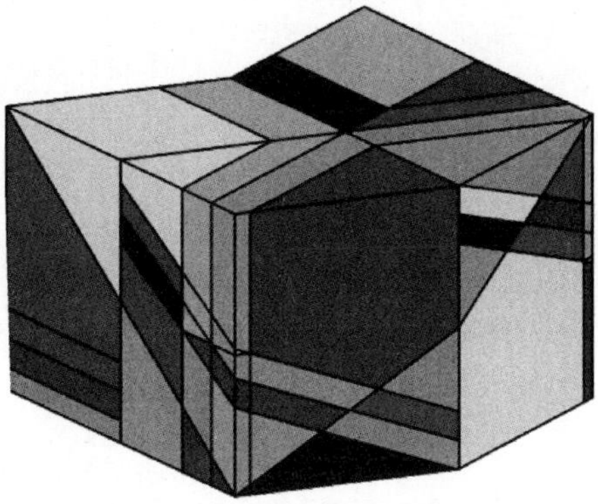

图5-30 MPT工具箱参考信号形式惩罚函数仿真图

5.7 模型预测控制解决小推力航天器交会对接问题

小推力航天器交会对接所考虑的问题是两个航天器之间，在领导者和跟随者编队之间的自主交会和对接行动。在这两个编队中，两个航天器的姿态都得到了有效控制，领导者没有机动。根据差分GPS(全球定位系统)和光学传感器的相对位置测量结果，跟随者航天器需要使用低推力推进器保持与领导者的视觉接触和对接。控制目标是尽量减少燃料消耗和机动飞行时间的组合，并遵守以下要求以确保安全轨迹：

(1)防撞：飞船不得相互碰撞。

(2)LoS：相对运动必须限制在状态空间的某个区域(锥体)内以保持视觉接触。

(3)羽流冲击：在控制的最后阶段，必须使朝向领导者的推进器点火的量最小。

考虑两个总质量为3kg的航天器在脉冲等离子推进器工作下进行对接，其所携带的燃料为90g，燃料质量占全航天器的3%。因此假设整个航天器在整个交汇过程中质量为固定值。

两个航天器的相对运动表现为以领导航天器质心为中心，进行垂直和水平移动。Z轴指向地球质心，Y轴与负轨道法线对齐，X轴完成一个正交的右手坐标系，如图5-31所示。在圆轨道中，X轴与航天器的速度矢量对齐。X，Y和Z方向分别被称为沿轨道、交叉轨道和径向方向。$X-Y$和$X-Z$平面分别称为水平平面和垂直平面，并且相对位置矢量由$\delta\boldsymbol{r}=[x \quad y \quad z]^{\mathrm{T}}$表示。其中$x$，$y$和$z$分别是沿轨道，交叉轨道和径向分量。

对运动轨迹做出如下假设：

(1)前导轨道几乎是圆形的。

(2)两个航天器之间的距离与轨道半径相比较小。

(3)微分扰动可以忽略不计。

(4)领航员和跟随者航天器都是三轴稳定的以保持LVLH(当地水平/当地垂直)姿态。

(5)对接端口位于领导者后面。

(6)从动者的推进系统只能产生在沿轨道和跨轨道方向的推力。

在这些假设下，相对运动动力学通过线性化的Hill-Clohessy-Wiltshire(HCW)方程很好地近似为

$$\left.\begin{aligned} \ddot{x} &= 2\omega\dot{z} + \frac{u_1}{m} \\ \ddot{y} &= -\omega^2 y + \frac{u_2}{m} \\ \ddot{z} &= 3\omega^2 z - 2\omega z + \frac{u_3}{m} \end{aligned}\right\} \tag{5.72}$$

式中，u_1，u_2 和 u_3 是在 LVLH 框架中表示的跟随器的控制力，m 是航天器的质量，ω 是 LVLH 速率。

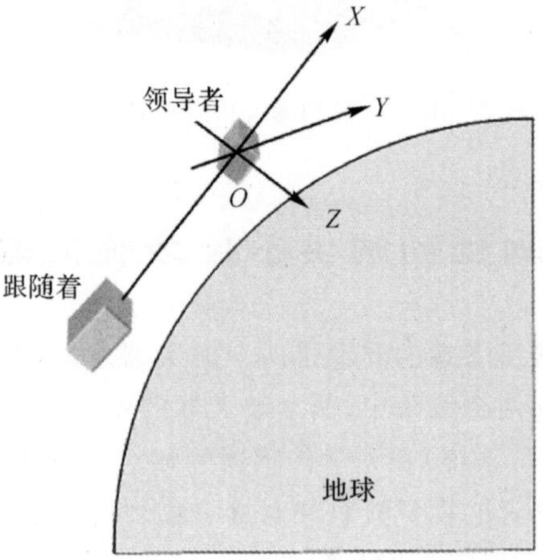

图 5-31　航天器之间相对运动的参考坐标系

对接端口的位置可以用相对状态来表示为

$$\delta\boldsymbol{r}_{\mathrm{d}} = [x_{\mathrm{d}} \quad 0 \quad 0]^{\mathrm{T}} \tag{5.73}$$

式中，$x_{\mathrm{d}} \leqslant 0$ 是固定的。由于径向推力不可用，因此控制向量中 $u_3 = 0$，控制向量可以进一步简化为

$$\boldsymbol{u} = [u_1 \quad u_2]^{\mathrm{T}} \tag{5.74}$$

跟踪误差由下面公式表示：

$$\boldsymbol{x} = [x_1 \quad \cdots \quad x_6]^{\mathrm{T}} = [(\delta\boldsymbol{r} - \delta\boldsymbol{r}_{\mathrm{d}})^{\mathrm{T}} \quad (\delta\dot{\boldsymbol{r}} - \delta\dot{\boldsymbol{r}}_{\mathrm{d}})^{\mathrm{T}}]^{\mathrm{T}} \tag{5.75}$$

可得：$\delta\boldsymbol{r}_{\mathrm{d}} = \boldsymbol{0}$。

使用线性化的 HCW 方程，跟踪误差动态由状态空间模型表示为

$$\dot{\boldsymbol{x}} = \boldsymbol{A}_{\mathrm{c}}\boldsymbol{x} + \boldsymbol{B}_{\mathrm{c}}\boldsymbol{u} \tag{5.76}$$

式中：

$$\boldsymbol{A}_{\mathrm{c}} = \begin{bmatrix} 0 & 0 & 0 & 1 & 0 & 0 \\ 0 & 0 & 0 & 0 & 1 & 0 \\ 0 & 0 & 0 & 0 & 0 & 1 \\ 0 & 0 & 0 & 0 & 0 & 2\omega \\ 0 & -\omega^2 & 0 & 0 & 0 & 0 \\ 0 & 0 & 3\omega^2 & -2\omega & 0 & 0 \end{bmatrix} \tag{5.77}$$

$$\boldsymbol{B}_c = \begin{bmatrix} 0 & 0 \\ 0 & 0 \\ 0 & 0 \\ 0 & 1/m \\ 1/m & 0 \\ 0 & 0 \end{bmatrix} \tag{5.78}$$

假定系统是完全可观察的，因此输出是 $\boldsymbol{x}(t)$ 对于控制律的数字实现，系统采用零阶保持的采样周期 T_s 离散化，可以得到离散状态空间模型：

$$\boldsymbol{x}(k+1) = \boldsymbol{A}\boldsymbol{x}(k) + \boldsymbol{B}\boldsymbol{u}(k) \tag{5.79}$$

$$\boldsymbol{A} = \mathrm{e}^{\boldsymbol{A}_c T_s}, \boldsymbol{B} = \left(\int_0^{T_s} \mathrm{e}^{\boldsymbol{A}_c \tau}\mathrm{d}\tau\right)\boldsymbol{B}_c \tag{5.80}$$

模型预测控制以由 HCW 方程得到的小推力航天器临近空间对接模型作为预测模型，将被控对象的状态响应和控制输入的加权二次型当成性能指标，同时根据各项性能指标得到约束条件。通过在线进行滚动优化和自校正反馈来有效地解决被控对象的不确定性和时变性等因素所产生的动态影响，进而实现预测控制的目标。

本节使用模型预测控制的应用情景是由两个立方尺寸航天器执行的低地球轨道编队飞行任务，其中通过微型电力推进系统对航天器进行控制。在操作阶段开始时，航天器以近似圆形的极地轨道飞行，高度约为 450km。领航者和追随者航天器具有相同的物理参数：总质量为 3kg，总线尺寸为 $30\times10\times10\mathrm{cm}^3$，横截面积为 $10\times10\mathrm{cm}^2$。相对位置观测模型由差分 GPS 和光学传感器给出，其中光学传感器的视场被假定为 $\theta=30°$。相对速度是根据相对位置观测使用 8 阶对称有限脉冲响应滤波器估算的。

基于这些观测结果表明，跟随者航天器需要与领队对接，同时满足 LoS(Line of Sight，视线）和输入约束，使用两对相反的脉冲式等离子推进器让两个航天器在沿轨迹和交叉轨迹方向对齐。

针对所考虑的情况开发了高精度非线性仿真模型。该模型的状态向量包括领导者(r_L，v_L)和追随者(r_F，v_F)的位置和速度向量。描述地心惯性框架中状态矢量演化的方程式为

$$\left.\begin{aligned} \dot{\boldsymbol{r}}_L &= \boldsymbol{v}_L \\ \dot{\boldsymbol{v}}_L &= -\frac{\mu}{\boldsymbol{r}_L^3}\boldsymbol{r}_L + \boldsymbol{a}_L \\ \dot{\boldsymbol{r}}_F &= \boldsymbol{v}_F \\ \dot{\boldsymbol{v}}_F &= -\frac{\mu}{r_L^3}\boldsymbol{r}_F + \boldsymbol{a}_F, \boldsymbol{v}_F^+ = \boldsymbol{v}_F^- + \Delta\boldsymbol{v}_F \end{aligned}\right\} \tag{5.81}$$

式中，μ 是地球和方程的重力参数，扰动加速度 $\boldsymbol{a}_L\boldsymbol{a}_L$ 和 a_F 的计算基于在低空作用于航天器上的主要轨道摄动。地球重力场采用球面谐波展开，最大程度为 9 阶。使用 2.5 的阻力系数和 Jacchia－71 模型来计算阻力，以近似大气密度。考虑到日食条件，炮弹模型被用于计算太阳辐射力。还考虑了由质点月球和太阳重力场引起的扰动加速，其中通过精确的星历表获得太阳和月球的位置。真正的相对位置和速度在 LVLH 模型中表示为

$$\left.\begin{aligned} \delta\boldsymbol{r} &= \boldsymbol{R}_L^I(\boldsymbol{r}_F - \boldsymbol{r}_L) \\ \delta\dot{\boldsymbol{r}} &= \boldsymbol{R}_L^I(\boldsymbol{v}_F - \boldsymbol{v}_L) - [\omega\times]\boldsymbol{R}_L^I(\boldsymbol{r}_F - \boldsymbol{r}_L) \end{aligned}\right\} \tag{5.82}$$

式中，$\boldsymbol{R}_{\mathrm{L}}^{I}$ 是表示惯性和 LVLH 帧之间坐标变换的矩阵，并且$[\omega\times]$是 $\boldsymbol{\omega}=[0 \quad \omega \quad 0]^{\mathrm{T}}$ 的对称矩阵。LVLH 率由 ω 给出，即

$$\omega=-\sqrt{\frac{\mu}{\|\boldsymbol{r}_{\mathrm{L}}\|^{\frac{3}{2}}}} \tag{5.83}$$

已知控制模型，则第 $k+2$ 个周期为

$$\begin{aligned}\boldsymbol{x}(k+2)&=\boldsymbol{A}\boldsymbol{x}(k+1)+\boldsymbol{B}\boldsymbol{u}(k+1)\\&=\boldsymbol{A}(\boldsymbol{x}(k)+\boldsymbol{B}\boldsymbol{u}(k))+\boldsymbol{B}(\boldsymbol{u}(k)+\Delta\boldsymbol{u}(k))\\&=\boldsymbol{A}^{2}\boldsymbol{x}(k)+(\boldsymbol{A}\boldsymbol{B}+\boldsymbol{B})\boldsymbol{u}(k)+\boldsymbol{B}\Delta\boldsymbol{u}(k)\end{aligned} \tag{5.84}$$

假设预测 p 个周期，在实际控制中，后面 p 个周期的控制量未知，则首先假设后面 p 个周期内的控制量保持不变，均为 $\boldsymbol{u}(k-1)$，则可以得到控制对象的先验预测值为

$$\left.\begin{aligned}\boldsymbol{x}_0(k+1\mid k)&=\boldsymbol{A}\boldsymbol{x}(k)+\boldsymbol{B}\boldsymbol{u}(k-1)\\\boldsymbol{x}_0(k+2\mid k)&=\boldsymbol{A}\boldsymbol{x}_0(k+1\mid k)+\boldsymbol{B}\boldsymbol{u}(k-1)\\&\cdots\\\boldsymbol{x}_0(k+p\mid k)&=\boldsymbol{A}\boldsymbol{x}_0(k+p-1\mid k)+\boldsymbol{B}\boldsymbol{u}(k-1)\end{aligned}\right\} \tag{5.85}$$

考虑控制量的变化，假设实际的控制量为

$$\left.\begin{aligned}\boldsymbol{u}(k)&=\boldsymbol{u}(k-1)+\Delta\boldsymbol{u}(k)\\\boldsymbol{u}(k+1)&=\boldsymbol{u}(k)+\Delta\boldsymbol{u}(k+1)\\\boldsymbol{u}(k+2)&=\boldsymbol{u}(k+1)+\Delta\boldsymbol{u}(k+2)\\&\cdots\\\boldsymbol{u}(k+p)&=\boldsymbol{u}(k+p-1)+\Delta\boldsymbol{u}(k+p)\end{aligned}\right\} \tag{5.86}$$

则考虑控制量的变化之后，预测模型对于控制对象的预测值为

$$\begin{aligned}\boldsymbol{x}_m(k+1\mid k)&=\boldsymbol{A}\boldsymbol{x}_m(k)+\boldsymbol{B}\boldsymbol{u}(k)\\&=\boldsymbol{A}\boldsymbol{x}(k)+\boldsymbol{B}(\boldsymbol{u}(k-1)+\Delta\boldsymbol{u}(k))\\&=\boldsymbol{x}_0(k+1\mid k)+\boldsymbol{B}\Delta\boldsymbol{u}(k)\end{aligned} \tag{5.87}$$

$$\begin{aligned}\boldsymbol{x}_m(k+2\mid k)&=\boldsymbol{A}\boldsymbol{x}_m(k+1)+\boldsymbol{B}\boldsymbol{u}(k+1)\\&=\boldsymbol{A}(\boldsymbol{x}_0(k+1\mid k)+\boldsymbol{B}\Delta\boldsymbol{u}(k))+\boldsymbol{B}\Delta\boldsymbol{u}(k)+\boldsymbol{B}(\boldsymbol{u}(k-1)+\Delta\boldsymbol{u}(k)+\Delta\boldsymbol{u}(k+1))\\&=\boldsymbol{x}_0(k+2\mid k)+\boldsymbol{A}\boldsymbol{B}\Delta\boldsymbol{u}(k)+\boldsymbol{B}\Delta\boldsymbol{u}(k+1)\end{aligned} \tag{5.88}$$

其统一形式为

$$\boldsymbol{x}_m=\boldsymbol{x}_0+\boldsymbol{G}\Delta\boldsymbol{u} \tag{5.89}$$

式中：

$$\boldsymbol{G}=\begin{bmatrix}\boldsymbol{B}&\boldsymbol{0}&\boldsymbol{0}&\boldsymbol{0}\\\boldsymbol{A}\boldsymbol{B}&\boldsymbol{B}&\boldsymbol{0}&\boldsymbol{0}\\\vdots&\vdots&&\vdots\\\boldsymbol{A}^{p-1}\boldsymbol{B}&\boldsymbol{A}^{p-2}\boldsymbol{B}&\cdots&\boldsymbol{B}\end{bmatrix} \tag{5.90}$$

$$\left.\begin{aligned}\boldsymbol{x}_0&=[\boldsymbol{x}_0{}^{\mathrm{T}}(k+1\mid k)\quad\boldsymbol{x}_0{}^{\mathrm{T}}(k+2\mid k)\quad\cdots\quad\boldsymbol{x}_0{}^{\mathrm{T}}(k+N_{\mathrm{p}}\mid k)]\\\boldsymbol{x}_m&=[\boldsymbol{x}_m^{\mathrm{T}}(k+1\mid k)\quad\boldsymbol{x}_m^{\mathrm{T}}(k+2\mid k)\quad\cdots\quad\boldsymbol{x}_m^{\mathrm{T}}(k+N_{\mathrm{p}}\mid k)]\\\Delta\boldsymbol{u}&=[\Delta\boldsymbol{u}(k)\quad\Delta\boldsymbol{u}(k+1)\quad\cdots\quad\Delta\boldsymbol{u}(k+p-1)]\end{aligned}\right\} \tag{5.91}$$

下面考虑多种约束。令 U 为可允许的输入集合，X 为由路径约束定义的状态空间的可允许子集，$J(x,u)$为在时间间隔 $t\in[t_0,t_f]$上定义的给定成本函数。在考虑的问题中，输入集合

受到推进系统可以提供的最大推力 u_M 的限制，如：

$$U = \{u: \| u(t) \|_{\infty} \leqslant u_M \tag{5.92}$$

碰撞避免和 LoS 要求可以表示为路径约束，即

$$X = \{x: x_1(t) \leqslant 0, \sqrt{x_2(t)^2 + x_3(t)^2} \leqslant -x_1(t)\tan(\theta/2) \tag{5.93}$$

式中，θ 是跟随者航天器上的光学传感器的视场。

对于上述航天器交会对接问题，其性能指标为

$$J(x,u) = \alpha\int_{t_0}^{t_f} \| u(t) \|_1 \mathrm{d}t + (1-\alpha)\int_{t_0}^{t_f} 1\mathrm{d}t + \beta\int_{t_0}^{t_f} \varepsilon(t)\mathrm{d}t \tag{5.94}$$

在最终时间 t_f 是空闲的情况下，$\alpha \in [0,1]$是燃料消耗量(第一项)和机动时间(第二项)的相对权重，$\beta \geqslant 0$ 是函数 ε 在羽流撞击要求下的权重。推进器羽流冲击函数可以表示为

$$\varepsilon(t) = \begin{cases} u_1^-(t), & -x_1(t) \leqslant x_{\varepsilon 1}, \quad | x_2(t) | \leqslant x_{\varepsilon 2}, | x_3(t) | \leqslant x_{\varepsilon 3} \\ 0, & \text{其他} \end{cases} \tag{5.95}$$

式中，$u_1^-(t)$是沿轨道推力的负数部分，$x_{\varepsilon 1}$，$x_{\varepsilon 2}$和 $x_{\varepsilon 3} x_{\varepsilon 3}$是预定的正值。

MPC 设计中为了考虑执行器的操作范围并确保安全的接近操作，包含输入和状态约束。根据上面所给的初始条件和约束，假定两个航天器之间初始距离在坐标系中表示为 $x=110$m，$y=17$m，$z=16$m。

采用 Matlab 平台中的 MPT3 工具箱，使用模型预测控制进行仿真并且与线性二次型最优控制算法 LQR 进行对比，仿真结果如图 5-32 所示。

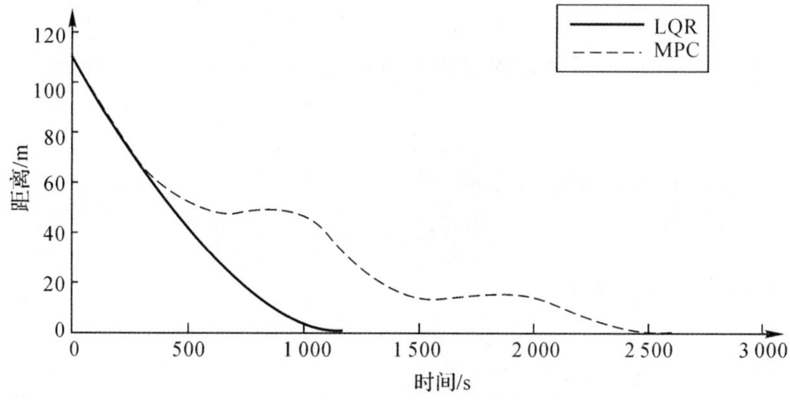

图 5-32　模型预测控制与线性二次型最优控制算法跟踪轨迹比较

第 6 章　变分法与最优控制

变分法是研究泛函极值问题的数学方法，可以确定容许控制为开集时的最优控制函数。掌握变分法的基本概念还有助于理解以极大/极小值原理和动态规划为代表的现代变分法的思想和内容。

6.1　变分法的基本原理

变分法是求解泛函极值问题的经典方法，也是研究一些基本类型最优控制问题的有效方法。首先我们给出几个经典的泛函极值问题。

例 6.1(最短线问题)　假设经过 A,B 两点距离最短的曲线方程为

$$y^{*}=\bar{y}(x) \tag{6.1}$$

另有一任意的连续可导函数 $\eta=\eta(x)$，$\eta(x)$满足两端固定的边界条件：

$$\eta(x_0)=\eta(x_1)=0 \tag{6.2}$$

显然，$y=\bar{y}(x)+\alpha\eta(x)$依旧是过固定两点 A,B 的连续曲线，其对应的长度为

$$L(\alpha)=\int_{x_0}^{x_1}\sqrt{1+(\bar{y}'+\alpha\eta')^2}\,\mathrm{d}x \tag{6.3}$$

当 $\alpha=0$，$y=\bar{y}(x)$时 $L(\alpha)$取到极小值，即

$$\frac{\mathrm{d}L(\alpha)}{\mathrm{d}\alpha}\Big|_{\alpha=0}=0 \tag{6.4}$$

把式(6.3)代入式(6.4)，展开后，有

$$\begin{aligned}\frac{\mathrm{d}L(\alpha)}{\mathrm{d}\alpha}\Big|_{\alpha=0}&=\int_{x_0}^{x_1}\frac{(\bar{y}'+\alpha\eta')\eta'}{\sqrt{1+(\bar{y}'+\alpha\eta')^2}}\mathrm{d}x\Big|_{\alpha=0}\\&=\int_{x_0}^{x_1}\frac{\bar{y}'\eta'}{\sqrt{1+\bar{y}'^2}}\mathrm{d}x=\frac{\bar{y}'\eta}{\sqrt{1+\bar{y}'^2}}\Big|_{x_0}^{x_1}-\int_{x_0}^{x_1}\left(\frac{\bar{y}'}{\sqrt{1+\bar{y}'^2}}\right)'\eta\mathrm{d}x\\&=-\int_{x_0}^{x_1}\left(\frac{\bar{y}''}{\sqrt{1+\bar{y}'^2}}-\frac{\bar{y}'\bar{y}'\bar{y}''}{(\sqrt{1+\bar{y}'^2})^3}\right)\eta\mathrm{d}x=-\int_{x_0}^{x_1}\frac{\bar{y}''}{(\sqrt{1+\bar{y}'^2})^3}\eta\mathrm{d}x\\&=0\end{aligned} \tag{6.5}$$

由于式(6.5)对于任意的 $\eta=\eta(x)$都成立，因此可以得到

$$\frac{\bar{y}''}{(\sqrt{1+\bar{y}'^2})^3}=0 \tag{6.6}$$

其解析解为

$$y=C_1x+C_2 \tag{6.7}$$

因此，在平面上过固定两点距离最近的光滑曲线是直线。

例 6.2(最速降线问题)　如图 6-1 所示，在铅直平面上取一直角坐标系，以 A 为坐标原点，水平为 x 轴，向下为 y 轴。曲线的方程为 $y=y(x)$，A 点坐标为 $(x_0,y_0)=(0,0)$，B 点坐标为 (x_1,y_1)。曲线上任意一点 P 时的速度为

$$v=\frac{\mathrm{d}s}{\mathrm{d}t}=\sqrt{2gy} \tag{6.8}$$

$$\mathrm{d}t=\frac{\mathrm{d}s}{v}=\frac{\mathrm{d}s}{\sqrt{2gy}}=\frac{\sqrt{\mathrm{d}x^2+\mathrm{d}y^2}}{\sqrt{2gy}}=\frac{\sqrt{1+(y')^2}}{\sqrt{2gy}}\mathrm{d}x \tag{6.9}$$

重物沿该曲线从 A 点滑到 B 点所需要的总时间为

$$T(y)=\int\mathrm{d}t=\int_{x_0}^{x_1}\frac{\sqrt{1+(y')^2}}{\sqrt{2gy}}\mathrm{d}x \tag{6.10}$$

$T(y)$为一泛函。该曲线的参数形式为

$$x=\frac{1}{2}C(\theta-\sin\theta),\quad y=\frac{1}{2}C(1-\cos\theta) \tag{6.11}$$

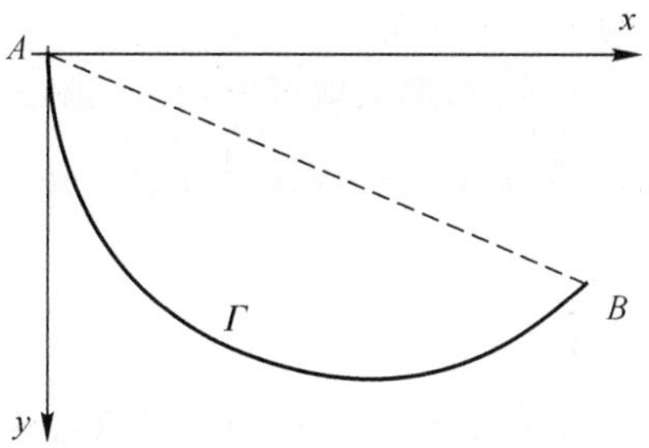

图 6-1　最速降线问题

例 6.3(最优控制问题)　考虑状态方程

$$\dot{\boldsymbol{x}}(t)=f[\boldsymbol{x}(t),\boldsymbol{u}(t),t],\quad t\in[t_0,t_f] \tag{6.12}$$

式中，$\boldsymbol{x}\in\mathbf{R}^n$ 为状态向量，$\boldsymbol{x}(t_0)$为初始状态，$\boldsymbol{x}(t_f)$为终止状态，$\boldsymbol{u}\in\mathbf{R}^m$ 为输入向量。要求寻找合适的 $\boldsymbol{u}(t)=\boldsymbol{g}(\boldsymbol{x},t)$，使得

$$J=\int_{t_0}^{t_f}L[\boldsymbol{x}(t),\boldsymbol{u}(t),t]\mathrm{d}t\to\min \tag{6.13}$$

式中，J 是一个性能泛函。与上面几个问题不同，最优控制问题是一个带微分约束式(6.12)的泛函极值问题。

在讨论泛函的极值以前，先来回顾一下函数的极值问题。

6.1.1　函数的极值问题

定义 6.1(函数的连续性)　任意一个多元函数 $f(\boldsymbol{x})$，$\boldsymbol{x}=(x_1\quad x_2\quad\cdots\quad x_n)^{\mathrm{T}}\in\mathbf{R}^n$，$\forall\varepsilon>0$，如果 $\exists\delta=\delta(\varepsilon)>0$，当 $\|\boldsymbol{x}-\boldsymbol{x}_0\|<\delta$ 时，有

$$|f(\boldsymbol{x})-f(\boldsymbol{x}_0)|<\varepsilon \tag{6.14}$$

那么，称 $f(\boldsymbol{x})$在 $\boldsymbol{x}_0$ 处是连续的，记为 $f(\boldsymbol{x}_0)=\lim\limits_{\boldsymbol{x}\to\boldsymbol{x}_0}f(\boldsymbol{x})$。

定义 6.2(函数的可微性)　如果存在 $\exists\mathbf{A}=(A_1\quad\cdots\quad A_n)^{\mathrm{T}}\in\mathbf{R}^n$，使得

$$A_i = \lim_{x \to x_0} \frac{f(x_{01},\cdots,x_i,\cdots,x_{0n}) - f(\boldsymbol{x}_0)}{x_i - x_{0i}}, \quad \forall 1 \leqslant i \leqslant n \tag{6.15}$$

那么称 $f(\boldsymbol{x})$在 $\boldsymbol{x}_0$ 处是可微的，或者说存在(一阶)导数，记为

$$f'(\boldsymbol{x}) = \boldsymbol{A} \tag{6.16}$$

或者记为

$$\boldsymbol{\nabla} f = f'(\boldsymbol{x}) = \left(\frac{\partial f}{\partial x_1} \quad \frac{\partial f}{\partial x_2} \quad \cdots \quad \frac{\partial f}{\partial x_n}\right)^{\mathrm{T}} \tag{6.17}$$

式中，$\boldsymbol{\nabla}$ 为梯度算子(或 Hamilton 算子)。同理，可以定义该函数的二阶导数

$$\boldsymbol{D}f = f''(\boldsymbol{x}) = \begin{bmatrix} \dfrac{\partial^2 f}{\partial x_1^2} & \dfrac{\partial^2 f}{\partial x_1 \partial x_2} & \cdots & \dfrac{\partial^2 f}{\partial x_1 \partial x_n} \\ \dfrac{\partial^2 f}{\partial x_2 \partial x_1} & \dfrac{\partial^2 f}{\partial x_2^2} & \cdots & \dfrac{\partial^2 f}{\partial x_2 \partial x_n} \\ \vdots & \vdots & & \vdots \\ \dfrac{\partial^2 f}{\partial x_n \partial x_2} & \dfrac{\partial^2 f}{\partial x_n \partial x_2} & \cdots & \dfrac{\partial^2 f}{\partial x_n^2} \end{bmatrix} \tag{6.18}$$

及更高阶导数。这里 $\boldsymbol{D}f$ 也称为 Jacobi 矩阵。

如果函数 $f(\boldsymbol{x})$在某点 $\boldsymbol{x}_0$ 足够光滑，那么就可以在该点附近把函数作以下的展开：

$$\left.\begin{aligned} & f(\boldsymbol{x}_0 + \mathrm{d}\boldsymbol{x}) = f(\boldsymbol{x}_0) + \mathrm{d}f + \frac{1}{2!}\mathrm{d}^2 f + o(\|\mathrm{d}\boldsymbol{x}\|^2) \\ & \mathrm{d}f = \mathrm{d}\boldsymbol{x}^{\mathrm{T}}\,\boldsymbol{\nabla} f(\boldsymbol{x}_0) \\ & \mathrm{d}^2 f = \mathrm{d}\boldsymbol{x}^{\mathrm{T}}\boldsymbol{D}f(\boldsymbol{x}_0)\mathrm{d}\boldsymbol{x} \end{aligned}\right\} \tag{6.19}$$

式中，$o(\cdot)$为高阶小量，$\mathrm{d}f$，$\mathrm{d}^2 f$ 分别为函数 $f(\boldsymbol{x})$的一阶微分和二阶微分。

换个角度来看，如果

$$f(\boldsymbol{x}_0 + \mathrm{d}\boldsymbol{x}) - f(\boldsymbol{x}_0) = L(\boldsymbol{x}_0, \mathrm{d}\boldsymbol{x}) + \frac{1}{2!}Q(\boldsymbol{x}_0, \mathrm{d}\boldsymbol{x}) + o(\|\mathrm{d}\boldsymbol{x}\|^2) \tag{6.20}$$

式中，$L(\boldsymbol{x}_0, \mathrm{d}\boldsymbol{x})$为 $\mathrm{d}\boldsymbol{x}$ 的线性函数，而 $Q(\boldsymbol{x}_0, \mathrm{d}\boldsymbol{x})$为 $\mathrm{d}\boldsymbol{x}$ 的二次函数，那么 $L(\boldsymbol{x}_0, \mathrm{d}\boldsymbol{x})$为 $f(\boldsymbol{x})$的一阶微分，$Q(\boldsymbol{x}_0, \mathrm{d}\boldsymbol{x})$为 $f(\boldsymbol{x})$的二阶微分。

定义 6.3(函数的极值) 对于足够小的 $\varepsilon > 0$，如果 $\forall \boldsymbol{x} \in O(\boldsymbol{x}_0, \varepsilon)$，总有 $f(\boldsymbol{x}) \leqslant f(\boldsymbol{x}_0)$，那么称 $f(\boldsymbol{x})$在 $\boldsymbol{x}_0$ 有极大值。如果 $\forall \boldsymbol{x} \in O(\boldsymbol{x}_0, \varepsilon)$，总有 $f(\boldsymbol{x}) \geqslant f(\boldsymbol{x}_0)$，那么称 $f(\boldsymbol{x})$在 $\boldsymbol{x}_0$ 有极小值。这里 $O(\boldsymbol{x}_0, \varepsilon) = \{\boldsymbol{x} \mid \|\boldsymbol{x} - \boldsymbol{x}_0\| < \varepsilon\}$为 $\boldsymbol{x}_0$ 的 ε 邻域。

如果 $f(\boldsymbol{x})$在某一点 $\boldsymbol{x}_0$ 附近足够光滑，那么 $f(\boldsymbol{x})$在 $\boldsymbol{x}_0$ 有极值的必要条件为

$$\mathrm{d}f = \mathrm{d}\boldsymbol{x}^{\mathrm{T}}\boldsymbol{\nabla} f(\boldsymbol{x}_0) = 0 \tag{6.21}$$

或者

$$\boldsymbol{\nabla} f(\boldsymbol{x}_0) = \boldsymbol{0} \tag{6.22}$$

更进一步，如果 $\boldsymbol{D}f(\boldsymbol{x}_0) \neq \boldsymbol{0}$，那么 $f(\boldsymbol{x})$在 $\boldsymbol{x}_0$ 有极大(小)值的充分条件为

$$\begin{aligned} & \mathrm{d}f = \mathrm{d}\boldsymbol{x}^{\mathrm{T}}\boldsymbol{\nabla} f(\boldsymbol{x}_0) = 0 \\ & \mathrm{d}^2 f = \frac{1}{2!}\mathrm{d}\boldsymbol{x}^{\mathrm{T}}\boldsymbol{D}f(\boldsymbol{x}_0)\mathrm{d}\boldsymbol{x} < 0(> 0), \quad \forall\, \mathrm{d}\boldsymbol{x} \neq \boldsymbol{0} \end{aligned} \tag{6.23}$$

或者

$$\begin{aligned} & \boldsymbol{\nabla} f(\boldsymbol{x}_0) = \boldsymbol{0} \\ & \boldsymbol{D}f(\boldsymbol{x}_0) < \boldsymbol{0}(> \boldsymbol{0}) \end{aligned} \tag{6.24}$$

其中，$\boldsymbol{D}f(\boldsymbol{x}_0)<\mathbf{0}$ 表示是负定矩阵。

6.1.2　泛函的极值

定义 6.4(函数的邻域)　定义在区间(a,b)上的函数 $y=y_0(x)$的一阶 ε 邻域定义为：对于$\forall\varepsilon>0$，始终满足

$$\left.\begin{aligned}&|\,y(x)-y_0(x)\,|<\varepsilon,\quad x\in(a,b)\\&|\,y'(x)-y'_0(x)\,|<\varepsilon,\quad x\in(a,b)\end{aligned}\right\}\tag{6.25}$$

称满足式(6.25)的函数 $y(x)$的集合是 $y_0(x)$的一阶 ε 邻域。同样可以定义函数的高阶 ε 邻域。

定理 6.1(变分引理)　如果函数 $f(x)\in C^0[a,b]$，对于在$[a,b]$上满足 $\eta(a)=\eta(b)=0$ 的、足够光滑的任意函数 $\eta(x)$，下列等式总是成立：

$$\int_a^b f(x)\eta(x)\mathrm{d}x=0\tag{6.26}$$

则对$\forall x\in(a,b)$必有

$$f(x)\equiv 0\tag{6.27}$$

定义 6.5(泛函)　设 S 为一函数集合，若对于每一个函数 $y(x)\in S$，有一个实数 J 与之对应，则称 J 是定义在 S 上的泛函，记作 $J[y(x)]$或 $J(y(x))$。

S 称为 J 的容许函数集，是泛函定义中的函数集合。如最速降线问题中的泛函式(6.10)，其容许函数集为

$$S=\{y\mid y(x)\in C^1(x_0,x_1),\quad y(x_0)=y_0,y(x_1)=y_1\}\tag{6.28}$$

定义 6.6(线性泛函)　对于泛函 $J[\cdot]$，如果对于泛函定义域中任意两个函数 f 和 g 以及任意两个实数 a 和 b，均有

$$J[af+bg]=aJ[f]+bJ[g]\tag{6.29}$$

那么称泛函 $J[\cdot]$为定义域上的线性泛函。

定义 6.7(泛函极值)　如果泛函 $J[y]$在 $y=y_0(x)$的一阶 ε 邻域内都不大(小)于 $J[y_0]$，那么称泛函 $J[y]$在 $y=y_0(x)$有极大(小)值，即

$$J[y]\geqslant J[y_0](\text{极小})\quad\text{或}\quad J[y]\leqslant J[y_0](\text{极大})\tag{6.30}$$

使 $J[y]$取到极值的函数称为极值函数。

6.1.3　泛函的变分

对于任意一个泛函 $J[y]$，函数变分所引起的泛函增加量为

$$\Delta J=J[y+\delta y]-J[y]\tag{6.31}$$

如果可以展开为

$$\Delta J=L[y,\delta y]+\frac{1}{2!}Q[y,\delta y]+o(\|\delta y\|^2)\tag{6.32}$$

式中，$L[y,\delta y]$是关于 δy 的线性泛函，也就是说$\forall C_1,C_2\in\mathbf{R}$，有

$$L[y,C_1\delta y_1+C_2\delta y_2]=C_1L[y,\delta y_1]+C_2L[y,\delta y_2]\tag{6.33}$$

而 $Q[y,\delta y]$为 δy 的二次泛函。由此可以引出泛函的变分定义。

定义 6.8(泛函的变分)　考虑泛函 $J[y(x)]$，其定义域为开函数向量空间 Y，如果对应函

数向量 $y(x)\in Y$ 和函数范数充分小的增量 $\delta y(x)\in Y$，泛函 $J[y(x)]$ 的增量可以表示为

$$\Delta J = J[y(x)+\delta y(x)] - J[y(x)] = A[y(x),\delta y(x)] + B[y(x),\delta y(x)] \tag{6.34}$$

其中 $A[y(x),\delta y(x)]$ 是关于 $\delta y(x)$ 的线性泛函，$B[y(x),\delta y(x)]$ 是关于 $\|\delta y(x)\|$ 的高阶无穷小量，则称 $A[y(x),\delta y(x)]$ 为泛函 $J[y(x)]$ 的一阶变分，记为 $\delta J[y(x),\delta y(x)]$ 或 δJ。

例 6.4 求下列泛函的变分：

$$J[y] = \int_a^b F(x,y,y')\mathrm{d}x \tag{6.35}$$

给函数 $y(x)$ 一个变分 δy，也就是说新的函数为 $\bar{y}(x)=y(x)+\delta y(x)$，那么对应于新函数的泛函为

$$\begin{aligned} J[\bar{y}] &= \int_a^b F(x,\bar{y},\bar{y}')\mathrm{d}x \\ &= \int_a^b F(x,y+\delta y,y'+\delta y')\mathrm{d}x \end{aligned} \tag{6.36}$$

显然，泛函的变化量为

$$\begin{aligned} \Delta J &= J[\bar{y}] - J[y] \\ &= \int_a^b [F(x,y+\delta y,y'+\delta y') - F(x,y,y')]\mathrm{d}x \end{aligned} \tag{6.37}$$

假如 $F(x,y,y')$ 是充分光滑的，那么根据多元函数 Tayler 展开公式，上式可以表示成

$$\begin{aligned} \Delta J &= \int_a^b \left\{[F_y\delta y + F_{y'}\delta y'] + \frac{1}{2!}[F_{yy}(\delta y)^2 + 2F_{yy'}\delta y\delta y' + F_{y'y'}(\delta y')^2] + \cdots\right\}\mathrm{d}x \\ &= \delta J + \delta^2 J + \cdots \end{aligned} \tag{6.38}$$

式中：

$$\delta J = \int_a^b [F_y\delta y + F_{y'}\delta y']\mathrm{d}x \tag{6.39a}$$

$$\delta^2 J = \int_a^b [F_{yy}(\delta y)^2 + 2F_{yy'}\delta y\delta y' + F_{y'y'}(\delta y')^2]\mathrm{d}x \tag{6.39b}$$

分别是关于变分 δy 及其导数 $\delta y'$ 的一次齐式和二次齐式。把 δJ 和 $\delta^2 J$ 分别称为泛函 $J[y]$ 的一阶变分和二阶变分。在不引起混淆时，就把一阶变分称为泛函的变分。

泛函变分具有以下性质：

(1) $\delta(F_1+F_2)=\delta F_1+\delta F_2$；

(2) $\delta(F_1F_2)=F_1\delta F_2+F_1\delta F_2$；

(3) $\delta(F^n)=nF^{n-1}\delta F$；

(4) $\delta\left(\dfrac{F_1}{F_2}\right)=\dfrac{\delta F_1}{F_2}-\dfrac{F_1\delta F_2}{F_2^2}$；

(5) $\delta(F^{(n)})=\delta F^{(n)}$；

(6) $\delta\int_a^b F(x,y,y')\mathrm{d}x = \int_a^b \delta F(x,y,y')\mathrm{d}x$；

(7) $\delta\int_a^b F(x,y_1,y_2,\cdots,y_n,y'_1,y'_2,\cdots,y'_n)\mathrm{d}x = \int_a^b \sum_{i=1}^n\left[\dfrac{\partial F}{\partial y_i}\delta y_i + \dfrac{\partial F}{\partial y'_i}\delta y'_i\right]\mathrm{d}x$。

这表明，求泛函变分可以用类似求复合函数求微分的方式进行。

例 6.5 已知泛函：

$$J[y,z]=\int_a^b F(x,y,y',z,z')\mathrm{d}x,\quad y=y(x),z=z(x)$$

求 δJ。

解：根据泛函变分性质，对 J 求变分：

$$\begin{aligned}\delta J&=\int_a^b [F_y\delta y+F_{y'}\delta y'+F_z\delta z+F_{z'}\delta z']\mathrm{d}x\\&=\int_a^b \left[F_y\delta y+F_z\delta z-\frac{\mathrm{d}F_{y'}}{\mathrm{d}x}\delta y-\frac{\mathrm{d}F_{z'}}{\mathrm{d}x}\delta z\right]\mathrm{d}x+[F_{y'}\delta y+F_{z'}\delta z]\Big|_a^b\end{aligned}\tag{6.40}$$

这里已通过分部积分消去了积分号下自变函数变分的导数。

6.1.4　Eular-Lagrange 方程

6.1.4.1　泛函极值的必要条件

下面从最简单的泛函来讨论使泛函取到极值的必要条件：

$$J[y]=\int_a^b F(x,y,y')\mathrm{d}x,\quad y(a)=y_0,y(b)=y_1\tag{6.41}$$

如果 $y=y^*(x)$ 使 $J[y]=\int_a^b F(x,y,y')\mathrm{d}x$ 取到极值，则对于 $y=y^*(x)$ 的一阶 ε 邻域内的函数 $y(x)$ 应有

$$J[y]\geqslant J[y^*](\text{极小})\quad\text{或}\quad J[y]\leqslant J[y^*](\text{极大})$$

现在用变分引理导出泛函取极值的必要条件。取 $y(x)=y^*(x)+\alpha\eta(x)$，由于 $y(a)=y_0$，$y(b)=y_1$，因此可以得到 $\eta(a)=\eta(b)=0$。当 α 足够小的时候，$y(x)$ 属于 $y=y^*(x)$ 的邻域。当 $y=y^*(x)$ 以及 $\eta(x)$ 给定以后，$J[y]$ 应该是关于 α 的函数，即

$$J[y]=\int_a^b F(x,y^*+\alpha\eta,y^{*\prime}+\alpha\eta')\mathrm{d}x=J(\alpha)\tag{6.42}$$

因为 $J[y]$ 在 $y=y^*(x)$ 处取极值，所以 $\alpha=0$ 应该是 $J(\alpha)$ 的极值点。根据函数极值的必要条件：

$$\frac{\mathrm{d}J(\alpha)}{\mathrm{d}\alpha}\Big|_{\alpha=0}=0\tag{6.43}$$

这就意味着：

$$\int_a^b \left[\frac{\partial F}{\partial y}-\frac{\mathrm{d}}{\mathrm{d}x}\left(\frac{\partial F}{\partial y'}\right)\right]\eta(x)\mathrm{d}x=0\tag{6.44}$$

如果令 $\delta y=\alpha\eta$，那么有

$$\delta J=\int_a^b \left[\frac{\partial F}{\partial y}-\frac{\mathrm{d}}{\mathrm{d}x}\left(\frac{\partial F}{\partial y'}\right)\right]\delta y\mathrm{d}x=0\tag{6.45}$$

考虑到 δy 的任意性，根据变分引理有

$$\frac{\partial F}{\partial y}-\frac{\mathrm{d}}{\mathrm{d}x}\left(\frac{\partial F}{\partial y'}\right)=0\tag{6.46}$$

式(6.46)就是该泛函极值问题的 Eule-Lagrange 方程。

对于更一般的泛函，同样可以得到下面的泛函极值定理。

定理 6.2(泛函极值定理)　如果泛函 $J[y]$ 在 $y=y_0(x)$ 上达到极值，那么泛函在 $y=y_0(x)$ 上的一阶变分 δJ 满足 $\delta J=0$。

$\delta J=0$ 是泛函有极值的必要条件，但非充分条件。对于仅仅满足 $\delta J=0$ 的泛函 J，称在该

点取驻值。

定义 6.9(Euler-Lagrange 方程) 由泛函 $\delta J=0$ 所得到的微分方程(包括边界条件)称为泛函的 Euler-Lagrange 方程。

例 6.6 求下列泛函的 Euler-Lagrange 方程:

$$J[y]=\frac{1}{2}\int_a^b\left[p(x)\left(\frac{\mathrm{d}y}{\mathrm{d}x}\right)^2+q(x)y^2\right]\mathrm{d}x,\quad y(a)=y_0,y(b)=y_1 \tag{6.47}$$

解:根据泛函极值定理,可得

$$\begin{aligned}\delta J&=\int_a^b\left[p(x)\left(\frac{\mathrm{d}y}{\mathrm{d}x}\right)\delta\left(\frac{\mathrm{d}y}{\mathrm{d}x}\right)+q(x)y\delta y\right]\mathrm{d}x\\&=\int_a^b\left[-\frac{\mathrm{d}}{\mathrm{d}x}\left(p(x)\frac{\mathrm{d}y}{\mathrm{d}x}\right)+q(x)y\right]\delta y\,\mathrm{d}x=0\end{aligned} \tag{6.48}$$

从而得到 Euler-Lagrange 方程:

$$-\frac{\mathrm{d}}{\mathrm{d}x}\left(p(x)\frac{\mathrm{d}y}{\mathrm{d}x}\right)+q(x)y=0 \tag{6.49}$$

6.1.4.2 存在代数约束下的泛函极值

考虑含代数约束的泛函:

$$\left.\begin{aligned}&J[y_1,y_2,\cdots,y_n]=\int_a^b F(x,y_1,y_2,\cdots,y_n;y'_1,y'_2,\cdots,y'_n)\mathrm{d}x\\&\text{约束条件}:\varphi_i(x,y_1,y_2,\cdots,y_n)=0,\quad i=1,2,\cdots,s\end{aligned}\right\} \tag{6.50}$$

通过引进 Lagrange 函数 $\lambda_1(x),\lambda_2(x),\cdots,\lambda_s(x)$,把上式转化成下面新泛函的无条件极值问题:

$$\left.\begin{aligned}&J^*[y_1,y_2,\cdots,y_n;\lambda_1,\lambda_2,\cdots,\lambda_s]=\int_a^b F^*(x,y_1,y_2,\cdots,y_n;y'_1,y'_2,\cdots,y'_n;\lambda_1,\lambda_2,\cdots,\lambda_s)\mathrm{d}x\\&F^*=(F+\sum_{i=1}^{s}\lambda_i(x)\varphi_i)\end{aligned}\right\} \tag{6.51}$$

这里 Lagrange 函数 $\lambda_1(x),\lambda_2(x),\cdots,\lambda_s(x)$是新泛函的自变函数,相应的 Euler-Lagrange 方程为

$$\frac{\partial F^*}{\partial y_i}-\frac{\mathrm{d}}{\mathrm{d}x}\left(\frac{\partial F^*}{\partial y_i'}\right)=0,\quad i=1,2,\cdots,n \tag{6.52}$$

结合代数约束方程,共有个 $n+s$ 方程(恒等式)来决定 $n+s$ 个未知函数 $y_1,y_2,\cdots,y_n;\lambda_1,\lambda_2,\cdots,\lambda_s$。

例 6.7 考虑短程线问题:

$$\left.\begin{aligned}&J[y,z]=\int_{x_0}^{x_1}\sqrt{1+(y')^2+(z')^2}\,\mathrm{d}x\\&\text{约束条件}:\varphi(x,y,z)=0\end{aligned}\right\} \tag{6.53}$$

新的泛函为

$$J^*=\int_{x_0}^{x_1}(\sqrt{1+(y')^2+(z')^2}+\lambda(x)\varphi(x,y,z))\mathrm{d}x \tag{6.54}$$

相应的 Euler-Lagrange 方程为

$$\left.\begin{aligned}\lambda(x)\varphi_y-\frac{\mathrm{d}}{\mathrm{d}x}\frac{y'}{\sqrt{1+(y')^2+(z')^2}}=0\\\lambda(x)\varphi_z-\frac{\mathrm{d}}{\mathrm{d}x}\frac{z'}{\sqrt{1+(y')^2+(z')^2}}=0\end{aligned}\right\}\tag{6.55}$$

6.1.4.3　存在微分约束下的泛函极值

考虑含有微分约束的泛函极值问题：

$$\left.\begin{aligned}&J[y_1,y_2,\cdots,y_n]=\int_a^b F(x,y_1,y_2,\cdots,y_n;y'_1,y'_2,\cdots,y'_n)\mathrm{d}x\\&\text{约束条件：}\varphi_i(x,y_1,y_2,\cdots,y_n;y'_1,y'_2,\cdots,y'_n)=0,i=1,2,\cdots,s\end{aligned}\right\}\tag{6.56}$$

上述约束仍是(a,b)上的恒等式，通过引进 Lagrange 函数 $\lambda_1(x),\lambda_2(x),\cdots,\lambda_s(x)$，把它转化成新泛函的无条件极值问题，即

$$\left.\begin{aligned}&J^*[y_1,y_2,\cdots,y_n;\lambda_1,\lambda_2,\cdots,\lambda_s]=\int_a^b F^*(x,y_1,y_2,\cdots,y_n;y'_1,y'_2,\cdots,y'_n;\lambda_1,\lambda_2,\cdots,\lambda_s)\mathrm{d}x\\&F^*=(F+\sum_{i=1}^{s}\lambda_i(x)\varphi_i)\end{aligned}\right\}\tag{6.57}$$

这里 Lagrange 函数 $\lambda_1(x),\lambda_2(x),\cdots,\lambda_s(x)$是新泛函的自变函数。相应的 Euler-Lagrange 方程为

$$\frac{\partial F^*}{\partial y_i}-\frac{\mathrm{d}}{\mathrm{d}x}\left(\frac{\partial F^*}{\partial y_i'}\right)=0,\quad i=1,2,\cdots,n\tag{6.58}$$

6.1.4.4　存在积分约束下的泛函极值

考虑含有积分约束的泛函极值问题：

$$\left.\begin{aligned}&J[y_1,y_2,\cdots,y_n]=\int_a^b F(x,y_1,y_2,\cdots,y_n;y'_1,y'_2,\cdots,y'_n)\mathrm{d}x\\&\text{约速条件：}\int_{x_0}^{x_1}\varphi_i(x,y_1,y_2,\cdots,y_n;y'_1,y'_2,\cdots,y'_n)\mathrm{d}x=\alpha_i,i=1,2,\cdots,s\end{aligned}\right\}\tag{6.59}$$

需要注意的是，此处的积分约束条件为 s 个数值等式，而不是恒等式，从而可以通过引进 Lagrange 乘子 $\lambda_1,\lambda_2,\cdots,\lambda_s$(而不是函数)，把它转化成下面新泛函的无条件极值问题：

$$\left.\begin{aligned}&J^*[y_1,y_2,\cdots,y_n;\lambda_1,\lambda_2,\cdots,\lambda_s]\\&=\int_a^b F^*(x,y_1,y_2,\cdots,y_n;y'_1,y'_2,\cdots,y'_n;\lambda_1,\lambda_2,\cdots,\lambda_s)\mathrm{d}x-\sum_{j=1}^{s}\lambda_j\alpha_j\\&F^*=(F+\sum_{j=1}^{s}\lambda_j\varphi_j)\end{aligned}\right\}\tag{6.60}$$

与新变分问题对应的 Euler-Lagrange 方程为

$$\frac{\partial F^*}{\partial y_i}-\frac{\mathrm{d}}{\mathrm{d}x}\left(\frac{\partial F^*}{\partial y_i'}\right)=0,\quad i=1,2,\cdots,n\tag{6.61}$$

需求强调的是，现在有 n 个微分方程(恒等式)和 s 个数值等式，去决定 n 个未知函数 $y_1,y_2,\cdots,y_n$ 和 s 个未知数 $\lambda_1,\lambda_2,\cdots,\lambda_s$。

6.1.5　变分问题中的边界条件

下面讨论泛函

$$J[y]=\int_{x_0}^{x_1}F(x,y,y')\mathrm{d}x \tag{6.62}$$

极值问题中的边界条件。如果该泛函自变函数 $y=y(x)$ 的边界位置为 x_0，x_1，那么相应的边界条件分为：

(1)固定边界：边界位置固定，边界上函数值固定，$y(x_0)=y_0$，$y(x_1)=y_1$；

(2)自由边界：边界位置固定，边界上函数值自由，x_0，x_1 固定，y_0，y_1 自由；

(3)可动边界：边界位置不定，边界上函数值不定，x_0，x_1 不定，y_0，y_1 也不定；

(4)约束边界：边界在固定的曲线(或者曲面)上，$\Gamma_0(x_0,y_0)=0$，$\Gamma_1(x_1,y_1)=0$。

自由边界条件可视为特殊的约束边界条件：$x_0=\mathrm{const}$，$x_1=\mathrm{const}$。也可以考虑混合组合，譬如一端是固定的，另一端是自由的，等等。

为简单起见，假设在 $x=x_0$ 处是固定边界，$x=x_1$ 是自由、可动或约束边界，而泛函为

$$J[y,x_1]=\int_{x_0}^{x_1}F(x,y,y')\mathrm{d}x \tag{6.63}$$

这里 $J[y,x_1]$表示泛函自变量为自变函数 y 和边界的位置 x_1，则有

$$\begin{aligned}&J[y+\delta y,x_1+\delta x_1]-J[y,x_1]\\&=\int_{x_0}^{x_1+\delta x_1}F(x,y+\delta y,y'+\delta y')\mathrm{d}x-\int_{x_0}^{x_1}F(x,y,y')\mathrm{d}x\\&=F(x,y,y')|_{x_1}\delta x_1+\int_{x_0}^{x_1}\left[\frac{\partial F}{\partial y}-\frac{\mathrm{d}}{\mathrm{d}x}\left(\frac{\partial F}{\partial y'}\right)\right]\delta y\,\mathrm{d}x+\\&\qquad\frac{\partial F}{\partial y'}\delta y|_{x_1}+o(\|\delta y\|,|\delta x_1|)\end{aligned} \tag{6.64}$$

由 $\delta J=0$ 可得

$$\frac{\partial F}{\partial y}-\frac{\mathrm{d}}{\mathrm{d}x}\left(\frac{\partial F}{\partial y'}\right)=0,\quad x\in(x_0,x_1) \tag{6.65}$$

$$F(x,y,y')|_{x_1}\delta x_1+\frac{\partial F}{\partial y'}\delta y|_{x_1}=0,x=x_1 \tag{6.66}$$

1)$x=x_1$ 是自由边界：此时 $\delta x_1=0$，式(6.66)变成

$$\frac{\partial F}{\partial y'}\delta y|_{x_1}=0\Rightarrow\frac{\partial F}{\partial y'}|_{x_1}=0 \tag{6.67}$$

2)$x=x_1$ 是可动边界：由于

$$\begin{aligned}\delta y_1&=(y+\delta y)(x_1+\delta x_1)-y(x_1)\\&=\delta y(x_1)+y(x_1+\delta x_1)-y(x_1)\\&=\delta y(x_1)+y'(x_1)\delta x_1\\&\neq\delta y(x_1)\end{aligned} \tag{6.68}$$

代入式(6.66)，则边界条件变为

$$\left(F(x,y,y')-\frac{\partial F}{\partial y'}y'\right)|_{x_1}\delta x_1+\frac{\partial F}{\partial y'}|_{x_1}\delta y_1=0,\quad x=x_1 \tag{6.69}$$

由此可得 $x=x_1$ 处的边界条件为

$$\left(F(x,y,y')-\frac{\partial F}{\partial y'}y'\right)|_{x_1}=0,\frac{\partial F}{\partial y'}|_{x_1}=0 \tag{6.70}$$

3)$x=x_1$ 是约束边界：边界在固定的曲线(或者曲面)上，$\Gamma_1(x_1,y_1)=0$，此时

$$\frac{\partial \Gamma_1}{\partial x_1}\delta x_1 + \frac{\partial \Gamma_1}{\partial y_1}\delta y_1 = 0 \tag{6.71}$$

其约束边界条件为

$$\frac{F(x,y,y') - \frac{\partial F}{\partial y'}y'}{\partial \Gamma_1/\partial x_1}\Big|_{x_1} = \frac{\frac{\partial F}{\partial y'}}{\partial \Gamma_1/\partial y_1}\Big|_{x_1} \tag{6.72}$$

例 6.8　左端在 $x=a$ 处固定 $x(a)=x_0$，右端在 $y_1=\varphi(x_1)$ 上移动。

解:在右端要求满足

$$\left(F(x,y,y') - \frac{\partial F}{\partial y'}y'\right)\Big|_{x_1}\delta x_1 + \frac{\partial F}{\partial y'}\Big|_{x_1}\delta y_1 = 0, \quad x = x_1 \tag{6.73}$$

在右端有

$$F(x,y,y') + (\varphi'(x) - y')\frac{\partial F}{\partial y'} = 0, x = x_1 \tag{6.74}$$

6.1.6　Hamilton 原理

以相空间作为描述对象,一个力学系统的动能可以表示为

$$T = T(q_1, q_2, \cdots, q_n; \dot{q}_1, \dot{q}_2, \cdots, \dot{q}_n) \tag{6.75}$$

式中,$q_1, q_2, \cdots, q_n$ 为广义坐标,$\dot{q}_1, \dot{q}_2, \cdots, \dot{q}_n$ 为广义速度。势能可以表示为

$$V = V(q_1, q_2, \cdots, q_n) \tag{6.76}$$

定义 Lagrange 函数为

$$L(q_1, q_2, \cdots, q_n; \dot{q}_1, \dot{q}_2, \cdots, \dot{q}_n) = T - V \tag{6.77}$$

定义 Hamilton 泛函为

$$H = \int_{t_0}^{t_f} L(q_1, q_2, \cdots, q_n; \dot{q}_1, \dot{q}_2, \cdots, \dot{q}_n)\,\mathrm{d}t \tag{6.78}$$

定理 6.3(Hamilton 原理)　给定初始时刻 $t=t_0$ 以及终止时刻 $t=t_1$ 的状态(位置),在所有可能的运动中,真实的运动应该使得 Hamilton 泛函取极小值,即

$$\left.\begin{aligned} &H = \int_{t_0}^{t_f} L(q_1, q_2, \cdots, q_n; \dot{q}_1, \dot{q}_2, \cdots, \dot{q}_n)\,\mathrm{d}t \to \min \\ &\delta H = 0 \end{aligned}\right\} \tag{6.79}$$

例 6.9　弹簧的自由振动问题:

$$T = \frac{1}{2}m\dot{x}^2, V = \frac{1}{2}kx^2, H = \frac{1}{2}\int_{t_0}^{t_f}(m\dot{x}^2 - kx^2)\,\mathrm{d}t \tag{6.80}$$

Hamilton 泛函的变分为

$$\begin{aligned} \delta H &= \int_{t_0}^{t_f}(m\dot{x}\delta\dot{x} - kx\delta x)\,\mathrm{d}t \\ &= m\dot{x}\delta x\,\Big|_{t_0}^{t_f} + \int_{t_0}^{t_f}(-m\ddot{x}\delta x - kx\delta x)\,\mathrm{d}t \\ &= -\int_{t_0}^{t_f}(m\ddot{x} + kx)\delta x\,\mathrm{d}t = 0 \end{aligned} \tag{6.81}$$

由极值条件得到运动方程为

$$m\ddot{x} + kx = 0 \tag{6.82}$$

6.2 无终端约束的最优控制

无终端约束的最优控制问题可以描述为：对于受控系统

$$\dot{\boldsymbol{x}}(t)=f[\boldsymbol{x}(t),\boldsymbol{u}(t),t],\quad \boldsymbol{x}(t)=\boldsymbol{x}_0 \tag{6.83}$$

式中，$\boldsymbol{x}\in\mathbf{R}^n$，$\boldsymbol{u}\in\mathbf{R}^m$。在给定的容许控制集 U 中求一控制 $\boldsymbol{u}(t)\in\boldsymbol{U}$，$t\in[t_0,t_f]$，使得性能指标

$$J[u]=\Phi[x(t_f),t_f]+\int_{t_0}^{t_f}L[x(t),u(t),t]\mathrm{d}t \tag{6.84}$$

为最小或最大。这里 $\boldsymbol{x}_0$ 是一给定的常数向量，t_0 和 t_f 分别为给定的起始时刻和终端时刻。

假设 6.1 容许控制集 U 为一开集。

假设 6.2 $\Phi[\boldsymbol{x}(t_f),t_f]$关于 $\boldsymbol{x}(t_f)$和 t_f 存在连续偏导数，$f[\boldsymbol{x}(t),\boldsymbol{u}(t),t]$和 $L[\boldsymbol{x}(t),\boldsymbol{u}(t),t]$关于 $\boldsymbol{x}(t)$，$\boldsymbol{u}(t)$和 t 存在连续偏导数。

在上述假设下，对于给定的初始状态和控制，状态是唯一确定的。因此性能指标表达式虽然显含状态 $\boldsymbol{x}(t)$和控制 $\boldsymbol{u}(t)$，但状态 $\boldsymbol{x}(t)$是由控制 $\boldsymbol{u}(t)$所决定的，因此性能指标仅是控制 $\boldsymbol{u}(t)$的泛函，故记作 $J[\boldsymbol{u}]$。

受控系统的状态方程可以视为等式约束，即

$$f[\boldsymbol{x}(t),\boldsymbol{u}(t),t]-\dot{\boldsymbol{x}}(t)=0 \tag{6.85}$$

引入 Lagrange 乘子 $\boldsymbol{\lambda}(t)$，定义 Hamilton 函数：

$$H[\boldsymbol{x}(t),\boldsymbol{u}(t),\boldsymbol{\lambda}(t),t]=L[\boldsymbol{x}(t),\boldsymbol{u}(t),t]+\boldsymbol{\lambda}^{\mathrm{T}}(t)f[\boldsymbol{x}(t),\boldsymbol{u}(t),t] \tag{6.86}$$

并定义泛函：

$$\hat{J}=\boldsymbol{\Phi}[\boldsymbol{x}(t_f),t_f]+\int_{t_0}^{t_f}\{H[\boldsymbol{x}(t),\boldsymbol{u}(t),\boldsymbol{\lambda}(t),t]-\boldsymbol{\lambda}^{\mathrm{T}}(t)\dot{\boldsymbol{x}}(t)\}\mathrm{d}t \tag{6.87}$$

对上述泛函求变分，得

$$\begin{aligned}
\delta\hat{J}=&\frac{\partial\Phi[\boldsymbol{x}(t_f),t_f]}{\partial\boldsymbol{x}^{\mathrm{T}}(t_f)}\delta\boldsymbol{x}(t_f)+\frac{\partial\Phi[\boldsymbol{x}(t_f),t_f]}{\partial t_f}\delta t_f+\\
&\int_{t_0}^{t_f}\left\{\frac{\partial H[\boldsymbol{x}(t),\boldsymbol{u}(t),\boldsymbol{\lambda}(t),t]}{\partial\boldsymbol{x}^{\mathrm{T}}(t)}\delta\boldsymbol{x}(t)+\frac{\partial H[\boldsymbol{x}(t),\boldsymbol{u}(t),\boldsymbol{\lambda}(t),t]}{\partial\boldsymbol{u}^{\mathrm{T}}(t)}\delta\boldsymbol{u}(t)\right\}\mathrm{d}t+\\
&\int_{t_0}^{t_f}\left\{\frac{\partial H[\boldsymbol{x}(t),\boldsymbol{u}(t),\boldsymbol{\lambda}(t),t]}{\partial\boldsymbol{\lambda}^{\mathrm{T}}(t)}\delta\boldsymbol{\lambda}(t)+\frac{\partial H[\boldsymbol{x}(t),\boldsymbol{u}(t),\boldsymbol{\lambda}(t),t]}{\partial t}\delta t\right\}\mathrm{d}t-\\
&\int_{t_0}^{t_f}\{\boldsymbol{\lambda}^{\mathrm{T}}(t)\delta\dot{\boldsymbol{x}}(t)+\dot{\boldsymbol{x}}^{\mathrm{T}}(t)\delta\boldsymbol{\lambda}(t)\}\mathrm{d}t
\end{aligned} \tag{6.88}$$

根据分部积分法，$\int_{t_0}^{t_f}\{\boldsymbol{\lambda}^{\mathrm{T}}(t)\delta\dot{\boldsymbol{x}}(t)\}\mathrm{d}t$ 可以转换为以下形式：

$$\begin{aligned}
\int_{t_0}^{t_f}\{\boldsymbol{\lambda}^{\mathrm{T}}(t)\delta\dot{\boldsymbol{x}}(t)\}\mathrm{d}t&=\int_{t_0}^{t_f}\left\{\boldsymbol{\lambda}^{\mathrm{T}}(t)\frac{\mathrm{d}\delta\boldsymbol{x}(t)}{\mathrm{d}t}\right\}\mathrm{d}t=\int_{t_0}^{t_f}\boldsymbol{\lambda}^{\mathrm{T}}(t)\mathrm{d}\delta\boldsymbol{x}(t)\\
&=\boldsymbol{\lambda}^{\mathrm{T}}(t)\delta\boldsymbol{x}(t)\Big|_{t_0}^{t_f}-\int_{t_0}^{t_f}\delta\boldsymbol{x}^{\mathrm{T}}(t)\mathrm{d}\boldsymbol{\lambda}(t)\\
&=\boldsymbol{\lambda}^{\mathrm{T}}(t_f)\delta\boldsymbol{x}(t_f)-\boldsymbol{\lambda}^{\mathrm{T}}(t_0)\delta\boldsymbol{x}(t_0)-\int_{t_0}^{t_f}\delta\boldsymbol{x}^{\mathrm{T}}(t)\dot{\boldsymbol{\lambda}}(t)\mathrm{d}t
\end{aligned} \tag{6.89}$$

将式(6.89)代入式(6.88)，可得

$$\delta\hat{J}=\frac{\partial\Phi[x(t_f),t_f]}{\partial\boldsymbol{x}^{\mathrm{T}}(t_f)}\delta\boldsymbol{x}(t_f)+\frac{\partial\Phi[x(t_f),t_f]}{\partial t_f}\delta t_f+$$

$$\int_{t_0}^{t_f}\left\{\frac{\partial H[\boldsymbol{x}(t),\boldsymbol{u}(t),\boldsymbol{\lambda}(t),t]}{\partial \boldsymbol{x}^{\mathrm{T}}(t)}\delta\boldsymbol{x}(t)+\frac{\partial H[\boldsymbol{x}(t),\boldsymbol{u}(t),\boldsymbol{\lambda}(t),t]}{\partial \boldsymbol{u}^{\mathrm{T}}(t)}\delta\boldsymbol{u}(t)\right\}\mathrm{d}t+$$
$$\int_{t_0}^{t_f}\left\{\frac{\partial H[\boldsymbol{x}(t),\boldsymbol{u}(t),\boldsymbol{\lambda}(t),t]}{\partial \boldsymbol{\lambda}^{\mathrm{T}}(t)}\delta\boldsymbol{\lambda}(t)+\frac{\partial H[\boldsymbol{x}(t),\boldsymbol{u}(t),\boldsymbol{\lambda}(t),t]}{\partial t}\delta t\right\}\mathrm{d}t-$$
$$\int_{t_0}^{t_f}\{-\delta\boldsymbol{x}^{\mathrm{T}}(t)\dot{\boldsymbol{\lambda}}(t)+\dot{\boldsymbol{x}}^{\mathrm{T}}(t)\delta\boldsymbol{\lambda}(t)\}\mathrm{d}t-\boldsymbol{\lambda}^{\mathrm{T}}(t_f)\delta\boldsymbol{x}(t_f)+\boldsymbol{\lambda}^{\mathrm{T}}(t_0)\delta\boldsymbol{x}(t_0) \quad (6.90)$$

由于初始状态和初始、终端时刻给定，故有

$$\delta\boldsymbol{x}(t_0)=0,\delta t_0=\delta t_f=0 \quad (6.91)$$

因此式(6.90)可以进一步简化，有

$$\delta\hat{J}=\left\{\frac{\partial\Phi[\boldsymbol{x}(t_f),t_f]}{\partial\boldsymbol{x}^{\mathrm{T}}(t_f)}-\boldsymbol{\lambda}^{\mathrm{T}}(t_f)\right\}\delta\boldsymbol{x}(t_f)+$$
$$\int_{t_0}^{t_f}\left\{\frac{\partial H[\boldsymbol{x}(t),\boldsymbol{u}(t),\boldsymbol{\lambda}(t),t]}{\partial \boldsymbol{x}^{\mathrm{T}}(t)}+\dot{\boldsymbol{\lambda}}^{\mathrm{T}}(t)\right\}\delta\boldsymbol{x}(t)\mathrm{d}t+$$
$$\int_{t_0}^{t_f}\left\{\frac{\partial H[\boldsymbol{x}(t),\boldsymbol{u}(t),\boldsymbol{\lambda}(t),t]}{\partial \lambda^{\mathrm{T}}(t)}-\dot{\boldsymbol{x}}^{\mathrm{T}}(t)\right\}\delta\boldsymbol{\lambda}(t)\mathrm{d}t+$$
$$\int_{t_0}^{t_f}\left\{\frac{\partial H[\boldsymbol{x}(t),\boldsymbol{u}(t),\boldsymbol{\lambda}(t),t]}{\partial \boldsymbol{u}^{\mathrm{T}}(t)}\delta\boldsymbol{u}(t)\right\}\mathrm{d}t \quad (6.92)$$

根据泛函的变分原理，存在 $\delta\hat{J}=0$，因此结合上式可以得到如下结论。

定理 6.4　对于式(6.83)所描述的受控对象，假设初始状态 $\boldsymbol{x}_0$、初始时刻 t_0 和终端时刻 t_f 均给定，而容许控制集 U 为一开集。对应式(6.84)的性能指标，若 $\boldsymbol{u}^*(t)$和 $\boldsymbol{x}^*(t)$分别为最优控制和最优轨线，则存在适当选取的拉格朗日乘子 $\boldsymbol{\lambda}(t)$，使得以下方程和等式成立：

(1)规范方程：

$$\dot{\boldsymbol{x}}^*(t)=\frac{\partial H[\boldsymbol{x}^*(t),\boldsymbol{u}^*(t),\boldsymbol{\lambda}(t),t]}{\partial\boldsymbol{\lambda}(t)}=\boldsymbol{f}[\boldsymbol{x}^*(t),\boldsymbol{u}^*(t),t]$$
$$\dot{\boldsymbol{\lambda}}(t)=-\frac{\partial H[\boldsymbol{x}^*(t),\boldsymbol{u}^*(t),\boldsymbol{\lambda}(t),t]}{\partial\boldsymbol{x}^*(t)} \quad (6.93)$$

上两式分别被称为状态方程和协态方程。

(2)边值条件：

$$\left.\begin{aligned}\boldsymbol{x}(t_0)&=\boldsymbol{x}_0\\ \boldsymbol{\lambda}(t_f)&=\frac{\partial\Phi[\boldsymbol{x}^*(t_f),t_f]}{\partial\boldsymbol{x}^*(t_f)}\end{aligned}\right\} \quad (6.94)$$

(3)极值条件：

$$\frac{\partial H[\boldsymbol{x}^*(t),\boldsymbol{u}^*(t),\boldsymbol{\lambda}(t),t]}{\partial\boldsymbol{u}^*(t)}=0 \quad (6.95)$$

例 6.10　已知系统方程为

$$\dot{\boldsymbol{x}}=-\boldsymbol{x}^3+\boldsymbol{u} \quad (6.96)$$

其初始状态约束为

$$\boldsymbol{x}(0)=\boldsymbol{x}_0\neq\boldsymbol{0} \quad (6.97)$$

求使性能泛函

$$J=\boldsymbol{x}(1)+\frac{1}{2}\int_0^1\boldsymbol{u}^2(t)\mathrm{d}t \quad (6.98)$$

为极小值的最优控制函数与最优轨线。

解：上述最优控制问题所对应的哈密顿函数为

$$H = \frac{1}{2}\boldsymbol{u}^2 - \boldsymbol{\lambda x}^3 + \boldsymbol{\lambda u} \tag{6.99}$$

其协态方程为

$$\dot{\boldsymbol{\lambda}} = -\frac{\partial H}{\partial \boldsymbol{x}} = 3\boldsymbol{\lambda x}^2 \tag{6.100}$$

根据极值条件，可得

$$\frac{\partial H}{\partial U} = \boldsymbol{u} + \boldsymbol{\lambda} = \boldsymbol{0} \Rightarrow \boldsymbol{u}^* = -\boldsymbol{\lambda} \tag{6.101}$$

根据横截条件，可以得到

$$\boldsymbol{\lambda}(t_f) = \frac{\partial \boldsymbol{x}(1)}{\partial \boldsymbol{x}(1)} = 1 \tag{6.102}$$

因此上述最最优控制问题转换为求解下列两点边值问题：

$$\left.\begin{aligned} \dot{\boldsymbol{x}}(t) &= -\boldsymbol{x}^3(t) - \boldsymbol{\lambda}(t) \\ \dot{\boldsymbol{\lambda}}(t) &= 3\boldsymbol{\lambda}(t)\boldsymbol{x}^2(t) \\ \boldsymbol{x}(0) &= \boldsymbol{x}_0 \\ \boldsymbol{\lambda}(t_f) &= 1 \end{aligned}\right\} \tag{6.103}$$

6.3 终端固定约束的最优控制

考虑初始时刻 t_0、初始状态 $\boldsymbol{x}(t_0)$、终端时刻 t_f 和终端状态 $\boldsymbol{x}(t_f)$ 均为给定的情形，此时其所对应的变分都为 0，即

$$\delta t_0 = \delta t_f = 0, \delta\boldsymbol{x}(t_0) = \delta\boldsymbol{x}(t_f) = \boldsymbol{0} \tag{6.104}$$

将式(6.104)代入式(6.90)可得

$$\begin{aligned} \delta\hat{J} = &\int_{t_0}^{t_f}\left\{\frac{\partial H[\boldsymbol{x}(t),\boldsymbol{u}(t),\boldsymbol{\lambda}(t),t]}{\partial \boldsymbol{x}^{\mathrm{T}}(t)} + \dot{\boldsymbol{\lambda}}^{\mathrm{T}}(t)\right\}\delta\boldsymbol{x}(t)\mathrm{d}t + \\ &\int_{t_0}^{t_f}\left\{\frac{\partial H[\boldsymbol{x}(t),\boldsymbol{u}(t),\boldsymbol{\lambda}(t),t]}{\partial \boldsymbol{\lambda}^{\mathrm{T}}(t)} - \dot{\boldsymbol{x}}^{\mathrm{T}}(t)\right\}\delta\boldsymbol{\lambda}(t)\mathrm{d}t + \\ &\int_{t_0}^{t_f}\left\{\frac{\partial H[\boldsymbol{x}(t),\boldsymbol{u}(t),\boldsymbol{\lambda}(t),t]}{\partial \boldsymbol{u}^{\mathrm{T}}(t)}\delta\boldsymbol{u}(t)\right\}\mathrm{d}t \end{aligned} \tag{6.105}$$

根据泛函的变分原理，存在 $\delta\hat{J}=0$，因此结合上式可以得到如下结论：

定理 6.5 对于式(6.83)所描述的受控对象，假设初始状态 $\boldsymbol{x}_0$、初始时刻 t_0、终端时刻 t_f 和终端状态 $\boldsymbol{x}(t_f)$ 均给定，而容许控制集 U 为一开集。对应式(6.84)的性能指标，若 $\boldsymbol{u}^*(t)$ 和 $\boldsymbol{x}^*(t)$ 分别为最优控制和最优轨线，则存在适当选取的拉格朗日乘子 $\boldsymbol{\lambda}(t)$，使得如下方程和等式成立：

(1)规范方程：

$$\left.\begin{aligned} \dot{\boldsymbol{x}}^*(t) &= \frac{\partial H[\boldsymbol{x}^*(t),\boldsymbol{u}^*(t),\boldsymbol{\lambda}(t),t]}{\partial \boldsymbol{\lambda}(t)} = \boldsymbol{f}[\boldsymbol{x}^*(t),\boldsymbol{u}^*(t),t] \\ \dot{\boldsymbol{\lambda}}(t) &= -\frac{\partial H[\boldsymbol{x}^*(t),\boldsymbol{u}^*(t),\boldsymbol{\lambda}(t),t]}{\partial \boldsymbol{x}^*(t)} \end{aligned}\right\} \tag{6.106}$$

(2)边值条件：

$$\left.\begin{aligned} \boldsymbol{x}(t_0) &= \boldsymbol{x}_0 \\ \boldsymbol{x}(t_f) &= \boldsymbol{x}_f \end{aligned}\right\} \tag{6.107}$$

(3)极值条件：

$$\frac{\partial H[\boldsymbol{x}^*(t),\boldsymbol{u}^*(t),\boldsymbol{\lambda}(t),t]}{\partial \boldsymbol{u}^*(t)} = 0 \tag{6.108}$$

例 6.11　已知系统方程为

$$\left.\begin{aligned} \dot{x}_1 &= x_2 \\ \dot{x}_2 &= x_2 + u \end{aligned}\right\} \tag{6.109}$$

其初始和终端状态约束为

$$x_1(0) = x_2(0) = 1, x_1(1) = x_2(1) = 0 \tag{6.110}$$

求使性能泛函

$$J = \frac{1}{2}\int_0^1 u^2(t)\mathrm{d}t \tag{6.111}$$

为极小值的最优控制函数与最优轨线。

解：这是一个最小能量控制问题，其哈密顿函数为

$$H = \frac{1}{2}u^2 + \lambda_1 x_2 + \lambda_2 x_2 + \lambda_2 u \tag{6.112}$$

其协态方程为

$$\left.\begin{aligned} \dot{\lambda}_1 &= -\frac{\partial H}{\partial x_1} = 0 \\ \dot{\lambda}_2 &= -\frac{\partial H}{\partial x_2} = -\lambda_1 - \lambda_2 \end{aligned}\right\} \tag{6.113}$$

根据极值条件，可得

$$\frac{\partial H}{\partial U} = u + \lambda_2 = 0 \Rightarrow u^* = -\lambda_2 \tag{6.114}$$

将最优控制代入状态方程，可以得到：

$$\left.\begin{aligned} \dot{x}_1 &= x_2 \\ \dot{x}_2 &= x_2 - \lambda_2 \end{aligned}\right\} \tag{6.115}$$

状态方程和协态方程为线性微分方程组，可求得解析解如下：

$$\left.\begin{aligned} \lambda_1 &= c_1 \\ \lambda_2 &= c_2 \mathrm{e}^{-t} - c_1 \\ x_1 &= c_3 \mathrm{e}^t - c_1 t - \frac{1}{2}c_2 \mathrm{e}^{-t} + c_4 \\ x_2 &= c_3 \mathrm{e}^t - c_1 + \frac{1}{2}c_2 \mathrm{e}^{-t} \end{aligned}\right\} \tag{6.116}$$

上述解析解中有 4 个待定积分常数，可由初始和终端状态约束求解得到：

$$c_1 = 19.297\,9, c_2 = 30.528\,8, c_3 = 5.033\,5\ , c_4 = 11.230\,9 \tag{6.117}$$

于是，最优控制与最优轨线分别为：

$$\left.\begin{aligned} u^*(t) &= 19.297\,9 - 30.528\,8\mathrm{e}^{-t} \\ x_1^*(t) &= 5.033\,5\mathrm{e}^t - 19.297\,9t - 15.264\,4\mathrm{e}^{-t} + 11.230\,9 \\ x_2^*(t) &= 5.033\,5\mathrm{e}^t - 19.297\,9 + 15.264\,4\mathrm{e}^{-t} \end{aligned}\right\} \tag{6.118}$$

6.4 终端等式约束的最优控制

终端等式约束是终端给定约束的一般情况，要求终端状态满足一组代数方程，即

$$\boldsymbol{g}[\boldsymbol{x}(t_f),t_f]=\boldsymbol{0} \tag{6.119}$$

式中，$\boldsymbol{g}$ 对于 $\boldsymbol{x}(t_f)$ 存在一阶偏导数。为处理具有与终端等式约束的最优控制问题，引入一待定向量 $\boldsymbol{\mu}$ 并定义泛函：

$$\left.\begin{aligned}\hat{J}&=\Psi[\boldsymbol{x}(t_f),t_f]+\int_{t_0}^{t_f}\{H[\boldsymbol{x}(t),\boldsymbol{u}(t),\boldsymbol{\lambda}(t),t]-\boldsymbol{\lambda}^{\mathrm{T}}(t)\dot{\boldsymbol{x}}(t)\}\mathrm{d}t\\ \Psi[\boldsymbol{x}(t_f),t_f]&=\Phi[\boldsymbol{x}(t_f),t_f]+\boldsymbol{\mu}^{\mathrm{T}}\boldsymbol{g}[\boldsymbol{x}(t_f),t_f]\end{aligned}\right\} \tag{6.120}$$

对上述泛函求变分后可以得到：

$$\begin{aligned}\delta\hat{J}=&\frac{\partial\Psi[\boldsymbol{x}(t_f),t_f]}{\partial\boldsymbol{x}^{\mathrm{T}}(t_f)}\delta\boldsymbol{x}(t_f)+\frac{\partial\Psi[\boldsymbol{x}(t_f),t_f]}{\partial t_f}\delta t_f+\\ &\int_{t_0}^{t_f}\left\{\frac{\partial H[\boldsymbol{x}(t),\boldsymbol{u}(t),\boldsymbol{\lambda}(t),t]}{\partial\boldsymbol{x}^{\mathrm{T}}(t)}\delta\boldsymbol{x}(t)+\frac{\partial H[\boldsymbol{x}(t),\boldsymbol{u}(t),\boldsymbol{\lambda}(t),t]}{\partial\boldsymbol{u}^{\mathrm{T}}(t)}\delta\boldsymbol{u}(t)\right\}\mathrm{d}t+\\ &\int_{t_0}^{t_f}\left\{\frac{\partial H[x(t),\boldsymbol{u}(t),\boldsymbol{\lambda}(t),t]}{\partial\boldsymbol{\lambda}^{\mathrm{T}}(t)}\delta\boldsymbol{\lambda}(t)+\frac{\partial H[\boldsymbol{x}(t),\boldsymbol{u}(t),\boldsymbol{\lambda}(t),t]}{\partial t}\delta t\right\}\mathrm{d}t-\\ &\int_{t_0}^{t_f}\{-\delta\boldsymbol{x}^{\mathrm{T}}(t)\dot{\boldsymbol{\lambda}}(t)+\dot{\boldsymbol{x}}^{\mathrm{T}}(t)\delta\boldsymbol{\lambda}(t)\}\mathrm{d}t-\boldsymbol{\lambda}^{\mathrm{T}}(t_f)\delta\boldsymbol{x}(t_f)+\boldsymbol{\lambda}^{\mathrm{T}}(t_0)\delta\boldsymbol{x}(t_0)\end{aligned} \tag{6.121}$$

由于初始状态和初始、终端时刻给定，故有

$$\delta\boldsymbol{x}(t_0)=\boldsymbol{0},\delta t_0=\delta t_f=0 \tag{6.122}$$

代入式(6.121)可得

$$\left.\begin{aligned}\delta\hat{J}=&\left\{\frac{\partial\Psi[\boldsymbol{x}(t_f),t_f]}{\partial\boldsymbol{x}^{\mathrm{T}}(t_f)}-\boldsymbol{\lambda}^{\mathrm{T}}(t_f)\right\}\delta\boldsymbol{x}(t_f)+\\ &\int_{t_0}^{t_f}\left\{\frac{\partial H[\boldsymbol{x}(t),\boldsymbol{u}(t),\boldsymbol{\lambda}(t),t]}{\partial\boldsymbol{x}^{\mathrm{T}}(t)}+\dot{\boldsymbol{\lambda}}^{\mathrm{T}}(t)\right\}\delta\boldsymbol{x}(t)\mathrm{d}t+\\ &\int_{t_0}^{t_f}\left\{\frac{\partial H[\boldsymbol{x}(t),\boldsymbol{u}(t),\boldsymbol{\lambda}(t),t]}{\partial\boldsymbol{\lambda}^{\mathrm{T}}(t)}-\dot{\boldsymbol{x}}^{\mathrm{T}}(t)\right\}\delta\boldsymbol{\lambda}(t)\mathrm{d}t+\\ &\int_{t_0}^{t_f}\left\{\frac{\partial H[\boldsymbol{x}(t),\boldsymbol{u}(t),\boldsymbol{\lambda}(t),t]}{\partial\boldsymbol{u}^{\mathrm{T}}(t)}\delta\boldsymbol{u}(t)\right\}\mathrm{d}t\end{aligned}\right\} \tag{6.123}$$

根据泛函的变分原理并结合上式可以得到如下结论。

定理 6.6 对于式(6.83)所描述的受控对象，假设初始状态 $\boldsymbol{x}_0$、初始时刻 t_0 和终端时刻 t_f 均给定，而容许控制集 U 为一开集。在终端等式约束条件

$$\boldsymbol{g}[\boldsymbol{x}(t_f),t_f]=\boldsymbol{0} \tag{6.124}$$

对应式(6.84)的性能指标，若 $\boldsymbol{u}^*(t)$ 和 $\boldsymbol{x}^*(t)$ 分别为最优控制和最优轨线，则存在适当选取的拉格朗日乘子 $\boldsymbol{\lambda}(t)$，使得如下方程和等式成立：

(1)规范方程：

$$\left.\begin{aligned}\dot{\boldsymbol{x}}^*(t)&=\frac{\partial H[\boldsymbol{x}^*(t),\boldsymbol{u}^*(t),\boldsymbol{\lambda}(t),t]}{\partial\boldsymbol{\lambda}(t)}=\boldsymbol{f}[\boldsymbol{x}^*(t),\boldsymbol{u}^*(t),t]\\ \dot{\boldsymbol{\lambda}}(t)&=-\frac{\partial H[\boldsymbol{x}^*(t),\boldsymbol{u}^*(t),\boldsymbol{\lambda}(t),t]}{\partial\boldsymbol{x}^*(t)}\end{aligned}\right\} \tag{6.125}$$

(2)边值条件:

$$\left.\begin{aligned}&\boldsymbol{x}(t_0)=\boldsymbol{x}_0\\&\boldsymbol{\lambda}(t_f)=\frac{\partial\Psi[\boldsymbol{x}^*(t_f),t_f]}{\partial\boldsymbol{x}^*(t_f)}=\frac{\partial\Phi[\boldsymbol{x}^*(t_f),t_f]}{\partial\boldsymbol{x}^*(t_f)}+\frac{\partial\boldsymbol{g}^{\mathrm{T}}[\boldsymbol{x}^*(t_f),t_f]}{\partial\boldsymbol{x}^*(t_f)}\boldsymbol{\mu}\\&\boldsymbol{g}[\boldsymbol{x}(t_f),t_f]=\boldsymbol{0}\end{aligned}\right\}\tag{6.126}$$

(3)极值条件:

$$\frac{\partial H[\boldsymbol{x}^*(t),\boldsymbol{u}^*(t),\boldsymbol{\lambda}(t),t]}{\partial\boldsymbol{u}^*(t)}=0\tag{6.127}$$

6.5　终端时刻自由的最优控制

考虑初始时刻 t_0、初始状态 $\boldsymbol{x}(t_0)$给定,终端状态受等式约束:

$$\boldsymbol{g}[\boldsymbol{x}(t_f),t_f]=\boldsymbol{0}\tag{6.128}$$

由于初始状态和初始刻给定,故有

$$\delta\boldsymbol{x}(t_0)=\boldsymbol{0},\delta t_0=0\tag{6.129}$$

将式(6.129)代入式(6.121)可得

$$\begin{aligned}\delta\hat{J}=&\left\{\frac{\partial\Psi[\boldsymbol{x}(t_f),t_f]}{\partial\boldsymbol{x}^{\mathrm{T}}(t_f)}-\boldsymbol{\lambda}^{\mathrm{T}}(t_f)\right\}\delta\boldsymbol{x}(t_f)+\\&\left\{\frac{\partial\Psi[\boldsymbol{x}(t_f),t_f]}{\partial t_f}+H[\boldsymbol{x}(t_f),\boldsymbol{u}(t_f),\boldsymbol{\lambda}(t_f),t_f]\right\}\delta t_f+\\&\int_{t_0}^{t_f}\left\{\frac{\partial H[\boldsymbol{x}(t),\boldsymbol{u}(t),\boldsymbol{\lambda}(t),t]}{\partial\boldsymbol{x}^{\mathrm{T}}(t)}+\dot{\boldsymbol{\lambda}}^{\mathrm{T}}(t)\right\}\delta\boldsymbol{x}(t)\mathrm{d}t+\\&\int_{t_0}^{t_f}\left\{\frac{\partial H[\boldsymbol{x}(t),\boldsymbol{u}(t),\boldsymbol{\lambda}(t),t]}{\partial\boldsymbol{\lambda}^{\mathrm{T}}(t)}-\dot{x}^{\mathrm{T}}(t)\right\}\delta\boldsymbol{\lambda}(t)\mathrm{d}t+\\&\int_{t_0}^{t_f}\left\{\frac{\partial H[\boldsymbol{x}(t),\boldsymbol{u}(t),\boldsymbol{\lambda}(t),t]}{\partial\boldsymbol{u}^{\mathrm{T}}(t)}\delta\boldsymbol{u}(t)\right\}\mathrm{d}t\end{aligned}\tag{6.130}$$

根据泛函的变分原理并结合上式可以得到如下结论。

定理 6.7　对于式(6.83)所描述的受控对象,假设初始状态 $\boldsymbol{x}_0$ 和初始时刻 t_0,而容许控制集 U 为一开集。在终端等式约束条件

$$\boldsymbol{g}[\boldsymbol{x}(t_f),t_f]=\boldsymbol{0}\tag{6.131}$$

下,对应式(6.84)的性能指标,若 $\boldsymbol{u}^*(t)$和 $\boldsymbol{x}^*(t)$分别为最优控制和最优轨线,则存在适当选取的拉格朗日乘子 $\boldsymbol{\lambda}(t)$,使得如下方程和等式成立:

(1)规范方程:

$$\left.\begin{aligned}&\dot{\boldsymbol{x}}^*(t)=\frac{\partial H[\boldsymbol{x}^*(t),\boldsymbol{u}^*(t),\boldsymbol{\lambda}(t),t]}{\partial\boldsymbol{\lambda}(t)}=\boldsymbol{f}[\boldsymbol{x}^*(t),\boldsymbol{u}^*(t),t]\\&\dot{\boldsymbol{\lambda}}(t)=-\frac{\partial H[\boldsymbol{x}^*(t),\boldsymbol{u}^*(t),\boldsymbol{\lambda}(t),t]}{\partial\boldsymbol{x}^*(t)}\end{aligned}\right\}\tag{6.132}$$

(2)边值条件:

$$\left.\begin{aligned}&\boldsymbol{x}(t_0)=\boldsymbol{x}_0\\&\boldsymbol{\lambda}(t_f)=\frac{\partial\Psi[\boldsymbol{x}^*(t_f),t_f]}{\partial\boldsymbol{x}^*(t_f)}=\frac{\partial\Phi[\boldsymbol{x}^*(t_f),t_f]}{\partial\boldsymbol{x}^*(t_f)}+\frac{\partial\boldsymbol{g}^{\mathrm{T}}[\boldsymbol{x}^*(t_f),t_f]}{\partial\boldsymbol{x}^*(t_f)}\boldsymbol{\mu}\\&\boldsymbol{g}[\boldsymbol{x}(t_f),t_f]=\boldsymbol{0}\\&H[\boldsymbol{x}^*(t_f),\boldsymbol{u}^*(t_f),\boldsymbol{\lambda}(t_f),t_f]=-\frac{\partial\Psi[\boldsymbol{x}^*(t_f),t_f]}{\partial t_f}\end{aligned}\right\}\tag{6.133}$$

(3)极值条件:

$$\frac{\partial H[\boldsymbol{x}^*(t),\boldsymbol{u}^*(t),\boldsymbol{\lambda}(t),t]}{\partial \boldsymbol{u}^*(t)}=\boldsymbol{0} \tag{6.134}$$

6.6 Matlab 边值问题求解器

Matlab 提供 bvp4c,bvp5c 等求解器来求解两点边值问题,其标准微分方程形式为一阶常微分方程,即

$$\dot{\boldsymbol{y}}(\boldsymbol{x})=\boldsymbol{f}(\boldsymbol{x},\boldsymbol{y}) \tag{6.135}$$

上述常微分方程的解在区间 $[a,\ b]$ 中求得,并且必须满足边界条件:

$$\boldsymbol{g}(\boldsymbol{y}(a),\boldsymbol{y}(b))=\boldsymbol{0} \tag{6.136}$$

bvp4c 和 bvp5c 求解器的主要区别在于 bvp4c 实现四阶公式,而 bvp5c 实现五阶公式。

(1)bvp4c 是一个有限差分代码,此代码实现 3 阶段 Lobatto IIIA 公式。这是排列公式,并且排列多项式会提供在整个积分区间中处于四阶精度的 C^1 连续解。网格选择和误差控制均基于连续解的残差。排列技术使用点网格将积分区间分为子区间。通过对源于边界条件以及所有子区间上排列条件的线性代数方程全局组求解,求解器会确定数值解。然后,求解器会估计每个子区间上数值解的误差。如果解不满足容差标准,则求解器会调整网格并重复计算过程。因此用户必须提供初始网格的点以及网格点处解的初始近似估计。

(2)bvp5c 是一个有限差分代码,此代码实现 4 阶段 Lobatto IIIA 公式。这是排列公式,并且排列多项式会提供在整个$[a,b]$中具有一致五阶精度的 C^1 连续解。该公式作为隐式 Runge - Kutta 公式实现。bvp5c 直接对代数方程求解;然而,bvp4c 使用解析压缩法。bvp4c 直接处理未知参数,而 bvp5c 使用未知参数的平凡微分方程扩充方程组。

除两个求解器之间的误差容限含义以外,bvp5c 函数的使用方法与 bvp4c 完全类似,因此在本书中只介绍 bvp4c 相关内容。Bvp4c 调用格式为

```
sol=bvp4c(odefun,bcfun,solinit,options,p1,p2,…)
```

其中:

1)odefun 函数为微分方程的函数句柄:

```
function dydx=odefun(x,y,p1,p2,…)
```

其中,x 为标量,y 为列向量,p1,p2 是在主函数中给出的参数向量。odefun(x,y)必须返回列向量 dydx,表示 f(x,y)。

2)bcfun 函数为微分方程的边界条件句柄:

```
function res=bcfun(ya,yb,p1,p2,…)
```

其中,ya 和 yb 是与 y(a)和 y(b)对应的列向量,ya 表示初值,yb 表示终值。输出 res 是列向量。例如,如果 y(a)=1 且 y(b)=0,则边界条件函数为:

```
function res=bcfun(ya,yb)
res=[ya(1)-1
        yb(1)];
end
```

由于 y(a)＝1，因此 ya(1)－1 在 x＝a 点的残差值应为 0。同样，由于 y(b)＝0，因此 yb(1) 在 x＝b 点的残差值应为 0。强制应用边界条件的边界点 x＝a 和 x＝b 在初始估计值结构体 solinit 中定义。对于两点边界值问题，a＝solinit. x(1) 且 b＝solinit. x(end)。

3)solinit 为包含初始估计解的结构体，应使用 bvpinit 函数创建，可通过以下格式调用：

```
solinit=bvpinit(x,yinit)
```

其中：

• x 指定边界区间[a,b]上的初始网络，通常是等距排列的($1\times M$)一维数组(注意：使 x(1)＝a，x(end)＝b，并且网络格点要单调排列)；

• yinit 是对解的初始猜测。solinit 为输出结构体，主要包括以下两个域。

• solinit. x 是表示初始网格有序节点的($1\times M$)一维数组，并且 solinit. x(1)一定是 a，solinit. x(end)一定是 b。M 不宜取得太大，10 数量级左右即可；

• solinit. y 是表示网点上微分方程解的猜测值的($N\times M$)二维数组。solinit. y(:,i)表示节点 solinit. x(i)处的解的猜测值。

4)options 是用来改变 bvp4c 算法的控制参数的。在最基本用法中，它可以缺省，此时一般可以获得比较满意的边值问题解。如需更改可采用 bvpset 函数，例如：

```
options=bvpset('RelTol',1e-5,'Stats','on')
```

其主要设置为指定相对误差容限为 1e－5，并打开求解器统计信息的显示。

5)输入变量 p1，p2 等表示向被解微分方程传递的已知参数。如果无须向微分方程传递参数，它们可以缺省。

6)输出 sol 为一结构体，为特定数量点对应的解。为使曲线变得更光滑，需要在中间插入一些点，使用 deval 函数：

```
sxint=deval(sol,xint)
```

其中，xint 为点向量，函数 deval 根据这些点向量求解。sol 为函数 bvp4c 的输出，主要包括：

• sol. x，为 Bvp4c 选择的网格；

• sol. y，为 sol. x 网格点处 y(x)的近似值；

• sol. yp，为 sol. x 网格点处 y′(x)的近似值；

• sol. parameters，为 bvp4c 针对未知参数返回的值(如果有)；

• sol. stats，为计算成本统计信息(当设置 stats 选项和 bvpset 时，会显示此信息)。

例 6.12　已知系统方程为

$$\left.\begin{aligned}\dot{u} &= 0.5\,u(w-u)/v\\ \dot{v} &= -0.5(w-u)\\ \dot{w} &= (0.9-1000(w-y))-0.5w(w-u)/z\\ \dot{z} &= 0.5(w-u)\\ \dot{y} &= -100(y-w)\end{aligned}\right\}\tag{6.137}$$

其端点约束为

$$u(0)=v(0)=w(0)=1,z(0)=-10,w(1)=u(1)\tag{6.138}$$

请采用 bvp4c 求解器求解上述问题。

解：bvp4c 求解器求解代码为

```
function ex1bvp
solinit=bvpinit(linspace(0,1,5),@ex1init);
options=bvpset('Stats','on','RelTol',1e-8);
sol=bvp4c(@ex1ode,@ex1bc,solinit,options);
x=sol.x;
y=sol.y;

figure
h=plot(x,y')
set(h,'LineWidth',2.5);

function dydx=ex1ode(x,y)
dydx=   [0.5*y(1)*(y(3)- y(1))/y(2)
          -0.5*(y(3)- y(1))
          (0.9- 1000*(y(3)- y(5))- 0.5*y(3)*(y(3)- y(1)))/y(4)
          0.5*(y(3)- y(1))
          100*(y(3)- y(5)) ];

function res=ex1bc(ya,yb)
res=[ ya(1)- 1
      ya(2)- 1
      ya(3)- 1
      ya(4)+10
      yb(3)- yb(5)];
function v=ex1init(x)
v=[          1
             1
   -4.5*x^2+8.91*x+1
            -10
   -4.5*x^2+9*x+0.91 ];
```

其仿真曲线如图 6-2 所示。

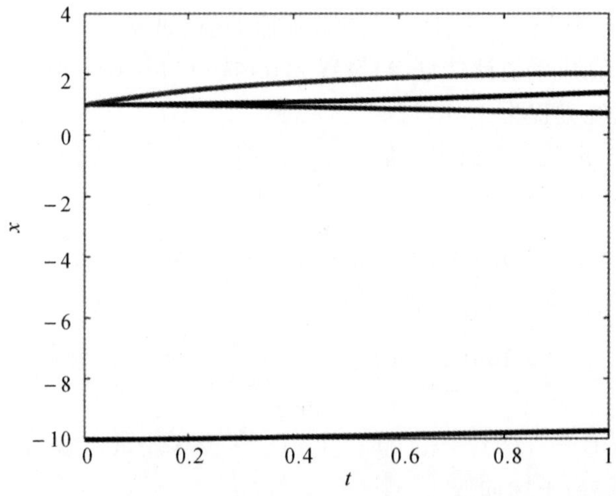

图 6-2　ex1bvp 仿真曲线

例 6.13　已知系统方程为

$$\ddot{y} = -\frac{3py}{(p+t^2)^2} \tag{6.139}$$

其端点约束为

$$y(-0.1) = -\frac{0.1}{\sqrt{p+0.01}}, \quad y(0.1) = \frac{0.1}{\sqrt{p+0.01}} \tag{6.140}$$

参数 $p=10^{-5}$。请采用 bvp4c 求解上述问题。

解：仿真代码如下：

```
function ex2bvp
tt=-0.1:0.01:+0.1;
p=1e-5;
yy=tt./ sqrt(p+tt.^2);
options=bvpset('stats','on','Fjacobian',@ex2Jac);
options=bvpset(options,'RelTol',1e-8);
solinit=bvpinit(linspace(-0.1,0.1,10),[0 10]);

sol=bvp4c(@ex2ode,@ex2bc,solinit, options);
t=sol.x;
y=sol.y;

figure
plot(t,y(1,:),tt,yy,'*')
axis([-0.1 0.1-1.1 1.1])
xlabel('t')
ylabel('y and analytical (*) solutions')
function dydt=ex2ode(t,y)
p=1e-5;
dydt=[ y(2)
      -3*p*y(1)/(p+t^2)^2];

function dfdy=ex2Jac(t,y)
p=1e-5;
dfdy=[           0            1
      -3*p/(p+t^2)^2        0 ];

function res=ex2bc(ya,yb)
p=1e-5;
yatb=0.1/sqrt(p+0.01);
yata=- yatb;
res=[ ya(1)- yata
      yb(1)- yatb ];
```

其仿真曲线如图 6-3 所示。

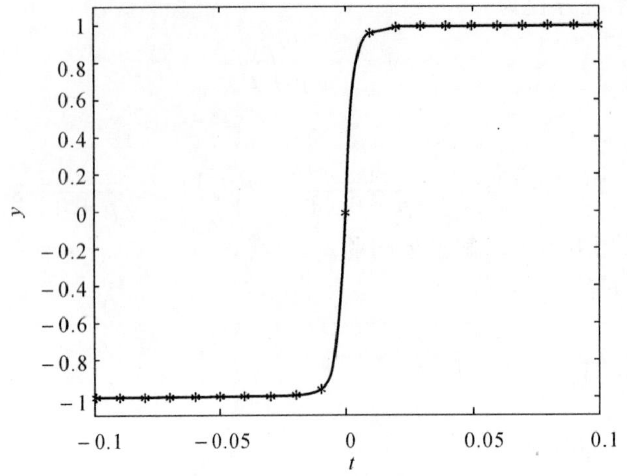

图 6-3　ex2bvp 仿真曲线

例 6.14　已知系统方程为

$$\ddot{y}=-(\lambda-2q\cos(2x))y \tag{6.141}$$

其端点约束为

$$y(1)=1,\dot{y}(0)=0,\dot{y}(\pi)=0 \tag{6.142}$$

参数 $q=5$。请采用 bvp4c 求解上述问题。

解:仿真代码为

```
function ex3bvp
solinit=bvpinit(linspace(0,pi,10),@ex3init,15);
options=bvpset('stats','on');
sol=bvp4c(@ex3ode,@ex3bc,solinit,options);
fprintf('bvp4c    computed lambda=%7.3f.\n',sol.parameters)


figure
plot(sol.x,sol.y(1,:))
axis([0 pi-1 1])


function dydx=ex3ode(x,y,lambda)
q=5;
dydx=[                    y(2)
        -(lambda- 2*q*cos(2*x))*y(1) ];


function res=ex3bc(ya,yb,lambda)
res=[ ya(2)
        yb(2)
        ya(1)- 1 ];
function v=ex3init(x)
```

```
    v=[   cos(4*x)
        -4*sin(4*x) ];
```

其仿真曲线如图 6-4 所示。

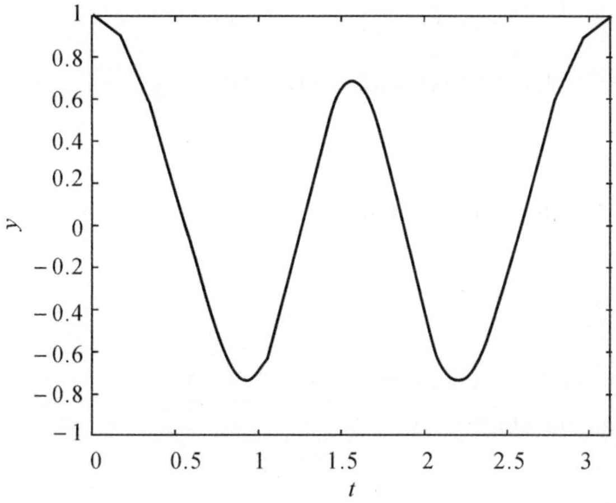

图 6-4　ex3bvp 仿真曲线

例 6.15　已知系统方程为

$$\left.\begin{aligned}\dot{y}_1 &= 3(y_1 + y_2 - \frac{1}{3}y_1^3 - 1.3)\\ \dot{y}_2 &= -\frac{y_1 + 0.8y_2 - 0.7}{3}\end{aligned}\right\} \tag{6.143}$$

其端点约束为

$$y_1(0) = y_1(T), y_2(0) = y_2(T) \tag{6.144}$$

请采用 bvp4c 求解上述问题。

解:由于 bvp4c 只能求解固定自变量区域问题,采用 bvp4c 求解上述问题最大的困难在于终端时刻 T 未知,因此引入新的独立变量 τ,令

$$\tau = \frac{t}{T} \tag{6.145}$$

则求解问题的常微分方程可以改写为

$$\left.\begin{aligned}\frac{dy_1}{d\tau} &= 3(y_1 + y_2 - \frac{1}{3}y_1^3 - 1.3)T\\ \frac{dy_2}{d\tau} &= -\frac{y_1 + 0.8y_2 - 0.7}{3}T\end{aligned}\right\} \tag{6.146}$$

其端点约束为

$$y_1(0) = y_1(1), y_2(0) = y_2(1) \tag{6.147}$$

此时 T 为优化求解待定参数。当 $T=0$ 时,有

$$\left.\begin{aligned}\frac{dy_1}{d\tau} &= 0\\ \frac{dy_2}{d\tau} &= 0\end{aligned}\right\} \tag{6.148}$$

此时端点约束也全部满足。为避免上述问题，增加新的约束：

$$-\frac{y_1+0.8y_2-0.7}{3}T=1 \tag{6.149}$$

其仿真代码如下：

```
function ex4bvp
solinit=bvpinit(linspace(0,1,5),@ex4init,2 * pi);
options=bvpset('stats','on');

sol=bvp4c(@ex4ode,@ex4bc,solinit,options);
T=sol.parameters;

figure
plot(T * sol.x,sol.y(1,:),T * solinit.x,solinit.y(1,:),'o')
legend('solution found','initial guess');

function v=ex4init(x)
v=[ sin(2 * pi * x)
      cos(2 * pi * x)];

function dydt=ex4ode(t,y,T);
dydt=[ 3 * T * (y(1)+y(2)- 1/3 * (y(1)^3)- 1.3);
          (-1/3) * T * (y(1)- 0.7+0.8 * y(2)) ];

function res=ex4bc(ya,yb,T)
res=[ya(1)- yb(1)
       ya(2)- yb(2)
       T * (-1/3) * (ya(1)- 0.7+0.8 * ya(2))- 1];
```

其仿真曲线如图 6-5 所示。

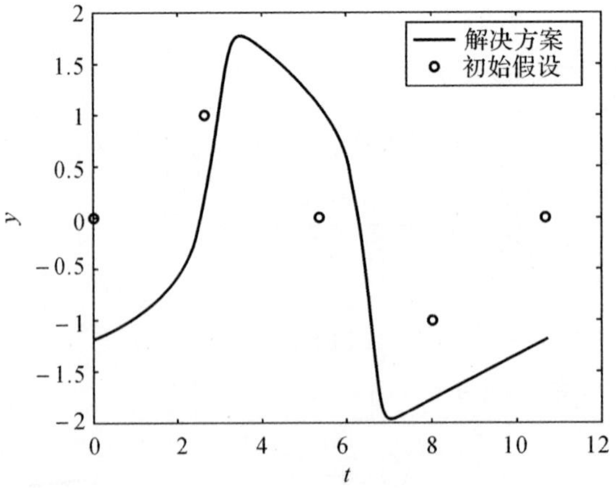

图 6-5　ex4bvp 仿真曲线

例 6.16　已知系统方程为

$$\left.\begin{aligned}\dot{x}_1(t) &= x_2(t)\\ \dot{x}_2(t) &= u(t)\end{aligned}\right\} \tag{6.150}$$

其端点约束为

$$x(0) = [1 \quad 2]^{\mathrm{T}},\ x_1(t_f) = 3 \tag{6.151}$$

性能指标为

$$J = \int_0^{t_f} u^2(t)\,\mathrm{d}t \tag{6.152}$$

请采用 bvp4c 求解上述问题。

解:仿真代码为

```
function ex5bvp
solinit=bvpinit(linspace(0,1),[2;3;1;1],2);
sol=bvp4c(@ode11, @bc, solinit);
y=sol.y;
time=sol.parameters * sol.x;
h=plot(time,y)
set(h,'LineWidth',2.5);
end

function dydt=ode11(t,y,T)
dydt=T * [ y(2);-y(4);0;-y(3) ];
end

function res=bc(ya,yb,T)
res=[ ya(1)- 1; ya(2)- 2; yb(1)- 3; yb(4);
yb(3) * yb(2)-0.5 * yb(4)^2];
end
```

仿真曲线如图 6-6 所示。

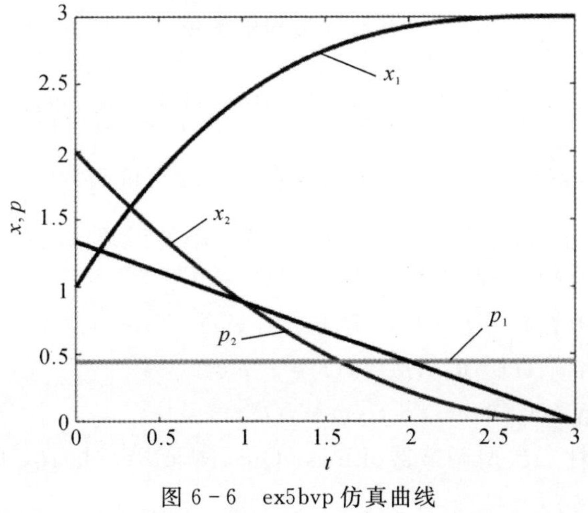

图 6-6　ex5bvp 仿真曲线

第7章　线性二次型最优控制

如果所研究的系统为线性系统，所取的性能指标为状态变量与控制变量的二次型函数，则这种动态系统的最优化问题，称为线性二次型问题。由于线性二次型问题的最优解具有统一的解析式，且可得到一个简单的状态线性反馈控制律，便于计算和实现闭环反馈控制，因此引起了控制工程界的极大关注，是最优控制理论及应用中最为成熟的部分。研究线性二次型问题，一方面是因为这类问题在工程实际中经常遇到。另一方面是因为在数学处理上比较简单，可以得到用解析形式表达的线性反馈控制规律，便于工程实现。

7.1　线性二次型问题

设线性时变系统的状态方程为

$$\left.\begin{aligned}\dot{\boldsymbol{x}}(t) &= \boldsymbol{A}(t)\boldsymbol{x}(t)+\boldsymbol{B}(t)\boldsymbol{u}(t)\\ \boldsymbol{y}(t) &= \boldsymbol{C}(t)\boldsymbol{x}(t)\end{aligned}\right\} \tag{7.1}$$

假设控制向量 $\boldsymbol{u}(t)$不受约束，用 $\boldsymbol{y}_{\mathrm{r}}(t)$表示期望输出，则误差向量为

$$\boldsymbol{e}(t) = \boldsymbol{y}_{\mathrm{r}}(t)-\boldsymbol{y}(t) \tag{7.2}$$

求最优控制 $\boldsymbol{u}^*(t)$，使下列二次型性能指标最小，即

$$J(u) = \frac{1}{2}\boldsymbol{e}(t_{\mathrm{f}})^{\mathrm{T}}\boldsymbol{F}\boldsymbol{e}(t_{\mathrm{f}})+\frac{1}{2}\int_{t_0}^{t_{\mathrm{f}}}[\boldsymbol{e}T(\mathrm{t})\boldsymbol{Q}(t)\boldsymbol{e}(t)+\boldsymbol{u}(t)^{\mathrm{T}}\boldsymbol{R}(t)\boldsymbol{u}(t)]\mathrm{d}t \tag{7.3}$$

式中，$\boldsymbol{F}$ 为半正定对称常数加权矩阵，$\boldsymbol{Q}(t)$为半正定对称时变加权矩阵，$\boldsymbol{R}(t)$为正定对称时变加权矩阵。上述性能指标的物理意义为：

- $L_e=\frac{1}{2}\boldsymbol{e}(t)^{\mathrm{T}}\boldsymbol{Q}(t)\boldsymbol{e}(t)\geqslant 0$，是状态转移过程中衡量 $\boldsymbol{e}(t)$大小的代价函数；
- $L_u=\frac{1}{2}\boldsymbol{u}(t)^{\mathrm{T}}\boldsymbol{R}(t)\boldsymbol{u}(t)>0$，是状态转移过程中衡量 $\boldsymbol{u}(t)$大小的代价函数；
- $\varphi(t_{\mathrm{f}})=\frac{1}{2}\boldsymbol{e}(t_{\mathrm{f}})^{\mathrm{T}}\boldsymbol{F}\boldsymbol{e}(t_{\mathrm{f}})\geqslant 0$，是衡量重点误差的终端代价函数。

线性二次型问题的本质是用较小的控制来保持较小的误差，以达到能量和误差综合最优的目的。其一般可分为以下3种形式：

- 状态调节器，其中 $\boldsymbol{C}(t)=\boldsymbol{I}$，$\boldsymbol{y}_{\mathrm{r}}(t)=\boldsymbol{0}$，$\boldsymbol{y}(t)=\boldsymbol{x}(t)=-\boldsymbol{e}(t)$；
- 输出调节器，其中 $\boldsymbol{y}_{\mathrm{r}}(t)=\boldsymbol{0}$，$\boldsymbol{y}(t)=\boldsymbol{x}(t)=-\boldsymbol{e}(t)$；
- 跟踪问题，其中 $\boldsymbol{y}_{\mathrm{r}}(t)\neq\boldsymbol{0}$，$\boldsymbol{e}(t)=\boldsymbol{y}_{\mathrm{r}}(t)-\boldsymbol{y}(t)$。

由上讨论可知，线性二次型调节器(Linear Quadratic Regulatro，LQR)问题一般可以描述如下：

定义 7.1(LQR 问题)　对于线性系统

$$\dot{\boldsymbol{x}}(t)=\boldsymbol{A}(t)\boldsymbol{x}(t)+\boldsymbol{B}(t)\boldsymbol{u}(t) \tag{7.4}$$

其初始时间 t_0，终端时间 t_f 和初始状态 $\boldsymbol{x}(t_0)$ 均给定，要设计控制 $\boldsymbol{u}(t)$ 使得性能指标

$$J(\boldsymbol{u})=\frac{1}{2}\boldsymbol{x}^{\mathrm{T}}(t_f)\boldsymbol{F}\boldsymbol{x}(t_f)+\frac{1}{2}\int_{t_0}^{t_f}[\boldsymbol{x}^{\mathrm{T}}(t)\boldsymbol{Q}(t)\boldsymbol{x}(t)+\boldsymbol{u}(t)^{\mathrm{T}}\boldsymbol{R}(t)\boldsymbol{u}(t)]\mathrm{d}t \tag{7.5}$$

达到最小。

定义 7.2(有限时间 LQR 问题)　如果终端时间 $t\neq\infty$，此时 LQR 问题称为有限时间 LQR 问题。

定义 7.3(无限时间 LQR 问题)　如果终端时间 $t=\infty$，此时 LQR 问题称为无限时间 LQR 问题，即对于线性系统：

$$\dot{\boldsymbol{x}}(t)=\boldsymbol{A}(t)\boldsymbol{x}(t)+\boldsymbol{B}(t)\boldsymbol{u}(t) \tag{7.6}$$

其初始时间 t_0 和初始状态 $\boldsymbol{x}(t_0)$ 均给定，终端时间 $t=\infty$，要设计控制 $\boldsymbol{u}(t)$ 使得性能指标

$$J(\boldsymbol{u})=\frac{1}{2}\int_{t_0}^{\infty}[\boldsymbol{x}^{\mathrm{T}}(t)\boldsymbol{Q}\boldsymbol{x}(t)+\boldsymbol{u}(t)^{\mathrm{T}}\boldsymbol{R}\boldsymbol{u}(t)]\mathrm{d}t \tag{7.7}$$

达到最小。

7.2　有限时间 LQR

对于有限时间 LQR 问题，其 Hamilton 函数为

$$\boldsymbol{H}=\boldsymbol{L}+\boldsymbol{f}^{\mathrm{T}}\boldsymbol{\lambda}=\frac{1}{2}\boldsymbol{x}^{\mathrm{T}}\boldsymbol{Q}\boldsymbol{x}+\frac{1}{2}\boldsymbol{u}^{\mathrm{T}}\boldsymbol{R}\boldsymbol{u}+\boldsymbol{x}^{\mathrm{T}}\boldsymbol{A}^{\mathrm{T}}\boldsymbol{\lambda}+\boldsymbol{u}^{\mathrm{T}}\boldsymbol{B}^{\mathrm{T}}\boldsymbol{\lambda} \tag{7.8}$$

因控制不受约束，故沿最优轨线有

$$\frac{\partial \boldsymbol{H}}{\partial \boldsymbol{u}}=\boldsymbol{R}\boldsymbol{u}+\boldsymbol{B}^{\mathrm{T}}\boldsymbol{\lambda}=\boldsymbol{0}\Rightarrow\boldsymbol{u}(t)=-\boldsymbol{R}^{-1}\boldsymbol{B}^{\mathrm{T}}\boldsymbol{\lambda} \tag{7.9}$$

其所对应的状态和协态方程为

$$\left.\begin{aligned}\dot{\boldsymbol{x}}&=\boldsymbol{A}\boldsymbol{x}-\boldsymbol{B}\boldsymbol{R}^{-1}\boldsymbol{B}^{\mathrm{T}}\boldsymbol{\lambda}=\boldsymbol{A}\boldsymbol{x}-\boldsymbol{P}\boldsymbol{\lambda}\\ \dot{\boldsymbol{\lambda}}&=-\frac{\partial \boldsymbol{H}}{\partial \boldsymbol{x}}=-\boldsymbol{Q}\boldsymbol{x}-\boldsymbol{A}^{\mathrm{T}}\lambda\end{aligned}\right\} \tag{7.10}$$

其矩阵形式为

$$\begin{bmatrix}\dot{\boldsymbol{x}}\\ \dot{\boldsymbol{\lambda}}\end{bmatrix}=\begin{bmatrix}\boldsymbol{A} & -\boldsymbol{P}\\ -\boldsymbol{Q} & -\boldsymbol{A}^{\mathrm{T}}\end{bmatrix}\begin{bmatrix}\boldsymbol{x}\\ \boldsymbol{\lambda}\end{bmatrix} \tag{7.11}$$

上述线性方程具有以下形式的解析解：

$$\begin{bmatrix}\boldsymbol{x}(t)\\ \boldsymbol{\lambda}(t)\end{bmatrix}=\boldsymbol{\varphi}(t,t_0)\begin{bmatrix}\boldsymbol{x}(t_0)\\ \boldsymbol{\lambda}(t_0)\end{bmatrix} \tag{7.12}$$

式中，$\boldsymbol{\lambda}(t_0)$ 是待确定变量，可通过横截条件确定：

$$\boldsymbol{\lambda}(t_f)=\frac{\partial\left[\frac{1}{2}\boldsymbol{x}^{\mathrm{T}}(t_f)\boldsymbol{F}\boldsymbol{x}(t_f)\right]}{\partial \boldsymbol{x}(t_f)}=\boldsymbol{F}\boldsymbol{x}(t_f) \tag{7.13}$$

为与式(7.13)建立联系，将式(7.12)写成向终端转移形式：

$$\begin{bmatrix}\boldsymbol{x}(t_f)\\ \boldsymbol{\lambda}(t_f)\end{bmatrix}=\boldsymbol{\varphi}(t_f,t)\begin{bmatrix}\boldsymbol{x}(t)\\ \boldsymbol{\lambda}(t)\end{bmatrix}=\begin{bmatrix}\varphi_{11} & \varphi_{12}\\ \varphi_{21} & \varphi_{22}\end{bmatrix}\begin{bmatrix}\boldsymbol{x}(t)\\ \boldsymbol{\lambda}(t)\end{bmatrix} \tag{7.14}$$

即

$$\boldsymbol{x}(t_f) = \varphi_{11}\boldsymbol{x}(t) + \varphi_{12}\boldsymbol{\lambda}(t) \tag{7.15}$$

$$\boldsymbol{\lambda}(t_f) = \varphi_{21}\boldsymbol{x}(t) + \varphi_{22}\boldsymbol{\lambda}(t) \tag{7.16}$$

综合式(7.13)、式(7.15)及式(7.16)可得

$$\boldsymbol{\lambda}(t_f) - \boldsymbol{F}\boldsymbol{x}(t_f) = (\varphi_{21} - \boldsymbol{F}\varphi_{11})\boldsymbol{x}(t) + (\varphi_{22} - \boldsymbol{F}\varphi_{12})\boldsymbol{\lambda}(t) = \boldsymbol{0} \tag{7.17}$$

式(7.17)可进一步简化为

$$\boldsymbol{\lambda}(t) = (\varphi_{22} - F\varphi_{12})^{-1}(\boldsymbol{F}\varphi_{11} - \varphi_{21})\boldsymbol{x}(t) \tag{7.18}$$

令

$$\boldsymbol{S}(t) = (\varphi_{22} - \boldsymbol{F}\varphi_{12})^{-1}(\boldsymbol{F}\varphi_{11} - \varphi_{21}) \tag{7.19}$$

可得

$$\boldsymbol{\lambda}(t) = \boldsymbol{S}(t)\boldsymbol{x}(t) \tag{7.20}$$

将式(7.20)代入式(7.9)，可得

$$\boldsymbol{u}(t) = -\boldsymbol{R}^{-1}\boldsymbol{B}^{\mathrm{T}}\boldsymbol{\lambda} = -\boldsymbol{R}^{-1}\boldsymbol{B}^{\mathrm{T}}\boldsymbol{S}(t)\boldsymbol{x}(t) = -\boldsymbol{K}(t)\boldsymbol{x}(t) \tag{7.21}$$

由式(7.21)可知，最优控制 $\boldsymbol{u}(t)$ 是当前状态的线性反馈控制。直接利用式(7.18)求解 $\boldsymbol{S}(t)$，由于涉及矩阵求逆，其运算量较大。此外，最优控制 $\boldsymbol{u}(t)$ 是时间的显式函数，其控制方式为开环控制。开环控制方式简单、稳定、可靠，如组成系统的元件特性和参数值比较稳定，且外界干扰较小，开环控制能够保持一定的精度。其缺点是精度通常较低，无自动纠偏能力，因此在实际工程中常常采用反馈控制来提高控制精度。

例 7.1 求下列线性二次型最优控制问题的解：

$$\left.\begin{aligned} &\min \quad J = \frac{1}{2}\int_0^T (x^2 + 0.25u^2)\,\mathrm{d}t \\ &\text{约束条件：}\dot{x} = u,\ x(0) = 1 \end{aligned}\right\} \tag{7.22}$$

解：上述最优控制问题的 Hamilton 函数为

$$H = \frac{1}{2}(x^2 + 0.25u^2) + \lambda u \tag{7.23}$$

其协态方程和最优控制方程分别为

$$\dot{\lambda} = -H_x = -x \tag{7.24}$$

$$H_u = 0.25u + \lambda = 0 \Rightarrow u = -4\lambda \tag{7.25}$$

由于在终端时刻没有约束，其所对应的横截条件为

$$\lambda(T) = 0 \tag{7.26}$$

此时最优控制问题转换为两点边值问题，即

$$\left.\begin{aligned} \dot{x} &= -4\lambda,\ x(0) = 1 \\ \dot{\lambda} &= -x,\ \lambda(T) = 0 \end{aligned}\right\} \tag{7.27}$$

其矩阵形式为

$$\begin{bmatrix} \dot{x} \\ \dot{\lambda} \end{bmatrix} = \boldsymbol{A}\begin{bmatrix} x \\ \lambda \end{bmatrix},\ x(0) = 1,\ \lambda(T) = 0 \tag{7.28}$$

式中：

$$\boldsymbol{A} = \begin{bmatrix} 0 & -4 \\ -1 & 0 \end{bmatrix} \tag{7.29}$$

上述线性常微分方程具有下列解析解形式：

$$\begin{bmatrix} \boldsymbol{x}(t) \\ \lambda(t) \end{bmatrix} = \beta_1 \boldsymbol{e}_1 \mathrm{e}^{\alpha_1 t} + \beta_2 \boldsymbol{e}_2 \mathrm{e}^{\alpha_2 t} \tag{7.30}$$

式中，α_1，α_2 是矩阵 $\mathbf{A}$ 的特征根，$\boldsymbol{e}_1$，$\boldsymbol{e}_2$ 是 $\mathbf{A}$ 的特征向量：

$$\begin{gathered} |\mu \boldsymbol{I}_2 - \mathbf{A}| = \mu^2 - 4 = 0 \Rightarrow \mu = \pm 2 \Rightarrow \alpha_1 = 2,\ \alpha_2 = -2 \\ \mathrm{adj}[\mu \boldsymbol{I}_2 - \mathbf{A}] = \begin{bmatrix} \mu & -4 \\ -1 & \mu \end{bmatrix} \Rightarrow \boldsymbol{e}_1 = \begin{bmatrix} 2 \\ -1 \end{bmatrix},\ \boldsymbol{e}_2 = \begin{bmatrix} 2 \\ 1 \end{bmatrix} \end{gathered} \tag{7.31}$$

此外，待定参数 β_1 和 β_2 可由初始约束 $x(0)=1$ 和横截条件 $\lambda(T)=0$ 确定：

$$\begin{aligned} 2\beta_1 + 2\beta_2 &= 1 \\ -\beta_1 \mathrm{e}^{2T} + \beta_2 \mathrm{e}^{-2T} &= 0 \end{aligned} \Rightarrow \beta_1 = \frac{1}{2(1+\mathrm{e}^{4T})},\ \beta_2 = \frac{1}{2(1+\mathrm{e}^{-4T})} \tag{7.32}$$

从而可以得到：

$$\left.\begin{aligned} x^*(t) &= \frac{1}{1+\mathrm{e}^{4T}}\mathrm{e}^{2t} + \frac{1}{1+\mathrm{e}^{-4T}}\mathrm{e}^{-2t} \\ \lambda^*(t) &= -\frac{1}{2(1+\mathrm{e}^{4T})}\mathrm{e}^{2t} + \frac{1}{2(1+\mathrm{e}^{-4T})}\mathrm{e}^{-2t} \\ u^*(t) &= -4\lambda^*(t) = \frac{2}{1+\mathrm{e}^{4T}}\mathrm{e}^{2t} - \frac{2}{1+\mathrm{e}^{-4T}}\mathrm{e}^{-2t} \end{aligned}\right\} \tag{7.33}$$

如图 7－1 所示，上述最优控制是开环控制。

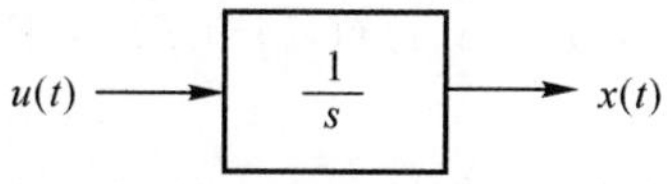

图 7－1　线性二次型最优控制问题的开环控制

下面在开环最优控制的基础上设计反馈控制方式。对于控制过程中的任一状态，假设：

$$\lambda(t) = s(t)x(t),\ s(T) = 0 \tag{7.34}$$

由上述可以得到：

$$\dot{\lambda}(t) = \dot{s}(t)x(t) + s(t)\dot{x}(t) \tag{7.35}$$

将状态方程和协态方程式(7.27)代入式(7.35)，可得

$$-x = \dot{s}x + s(-4\lambda) = \dot{s}x - 4s^2 x \Rightarrow \dot{s} = 4s^2 - 1 \tag{7.36}$$

其解析解具有以下形式：

$$s(t) = \frac{1}{2}\tanh[2(t+c)] \tag{7.37}$$

式中，c 为待定常数，可由端点约束 $s(T)=0$ 求解，即

$$s(T) = \frac{1}{2}\tanh[2(T+c)] = 0 \Rightarrow c = -T \tag{7.38}$$

将之代入式(7.37)，可得

$$s(t) = \frac{1}{2}\tanh[2(t+c)] \tag{7.39}$$

此时，反馈控制为

$$\boldsymbol{u}(t) = -4\lambda(t) = -4s(t)x(t) = -k(t)x(t) \tag{7.40}$$

其中 $k(t)=2\tanh(2(T-t))$ 是随时间变化的反馈控制增益，如图 7-2 或图 7-3 所示。

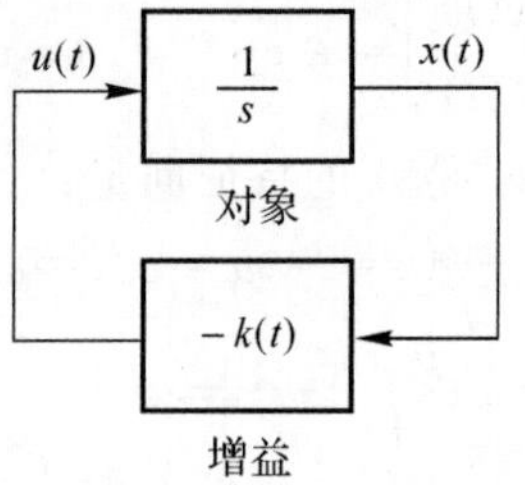

图 7-2　线性二次型最优控制问题的反馈控制

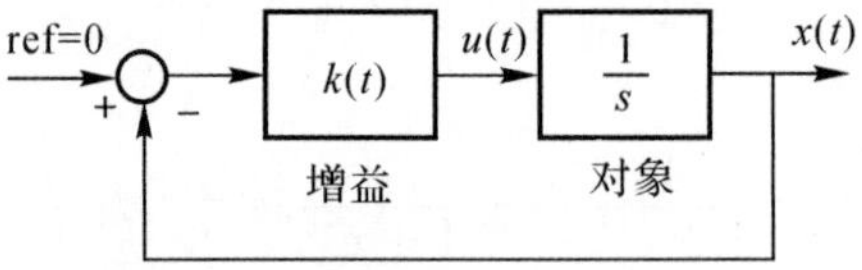

图 7-3　线性二次型最优控制问题的跟踪信号反馈控制

上例展示了一个简单线性二次型最优控制问题的开环控制和反馈控制设计过程，下面针对一般性问题再进行进一步讨论。式(7.21)给出了线性二次型最优控制问题的开环控制律，为设计其反馈控制，引入假设：

$$\boldsymbol{\lambda}(t)=\boldsymbol{S}(t)\boldsymbol{x}(t),\boldsymbol{S}(T)=\boldsymbol{F} \tag{7.41}$$

由上述假设，可以得到：

$$\dot{\boldsymbol{\lambda}}(t)=\dot{\boldsymbol{S}}(t)\boldsymbol{x}(t)+\boldsymbol{S}(t)\dot{\boldsymbol{x}}(t) \tag{7.42}$$

将状态和协态方程式(7.10)代入式(7.42)，可以得到著名的黎卡提(Riccati)方程：

$$\dot{\boldsymbol{S}}=-\boldsymbol{A}^{\mathrm{T}}\boldsymbol{S}-\boldsymbol{S}\boldsymbol{A}+\boldsymbol{S}\boldsymbol{B}\boldsymbol{R}^{-1}\boldsymbol{B}^{\mathrm{T}}\boldsymbol{S}-\boldsymbol{Q} \tag{7.43}$$

由于 $\boldsymbol{S}(t)$ 确定，因此从终端时刻反向数值积分，可以得到当前时刻的 $\boldsymbol{S}(t)$ 矩阵的数值解。可以证明，$\boldsymbol{S}(t)$ 为对称矩阵，只需求解 $n(n+1)/2$ 个一阶微分方程组。此时最优控制为

$$\boldsymbol{u}(t)=-\boldsymbol{R}^{-1}\boldsymbol{B}^{\mathrm{T}}\boldsymbol{S}(t)\boldsymbol{x}(t)=-\boldsymbol{K}(t)\boldsymbol{x}(t) \tag{7.44}$$

其中，$\boldsymbol{K}(t)$ 称为卡尔曼增益(Kalman gain)，其反馈控制框图如图 7-4 所示。

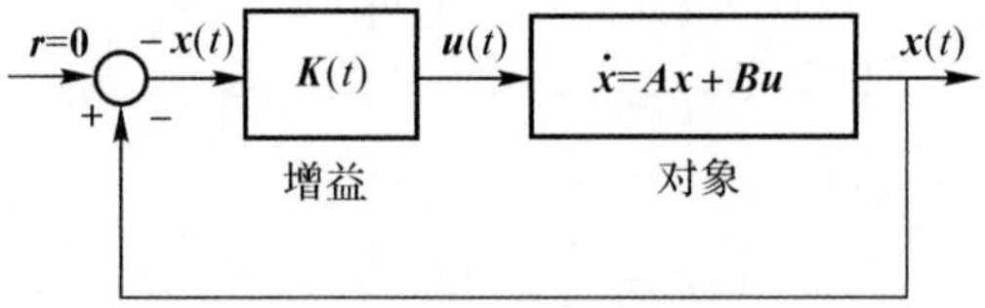

图 7-4　一般线性二次型最优控制问题的跟踪信号反馈控制

基于黎卡提方程的有限时间 LQR 问题求解步骤如下：

(1)根据系统要求和工程实际经验，选取加权矩阵 $\boldsymbol{F},\boldsymbol{Q},\boldsymbol{R}$；

(2)求解黎卡提微分方程，求得矩阵 $\boldsymbol{S}(t)$：

$$\left.\begin{aligned}\dot{\boldsymbol{S}}&=-\boldsymbol{A}^{\mathrm{T}}\boldsymbol{S}-\boldsymbol{S}\boldsymbol{A}+\boldsymbol{S}\boldsymbol{B}\boldsymbol{R}^{-1}\boldsymbol{B}^{\mathrm{T}}\boldsymbol{S}-\boldsymbol{Q}\\ \boldsymbol{S}(t_{\mathrm{f}})&=\boldsymbol{F}\end{aligned}\right\} \tag{7.45}$$

(3)求反馈增益矩阵 $\boldsymbol{K}(t)$ 及最优控制 $\boldsymbol{u}(t)$：

$$\boldsymbol{u}(t) = -\boldsymbol{K}(t)\boldsymbol{x}(t) = -\boldsymbol{R}^{-1}\boldsymbol{B}^{\mathrm{T}}\boldsymbol{S}(t)\boldsymbol{x}(t) \tag{7.46}$$

(4)求解最优轨线 $\boldsymbol{x}(t)$。

例 7.2　已知一阶系统的微分方程为

$$\dot{x}(t) = ax(t) + \boldsymbol{u}(t), \quad x(0) = x_0 \tag{7.47}$$

其二次型性能指标为

$$J = \frac{1}{2}fx^2(t_f) + \frac{1}{2}\int_0^{t_f}[qx^2(t) + ru^2(t)]\mathrm{d}t \tag{7.48}$$

式中，$f \geqslant 0, q > 0, r > 0$，求使性能指标为极小值时的最优控制。

解：根据式(7.45)，其所对应的黎卡提方程为

$$\left.\begin{aligned} &\dot{\boldsymbol{S}} = -\boldsymbol{A}^{\mathrm{T}}\boldsymbol{S} - \boldsymbol{S}\boldsymbol{A} + \boldsymbol{S}\boldsymbol{B}\boldsymbol{R}^{-1}\boldsymbol{B}^{\mathrm{T}}\boldsymbol{S} - \boldsymbol{Q} \Rightarrow \dot{s} = -2as(t) + \frac{1}{r}s^2(t) - s \\ &\boldsymbol{S}(t_f) = \boldsymbol{F} \Rightarrow s(t_f) = f \end{aligned}\right\} \tag{7.49}$$

其最优控制为

$$\boldsymbol{u}(t) = -\boldsymbol{R}^{-1}\boldsymbol{B}^{\mathrm{T}}\boldsymbol{S}(t)\boldsymbol{x}(t) \Rightarrow u(t) = -\frac{1}{r}s(t)x(t) \tag{7.50}$$

将式(7.50)代入状态方程，可以得到：

$$\dot{x}(t) = ax(t) + u(t) = [a - \frac{1}{r}s(t)]x(t) \tag{7.51}$$

其 Matlab 仿真代码如下：

```
function main
    global gindex gu  gs gt
    options=odeset('RelTol',1e-4,'AbsTol',1e-4);
    x0=1;
    sf=0;
    r=[100,1,0.5,0.2,0.02];
    col={'c-','b--','m-.','k.','r:'};
    for i=1:5
        gindex=1;
        gu=0;
        gs=0;
        gt=0;
        sol=ode45(@fun_dx,[0 1],x0,options,r(i));
        figure(1)
        subplot(3,1,1);
        plot(sol.x,sol.y,col{1,i});
        xlabel('t');
        ylabel('x(t)');
        hold on;
        subplot(3,1,2);
        plot(gt,gu,col{1,i});
        xlabel('t');
        ylabel('u(t)');
```

```
            hold on;
            subplot(3,1,3);
            plot(gt,gs,col{1,i});
            xlabel('t');
            ylabel('s(t)');
            hold on;
        end
        legend('r=100','r=1','r=0.5','r=0.2','r=0.02')

end

function ds=fun_ds(t,s,r)
        ds=zeros(1,1);        % a column vector
        a=-1;
        q=1;
        ds(1)=-2*a*s(1)+s(1)^2/r-q;
end

function dx=fun_dx(t,x,r)
        global gindex gs gu gt
        dx=zeros(1,1);        % a column vector
        a=-1;
        q=1;
        sf=0; %initial value
        s=sf;
        if t<1
            options=odeset('RelTol',1e-4,'AbsTol',1e-4);
            sol=ode45(@fun_ds,[1 t],sf,options,r);
            s=sol.y(end);
        end
        gs(gindex)=s;
        gu(gindex)=-1/r*s*x(1);
        gt(gindex)=t;
        dx(1)=(a-1/r*s)*x(1);
        gindex=gindex+1;
end
```

如图 7-5 所示，r 越小，$s(t)$越平缓，$u(t)$幅值越大，$x(t)$衰减越快。

如果令 $r=1$，终端时间分别设置为 1,3,5,9，其 $s(t)$仿真曲线如图 7-6 所示。显然，当终端时间越大，卡尔曼增益越趋近于常数。终端时间趋向于无穷时，该问题称为无限时间 LQR 问题。

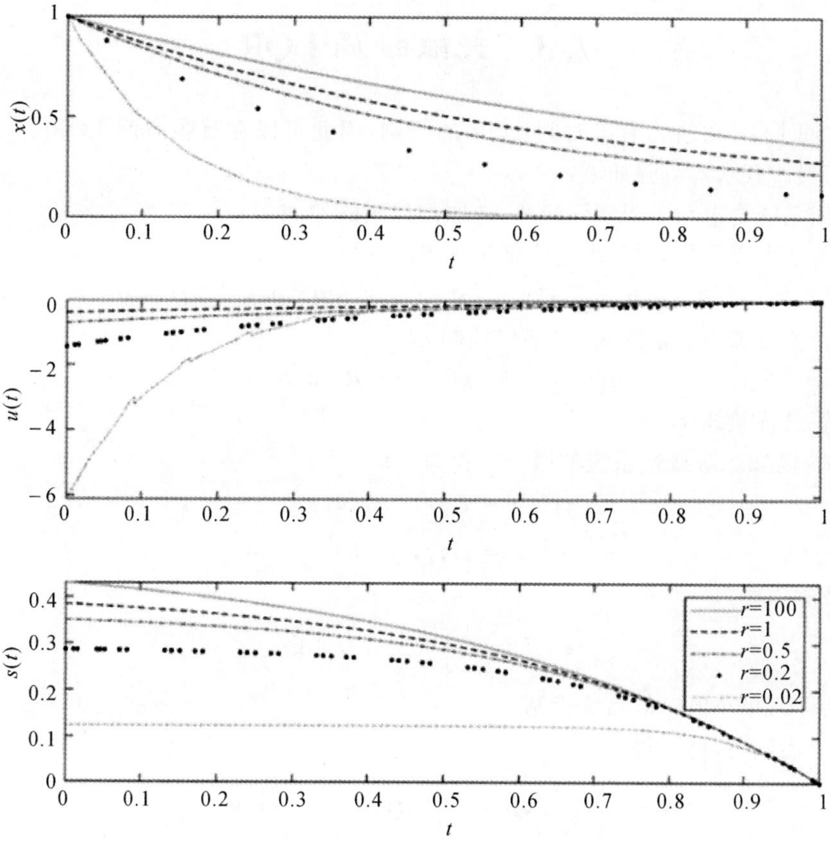

图 7-5 LQR 仿真曲线

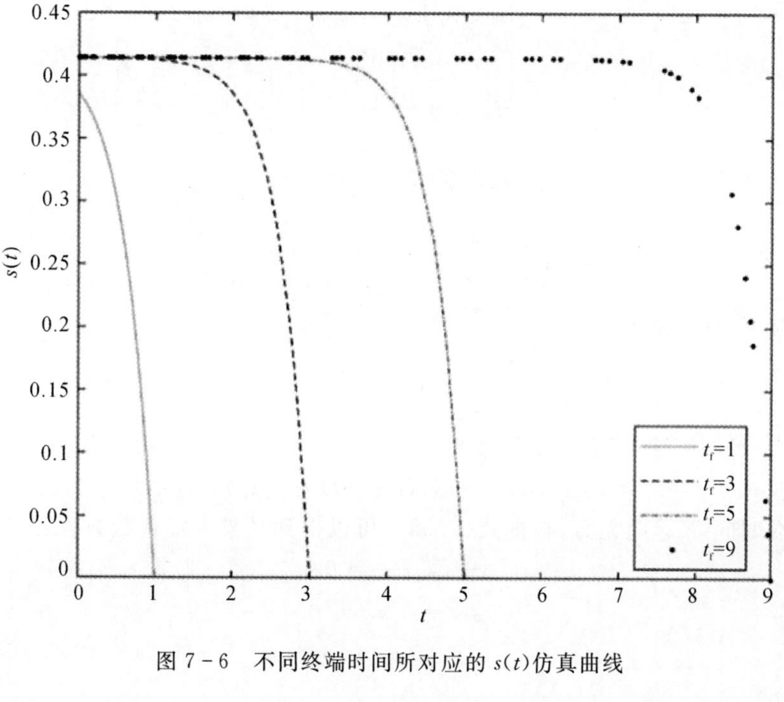

图 7-6 不同终端时间所对应的 $s(t)$ 仿真曲线

7.3　无限时间 LQR

无限时间 LQR 可视为有限时间 LQR 的特例，因此可以在有限时间 LQR 方法的基础上进行直接拓展。其求解步骤如下：

(1)根据系统要求和工程实际经验，选取加权矩阵 $\boldsymbol{Q}$,$\boldsymbol{R}$。

(2)求解黎卡提代数方程，求得常值矩阵 $\boldsymbol{S}_\infty$：

$$\dot{\boldsymbol{S}}_\infty = \boldsymbol{0} \Rightarrow -\boldsymbol{A}^{\mathrm{T}}\boldsymbol{S}_\infty - \boldsymbol{S}_\infty A + \boldsymbol{S}_\infty \boldsymbol{B}\boldsymbol{R}^{-1}\boldsymbol{B}^{\mathrm{T}}\boldsymbol{S}_\infty - \boldsymbol{Q} = \boldsymbol{0} \tag{7.52}$$

(3)求常值反馈增益矩阵 $\boldsymbol{K}_\infty$ 及最优控制 $\boldsymbol{u}(t)$：

$$\boldsymbol{u}(t) = -\boldsymbol{K}_\infty \boldsymbol{x}(t) = -\boldsymbol{R}^{-1}\boldsymbol{B}^{\mathrm{T}}\boldsymbol{S}_\infty \boldsymbol{x}(t) \tag{7.53}$$

(4)求解最优轨线 $\boldsymbol{x}(t)$。

例 7.3　已知二阶线性系统的微分方程为

$$\left.\begin{aligned} \dot{x}_1(t) &= x_2(t),\ x_1(0) = 1 \\ \dot{x}_2(t) &= u(t),\ x_2(0) = 0 \end{aligned}\right\} \tag{7.54}$$

其二次型性能指标为

$$J = \frac{1}{2}\int_0^{\mathrm{T}} (x_1^2 + u^2)\mathrm{d}t \tag{7.55}$$

求使性能指标为极小值时的最优控制。

解：由上述问题，可以得到

$$\boldsymbol{A} = \begin{bmatrix} 0 & 1 \\ 0 & 0 \end{bmatrix}, \boldsymbol{B} = \begin{bmatrix} 0 \\ 1 \end{bmatrix}, \boldsymbol{Q} = \begin{bmatrix} 1 & 0 \\ 0 & 0 \end{bmatrix}, \boldsymbol{R} = [1] \tag{7.56}$$

将上述矩阵代入黎卡提微分方程，可以得到

$$\begin{aligned} \begin{bmatrix} \dot{s}_{11} & \dot{s}_{12} \\ \dot{s}_{12} & \dot{s}_{22} \end{bmatrix} &= -\begin{bmatrix} 0 & 0 \\ 1 & 0 \end{bmatrix}\begin{bmatrix} s_{11} & s_{12} \\ s_{12} & s_{22} \end{bmatrix} - \begin{bmatrix} s_{11} & s_{12} \\ s_{12} & s_{22} \end{bmatrix}\begin{bmatrix} 0 & 1 \\ 0 & 0 \end{bmatrix} \\ &\quad + \begin{bmatrix} s_{11} & s_{12} \\ s_{12} & s_{22} \end{bmatrix}\begin{bmatrix} 0 \\ 1 \end{bmatrix}[0 \quad 1]\begin{bmatrix} s_{11} & s_{12} \\ s_{12} & s_{22} \end{bmatrix} - \begin{bmatrix} 1 & 0 \\ 0 & 0 \end{bmatrix} \end{aligned} \tag{7.57}$$

由上式可以得到

$$\left.\begin{aligned} -\dot{s}_{11} &= -s_{12}^2 + 1, s_{11}(T) = 0 \\ -\dot{s}_{12} &= s_{11} - s_{12}s_{22}, s_{12}(T) = 0 \\ -\dot{s}_{22} &= 2s_{12} - s_{22}^2, s_{22}(T) = 0 \end{aligned}\right\} \tag{7.58}$$

其卡尔曼增益 $\boldsymbol{K}=\boldsymbol{R}^{-1}\boldsymbol{B}^{\mathrm{T}}\boldsymbol{S}$ 为

$$\boldsymbol{K} = [0 \quad 1]\begin{bmatrix} s_{11} & s_{12} \\ s_{12} & s_{22} \end{bmatrix} \Rightarrow [s_{12}(t) \quad s_{22}(t)] = [k_1(t) \quad k_2(t)] \tag{7.59}$$

其最优控制为(控制框图如图 7-7 所示)：

$$u = -\boldsymbol{K}\boldsymbol{x} = -k_1(t)x_1(t) - k_2(t)x_2(t) \tag{7.60}$$

如果终端时间 T 趋向无穷，根据式(7.58)，可以得到其黎卡提代数方程：

$$\left.\begin{aligned} -s_{12}^2 + 1 &= 0 \\ s_{11} - s_{12}s_{22} &= 0 \\ 2s_{12} - s_{22}^2 &= 0 \end{aligned}\right\} \tag{7.61}$$

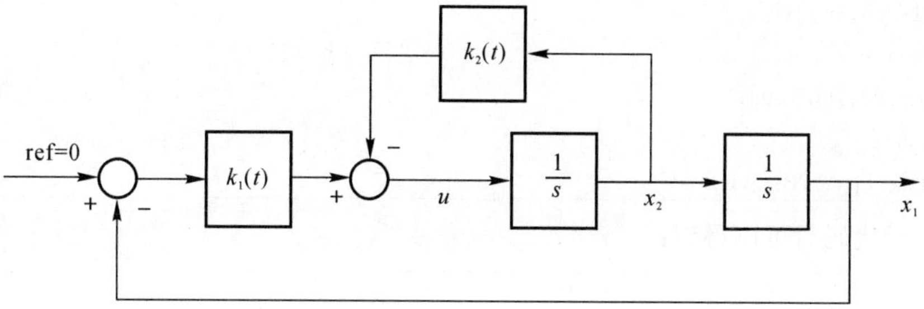

图 7-7　二阶线性系统有限时间 LQR 控制

求解上述非线性方程组，可以求得

$$s_{11}=+\sqrt{2}, s_{12}=1, \ s_{22}=+\sqrt{2} \tag{7.62}$$

此时，常值反馈增益矩阵 $\boldsymbol{K}_\infty$ 为

$$\boldsymbol{K}_\infty=[k_1 \quad k_2]=[s_{12} \quad s_{22}]=[1 \ ,\sqrt{2}\ ] \tag{7.63}$$

如图 7-8 所示，其所对应的最优状态反馈控制为

$$u=-\boldsymbol{Kx}=-x_1(t)-\sqrt{2}x_2(t) \tag{7.64}$$

在实际控制问题中，控制时间必然不是无穷，此时采用上述控制律得到的性能指标一般仅是近似最优。

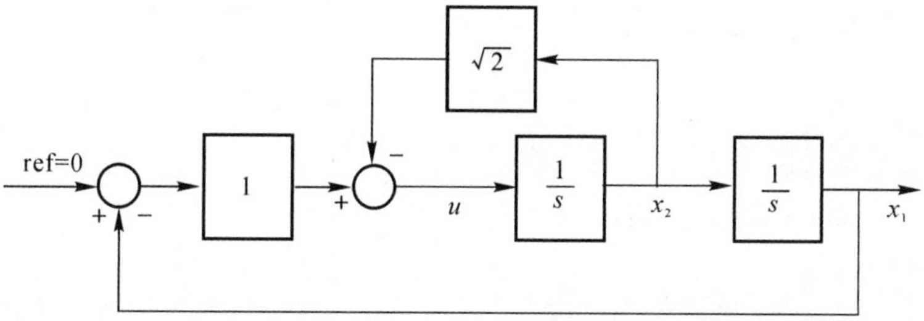

图 7-8　二阶线性系统无限时间 LQR 控制

在 Matlab 的控制系统工具箱中提供了求解代数黎卡提方程的函数 lqr()，其调用的格式为

[K,P,E] = lqr(A,B,Q,R)

式中，输入矩阵为 A,B,Q,R，其中(A,B)为给定的对象状态方程模型，(Q,R)分别为加权矩阵 Q 和 R；返回矩阵 K 为状态反馈矩阵，P 为代数黎卡提方程的解，E 为闭环系统的极点。

例 7.4　已知二阶线性系统为

$$\dot{\boldsymbol{x}}=\begin{bmatrix}0 & 1\\ -5 & -3\end{bmatrix}\boldsymbol{x}+\begin{bmatrix}0\\1\end{bmatrix}\boldsymbol{u} \tag{7.65}$$

二次型性能指标为

$$J=\frac{1}{2}\int_0^\infty \left\{\boldsymbol{x}^{\mathrm{T}}\begin{bmatrix}500 & 200\\ 200 & 100\end{bmatrix}\boldsymbol{x}+\boldsymbol{u}^{\mathrm{T}}[1.6667]\boldsymbol{u}\right\}\mathrm{d}t \tag{7.66}$$

求使性能指标为极小值时的最优控制。

解：调用 Matlab 控制工具箱中的 lqr 函数进行求解，其代码如下：

```
A=[0 1;-5,-3];
B=[0;1];
Q=[500 200;200 100];
R=1.6667;
[K,P,E]=lqr(A,B,Q,R)
```

执行代码后可以得到：

```
K=
  13.027589969821184   6.749563065268203
P=
  67.940567580124466  21.713084202700969
  21.713084202700969  11.249496760882513
E=
  -7.269756484713811
  -2.479806580554378
```

因此，系统的最优状态反馈控制器为

$$\boldsymbol{u}=-[13.027589969821184 \quad 6.749563065268203]\boldsymbol{x} \tag{7.67}$$

检验最优闭环系统对初始状态 $\boldsymbol{x}_0=[0.5 \quad 0.5]$ 的响应，继续执行以下代码（仿真曲线如图7-9所示）：

```
sys=ss(A-B*K,eye(2),eye(2) ,eye(2));
t=0:0.01:8;
x0=[0.5;0.5];
x=initial(sys,x0,t);
u=-K(1)*x(:,1)- K(2) *x(:,2);
plot(t,x(:,1),'r-');
hold on;
plot(t,x(:,2),'b--');
hold on;
plot(t, u,'k-.');
hold on;
xlabel('t');
legend('x_1','x_2','u');
```

例 7.5 无人飞行器的最优高度控制，飞行器的控制方程如下：

$$\begin{bmatrix}\dot{h}(t)\\ \ddot{h}(t)\\ \dddot{h}(t)\end{bmatrix}=\begin{bmatrix}0 & 1 & 0\\ 0 & 0 & 1\\ 0 & 0 & -1/2\end{bmatrix}\begin{bmatrix}h(t)\\ \dot{h}(t)\\ \ddot{h}(t)\end{bmatrix}+\begin{bmatrix}0\\ 0\\ 1/2\end{bmatrix}u(t) \tag{7.68}$$

$h(t)$是飞行器的高度；$u(t)$是油门输入；设计控制律使得如下指标最小：

$$J[x(t),u(t)]=\frac{1}{2}\int_0^{\infty}\left\{[h(t),\dot{h}(t),\ddot{h}(t)]\boldsymbol{Q}\begin{bmatrix}h(t)\\ \dot{h}(t)\\ \ddot{h}(t)\end{bmatrix}\begin{bmatrix}h(t)\\ \dot{h}(t)\\ \ddot{h}(t)\end{bmatrix}+Ru^2(t)\right\}\mathrm{d}t \tag{7.69}$$

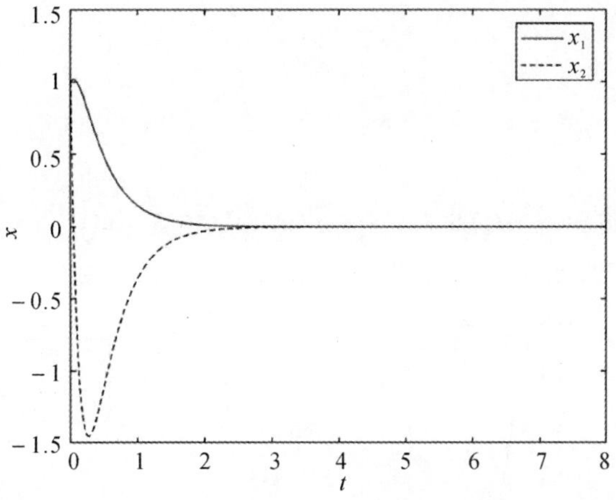

图 7-9　Matlab 工具箱 lqr 函数求解闭环控制仿真曲线

初始状态$[h(t),\dot{h}(t),\ddot{h}(t)]=[10\quad 0\quad 0]^{\mathrm{T}}$。绘制系统状态与控制输入，对如下给定的矩阵进行仿真分析：

$$
\text{a)}\boldsymbol{Q}=\begin{bmatrix}1&0&0\\0&0&0\\0&0&0\end{bmatrix},R=2 \qquad \text{b)}\boldsymbol{Q}=\begin{bmatrix}1&0&0\\0&0&0\\0&0&0\end{bmatrix},R=2000
$$

$$
\text{c)}\boldsymbol{Q}=\begin{bmatrix}10&0&0\\0&0&0\\0&0&0\end{bmatrix},R=2 \qquad \text{d)}\boldsymbol{Q}=\begin{bmatrix}1&0&0\\0&100&0\\0&0&0\end{bmatrix},R=2 \tag{7.70}
$$

解：线性二次型最优控制器设计如下：

a)$\boldsymbol{Q}=\mathrm{diag}(1,0,0)$，$R=2$ 时，由 Matlab 求得最优状态反馈矩阵为

```
K=[ 0.707106781186549   2.077216068537929   2.051043145245855]
```

Matlab 仿真代码如下(仿真曲线如图 7-10 所示)：

```
A=[0 1 0;0,0,1;0 0-0.5];
B=[0;0;0.5];
Q=diag([1,0,0]);
R=2;
[K,P,E]=lqr(A,B,Q,R)
sys=ss(A-B*K,eye(3),eye(3) ,eye(3));
t=0:0.01:50;
x0=[10;0;0];
x=initial(sys,x0,t);
u=-K(1)*x(:,1)- K(2) *x(:,2);
plot(t,x(:,1),'r-');
hold on;
plot(t,x(:,2),'b--');
hold on;
```

```
plot(t,x(:,3),'m:');
hold on;
plot(t, u,'k-.');
hold on;
xlabel('t');
h=legend('h(t)','$ $\dot{h}(t)$ $','$ $\ddot{h}(t)$ $','u(t)');
set(h,'Interpreter','latex')
```

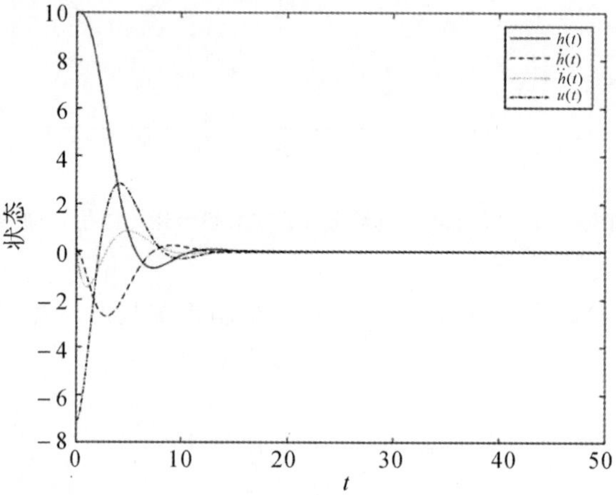

图 7-10　无人飞行器的最优高度控制仿真曲线(case a)

b)$\boldsymbol{Q}=\mathrm{diag}(1,0,0)$,$R=2\,000$ 时,由 Matlab 求得最优状态反馈矩阵为

```
K=[ 0.022360679774998    0.251700203081443    0.416615972070685]
```

其仿真曲线如图 7-11 所示。

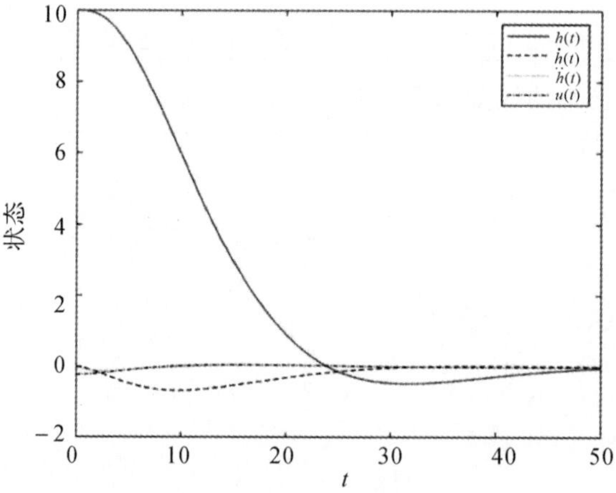

图 7-11　无人飞行器的最优高度控制仿真曲线(case b)

c)$\boldsymbol{Q}=\mathrm{diag}(10,0,0)$,$R=2$ 时,由 Matlab 求得最优状态反馈矩阵为

```
K=[ 2.236067977499766    4.389172203275013    3.307747533584113]
```

其仿真曲线如图 7-12 所示。

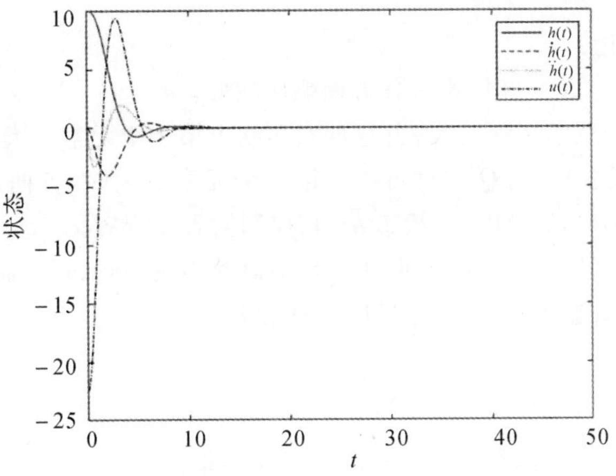

图 7－12　无人飞行器的最优高度控制仿真曲线(case c)

d)$\boldsymbol{Q}=\mathrm{diag}(1,100,0)$，$R=2$ 时，由 Matlab 求得最优状态反馈矩阵为

```
K=[ 0.707106781186548   7.611195304896480   4.607564642479467]
```

其仿真曲线如图 7－13 所示。

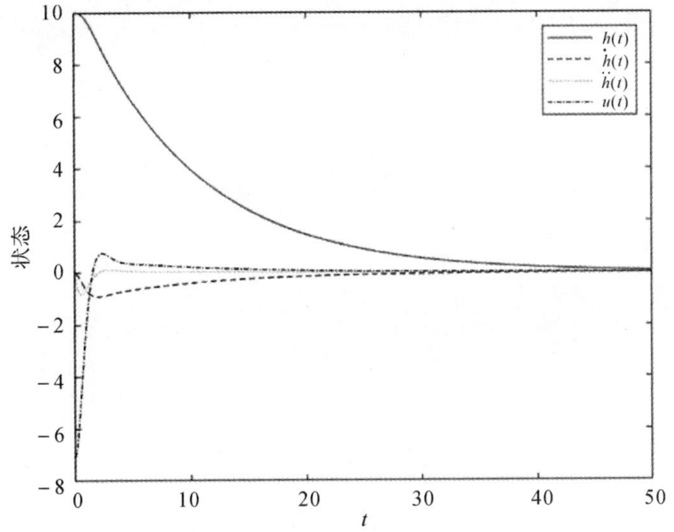

图 7－13　无人飞行器的最优高度控制仿真曲线(case d)

上述仿真分析如下：

1)图 7－10 与图 7－11 相比，当 $\boldsymbol{Q}$ 不变，R 增大时，各相应曲线达到稳态所需时间增长，即响应变慢，但波动幅值变小，反馈矩阵变小。

2)图 7－12 与图 7－10 相比，当 $\boldsymbol{Q}$ 对角线上第 1 个元素增大时，各相应曲线达到稳态所需时间变短，即响应变快，但波动幅值变大，反馈矩阵增大。

3)由图 7－13 可知，当 Q 对角线上第 2 个元素增大时，状态 $h(t)$，$\dot{h}(t)$ 曲线达到稳态所需时间较长，即响应较慢，平缓地趋于零；状态 $\ddot{h}(t)$ 和控制输入 $u(t)$ 达到稳态所需时间短，即响应快。

综上所述可得结论：

1)$\boldsymbol{Q}=\mathrm{diag}(1,0,0)$，$R=2$ 时，系统各方面响应较好。

2)矩阵 $\boldsymbol{Q}$ 变大时，反馈矩阵变大；当 $\boldsymbol{Q}$ 的对角线上第 1 个元素变大时，各曲线波动幅值变大，达到稳态所需时间变短；当 $\boldsymbol{Q}$ 的对角线上第 2 个元素变大时，各曲线波动幅值变小，达到稳态所需时间、状态 $h(t)$，$\dot{h}(t)$增长，状态 $\ddot{h}(t)$、控制输入 u 变短。

3)当 R 变大时，反馈矩阵变小，各曲线波动幅值变小，达到稳态所需时间变长。

所以根据实际的系统允许，应该适当选择 $\boldsymbol{Q}$ 和 R。

第 8 章　含过程约束的最优控制

在第 7 章中，主要考虑了含端点约束的最优控制问题。在很多场景下，常常需要考虑非端点约束，或称为过程约束。本章将在第 7 章内容的基础上，介绍各种过程约束的处理方法，特别是处理控制不等式约束的庞特里亚金极大/极小值原理。

8.1　积分型约束的最优控制

对于式(6.83)所描述的受控对象，假设初始状态 $\boldsymbol{x}_0$、初始时刻 t_0、终端时刻 t_{f} 和终端状态 $\boldsymbol{x}(t_{\mathrm{f}})$ 均给定，而容许控制集 U 为一开集。考虑积分型约束：

$$x_{n+1}(t_{\mathrm{f}}) = \int_{t_0}^{t_{\mathrm{f}}} N(\boldsymbol{x},\boldsymbol{u},t)\,\mathrm{d}t \tag{8.1}$$

一种直接处理上述积分项约束的方式是增加一维状态方程，即

$$\dot{\boldsymbol{x}}_{n+1} = N(\boldsymbol{x},\boldsymbol{u},t) \tag{8.2}$$

其所对应的端点约束为

$$\boldsymbol{x}_{n+1}(t_0) = \boldsymbol{0},\quad \boldsymbol{x}_{n+1}(t_{\mathrm{f}})\text{ 给定} \tag{8.3}$$

此时含积分型约束的最优控制问题可以转换为 $n+1$ 维状态方程的端点约束最优控制问题，根据上一章所介绍的方法可以直接求解。

例 8.1　求解下列最优控制问题：

$$\left.\begin{aligned}
&\min J = \int_0^{\pi} u^2(t)\,\mathrm{d}t \\
&\text{约束条件：}\begin{cases} \dot{x}(t) = u(t) \\ x(0) = x(\pi) = 0 \\ \displaystyle\int_0^{\pi} x^2(t)\,\mathrm{d}t = 1 \end{cases}
\end{aligned}\right\} \tag{8.4}$$

解：定义新的状态方程为

$$\dot{y}(t) = x^2(t) \tag{8.5}$$

其端点约束为

$$y(0) = 0, y(1) = 1 \tag{8.6}$$

因此上述最优控制问题等价于求解下列问题：

$$\left.\begin{aligned}
&\min J = \int_0^{\pi} u^2(t)\,\mathrm{d}t \\
&\text{约束条件：}\begin{cases} \dot{x}(t) = u(t) \\ \dot{y}(t) = x^2(t) \\ x(0) = x(\pi) = 0 \\ y(0) = 0, y(\pi) = 1 \end{cases}
\end{aligned}\right\} \tag{8.7}$$

上述问题所对应的哈密尔顿函数为

$$H = u^2 + \lambda_1 u + \lambda_2 x^2 \tag{8.8}$$

协态方程为

$$\left.\begin{aligned}\dot{\lambda}_1 &= -\frac{\partial H}{\partial x} = -2\lambda_2 x \\ \dot{\lambda}_2 &= -\frac{\partial H}{\partial y} = 0\end{aligned}\right\} \tag{8.9}$$

最优控制方程为

$$\frac{\partial H}{\partial u} = 2u^* + \lambda_1 = 0 \Rightarrow u^* = -\frac{1}{2}\lambda_1 \tag{8.10}$$

进而求其两点边值问题可以求得该问题的解。

8.2 控制变量等式约束的最优控制

考虑控制变量等式约束：

$$\boldsymbol{C}[\boldsymbol{u}(t), t] = 0 \tag{8.11}$$

式中，$\boldsymbol{C} \in \mathbf{R}^p$。需要注意的是 p 需要小于控制变量的维数 m，否则通过等式约束即可确定所有控制变量，则最优控制问题无待定求解控制变量。

控制变量等式约束的处理也较为简单，可按以下两种情形分别处理：

(1)部分控制变量完全确定，此时可以直接将确定控制变量代入状态方程中。例如，固体运载火箭上升飞行轨迹优化问题中，其推力幅值为确定值，在优化过程中一般将确定幅值代入即可。

(2)控制变量受等式约束，此时控制变量没有完全确定。例如，固体运载火箭上升飞行轨迹优化问题中，其推力矢量为单位向量，在优化过程中一般通过引入控制等式约束进行处理。对于该情形，可以通过拉格朗日乘子方法引入到哈密尔顿函数中，即

$$H = L[\boldsymbol{x}(t), \boldsymbol{u}(t), t] + \boldsymbol{\lambda}^{\mathrm{T}}(t)\boldsymbol{f}[\boldsymbol{x}(t), \boldsymbol{u}(t), t] + \boldsymbol{\mu}^{\mathrm{T}}\boldsymbol{C}[\boldsymbol{u}(t), t] \tag{8.12}$$

根据变分原理推导，可以得到以下结论。

定理 8.1 对于式(6.83)所描述的受控对象，假设初始状态 $\boldsymbol{x}_0$、初始时刻 t_0 和终端时刻 t_f 均给定，控制满足以下等式约束：

$$\boldsymbol{C}[\boldsymbol{u}(t), t] = \boldsymbol{0} \tag{8.13}$$

对应式(6.84)的性能指标，若 $\boldsymbol{u}^*(t)$ 和 $\boldsymbol{x}^*(t)$ 分别为最优控制和最优轨线，则存在适当选取的拉格朗日乘子 $\lambda(t)$，使得如下方程和等式成立：

(1)规范方程：

$$\left.\begin{aligned}\dot{\boldsymbol{x}}^*(t) &= -\frac{\partial H[\boldsymbol{x}^*(t), \boldsymbol{u}^*(t), \boldsymbol{\lambda}(t), \boldsymbol{\mu}, t]}{\partial \boldsymbol{\lambda}(t)} = \boldsymbol{f}[\boldsymbol{x}^*(t), \boldsymbol{u}^*(t), t] \\ \dot{\boldsymbol{\lambda}}(t) &= -\frac{\partial H[\boldsymbol{x}^*(t), \boldsymbol{u}^*(t), \boldsymbol{\lambda}(t), \boldsymbol{\mu}, t]}{\partial \boldsymbol{x}^*(t)}\end{aligned}\right\} \tag{8.14}$$

式(8.14)中两方程分别被称为状态方程和协态方程。

(2)边值条件：

$$\left.\begin{aligned} \boldsymbol{x}(t_0) &= \boldsymbol{x}_0 \\ \boldsymbol{\lambda}(t_f) &= \frac{\partial \Phi[\boldsymbol{x}^*(t_f), t_f]}{\partial \boldsymbol{x}^*(t_f)} \end{aligned}\right\} \tag{8.15}$$

(3)极值条件：

$$\left.\begin{aligned} &\frac{\partial H[\boldsymbol{x}^*(t), \boldsymbol{u}^*(t), \boldsymbol{\lambda}(t), \boldsymbol{\mu}, t]}{\partial \boldsymbol{u}^*(t)} = \frac{\partial \boldsymbol{L}}{\partial \boldsymbol{u}^*(t)} + \boldsymbol{\lambda}^{\mathrm{T}}(t)\frac{\partial \boldsymbol{f}}{\partial \boldsymbol{u}^*(t)} + \boldsymbol{\mu}^{\mathrm{T}}\frac{\partial \boldsymbol{C}}{\partial \boldsymbol{u}^*(t)} = \boldsymbol{0} \\ &\boldsymbol{C}[\boldsymbol{u}(t), t] = \boldsymbol{0} \end{aligned}\right\} \tag{8.16}$$

8.3　状态-控制变量等式约束的最优控制

考虑控制变量等式约束：

$$\boldsymbol{C}[\boldsymbol{x}(t), \boldsymbol{u}(t), t] = \boldsymbol{0} \tag{8.17}$$

其中，$\boldsymbol{C} \in \mathbf{R}^p$。需要注意的是 p 需要小于控制变量的维数 m，否则通过等式约束即可确定所有控制变量形式，则最优控制问题无待定求解控制变量。

状态-控制变量等式约束的处理也较为简单，我们按以下两种情形分别处理：

(1)部分控制变量可由状态变量确定，例如状态－控制等式约束为

$$u_1(t) + x_1(t) + x_2^2(t) = 0 \tag{8.18}$$

可得

$$u_1(t) = -x_1(t) - x_2^2(t) \tag{8.19}$$

此时可以直接将上述控制变量表达式代入状态方程中；

(2)控制变量无法通过状态直接表示，例如：

$$u_1^2(t) + u_1^2(t) + x_2^2(t) = 1 \tag{8.20}$$

对于该情形，可以通过拉格朗日乘子方法引入到哈密尔顿函数中，即

$$H = L[\boldsymbol{x}(t), \boldsymbol{u}(t), t] + \boldsymbol{\lambda}^{\mathrm{T}}(t)\boldsymbol{f}[\boldsymbol{x}(t), \boldsymbol{u}(t), t] + \boldsymbol{\mu}^{\mathrm{T}}\boldsymbol{C}[\boldsymbol{x}(t), \boldsymbol{u}(t), t] \tag{8.21}$$

根据变分原理推导，可以得到以下结论：

定理 8.2　对于式(6.83)所描述的受控对象，假设初始状态 $\boldsymbol{x}_0$、初始时刻 t_0 和终端时刻 t_f 均给定，控制满足以下状态－控制等式约束：

$$\boldsymbol{C}[\boldsymbol{x}(t), \boldsymbol{u}(t), t] = \boldsymbol{0} \tag{8.22}$$

对应式(6.84)的性能指标，若 $\boldsymbol{u}^*(t)$和 $\boldsymbol{x}^*(t)$分别为最优控制和最优轨线，则存在适当选取的拉格朗日乘子 $\boldsymbol{\lambda}(t)$，使得如下方程和等式成立：

(1)规范方程：

$$\left.\begin{aligned} \dot{\boldsymbol{x}}^*(t) &= \frac{\partial H[\boldsymbol{x}^*(t), \boldsymbol{u}^*(t), \boldsymbol{\lambda}(t), \boldsymbol{\mu}, t]}{\partial \boldsymbol{\lambda}(t)} = \boldsymbol{f}[\boldsymbol{x}^*(t), \boldsymbol{u}^*(t), t] \\ \dot{\boldsymbol{\lambda}}(t) &= -\frac{\partial H[\boldsymbol{x}^*(t), \boldsymbol{u}^*(t), \boldsymbol{\lambda}(t), \boldsymbol{\mu}, t]}{\partial \boldsymbol{x}^*(t)} = -\frac{\partial \boldsymbol{L}}{\partial \boldsymbol{x}^*(t)} - \boldsymbol{\lambda}^{\mathrm{T}}(t)\frac{\partial \boldsymbol{f}}{\partial \boldsymbol{x}^*(t)} - \boldsymbol{\mu}^{\mathrm{T}}\frac{\partial \boldsymbol{C}}{\partial \boldsymbol{x}^*(t)} \end{aligned}\right\} \tag{8.23}$$

式(8.23)中两方程分别被称为状态方程和协态方程。

(2)边值条件：

$$\left.\begin{aligned} \boldsymbol{x}(t_0) &= \boldsymbol{x}_0 \\ \boldsymbol{\lambda}(t_f) &= \frac{\partial \Phi[\boldsymbol{x}^*(t_f), t_f]}{\partial \boldsymbol{x}^*(t_f)} \end{aligned}\right\} \tag{8.24}$$

(3)极值条件：

$$\left.\begin{aligned}&\frac{\partial H[\boldsymbol{x}^*(t),\boldsymbol{u}^*(t),\boldsymbol{\lambda}(t),\boldsymbol{\mu},t]}{\partial \boldsymbol{u}^*(t)}=\frac{\partial \boldsymbol{L}}{\partial \boldsymbol{u}^*(t)}+\boldsymbol{\lambda}^{\mathrm{T}}(t)\frac{\partial \boldsymbol{f}}{\partial \boldsymbol{u}^*(t)}+\boldsymbol{\mu}^{\mathrm{T}}\frac{\partial \boldsymbol{C}}{\partial \boldsymbol{u}^*(t)}=\boldsymbol{0}\\&\boldsymbol{C}[\boldsymbol{x}^*(t),\boldsymbol{u}^*(t),t]=\boldsymbol{0}\end{aligned}\right\}\tag{8.25}$$

8.4 状态变量等式约束的最优控制

考虑状态变量等式约束：

$$\boldsymbol{S}[\boldsymbol{x}(t),t]=\boldsymbol{0}\tag{8.26}$$

式中，$\boldsymbol{S}\in\mathbf{R}^p$。需要注意的是，$p$ 需要小于状态变量的维数 n，否则通过等式约束即可确定所有状态变量形式，则最优控制问题无法求解。由于状态变量等式约束中不显含控制变量，我们可以对等式约束求导，直至到 q 阶导数中出现控制变量为止，即

$$\left.\begin{aligned}&S^{(1)}[\boldsymbol{x}(t),t]=0\\&\cdots\\&S^{(q)}[\boldsymbol{x}(t),\boldsymbol{u}(t),t]=0\end{aligned}\right\}\tag{8.27}$$

此时称之为第 q 阶状态变量等式约束。将 q 阶微分方程通过拉格朗日乘子方法引入哈密尔顿函数中，即

$$H=L[\boldsymbol{x}(t),\boldsymbol{u}(t),t]+\boldsymbol{\lambda}^{\mathrm{T}}(t)\boldsymbol{f}[\boldsymbol{x}(t),\boldsymbol{u}(t),t]+\boldsymbol{\mu}^{\mathrm{T}}\boldsymbol{S}^{(q)}[\boldsymbol{x}(t),\boldsymbol{u}(t),t]\tag{8.28}$$

根据变分原理推导，可以得到以下结论。

定理 8.3 对于式(6.83)所描述的受控对象，假设初始状态 $\boldsymbol{x}_0$、初始时刻 t_0 和终端时刻 t_{f} 均给定，存在下列 q 阶状态等式约束：

$$\boldsymbol{S}[\boldsymbol{x}(t),t]=\boldsymbol{0}\tag{8.29}$$

对应式(6.84)的性能指标，若 $\boldsymbol{u}^*(t)$和 $\boldsymbol{x}^*(t)$分别为最优控制和最优轨线，则存在适当选取的拉格朗日乘子 $\boldsymbol{\lambda}(t)$，使得如下方程和等式成立：

(1)规范方程：

$$\left.\begin{aligned}&\dot{\boldsymbol{x}}^*(t)=\frac{\partial H[\boldsymbol{x}^*(t),\boldsymbol{u}^*(t),\boldsymbol{\lambda}(t),\boldsymbol{\mu},t]}{\partial \boldsymbol{\lambda}(t)}=\boldsymbol{f}[\boldsymbol{x}^*(t),\boldsymbol{u}^*(t),t]\\&\dot{\boldsymbol{\lambda}}(t)=-\frac{\partial H[\boldsymbol{x}^*(t),\boldsymbol{u}^*(t),\boldsymbol{\lambda}(t),\boldsymbol{\mu},t]}{\partial \boldsymbol{x}^*(t)}=-\frac{\partial \boldsymbol{L}}{\partial \boldsymbol{x}^*(t)}-\boldsymbol{\lambda}^{\mathrm{T}}(t)\frac{\partial \boldsymbol{f}}{\partial \boldsymbol{x}^*(t)}-\boldsymbol{\mu}^{\mathrm{T}}\frac{\partial \boldsymbol{S}^{(q)}}{\partial \boldsymbol{x}^*(t)}\end{aligned}\right\}\tag{8.30}$$

式(8.30)中两方程分别被称为状态方程和协态方程。

(2)边值条件：

$$\left.\begin{aligned}&\boldsymbol{x}(t_0)=\boldsymbol{x}_0\\&\boldsymbol{S}[\boldsymbol{x}(t_0),t_0]=\boldsymbol{0}\\&\boldsymbol{S}^{(1)}[\boldsymbol{x}(t_0),t_0]=\boldsymbol{0}\\&\cdots\\&\boldsymbol{S}^{(q-1)}[\boldsymbol{x}(t_0),t_0]=\boldsymbol{0}\\&\boldsymbol{\lambda}(t_{\mathrm{f}})=\frac{\partial \Phi[\boldsymbol{x}^*(t_{\mathrm{f}}),t_{\mathrm{f}}]}{\partial \boldsymbol{x}^*(t_{\mathrm{f}})}\end{aligned}\right\}\tag{8.31}$$

(3)极值条件：

$$\left.\begin{aligned}&\frac{\partial H[\boldsymbol{x}^*(t),\boldsymbol{u}^*(t),\boldsymbol{\lambda}(t),\boldsymbol{\mu},t]}{\partial u^*(t)}=\frac{\partial \boldsymbol{L}}{\partial \boldsymbol{u}^*(t)}+\boldsymbol{\lambda}^{\mathrm{T}}(t)\frac{\partial \boldsymbol{f}}{\partial \boldsymbol{u}^*(t)}+\boldsymbol{\mu}^{\mathrm{T}}\frac{\partial \boldsymbol{S}^{(q)}}{\partial \boldsymbol{u}^*(t)}=\boldsymbol{0}\\&\boldsymbol{S}^{(q)}[\boldsymbol{x}^*(t),\boldsymbol{u}^*(t),t]=\boldsymbol{0}\end{aligned}\right\}\tag{8.32}$$

8.5　内点等式约束的最优控制

在很多最优控制问题中，在控制过程中的某一时刻有特定形式的内点等式约束：

$$\boldsymbol{g}[\boldsymbol{x}(t_1),t_1]=\boldsymbol{0}\tag{8.33}$$

式中，$t_1\in(t_0,t_f)$，$\boldsymbol{g}$ 是 k 维连续可微函数向量。此时可以认为最优控制问题在内点处被拆分为两阶段问题，其中除状态变量连续光滑外，协态变量和哈密尔顿函数都可存在跳变。为便于描述，引入 t_{1-} 和 t_{1+} 分别表示 t_1 前后无穷小间隔的时刻，即

$$t_{1-}=\lim_{t\to 0_-}(t+\varepsilon),t_{1+}=\lim_{t\to 0_+}(t+\varepsilon)\tag{8.34}$$

此时定义泛函：

$$\left.\begin{aligned}\hat{J}&=\Phi[\boldsymbol{x}(t_f),t_f]+\boldsymbol{g}^{\mathrm{T}}[\boldsymbol{x}(t_1),t_1]\boldsymbol{\mu}+\int_{t_0}^{t_f}\{H[\boldsymbol{x}(t),\boldsymbol{u}(t),\boldsymbol{\lambda}(t),t]-\boldsymbol{\lambda}^{\mathrm{T}}(t)\dot{\boldsymbol{x}}(t)\}\mathrm{d}t\\&=\Phi[\boldsymbol{x}(t_f),t_f]+\boldsymbol{g}^{\mathrm{T}}[\boldsymbol{x}(t_1),t_1]\boldsymbol{\mu}+\int_{t_0}^{t_{1-}}\{H-\lambda^{\mathrm{T}}\dot{x}\}\mathrm{d}t++\int_{t_{1+}}^{t_f}\{H-\boldsymbol{\lambda}^{\mathrm{T}}\dot{\boldsymbol{x}}\}\mathrm{d}t\end{aligned}\right\}\tag{8.35}$$

对上述泛函求变分，可以得到如下结论。

定理 8.4　对于式(6.83)所描述的受控对象，假设初始状态 $\boldsymbol{x}_0$ 和初始时刻 t_0，而容许控制集 U 为一开集。在如下内点等式约束条件下：

$$\boldsymbol{g}[\boldsymbol{x}(t_1),t_1]=\boldsymbol{0}\tag{8.36}$$

对应式(6.84)的性能指标，若 $\boldsymbol{u}^*(t)$ 和 $\boldsymbol{x}^*(t)$ 分别为最优控制和最优轨线，则存在适当选取的拉格朗日乘子 $\boldsymbol{\lambda}(t)$，使得如下方程和等式成立：

(1)规范方程：

$$\left.\begin{aligned}&\dot{\boldsymbol{x}}^*(t)=\frac{\partial H[\boldsymbol{x}^*(t),\boldsymbol{u}^*(t),\boldsymbol{\lambda}(t),t]}{\partial \boldsymbol{\lambda}(t)}=\boldsymbol{f}[\boldsymbol{x}^*(t),\boldsymbol{u}^*(t),t]\\&\dot{\lambda}(t)=-\frac{\partial H[\boldsymbol{x}^*(t),\boldsymbol{u}^*(t),\boldsymbol{\lambda}(t),t]}{\partial \boldsymbol{x}^*(t)}\end{aligned}\right\}\tag{8.37}$$

(2)边值条件和内点条件：

$$\left.\begin{aligned}&\boldsymbol{x}(t_0)=\boldsymbol{x}_0\\&\boldsymbol{\lambda}(t_f)=\frac{\partial \Phi[\boldsymbol{x}^*(t_f),t_f]}{\partial \boldsymbol{x}^*(t_f)}\\&H[\boldsymbol{x}^*(t_f),\boldsymbol{u}^*(t_f),\boldsymbol{\lambda}(t_f),t_f]=-\frac{\partial \boldsymbol{\Psi}[\boldsymbol{x}^*(t_f),t_f]}{\partial t_f}\\&\boldsymbol{\lambda}(t_{1+})-\boldsymbol{\lambda}(t_{1-})=-\frac{\partial \boldsymbol{g}^{\mathrm{T}}[\boldsymbol{x}^*(t_1),t_1]}{\partial \boldsymbol{x}^*(t_1^*)}\boldsymbol{\mu}\\&H|_{t_{1+}}-H|_{t_{1-}}=\frac{\partial \boldsymbol{g}^{\mathrm{T}}[\boldsymbol{x}^*(t_1),t_1]}{\partial t_1}\boldsymbol{\mu}\\&\boldsymbol{g}[\boldsymbol{x}^*(t_1),t_1]=\boldsymbol{0}\end{aligned}\right\}\tag{8.38}$$

(3)极值条件：

$$\frac{\partial H[\boldsymbol{x}^*(t),\boldsymbol{u}^*(t),\boldsymbol{\lambda}(t),t]}{\partial \boldsymbol{u}^*(t)}=0 \tag{8.39}$$

8.6 控制变量不等式约束的最优控制(极大/极小值原理)

考虑控制变量不等式约束，即容许控制集 U 为 $\mathbf{R}^m$ 中的有界闭集，可采用庞特里亚金的极大/极小值原理进行求解。

定理 8.5(极大/极小值原理) 对于式(6.83)所描述的受控对象，假设初始状态 $\boldsymbol{x}_0$ 和初始时刻 t_0，容许控制集 U 为一有界闭集。在如下终端等式约束条件下：

$$\boldsymbol{g}[\boldsymbol{x}(t_f),t_f]=\boldsymbol{0} \tag{8.40}$$

对应式(6.84)的性能指标，若 $\boldsymbol{u}^*(t)$和 $\boldsymbol{x}^*(t)$分别为最优控制和最优轨线，则存在适当选取的拉格朗日乘子 $\boldsymbol{\lambda}(t)$，使得如下方程和等式成立：

(1)规范方程：

$$\left.\begin{aligned}\dot{\boldsymbol{x}}^*(t)&=\frac{\partial H[\boldsymbol{x}^*(t),\boldsymbol{u}^*(t),\boldsymbol{\lambda}(t),t]}{\partial \boldsymbol{\lambda}(t)}=\boldsymbol{f}[\boldsymbol{x}^*(t),\boldsymbol{u}^*(t),t]\\ \dot{\boldsymbol{\lambda}}(t)&=-\frac{\partial H[\boldsymbol{x}^*(t),\boldsymbol{u}^*(t),\boldsymbol{\lambda}(t),t]}{\partial \boldsymbol{x}^*(t)}\end{aligned}\right\} \tag{8.41}$$

(2)边值条件：

$$\left.\begin{aligned}&\boldsymbol{x}(t_0)=\boldsymbol{x}_0\\ &\boldsymbol{\lambda}(t_f)=\frac{\partial \boldsymbol{\Psi}[\boldsymbol{x}^*(t_f),t_f]}{\partial \boldsymbol{x}^*(t_f)}=\frac{\partial \Phi[\boldsymbol{x}^*(t_f),t_f]}{\partial \boldsymbol{x}^*(t_f)}+\frac{\partial \boldsymbol{g}^{\mathrm{T}}[\boldsymbol{x}^*(t_f),t_f]}{\partial \boldsymbol{x}^*(t_f)}\boldsymbol{\mu}\\ &\boldsymbol{g}[\boldsymbol{x}(t_f),t_f]=\boldsymbol{0}\\ &H[\boldsymbol{x}^*(t_f),\boldsymbol{u}^*(t_f),\boldsymbol{\lambda}(t_f),t_f]=-\frac{\partial \boldsymbol{\Psi}[\boldsymbol{x}^*(t_f),t_f]}{\partial t_f}\end{aligned}\right\} \tag{8.42}$$

(3)极值条件：

$$\left.\begin{aligned}H[\boldsymbol{x}^*(t),\boldsymbol{u}^*(t),\boldsymbol{\lambda}(t),t]&=\min_{u(t)\in U}H[\boldsymbol{x}^*(t),\boldsymbol{u}(t),\boldsymbol{\lambda}(t),t]\quad\text{(极小值条件)}\\ H[\boldsymbol{x}^*(t),\boldsymbol{u}^*(t),\boldsymbol{\lambda}(t),t]&=\max_{u(t)\in U}H[\boldsymbol{x}^*(t),\boldsymbol{u}(t),\boldsymbol{\lambda}(t),t]\quad\text{(极大值条件)}\end{aligned}\right\} \tag{8.43}$$

需要注意的是，极大值原理与极小值原理表述基本一致，一般只需要在性能指标中添加负号，则可以实现极大值原理和极小值原理的变换。极大值原理与极小值原理所得到的最优控制 $\boldsymbol{u}^*(t)$和最优轨线 $\boldsymbol{x}^*(t)$是一致的，只是协态变量 $\boldsymbol{\lambda}(t)$是互为反号的。因此，为简单起见，本书中统称为极大/极小值原理。

极大/极小值原理是对古典变分法的发展。它不仅可以用来求解控制变量不受约束或只受开集性约束的最优控制问题，也可以用来求解控制变量受到闭集性约束条件的最优控制问题。这就意味着极大/极小值原理放宽了对控制变量的要求。此外，控制变量没有提出哈密顿函数对控制变量的可微性的要求，因此，其应用条件进一步放宽了。并且，由极大/极小值原理所求得的最优控制使哈密顿函数达到全局、绝对最大值，而由古典变分法的极值条件$\partial H/\partial u=0$所得到的解是 H 的局部、相对最大值或驻值。因此，极大/极小值原理将古典变分法求解最优控制问题的极值条件作为一个特例概括在自己之中。

需要注意的是，极大/极小值原理是最优控制问题的必要条件，并非充分条件。也就是说，由极大/极小值原理所求得的解能否使性能泛函 J 达到极小值，还需要进一步分析与判定。但是，如果根据物理意义已经能够断定所讨论的最优控制问题的解是存在的，而由极大/极小值原理所得到的解只有一个，那么，该解就是最优解。实际上，我们遇到的问题往往属于这种情况。

利用极大/极小值原理和古典变分法求解最优控制问题时，除了控制方程的形式不同外，其余条件是相同的。一般来说，根据极大/极小值原理确定最优控制 $\boldsymbol{u}^*(t)$ 和最优轨线 $\boldsymbol{x}^*(t)$ 仍然需要求解两点边界值问题。这是一项复杂的工作。

8.7　状态-控制变量不等式约束的最优控制

考虑下列简单的状态-控制变量不等式约束：

$$g_{\min}[\boldsymbol{x}(t),t] \leqslant \boldsymbol{u} \leqslant g_{\max}[\boldsymbol{x}(t),t] \tag{8.44}$$

可直接采用极大极小值求解。

例 8.2　求解下列最优控制问题：

$$\left.\begin{aligned} &\min \quad J = \int_0^1 u(t)\mathrm{d}t \\ &\text{约束条件:}\begin{cases} \dot{x}(t) = -u(t) \\ x(0) = -1 \\ x(t) \leqslant u(t) \leqslant 0 \end{cases} \end{aligned}\right\} \tag{8.45}$$

解：该问题所对应的哈密尔顿函数为

$$H = u(t) - \lambda(t)u(t) \tag{8.46}$$

协态变量方程为

$$\dot{\lambda}(t) = -\frac{\partial H}{\partial x} = 0 \tag{8.47}$$

根据极小值条件，可得

$$[1-\lambda(t)]u^*(t) \leqslant [1-\lambda(t)]u(t) \tag{8.48}$$

根据状态-控制不等式约束条件可知

$$x^*(t) \leqslant u(t) \leqslant 0 \tag{8.49}$$

因此最优控制为

$$u^*(t) = \begin{cases} x^*(t), & 1-\lambda \geqslant 0 \\ 0, & 1-\lambda < 0 \end{cases} \tag{8.50}$$

8.8　状态变量不等式约束的最优控制

考虑状态变量不等式约束：

$$\boldsymbol{S}[\boldsymbol{x}(t),t] \leqslant \boldsymbol{0} \tag{8.51}$$

式中，$\boldsymbol{S} \in \mathbf{R}^p$。由于状态变量不等式约束中不显含控制变量，我们可以对等式约束求导，直至到 q 阶导数中出现控制变量为止，即

$$\left.\begin{array}{l} S^{(1)}[\boldsymbol{x}(t),t] \\ \cdots \\ S^{(q)}[\boldsymbol{x}(t),\boldsymbol{u}(t),t] \end{array}\right\} \tag{8.52}$$

此时称之为第 q 阶状态变量不等式约束。将 q 阶微分方程通过拉格朗日乘子方法引入哈密尔顿函数中,即

$$H = L[\boldsymbol{x}(t),\boldsymbol{u}(t),t] + \boldsymbol{\lambda}^{\mathrm{T}}(t)f[\boldsymbol{x}(t),\boldsymbol{u}(t),t] + \boldsymbol{\mu}^{\mathrm{T}}S^{(q)}[\boldsymbol{x}(t),\boldsymbol{u}(t),t] \tag{8.53}$$

式中:

$$\left.\begin{array}{ll} S^{(q)} = 0, & 当\ \boldsymbol{S} = \boldsymbol{0}(在约束边界上)时 \\ \mu = 0, & 当\ \boldsymbol{S} < \boldsymbol{0}(在约束边界外)时 \end{array}\right\} \tag{8.54}$$

如图 8-1 所示,当最优轨线处于约束边界上时,一般存在进入点和出口点两个特殊时刻。在进入点,哈密尔顿函数、协态变量皆发生突变,即

$$\left.\begin{array}{l} \boldsymbol{\lambda}^{\mathrm{T}}(t_-) = \boldsymbol{\lambda}^{\mathrm{T}}(t_+) + \boldsymbol{\pi}^{\mathrm{T}}\boldsymbol{N}_x \\ H(t_-) = H(t_+) - \boldsymbol{\pi}^{\mathrm{T}}\boldsymbol{N}_t \end{array}\right\} \tag{8.55}$$

式中,$\boldsymbol{N}[\boldsymbol{x}(t),t]=\boldsymbol{0}$ 包含下列 q 个约束:

$$\left.\begin{array}{l} \boldsymbol{S}[\boldsymbol{x}(t),t] = \boldsymbol{0} \\ S^{(1)}[\boldsymbol{x}(t),t] = 0 \\ \cdots \\ S^{(q-1)}[\boldsymbol{x}(t),t] = 0 \end{array}\right\} \tag{8.56}$$

而在出口点,哈密尔顿函数、协态变量都不发生突变,即

$$\left.\begin{array}{l} \boldsymbol{\lambda}^{\mathrm{T}}(t_-) = \boldsymbol{\lambda}^{\mathrm{T}}(t_+) \\ H(t_-) = H(t_+) \end{array}\right\} \tag{8.57}$$

为便于理解,可以认为 $\boldsymbol{N}[\boldsymbol{x}(t),t]=\boldsymbol{0}$ 为在进入点时刻 t(待定)处的内点约束,在进入点处将最优控制问题拆分为两阶段问题。具体参见内点等式约束的最优控制一节,此处不再详述。

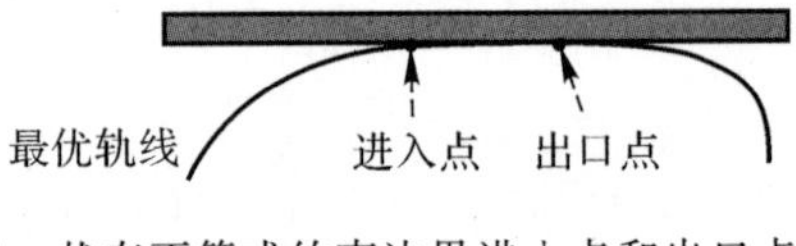

图 8-1　状态不等式约束边界进入点和出口点示意图

例 8.3　求解最优控制问题:

$$\left.\begin{array}{l} \min J = \displaystyle\int_0^2 (u(t) - t)^2\,\mathrm{d}t \\ 约束条件:\begin{cases} \dot{x}(t) = u(t) \\ x(0) = \dfrac{1}{8}, x(2) = 1 \\ -x(t) \leqslant 0 \end{cases} \end{array}\right\} \tag{8.58}$$

解:首先求解不含状态不等式约束的最优控制问题,其哈密尔顿函数为

$$H = (u(t) - t)^2 + \lambda u \tag{8.59}$$

协态方程为

$$\dot{\lambda}(t) = -\frac{\partial H}{\partial x} = 0 \tag{8.60}$$

最优控制方程为

$$\frac{\partial H}{\partial u} = 2(u-t)+\lambda = 0 \Rightarrow u^* = -\frac{1}{2}\lambda + t \tag{8.61}$$

将其代入状态方程,可以得到状态和协态变量的解析解

$$\left.\begin{aligned} x(t) &= \frac{1}{2}t^2 - \frac{1}{2}c_1 t + c_2 \\ \lambda(t) &= c_1 \end{aligned}\right\} \tag{8.62}$$

根据端点条件可求得其最优轨线为

$$x^*(t) = \frac{1}{2}t^2 - \frac{9}{16}t + \frac{1}{8},\quad 0 \leqslant t \leqslant 2 \tag{8.63}$$

通过以下代码可绘制出其仿真曲线(见图 8-2):

```
t=0:0.01:2;
x=1/2*t.^2-9/16*t+1/8;
plot(t,x);
xlabel('t');
ylabel('x');
hold on;
plot(t,0*x,'r-')
```

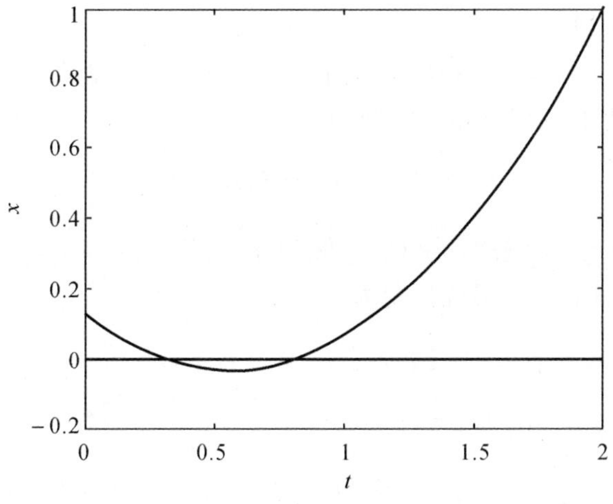

图 8-2　不考虑 $-x(t) \leqslant 0$ 约束的最优轨线仿真曲线

由图 8-2 可知,如果不考虑 $-x(t) \leqslant 0$ 约束,最优轨线将越过 $x(t)=0$ 边界,因此如果考虑状态变量不等式约束,最优轨迹在一段时间内必定处于边界上。假设 t_1 时刻为进入点,t_2 时刻为出口点,在 $t \in [t_1, t_2]$ 区间内,始终存在:

$$x^*(t) = u^*(t) = 0 \tag{8.64}$$

在 $t \in [0, t_1)$ 区间内,最优控制问题为无过程约束问题,$x^*(t_1) = u^*(t_1) = 0$ 并结合式(8.61)和式(8.62),可以得到下列方程组:

$$\left.\begin{aligned} x^*(t_1) &= \frac{1}{2}t_1^2 - \frac{1}{2}c_1 t_1 + c_2 = 0 \\ x^*(0) &= c_2 = \frac{1}{8} \\ u^*(t_1) &= -\frac{1}{2}c_1 + t_1 = 0 \end{aligned}\right\} \tag{8.65}$$

求解上述方程组可以得到：

$$t_1 = \frac{1}{2}, c_1 = 1, c_2 = \frac{1}{8} \tag{8.66}$$

因此 $t \in [0, t_1]$ 区间内最优轨线和最优控制为

$$\left.\begin{aligned} x^*(t) &= \frac{1}{2}t^2 - \frac{1}{2}t + \frac{1}{8} \\ u^*(t) &= -\frac{1}{2} + t \end{aligned}\right\} \tag{8.67}$$

在 $t \in [t_2, 2]$ 区间内，最优控制问题同样为无过程约束问题，根据 $x^*(t_2) = u^*(t_2) = 0$ 并结合式(8.61)和式(8.62)，可以得到下列方程组：

$$\left.\begin{aligned} x^*(t_2) &= \frac{1}{2}t_2^2 - \frac{1}{2}c_1 t_2 + c_2 = 0 \\ x^*(2) &= 2 - c_1 + c_2 = 1 \\ u^*(t_2) &= -\frac{1}{2}c_1 + t_2 = 0 \end{aligned}\right\} \tag{8.68}$$

求解上述方程组可以得到：

$$t_2 = 2 - \sqrt{2}, c_1 = 4 - 2\sqrt{2}, c_2 = 3 - 2\sqrt{2} \tag{8.69}$$

因此 $t \in [t_2, 2]$ 区间内最优轨线和最优控制为

$$\left.\begin{aligned} x^*(t) &= \frac{1}{2}t^2 - (2 - \sqrt{2})t + 3 - 2\sqrt{2} \\ u^*(t) &= -(2 - \sqrt{2}) + t \end{aligned}\right\} \tag{8.70}$$

综上，该问题的最优轨线和最优控制为

$$x^*(t) = \begin{cases} \frac{1}{2}t^2 - \frac{1}{2}t + \frac{1}{8}, & 0 \leqslant t < 0.5 \\ 0, & 0.5 \leqslant t < 2 - \sqrt{2} \\ \frac{1}{2}t^2 - (2 - \sqrt{2})t + 3 - 2\sqrt{2}, & 2 - \sqrt{2} \leqslant t < 2 \end{cases} \tag{8.71}$$

$$u^*(t) = \begin{cases} -\frac{1}{2} + t, & 0 \leqslant t < 0.5 \\ 0, & 0.5 \leqslant t < 2 - \sqrt{2} \\ -(2 - \sqrt{2}) + t, & 2 - \sqrt{2} \leqslant t < 2 \end{cases} \tag{8.72}$$

其协态变量为

$$\lambda^*(t) = \begin{cases} 1, & 0 \leqslant t < 0.5 \\ 4 - 2\sqrt{2}, & 0.5 \leqslant t < 2 - \sqrt{2} \end{cases} \tag{8.73}$$

其仿真曲线如图 8-3 所示。可以发现，协态变量在进入点处存在突变，而在出口点处连续。

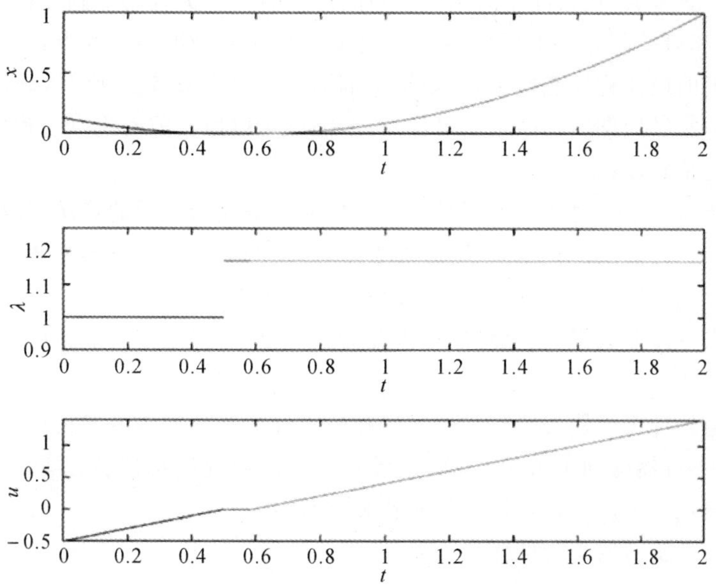

图 8-3　考虑 $-x(t)\leqslant 0$ 约束仿真曲线

8.9　运载火箭上升段闭环制导

大多数运载器大气飞行段一般采用程序制导方案。由于程序制导方法具有准备工作耗时，自主性低，适应性差，抗干扰能力弱等局限性，无法适应未来运载火箭快速、机动的发射需求，应对复杂环境带来的适应性挑战，以及满足飞行任务的高精度要求。因此，迫切需要能够应对上述问题的闭环制导方法。闭环制导是指飞行器在飞行过程中，制导计算机根据其当前的位置和速度等状态信息，基于先进制导算法，在每一制导周期内在线更新飞行轨迹。

从本质上来讲，制导律的设计是求解满足各种约束的优化轨迹。运载火箭的上升制导律设计是一个受环境干扰、各种约束(控制约束、状态约束等)限制的高度非线性问题，因此制导律的设计变得非常复杂。受限于当前机载计算机的发展水平，目前航天飞行器上广泛使用的程序制导方法具有以下几个明显的缺点：

(1)任务准备时间较长。

(2)对不同飞行任务适应性差。

(3)飞行过程中抗干扰能力低。

(4)飞行中不能处理突发任务。

当大气稀薄，动压很低时，可以采用摄动制导或迭代制导方法。摄动制导方法是把实际射程量在标准射程的关机点处展开成泰勒级数，并且只取其一阶项，使得出的射程偏差表达式中，只包含一阶偏导数，从而大大简化了计算。显然，采用摄动法进行制导计算的前提条件是，必须保证实际弹道与标准弹道之间(特别是主动段)的偏差很小，以使实际关机点参数和标准关机点参数间的偏差很小。这主要取决于两个方面：第一是标准弹道的选取应尽可能符合实际；第二则是在关机前的主动段里对飞行器实施横向和法向导引，以使关机时的各种偏差不至于太大。虽然摄动法也能够处理一些小扰动，机载计算机计算量也较少，但和开环制导方法相似，也具有地面计算量大，任务准备时间较长，任务适应性差，大扰动下制导精度变差等缺点。

与开环制导和摄动制导相比，闭环制导方法具有以下几个明显的优点：

(1)具有明确的最优化性能指标，例如推进剂消耗量最少或者上面级入轨时间最短；

(2)由于每一制导周期内不断更新最优轨迹，因此可以修正前面飞行过程中干扰所引入的偏差，保证制导的精确度；

(3)由于最优轨迹求解时使用的都是工程上反复验证较为成熟的算法，其可靠性较高；

(4)实际使用时只需给定初始条件、终端条件、路径约束以及飞行器总体参数，就能自动求解最优轨迹和给出制导指令，自主性较高，任务适应性大大提高；

(5)由于事先不需要大量的地面准备，因此时间开销小，降低发射准备所耗费的人力、物力和财力；

(6)能够快速处理飞行器飞行过程中发生故障需要应急返回等突发情况。

鉴于实际的飞行器运动十分复杂，在进行制导方法研究时可以舍去非本质、非主要的因素，进行一系列简化。因此在设计制导律时作如下假设：

(1)地球是一个旋转的均匀球体。

(2)大气在同一高度上均匀。

(3)推力总是与飞行器体纵轴方向重合。

(4)飞行器在飞行过程中侧滑角保持为零。

基于上述假设，在发射惯性坐标系下建立飞行器的运动方程，则有

$$\left.\begin{aligned}\dot{\boldsymbol{r}} &= \boldsymbol{V}\\ \dot{\boldsymbol{V}} &= \boldsymbol{g}(\boldsymbol{r}) + \frac{F_{\mathrm{T}}\boldsymbol{I}_{\mathrm{T}}}{m} - \frac{F_{\mathrm{A}}\boldsymbol{I}_{\mathrm{b}}}{m} + \frac{F_{\mathrm{N}}\boldsymbol{I}_{\mathrm{n}}}{m}\\ \dot{m} &= -\frac{F_{\mathrm{T}}}{g_0 I_{\mathrm{sp}}}\end{aligned}\right\} \tag{8.74}$$

式中，$\boldsymbol{r}\in\mathbf{R}^3$，$\boldsymbol{V}\in\mathbf{R}^3$ 分别是发射惯性坐标系下的位置和速度向量；m 是飞行器质量；$\boldsymbol{g}(\boldsymbol{r})$为发射惯性坐标系下的引力加速度向量；$g_0$ 为地球表面的参考引力加速度大小；$\boldsymbol{I}_{\mathrm{sp}}$为发动机的比冲，比冲越高，表明单位质量的燃料燃烧产生的推力越大；$\boldsymbol{I}_{\mathrm{T}}$ 是发射惯性坐标系下的推力单位向量，由假设知，推力方向总是与飞行器的体纵轴方向重合，即 $\boldsymbol{I}_{\mathrm{T}}=\boldsymbol{I}_{\mathrm{b}}$；$F_{\mathrm{T}}$ 为发动机推力的大小；$\boldsymbol{I}_{\mathrm{b}}$ 和 $\boldsymbol{I}_{\mathrm{n}}$ 表示体坐标系 $O_{\mathrm{B}}X_{\mathrm{B}}$ 和 $O_{\mathrm{B}}Y_{\mathrm{B}}$ 轴在发射惯性坐标系下的单位向量；F_{A} 和 F_{N} 分别代表轴向气动力和法向气动力的大小，则有

$$\left.\begin{aligned}F_{\mathrm{A}} &= \frac{1}{2}\rho V_{\mathrm{r}}^2 S_{\mathrm{ref}} C_{\mathrm{A}}\\ F_{\mathrm{N}} &= \frac{1}{2}\rho V_{\mathrm{r}}^2 S_{\mathrm{ref}} C_{\mathrm{N}}\end{aligned}\right\} \tag{8.75}$$

轴向和法向气动力系数 C_{A}，C_{N}，是攻角和马赫数的函数。$Ma=V_{\mathrm{r}}/V_{\mathrm{s}}$($V_{\mathrm{r}}$ 是相对速度的大小，V_{s} 为空气声速)。相对速度向量的形式表达如下：

$$\boldsymbol{V}_{\mathrm{r}} = \boldsymbol{V} - \boldsymbol{\omega}_E \times \boldsymbol{r} - \boldsymbol{V}_{\mathrm{w}} \tag{8.76}$$

式中，ω_E 为地球自转角速度向量；V_{w} 是风速。

为了简化数值计算，对上述的运动方程进行了无量纲化处理。定义 $\bar{m}$，$\bar{\boldsymbol{r}}$，$\bar{\boldsymbol{V}}$ 和 $\bar{t}$ 分别为无量纲化后的质量、位置向量、速度向量和时间，则有

$$\left.\begin{aligned}\bar{\boldsymbol{r}} &= \frac{\boldsymbol{r}}{R_0}\\ \bar{\boldsymbol{V}} &= \frac{\boldsymbol{V}}{\sqrt{R_0 g_0}}\\ \bar{m} &= \frac{m}{M_0}\\ \bar{t} &= \frac{t}{\sqrt{R_0/g_0}}\end{aligned}\right\} \tag{8.77}$$

其中，R_0 为地球表面半径；g_0 是半径为 R_0 所对应的引力加速度值；M_0 是飞行器发射时的起飞质量。将上式代入运动学、动力学方程，化简之后可以得到无量纲化后的表达形式：

$$\left.\begin{aligned}\dot{\bar{\boldsymbol{r}}} &= \bar{\boldsymbol{V}}\\ \dot{\bar{\boldsymbol{V}}} &= \bar{\boldsymbol{g}} + \frac{F_{\mathrm{T}}\boldsymbol{I}_{\mathrm{T}}}{\bar{m}M_0 g_0} - \frac{F_{\mathrm{A}}\boldsymbol{I}_{\mathrm{b}}}{\bar{m}M_0 g_0} + \frac{F_{\mathrm{N}}\boldsymbol{I}_{\mathrm{n}}}{\bar{m}M_0 g_0}\end{aligned}\right\} \tag{8.78}$$

引力加速度、质量方程和相对速度矢量表示为

$$\left.\begin{aligned}\bar{\boldsymbol{g}} &= -\frac{\boldsymbol{I}}{\bar{r}^3}\bar{\boldsymbol{r}} = -\frac{\boldsymbol{I}}{\bar{r}^2}\boldsymbol{I}_{\mathrm{r}}\\ \dot{\bar{m}} &= -\sqrt{\frac{R_0}{g_0^3}}\frac{F_{\mathrm{T}}}{M_0 I_{\mathrm{sp}}}\\ \bar{\boldsymbol{V}}_{\mathrm{r}} &= \bar{\boldsymbol{V}} - \frac{\boldsymbol{\omega}_{\mathrm{E}}}{\sqrt{g_0/R_0}}\times\bar{\boldsymbol{r}} - \frac{\boldsymbol{V}_{\mathrm{w}}}{\sqrt{g_0 R_0}}\end{aligned}\right\} \tag{8.79}$$

式中，$\dot{\bar{\boldsymbol{r}}} = \mathrm{d}\bar{\boldsymbol{r}}/\mathrm{d}\bar{t}$，$\dot{\bar{\boldsymbol{V}}}$和$\dot{\bar{m}}$定义类似。为便于叙述，定义：

$$\left.\begin{aligned}A &= \frac{F_{\mathrm{A}}}{\bar{m}M_0 g_0} = \frac{R_0}{2\bar{m}M_0}\rho\bar{V}_{\mathrm{r}}^2 S_{\mathrm{ref}} C_{\mathrm{A}}\\ N &= \frac{F_{\mathrm{N}}}{\bar{m}M_0 g_0} = \frac{R_0}{2\bar{m}M_0}\rho\bar{V}_{\mathrm{r}}^2 S_{\mathrm{ref}} C_{\mathrm{N}}\\ T &= \frac{F_{\mathrm{T}}}{\bar{m}M_0 g_0}\end{aligned}\right\} \tag{8.80}$$

式中，A，N 和 T 表示无量纲化之后的气动轴向力加速度、法向力加速度和推力加速度，则进一步得到

$$\left.\begin{aligned}\dot{\bar{\boldsymbol{r}}} &= \bar{\boldsymbol{V}}\\ \dot{\bar{\boldsymbol{V}}} &= \bar{\boldsymbol{g}} + T\boldsymbol{I}_{\mathrm{T}} - A\boldsymbol{I}_{\mathrm{b}} + N\boldsymbol{I}_{\mathrm{n}}\\ \dot{\bar{m}} &= -\sqrt{\frac{R_0}{g_0}}\frac{T\bar{m}}{I_{\mathrm{sp}}}\end{aligned}\right\} \tag{8.81}$$

为不引起歧义，同时为叙述方便，在后面的表达式中，仍然使用 m，$\boldsymbol{r}$，$\boldsymbol{V}$，$\boldsymbol{g}$ 来表示无量纲化之后的 $\bar{m}$，$\bar{\boldsymbol{r}}$，$\bar{\boldsymbol{V}}$ 和 $\bar{\boldsymbol{g}}$。

运载火箭在大气层内的飞行是以当前时刻状态和入轨点状态作为边界条件，入轨时间自由，以攻角 α、侧滑角 β 和倾斜角 σ 为控制变量，以燃料消耗量最小作为性能指标且带有路径约束的最优控制问题。

性能指标表示如下：

$$J=\int_{t_0}^{t_f}\dot{m}\mathrm{d}t=-\int_{t_0}^{t_f}\sqrt{\frac{R_0}{g_0^3}}\frac{F_T}{M_0I_{sp}}\mathrm{d}t=-\int_{t_0}^{t_f}\sqrt{\frac{R_0}{g_0}}\frac{Tm}{I_{sp}}\mathrm{d}t \tag{8.82}$$

式中，t_0 是大气飞行的初始时刻，t_f 是终端时刻。

初始边界条件：

$$\varphi_0(\boldsymbol{r}_0,\boldsymbol{V}_0)=0 \tag{8.83}$$

式中，$\boldsymbol{r}_0$ 和 $\boldsymbol{V}_0$ 分别表示大气段初始时刻 t_0 的位置向量和速度向量。

终端边界条件：

$$\varphi_f(\boldsymbol{r}_f,\boldsymbol{V}_f)=0 \tag{8.84}$$

式中，$\boldsymbol{r}_f$ 和 $\boldsymbol{V}_f$ 分别表示真空段终端时刻 t_f 的位置和速度向量，且满足 $\varphi_f\in\mathbf{R}^k(0<k\leqslant 6)$，$k$ 是入轨条件的个数。

路径约束为

$$\boldsymbol{C}(\boldsymbol{X}(t),\boldsymbol{u}(t),t)\leqslant\mathbf{0} \tag{8.85}$$

此时哈密尔顿函数为

$$H=\boldsymbol{P}_r^{\mathrm{T}}\boldsymbol{V}+\boldsymbol{P}_V^{\mathrm{T}}\left[-\frac{\boldsymbol{r}}{r^3}+(T-A)\boldsymbol{I}_b+N\boldsymbol{I}_n\right]-\sqrt{\frac{R_0}{g_0}}\frac{Tm}{I_{sp}}+\boldsymbol{\kappa}\boldsymbol{C}(\boldsymbol{X}(t),\boldsymbol{u}(t),t) \tag{8.86}$$

式中，$\boldsymbol{\kappa}$ 为拉格朗日乘子向量。

为方便起见，本节中只介绍求解无约束条件下的最优控制方案。待求得无约束的最优控制后再引入约束。此时，哈密尔顿函数表示为

$$H=\boldsymbol{P}_r^{\mathrm{T}}\boldsymbol{V}+\boldsymbol{P}_V^{\mathrm{T}}\left[-\frac{\boldsymbol{r}}{r^3}+(T-A)\boldsymbol{I}_b+N\boldsymbol{I}_n\right]-\sqrt{\frac{R_0}{g_0}}\frac{Tm}{I_{sp}} \tag{8.87}$$

进而得到协态方程为

$$\left.\begin{aligned}\dot{\boldsymbol{P}}_r&=-\frac{\partial H}{\partial\boldsymbol{r}}\\ \dot{\boldsymbol{P}}_V&=-\frac{\partial H}{\partial\boldsymbol{V}}\end{aligned}\right\} \tag{8.88}$$

控制向量 $\boldsymbol{u}$ 选取的不同，如将发动机推力向量 $\boldsymbol{I}_T$，即飞行器体纵轴单位向量 $\boldsymbol{I}_b$ 作为控制变量，会直接导致一阶最优性条件推导的繁简。因此本节中采用攻角 α、侧滑角 β 和倾斜角 σ 为控制变量，主要具有以下优点：

(1)最优性条件及协态方程的推导过程大为简化；

(2)能够克服 $\alpha=0$ 的奇异问题。

需要强调的是，飞行器的实际制导系统一般选取其姿态角作为控制变量，这是由机载仪器的测量特性决定的，其概念不同于这里讨论的上升制导律设计中的控制向量。此时，则需要一定的变量转换工作。

在零侧滑角的假设下，α，β 和 σ 的三变量最优控制问题蜕变为关于 α 和 σ 的两变量问题。此时根据极小值原理，最优性条件表示为

$$H(\boldsymbol{P}_r^*,\boldsymbol{P}_V^*,\boldsymbol{r}^*,\boldsymbol{V}^*,\alpha^*,\sigma^*,t)=\max_{\alpha,\sigma}H(\boldsymbol{P}_r^*,\boldsymbol{P}_V^*,\boldsymbol{r}^*,\boldsymbol{V}^*,\alpha,\sigma,t) \tag{8.89}$$

可以证明，“零侧滑下，飞行器体纵轴最优单位向量 $\boldsymbol{I}_b^*$、法向单位向量 $\boldsymbol{I}_n^*$、速度协态向量 $\boldsymbol{P}_V$ 和相对速度向量 $\boldsymbol{V}_r$ 共面”，如图 8-4 所示。

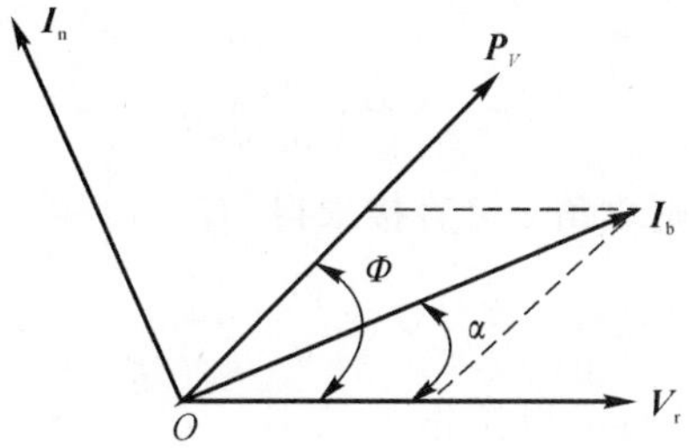

图 8-4　运载火箭上升段最优轨迹夹角关系

由于倾斜角 σ 是飞行器纵向对称平面和射面之间的二面角，因此最优倾斜角 σ^* 就由最优性条件决定。因此，三变量的最优控制问题就化为只有攻角 α 的单变量问题，对应的最优性条件则为

$$H(\boldsymbol{P}_r^*, \boldsymbol{P}_V^*, \boldsymbol{r}^*, \boldsymbol{V}^*, \alpha^*, t) = \max_{\alpha} H(\boldsymbol{P}_r^*, \boldsymbol{P}_V^*, \boldsymbol{r}^*, \boldsymbol{V}^*, \alpha, t) \tag{8.90}$$

在上述推导最优性条件以及协态向量方程的过程中，并没有施加路径约束。而实际上，运载火箭在稠密大气层内飞行过程中，受到气动载荷、气动加热等作用，考虑到飞行器本身的结构、材料、控制系统等的承受能力，需要对某些控制量和状态量进行约束。

1. 攻角约束 R_α

攻角 α 作为大气段最优控制问题的控制变量，受如下约束：

$$\alpha_{\min} \leqslant \alpha \leqslant \alpha_{\max} \text{或 } \alpha = 0 \tag{8.91}$$

针对此类不等式约束，可以引入松弛变量 α_i、α_j 将不等式约束化为等式约束：

$$\left.\begin{aligned} \alpha - \alpha_{\min} + \alpha_i^2 = 0 \\ \alpha - \alpha_{\max} + \alpha_j^2 = 0 \end{aligned}\right\} \tag{8.92}$$

但由于引入松弛变量，导致问题求解起来更加复杂。因此可以采用如下的处理方法：

$$\alpha = \begin{cases} \alpha_{\min} & \alpha \leqslant \alpha_{\min} \\ \alpha^* & \alpha_{\min} \leqslant \alpha \leqslant \alpha_{\max} \\ \alpha_{\min} & \alpha \geqslant \alpha_{\max} \end{cases} \tag{8.93}$$

式中，α^* 是无攻角约束下求得的最优值。

2. 弯矩约束 $R_{q\alpha}$

当攻角 α 较大时，作用在飞行器上的升力也较大，能够降低上升过程中重力带来的损失，增加入轨有效载荷。但是这会导致作用在飞行器结构上的应力增大，严重时可能破坏飞行器的结构。

弯矩约束表示如下：

$$R_{q\alpha} = q\alpha - Q_\alpha \leqslant 0 \tag{8.94}$$

此时，带弯矩约束的拉格朗日函数为

$$H_L = H + \kappa_{q\alpha} R_{q\alpha} \tag{8.95}$$

协态方程和最优性条件表示为

$$\dot{\boldsymbol{P}} = -\frac{\partial H_L}{\partial \boldsymbol{X}} = -\frac{\partial H}{\partial \boldsymbol{X}} - \kappa_{q\alpha} \frac{\partial R_{q\alpha}}{\partial \boldsymbol{X}} \tag{8.96}$$

$$\frac{\partial H_L}{\partial \alpha} = \frac{\partial H}{\partial \alpha} + \kappa_{q\alpha} \frac{\partial R_{q\alpha}}{\partial \alpha} = 0 \tag{8.97}$$

因此可以得到

$$\kappa_{q\alpha} = -\left(\frac{\partial H}{\partial \alpha}\right)/q \tag{8.98}$$

当 $q\alpha \geqslant Q_\alpha$ 时，取 $q\alpha = Q_\alpha$，则攻角 α 可直接求得，有

$$\alpha = \frac{Q_\alpha}{q} \tag{8.99}$$

将此时的 α 代入式(8.98)便可得拉格朗日乘子 $\kappa_{q\alpha}$，再将 $\kappa_{q\alpha}$ 代入式(8.96)进而求解协态方程。

3. 动压约束 R_q

动压的大小关系着飞行器运动过程中与大气摩擦产生的气动加热以及它的气动控制舵效，因此需要进行约束。动压约束表示为

$$R_q = q - q_{\max} \leqslant 0 \tag{8.100}$$

由于 R_q 不显含控制变量 α，先对 R_q 求一阶导数，则有

$$\dot{\boldsymbol{R}}_q = \frac{\partial R_q}{\partial \rho}\frac{\partial \rho}{\partial \boldsymbol{r}^{\mathrm{T}}}\frac{\partial \boldsymbol{r}}{\partial t} + \frac{\partial R_q}{\partial \boldsymbol{V}_{\mathrm{r}}}\frac{\partial \boldsymbol{V}_{\mathrm{r}}}{\partial t} = \frac{1}{2\boldsymbol{r}}\frac{\partial \rho}{\partial \boldsymbol{r}}\boldsymbol{V}_{\mathrm{r}}^2\boldsymbol{r}^{\mathrm{T}}\boldsymbol{V} + \rho\boldsymbol{V}_{\mathrm{r}}^{\mathrm{T}}\dot{\boldsymbol{V}}_{\mathrm{r}} \tag{8.101}$$

式中：

$$\dot{V}_{\mathrm{r}} = \dot{V} - \omega_{\mathrm{E}} \times V - \dot{V}_{\mathrm{w}} \tag{8.102}$$

此时，拉格朗日函数、协态方程和最优性条件如下：

$$H_{\mathrm{L}} = H + \kappa_q \dot{R}_q \tag{8.103}$$

$$\dot{P} = -\frac{\partial H_{\mathrm{L}}}{\partial X} = -\frac{\partial H}{\partial X} - \kappa_q \frac{\partial \dot{R}_q}{\partial X} \tag{8.104}$$

$$\frac{\partial H_{\mathrm{L}}}{\partial \alpha} = \frac{\partial H}{\partial \alpha} + \kappa_q \frac{\partial \dot{R}_q}{\partial \alpha} = 0 \tag{8.105}$$

当 $q \geqslant q_{\max}$ 时，令 $R_q = 0$，此时要求 $\dot{R}_q = 0$。由此，通过上述公式可以求解出最优控制变量和协态方程的解。

对上述最优控制问题进行数值求解，仿真曲线如图 8-5～图 8-7 所示。

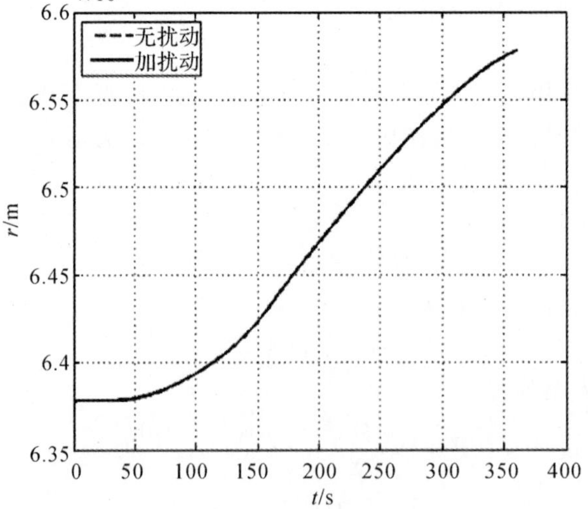

图 8-5　地心距-时间变化曲线

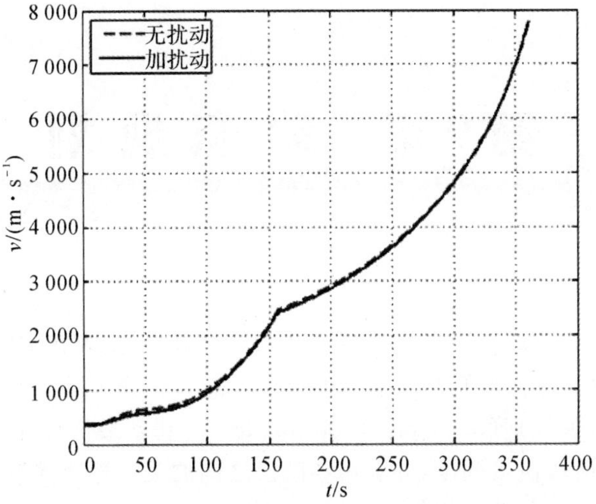

图 8-6　速度-时间变化曲线

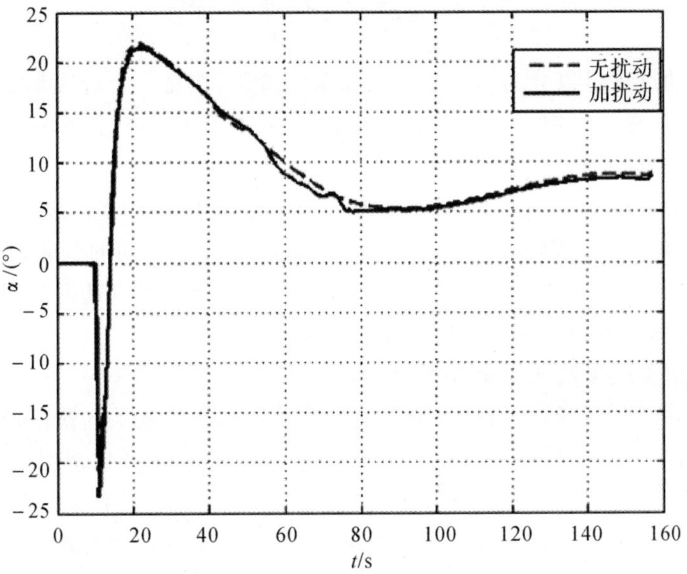

图 8-7　攻角-时间变化曲线图

由仿真曲线可以看出，当 t=157.5s 时，飞行高度大约为 60 km，飞行速度约为 2 666.0 m/s，下面级燃料耗尽，发动机关机；下面级与上面级分离后，上面级发动机开始工作，从速度曲线可以很明显地看出，t=157.5s 左右，速度有明显的变化；当 t=357.5s 时，上面级飞行高度约为 200km，飞行速度为 7 800.72 m/s，满足入轨条件，仿真停止。

由于运载火箭上升段闭环制导方法较为复杂，本节中只简单叙述了其基本推导过程，对于其方法细节及仿真实现过程都已略去。读者如需进一步学习，可具体参考相关文献，本书不再详述。

第9章 动态规划

动态规划(dynamic programming)是运筹学的一个分支,是求解多阶段决策过程最优化的数学方法。20世纪50年代初,美国数学家Bellman等人在研究多阶段决策过程的优化问题时,提出了著名的最优性原理(principle of optimality)。基于最优性原理,能够把多阶段决策过程转化为一系列单阶段决策问题,并利用各阶段之间的关系逐个求解,最终创立了解决这类过程优化问题的新方法——动态规划。

9.1 多级决策问题

如果一类活动过程可以分为若干个互相联系的阶段,在每一个阶段都需作出决策,一个阶段的决策确定以后,常常影响到下一个阶段的决策,从而就完全确定了一个过程的活动路线,则称它为多阶段决策问题。

各个阶段的决策构成一个决策序列,称为一个策略。每一个阶段都有若干个决策可供选择,因而就有许多策略供我们选取,对应于一个策略可以确定活动的效果,这个效果可以用数量来确定。策略不同,效果也不同,多阶段决策问题,就是要在可以选择的那些策略中间,选取一个最优策略,使在预定的标准下达到最好的效果。

下面简单介绍多级决策问题中常用的术语:

(1)阶段。把所给求解问题的过程恰当地分成若干个相互联系的阶段,以便于求解。过程不同,阶段数就可能不同。描述阶段的变量称为阶段变量。在多数情况下,阶段变量是离散的,用k表示。此外,也有阶段变量是连续的情形。如果可以在过程的任何时刻作出决策,且在任意两个不同的时刻之间允许有无穷多个决策,那么阶段变量就是连续的。

(2)状态。状态表示每个阶段开始面临的自然状况或客观条件,它不以人们的主观意志为转移,也称为不可控因素。在上面的例子中状态就是某阶段的出发位置,它既是该阶段某支路的起点,同时又是前一阶段某支路的终点。过程的状态通常可以用一个或一组数来描述,称为状态变量。一般地,状态是离散的,但有时为了方便也将状态取成连续的。当然,在现实生活中,由于变量形式的限制,所有的状态都是离散的,但从分析的角度,有时将状态作为连续的处理将会有很大的好处。此外,状态可以有多个分量(多维情形),因而用向量来代表。在每个阶段的状态维数可以不同。

(3)无后效性。要求状态具有下面的性质:如果给定某一阶段的状态,则在这一阶段以后过程的发展不受这阶段以前各阶段状态的影响,所有各阶段都确定时,整个过程也就确定了。换句话说,过程的每一次实现可以用一个状态序列表示,在前面的例子中每阶段的状态是该线路的始点,确定了这些点的序列,整个线路也就完全确定了。从某一阶段以后的线路开始,当这阶段的始点给定时，不受以前线路(所通过的点)的影响。状态的这个性质意味着过程的历史只能通过当前的状态去影响它的未来的发展，这个性质称为无后效性。

(4)决策。一个阶段的状态给定以后，从该状态演变到下一阶段某个状态的一种选择(行动)称为决策。在最优控制中，决策也称为控制。在许多问题中，决策可以自然而然地表示为一个数或一组数。不同的决策对应着不同的数值。描述决策的变量称决策变量，因状态满足无后效性，故在每个阶段选择决策时只需考虑当前的状态而无须考虑过程的历史。决策变量的范围称为允许决策集合。

(5)策略。由每个阶段的决策组成的序列称为策略。对于每一个实际的多阶段决策过程，可供选取的策略有一定的范围限制，这个范围称为允许策略集合。允许策略集合中达到最优效果的策略称为最优策略。

给定 k 阶段状态变量 $x(k)$ 的值后，如果这一阶段的决策变量一经确定，第 $k+1$ 阶段的状态变量 $x(k+1)$ 也就完全确定，即 $x(k+1)$ 的值随 $x(k)$ 和第 k 阶段的决策 $u(k)$ 的值变化而变化，那么可以把这一关系看成 $(x(k),u(k))$ 与 $x(k+1)$ 确定的对应关系，用 $x(k+1)=Tk(x(k),u(k))$ 表示。这是从 k 阶段到 $k+1$ 阶段的状态转移规律，称为状态转移方程。

(6)最优性原理。作为整个过程的最优策略，它满足：相对前面决策所形成的状态而言，余下的子策略必然构成“最优子策略”。

9.2　Bellman 最优性原理

Bellman 最优性原理是动态规划的基础理论，描述了多阶段决策过程的一个普遍而又直观的性能。

定理 9.1(Bellman 最优性原理)　在一个多级决策问题中的最优策略具有这样的性质，不论初始状态和初始决策如何，当将其中的任何一个状态再作为初始状态时，则余下的策略，对此必定也是一个最优策略。

具体地说，如果有一个初始状态为 $x(0)$ 的 N 级决策问题，其最优决策为 $u(0)$, $u(1)$,…, $u(N-1)$，那么对于以 $x(j)$ $(j=1,2,\cdots, N-1)$ 为初始状态的 $N-j$ 级决策问题来说，策略 $u(j)$, $u(j+1)$,…, $u(N-1)$ 必定也是最优策略。Bellman 本人对最优性原理做过这样的通俗解释：如图 9-1 所示，假设 AB 是从 A 点到 B 点的最短路径，M 是路线上的一点，将 AB 划分为 AM 和 MB 两段；无论是如何到达 M 点的，路线 MB 是从点 M 到点 B 的最短路径。因此，最优性原理常常表述为以下更为简洁的方式：

定理 9.2　最优策略的部分策略仍是最优策略。

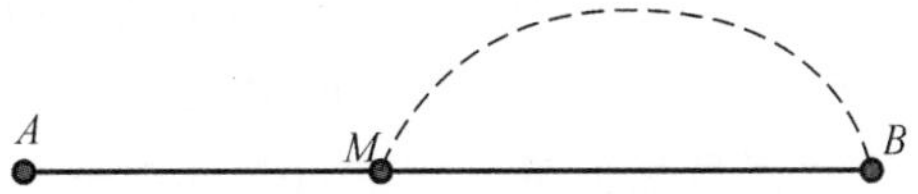

图 9-1　最优性原理直接解释

最优性原理表明：对于给定的性能指标，当从状态空间的任一点出发时，其最优控制仅取决于被控系统在这一点的状态，而与到达该状态以前的系统经历无关。这就是所谓的无后效性，或者说性能指标函数具有马尔可夫特性。

9.3 离散动态规划方法

给定 N 阶离散系统的状态方程：

$$\boldsymbol{x}_{i+1}=\boldsymbol{f}(\boldsymbol{x}_i,\boldsymbol{u}_i) \tag{9.1}$$

其初始状态为

$$\boldsymbol{x}(0)=\boldsymbol{x}_0 \tag{9.2}$$

性能指标函数为

$$J_{N0}=\Phi(\boldsymbol{x}_N)+\sum_{i=0}^{N-1}L(\boldsymbol{x}_i,\boldsymbol{u}_i) \tag{9.3}$$

式中，L 为过程指标，Φ 为终端指标。J_{N0}的下标 $N0$ 表示从 $\boldsymbol{u}(0)$到 $\boldsymbol{u}(N-1)$进行 N 级控制。最优控制问题是求最优控制序列 $\boldsymbol{u}^*(0),\boldsymbol{u}^*(1),\cdots,\boldsymbol{u}^*(N-1)$使性能指标 J_{N0}达到极小(或极大)值。显然，这是一个多级决策问题。将式(9.1)代入式(9.3)可以进一步得到

$$\begin{aligned}J_{N0}&=L[\boldsymbol{x}(0),\boldsymbol{u}(0)]+L[\boldsymbol{x}(1),\boldsymbol{u}(1)]+\cdots+L[\boldsymbol{x}(N-1),\boldsymbol{u}(N-1)]+\Phi[\boldsymbol{x}(N)]\\&=L[\boldsymbol{x}(0),\boldsymbol{u}(0)]+L[\boldsymbol{x}(0),\boldsymbol{u}(0),\boldsymbol{u}(1)]+\cdots+L[\boldsymbol{x}(0),\boldsymbol{u}(0),\boldsymbol{u}(1),\cdots,\boldsymbol{u}(N-1)]+\\&\quad\Phi[\boldsymbol{x}(0),\boldsymbol{u}(0),\boldsymbol{u}(1),\cdots,\boldsymbol{u}(N-1)]\\&=J_{N0}[\boldsymbol{x}(0),\boldsymbol{u}(0),\boldsymbol{u}(1),\cdots,\boldsymbol{u}(N-1)]\end{aligned} \tag{9.4}$$

如果能利用某种方法得到使性能指标 J_{N0}达到极小值的最优控制序列 $\boldsymbol{u}^*(0),\boldsymbol{u}^*(1),\cdots,\boldsymbol{u}^*(N-1)$，那么，性能指标 J_{N0}的极小值 J_{N0}^*将只依赖于初始状态 $\boldsymbol{x}(0)$，且为

$$J_{N0}^*[\boldsymbol{x}(0)]=\min_{\boldsymbol{u}(0),\boldsymbol{u}(1),\cdots,\boldsymbol{u}(N-1)}\{J_{N0}[\boldsymbol{x}(0),\boldsymbol{u}(0),\boldsymbol{u}(1),\cdots,\boldsymbol{u}(N-1)]\} \tag{9.5}$$

根据最优性原理，如果 $\boldsymbol{u}^*(0),\boldsymbol{u}^*(1),\cdots,\boldsymbol{u}^*(N-1)$是离散系统最优控制问题在初态为 $\boldsymbol{x}(0)$的 N 级控制的最优控制序列，那么 $\boldsymbol{u}^*(1),\boldsymbol{u}^*(2),\cdots,\boldsymbol{u}^*(N-1)$是该最优控制问题在初态为 $\boldsymbol{x}(1)=\boldsymbol{f}[\boldsymbol{x}(0),\boldsymbol{u}^*(0)]$的后 $N-1$ 级控制的最优控制序列，即

$$J_{N1}^*[\boldsymbol{x}(1)]=\min_{\boldsymbol{u}(1),\cdots,\boldsymbol{u}(N-1)}\{J_{N1}[\boldsymbol{x}(1),\boldsymbol{u}(1),\cdots,\boldsymbol{u}(N-1)]\} \tag{9.6}$$

依次可以推广到一般情形：

如果 $\boldsymbol{u}^*(0),\boldsymbol{u}^*(1),\cdots,\boldsymbol{u}^*(N-1)$是离散系统最优控制问题在初态为 $\boldsymbol{x}(0)$的 N 级控制的最优控制序列，那么 $\boldsymbol{u}^*(j),\boldsymbol{u}^*(j+1),\cdots,\boldsymbol{u}^*(N-1)$是该最优控制问题在初态为 $\boldsymbol{x}(j)=\boldsymbol{f}[\boldsymbol{x}(j-1),\boldsymbol{u}^*(j-1)]$的后 $N-j$ 级控制的最优控制序列，即

$$J_{Nj}^*[\boldsymbol{x}(j)]=\min_{\boldsymbol{u}(j),\cdots,\boldsymbol{u}(N-1)}\{J_{Nj}[\boldsymbol{x}(j),\boldsymbol{u}(j),\cdots,\boldsymbol{u}(N-1)]\} \tag{9.7}$$

最优性原理只肯定 N 级最优控制序列中的后 $N-j$ 级控制也是最优控制序列，对以前的 j 个控制没有明确肯定。这句话的含义是，就前 j 个控制 $\boldsymbol{u}^*(0),\boldsymbol{u}^*(1),\cdots,\boldsymbol{u}^*(j-1)$的选定来说，它们并不能使分段性能指标达到最优值。也就是说，使 J_{N0} 达到最优值的 $\boldsymbol{u}^*(0),\boldsymbol{u}^*(1),\cdots,\boldsymbol{u}^*(j-1)$和使 J_{Nj} 达到最优值的 $\boldsymbol{u}^*(0),\boldsymbol{u}^*(1),\cdots,\boldsymbol{u}^*(j-1)$，一般来说是不相同的。

最优性原理得以成立的一个前提条件是所谓过程的无后效性。具体地说，设过程现在的状态为 $\boldsymbol{x}(i)$，它是由前一个状态 $\boldsymbol{x}(i-1)$变换而来，即 $\boldsymbol{x}(i)=\boldsymbol{f}[\boldsymbol{x}(i-1),\boldsymbol{u}^*(i-1)]$。显然，前一个状态 $\boldsymbol{x}(i-1)$和前一个决策 $\boldsymbol{u}(i-1)$对后续过程的影响，仅仅表现在它们将状态转移到了 $\boldsymbol{x}(i)$，并随之确定了可供选择的决策集合。至于后续过程将如何进行，它们就不再直接起作用

了。也就是说，系统的过去只能决定现在，而不能直接影响未来。实际上，在现实世界中的许多过程，都具有无后效性。

利用动态规划法求解离散系统最优控制序列的过程是将一个 N 级最优控制问题转化为 N 个一级最优控制问题来处理，并且从最后一级开始，依次向前递推。解 N 个函数方程，每次可求出一个最优解 $\boldsymbol{u}^*(N-j)$，$j=1,2,\cdots,N$。

例 9.1　给定一阶离散系统的状态方程：

$$x(i+1)=x(i)+\frac{1}{10}[x^2(i)+u(i)] \tag{9.8}$$

初始状态为

$$x(0)=3 \tag{9.9}$$

求使性能指标

$$J=\sum_{i=0}^{1}\|x(i)-3u(i)\| \tag{9.10}$$

为最小的控制序列 $\boldsymbol{u}^*(i)$。

解：求解过程如下：

$$J_{N2}^*[x(2)]=0 \tag{9.11}$$

$$J_{N1}^*[x(1)]=\min_{u(1)}\{(\|x(1)-3u(1)\|+J_{N2}^*[x(2)]\}$$

$$\Rightarrow \boldsymbol{u}^*(1)=\frac{x(1)}{3},J_{N1}^*[x(1)]=0$$

$$J_{N0}^*[x(0)]=\min_{u(0)}\{\|x(0)-3u(0)\|+J_{N1}^*[x(1)]\}$$

$$\Rightarrow \boldsymbol{u}^*(0)=\frac{x(0)}{3}=1,J_{N0}^*[x(0)]=0$$

由状态方程有

$$x(1)=x(0)+\frac{1}{10}[x^2(0)+u(0)]=4 \tag{9.12}$$

因此可以得到

$$u(1)=\frac{1}{3}x(1)=\frac{4}{3} \tag{9.13}$$

从而求得最优控制序列

$$[u^*(0),u^*(1)]=[1,\frac{4}{3}] \tag{9.14}$$

9.4　连续动态规划方法

本节利用 Bellman 最优性原理分析连续系统最优控制问题。假设受控对象的状态方程为

$$\dot{\boldsymbol{x}}(t)=\boldsymbol{f}[\boldsymbol{x}(t),\boldsymbol{u}(t),t] \tag{9.15}$$

初始状态 $\boldsymbol{x}(t_0)=\boldsymbol{x}_0$、初始时刻 t 和终端安时刻 t_f 均给定，终端状态 $\boldsymbol{x}(t_f)$ 自由，性能指标为

$$J[\boldsymbol{x}(t_0),t_0]=\Phi[\boldsymbol{x}(t_f),t_f]+\int_{t_0}^{t_f}L[\boldsymbol{x}(t),\boldsymbol{u}(t),t]\mathrm{d}t \tag{9.16}$$

假定最优控制 $\boldsymbol{u}^*(t)$ 和最优状态轨线 $\boldsymbol{x}^*(t)$ 都已经找到了，最优性能指标 J^* 仅与初始时

刻 t_0 和初始状态 $\boldsymbol{x}(t_0)$有关,也就是说,它是初始时刻 t_0 和初始状态 $\boldsymbol{x}(t_0)$的函数,记为

$$\begin{aligned}J^*[\boldsymbol{x}(t_0),t_0] &= J[\boldsymbol{x}^*(t),\boldsymbol{u}^*(t)]\\ &= \int_{t_0}^{t_f} L[\boldsymbol{x}^*(t),\boldsymbol{u}^*(t),t]\mathrm{d}t\\ &= \min_{\boldsymbol{u}(t)}\int_{t_0}^{t_f} L[\boldsymbol{x}(t),\boldsymbol{u}(t),t]\mathrm{d}t \end{aligned}\tag{9.17}$$

因此连续最优控制问题的最优性原理可以描述为:

初始状态为 $\boldsymbol{x}(t_0)$的最优控制策略 $\boldsymbol{u}^*(t)$,($t\in[t_0,t_f]$)后面的一部分 $\boldsymbol{u}^*(t)$($t\in[t_1,t_f]$,$t_1>t_0$)仍然是最优控制策略,其初始状态是在区间$[t_0,t_1]$上应用控制策略 $\boldsymbol{u}^*[t_0,t_1]$由系统状态方程式(9.15)和初始状态 $\boldsymbol{x}(t_0)=\boldsymbol{x}_0$ 所得到的 $\boldsymbol{x}(t_1)$。

推广到一般情形:确定在区间$[t_0,t_f]$上任意时刻 t 及其对应的状态 $\boldsymbol{x}(t)$的最优解。也就是说,要确定最优性能指标函数 $J^*[\boldsymbol{x}(t),t]$及其对应的最优控制 $\boldsymbol{u}^*(t)$和最优轨线 $\boldsymbol{x}^*(t)$。其中,$J[\boldsymbol{x}(t),t]$定义为

$$J[\boldsymbol{x}(t),t] = \Phi[\boldsymbol{x}(t_f),t_f] + \int_t^{t_f} L[\boldsymbol{x}(\tau),\boldsymbol{u}(\tau),\tau]\mathrm{d}\tau \tag{9.18}$$

假设时间从 t 作微小摄动到 $t+\Delta t$,并假设在时刻 $t+\Delta t$ 的状态为 $\boldsymbol{x}(t)+\Delta\boldsymbol{x}(t)$,则

$$\begin{aligned}J[\boldsymbol{x}(t)+\Delta\boldsymbol{x}(t),t+\Delta] &= \Phi[\boldsymbol{x}(t_f),t_f] + \int_{t+\Delta t}^{t_f} L[\boldsymbol{x}(\tau),\boldsymbol{u}(\tau),\tau]\mathrm{d}\tau\\ &= \Phi[\boldsymbol{x}(t_f),t_f] + \int_t^{t_f} L[\boldsymbol{x}(\tau),\boldsymbol{u}(\tau),\tau]\mathrm{d}\tau - \int_t^{t+\Delta t} L[\boldsymbol{x}(\tau),\boldsymbol{u}(\tau),\tau]\mathrm{d}\tau\\ &= J[\boldsymbol{x}(t),t] - \int_t^{t+\Delta t} L[\boldsymbol{x}(\tau),\boldsymbol{u}(\tau),\tau]\mathrm{d}\tau \end{aligned}\tag{9.19}$$

假设 $\boldsymbol{u}^*(\tau)$,$\tau\in[t+\Delta t,t_f]$使得 $J[\boldsymbol{x}(t)+\Delta\boldsymbol{x}(t),t+\Delta]$达到最小,记为 $J^*[\boldsymbol{x}(t)+\Delta\boldsymbol{x}(t),t+\Delta]$,则由 Bellman 最优性原理,$J[\boldsymbol{x}(t),t]$的最小值可以表示为

$$J^*[\boldsymbol{x}(t),t] = \min_{\substack{\boldsymbol{u}(\tau)\\ \tau\in[t,t+\Delta t]}} \left\{\int_t^{t+\Delta t} L[\boldsymbol{x}(\tau),\boldsymbol{u}(\tau),\tau]\mathrm{d}\tau + J^*[\boldsymbol{x}(t+\Delta t),t+\Delta t]\right\} \tag{9.20}$$

对 $J^*[\boldsymbol{x}(t)+\Delta\boldsymbol{x}(t),t+\Delta]$在$[\boldsymbol{x}(t),t]$处利用泰勒公式可以展开为

$$\begin{aligned}J^*[\boldsymbol{x}(t+\Delta t),t+\Delta t] = J^*[\boldsymbol{x}(t),t] &+ \left[\frac{\partial J^*[\boldsymbol{x}(t),t]}{\partial \boldsymbol{x}}\right]^{\mathrm{T}} \frac{\mathrm{d}\boldsymbol{x}(t)}{\mathrm{d}t}\Delta t +\\ &\frac{\partial J^*[\boldsymbol{x}(t),t]}{\partial t}\Delta t + O(\Delta t^2)\end{aligned}\tag{9.21}$$

式中,$O(\Delta t^2)$为 Δt 的高阶无穷小项。此外,根据积分中值定义可知

$$\int_t^{t+\Delta t} L[\boldsymbol{x}(\tau),\boldsymbol{u}(\tau),\tau]\mathrm{d}\tau = L[\boldsymbol{x}(t+\theta\Delta t),\boldsymbol{u}(t+\theta\Delta t),t+\theta\Delta t]\Delta t,\quad 0<\theta<1 \tag{9.22}$$

将式(9.21)和式(9.22)代入式(9.20)可得

$$\begin{aligned}0 = \min_{\substack{\boldsymbol{u}(\tau)\\ \tau\in[t,t+\Delta t]}} \{&L[\boldsymbol{x}(t+\theta\Delta t),\boldsymbol{u}(t+\theta\Delta t),t+\theta\Delta t]\Delta t +\\ &\left[\frac{\partial J^*[\boldsymbol{x}(t),t]}{\partial \boldsymbol{x}}\right]^{\mathrm{T}} \frac{\mathrm{d}x(t)}{\mathrm{d}t}\Delta t + \frac{\partial J^*[\boldsymbol{x}(t),t]}{\partial t}\Delta t + O(\Delta t^2)\}\end{aligned}\tag{9.23}$$

式(9.23)除以Δt,并令$\Delta t\to 0$,可以得到

$$-\frac{\partial J^{*}[\boldsymbol{x}(t),t]}{\partial t}=\min_{\boldsymbol{u}(t)}\left\{L[\boldsymbol{x}(t),\boldsymbol{u}(t),t]+\left[\frac{\partial J^{*}[\boldsymbol{x}(t),t]}{\partial \boldsymbol{x}(t)}\right]^{\mathrm{T}}\frac{\mathrm{d}\boldsymbol{x}(t)}{\mathrm{d}t}\right\} \tag{9.24}$$

此方程被称为 Hamilton - Jacobi - Bellman 方程，或简称为 HJB 方程。HJB 方程是连续动态规划的基本方程，是包含一个函数方程和偏微分方程的混合方程，往往难以求得其封闭形式的解析解，通常只能求其数值解。

定义 Hamilton 函数为

$$H\left[\boldsymbol{x}(t),\boldsymbol{u}(t),\frac{\partial J^{*}[\boldsymbol{x}(t),t]}{\partial \boldsymbol{x}(t)},t\right]=L[\boldsymbol{x}(t),\boldsymbol{u}(t),t]+\left[\frac{\partial J^{*}[\boldsymbol{x}(t),t]}{\partial \boldsymbol{x}(t)}\right]^{\mathrm{T}}\frac{\mathrm{d}\boldsymbol{x}(t)}{\mathrm{d}t} \tag{9.25}$$

则 HJB 方程可写成如下形式：

$$-\frac{\partial J^{*}[\boldsymbol{x}(t),t]}{\partial t}=\min_{\boldsymbol{u}(t)}\left\{H\left[\boldsymbol{x}(t),\boldsymbol{u}(t),\frac{\partial J^{*}[\boldsymbol{x}(t),t]}{\partial \boldsymbol{x}(t)},t\right]\right\} \tag{9.26}$$

其边界条件为

$$J[\boldsymbol{x}(t_{\mathrm{f}}),t_{\mathrm{f}}]=\Phi[\boldsymbol{x}(t_{\mathrm{f}}),t_{\mathrm{f}}] \tag{9.27}$$

例 9.2　已知二阶系统的状态方程：

$$\dot{\boldsymbol{x}}(t)=\begin{bmatrix}0 & 1\\0 & 0\end{bmatrix}\boldsymbol{x}(t)+\begin{bmatrix}0\\1\end{bmatrix}\boldsymbol{u}(t) \tag{9.28}$$

初始状态为

$$\boldsymbol{x}(0)=\begin{bmatrix}1\\0\end{bmatrix} \tag{9.29}$$

要求确定最优控制 $\boldsymbol{u}^{*}(t)$，使性能指标

$$J=\int_{0}^{\infty}\left\{\boldsymbol{x}^{\mathrm{T}}(t)\begin{bmatrix}2 & 0\\0 & 0\end{bmatrix}\boldsymbol{x}(t)+\frac{1}{2}\boldsymbol{u}^{2}(t)\right\}\mathrm{d}t \tag{9.30}$$

达到极小值。

解：(1)哈密尔顿函数：

$$\begin{aligned}H&=L[\boldsymbol{x}(t),\boldsymbol{u}(t),t]+\left[\frac{\partial J^{*}}{\partial \boldsymbol{u}}\right]^{\mathrm{T}}f[\boldsymbol{x}(t),\boldsymbol{u}(t),t]\\&=\boldsymbol{x}^{\mathrm{T}}(t)\begin{bmatrix}2 & 0\\0 & 0\end{bmatrix}\boldsymbol{x}(t)+\frac{1}{2}\boldsymbol{u}^{2}(t)+\left[\frac{\partial J^{*}}{\partial \boldsymbol{x}}\right]^{\mathrm{T}}\left\{\begin{bmatrix}0 & 1\\0 & 0\end{bmatrix}\boldsymbol{x}(t)+\begin{bmatrix}0\\1\end{bmatrix}\boldsymbol{u}(t)\right\}\end{aligned} \tag{9.31}$$

(2)HJB 方程：

$$\begin{aligned}-\frac{\partial J^{*}}{\partial t}&=\min_{\boldsymbol{u}(t)}\{H\}\\&=\min_{\boldsymbol{u}(t)}\left\{\frac{1}{2}\boldsymbol{u}^{2}(t)+\left[\frac{\partial J^{*}}{\partial \boldsymbol{x}}\right]^{\mathrm{T}}\begin{bmatrix}0\\1\end{bmatrix}\boldsymbol{u}(t)\right\}+\\&\quad\left[\frac{\partial J^{*}}{\partial \boldsymbol{x}}\right]^{\mathrm{T}}\begin{bmatrix}0 & 1\\0 & 0\end{bmatrix}\boldsymbol{x}(t)+\boldsymbol{x}^{\mathrm{T}}(t)\begin{bmatrix}2 & 0\\0 & 0\end{bmatrix}\boldsymbol{x}(t)\end{aligned} \tag{9.32}$$

(3)最优控制方程：

$$\frac{\partial H}{\partial u}=\boldsymbol{u}(t)+\begin{bmatrix}0\\1\end{bmatrix}^{\mathrm{T}}\left[\frac{\partial J^{*}}{\partial \boldsymbol{x}}\right]=0\Rightarrow\boldsymbol{u}^{*}(t)=-\begin{bmatrix}0\\1\end{bmatrix}^{\mathrm{T}}\left[\frac{\partial J^{*}}{\partial \boldsymbol{x}}\right] \tag{9.33}$$

(4) 边界条件：

$$J^{*}[\boldsymbol{x}(\infty),\infty]=\Phi[\boldsymbol{x}(\infty),\infty]=0 \tag{9.34}$$

(5)将最优控制代入 HJB 方程可得

$$-\frac{\partial J^*}{\partial t}=\boldsymbol{x}^{\mathrm{T}}(t)\begin{bmatrix}2 & 0\\0 & 0\end{bmatrix}\boldsymbol{x}(t)+\frac{1}{2}\left[\frac{\partial J^*}{\partial \boldsymbol{x}}\right]^{\mathrm{T}}\begin{bmatrix}0\\1\end{bmatrix}\begin{bmatrix}0 & 1\end{bmatrix}\frac{\partial J^*}{\partial \boldsymbol{x}}+$$

$$\left[\frac{\partial J^*}{\partial \boldsymbol{x}}\right]^{\mathrm{T}}\left\{\begin{bmatrix}0 & 1\\0 & 0\end{bmatrix}\boldsymbol{x}(t)-\begin{bmatrix}0\\1\end{bmatrix}\begin{bmatrix}0 & 1\end{bmatrix}\frac{\partial J^*}{\partial \boldsymbol{x}}\right\}$$

$$=\boldsymbol{x}^{\mathrm{T}}(t)\begin{bmatrix}2 & 0\\0 & 0\end{bmatrix}\boldsymbol{x}(t)+\left[\frac{\partial J^*}{\partial \boldsymbol{x}}\right]^{\mathrm{T}}\begin{bmatrix}0 & 1\\0 & 0\end{bmatrix}\boldsymbol{x}(t)-\frac{1}{2}\left[\frac{\partial J^*}{\partial \boldsymbol{x}}\right]^{\mathrm{T}}\begin{bmatrix}0\\1\end{bmatrix}\begin{bmatrix}0 & 1\end{bmatrix}\frac{\partial J^*}{\partial \boldsymbol{x}} \tag{9.35}$$

(6)HJB 方程的求解并无一般解法，对于此例，可以采用试凑法，猜测值函数的形式为关于状态变量的二次函数，即

$$J^*=\boldsymbol{x}^{\mathrm{T}}(t)\boldsymbol{P}\boldsymbol{x}(t)=\boldsymbol{x}^{\mathrm{T}}(t)\begin{bmatrix}p_1 & p_2\\p_2 & p_3\end{bmatrix}\boldsymbol{x}(t) \tag{9.36}$$

式中，$\boldsymbol{P}$ 是一个待定的对称常数矩阵。因此可以得到：

$$\left.\begin{aligned}&\frac{\partial J^*}{\partial t}=0\\&\frac{\partial J^*}{\partial \boldsymbol{x}}=2\boldsymbol{x}^{\mathrm{T}}(t)\boldsymbol{P}\end{aligned}\right\} \tag{9.37}$$

将式(9.37)代入式(9.35)可得

$$\boldsymbol{x}^{\mathrm{T}}(t)\begin{bmatrix}2 & 0\\0 & 0\end{bmatrix}\boldsymbol{x}(t)+2\boldsymbol{x}^{\mathrm{T}}(t)\boldsymbol{P}\begin{bmatrix}0 & 1\\0 & 0\end{bmatrix}\boldsymbol{x}(t)-2\boldsymbol{x}^{\mathrm{T}}(t)\boldsymbol{P}\begin{bmatrix}0 & 0\\0 & 1\end{bmatrix}\boldsymbol{P}\boldsymbol{x}(t)$$

$$=\begin{bmatrix}x_1(t) & x_2(t)\end{bmatrix}\begin{bmatrix}2(1-p_2^2) & 2(p_1-p_2p_3)\\-2p_2p_3 & 2p_3^2\end{bmatrix}\begin{bmatrix}x_1(t)\\x_2(t)\end{bmatrix}$$

$$=2(1-p_2^2)x_1^2(t)+2[(p_1-p_2p_3)-p_2p_3]x_1(t)x_2(t)+2(p_2-p_3^2)x_2^2(t)$$

$$=0 \tag{9.38}$$

若要使式(9.38)恒等于零，则其充要条件为

$$\left.\begin{aligned}&2(1-p_2^2)=0\\&2(p_1-p_2p_3)-2p_2p_3=0\\&2(p_2-p_3^2)=0\end{aligned}\right\} \tag{9.39}$$

求解上述方程组可以得到：

$$(1)\begin{cases}p_1=2\\p_2=1\\p_3=1\end{cases}\qquad(2)\begin{cases}p_1=-2\\p_2=1\\p_3=-1\end{cases} \tag{9.40}$$

取第(1)组解代入 J^* 可得

$$J^*[\boldsymbol{x}(t)]=\boldsymbol{x}^{\mathrm{T}}(t)\begin{bmatrix}2 & 1\\1 & 1\end{bmatrix}\boldsymbol{x}(t)$$

$$=\begin{bmatrix}x_1(t) & x_2(t)\end{bmatrix}\begin{bmatrix}2 & 1\\1 & 1\end{bmatrix}\begin{bmatrix}x_1(t)\\x_2(t)\end{bmatrix}$$

$$=2x_1^2(t)+2x_1(t)x_2(t)+x_2^2(t) \tag{9.41}$$

由式(9.33)可得最优控制为

$$u^*[\boldsymbol{x}(t)]=-[0\quad 1]\frac{\partial J^*}{\partial \boldsymbol{x}}=-2[x_1(t)+x_2(t)] \tag{9.42}$$

将式(9.42)代入状态方程可以得到

$$\dot{\boldsymbol{x}}(t)=\begin{bmatrix}0 & 1\\0 & 0\end{bmatrix}\boldsymbol{x}(t)-2\begin{bmatrix}0\\1\end{bmatrix}[1\quad 1]\boldsymbol{x}(t)=\begin{bmatrix}0 & 1\\-2 & -2\end{bmatrix}\boldsymbol{x}(t) \tag{9.43}$$

其解析解为

$$\boldsymbol{x}^*(t)=\begin{bmatrix}\mathrm{e}^{-t}(\cos t+\sin t)\\-2\mathrm{e}^{-t}\sin t\end{bmatrix} \tag{9.44}$$

因此最终得到的最优控制为

$$u^*(t)=2\mathrm{e}^{-t}(\sin t-\cos t) \tag{9.45}$$

在上面的求解过程中，没有明显地利用性能指标最优值 J^* 的边界条件式(9.34)，但是，可以很容易验证得到的解是满足这一边界条件的。如果取第(2)组解，可以验证，这样的解不满足上述的边界条件，故第(2)组解不是待定矩阵 $\boldsymbol{P}$ 的元素。

9.5　基于 HJB 方程圆轨道转移控制

航天器动力学可以通过以下状态方程描述：

$$\dot{\boldsymbol{x}}=\boldsymbol{f}(\boldsymbol{x})+\boldsymbol{B}\boldsymbol{u} \tag{9.46}$$

式中，$\boldsymbol{x}=[\boldsymbol{r},\boldsymbol{v}]^{\mathrm{T}}\in\mathbf{R}^6$ 是状态变量；$\boldsymbol{u}\in\mathbf{R}^3$ 为控制变量；$\boldsymbol{B}=[0,\boldsymbol{I}]^{\mathrm{T}}$ 是一 6×3 矩阵。考虑二体问题，上述状态方程可以进一步表示为

$$\left.\begin{aligned}\dot{\boldsymbol{r}}&=\boldsymbol{v}\\ \dot{\boldsymbol{v}}&=-\frac{\mu\boldsymbol{r}}{r^3}+\boldsymbol{u}\end{aligned}\right\} \tag{9.47}$$

根据轨道力学，航天器无控轨道运动存在以下两个积分常数：

$$\left.\begin{aligned}E&=\frac{1}{2}v^2-\frac{\mu}{r}\\ \boldsymbol{L}&=\boldsymbol{r}\times\boldsymbol{v}\end{aligned}\right\} \tag{9.48}$$

式中，E 为能量，$\boldsymbol{L}$ 表示角动量。因此，根据式(9.48)，可以得到能量守恒及角动量守恒定理。考虑两圆轨道间转移的闭环控制问题，根据李雅普诺夫稳定性原理，定义李雅普诺夫函数为

$$V(\boldsymbol{x})=\frac{1}{2}k\,\|\boldsymbol{L}-\boldsymbol{L}_{\mathrm{T}}\|^2+\frac{1}{2}(E-E_{\mathrm{T}})^2=\frac{1}{2}k\,\|\Delta\boldsymbol{L}\|^2+\frac{1}{2}\Delta E^2 \tag{9.49}$$

式中，E_{T} 和 $\boldsymbol{L}_{\mathrm{T}}$ 分别为终端轨道的能力和角动量，$k>0$。对李雅普诺夫函数求导，可以得到

$$\dot{V}(\boldsymbol{x})=\boldsymbol{u}^{\mathrm{T}}(k\Delta\boldsymbol{L}\times\boldsymbol{r}+\Delta E\boldsymbol{v}) \tag{9.50}$$

设计控制器：

$$\boldsymbol{u}(\boldsymbol{x})=-s(\boldsymbol{x})(k\Delta\boldsymbol{L}\times\boldsymbol{r}+\Delta E\boldsymbol{v}) \tag{9.51}$$

式中，$s(\boldsymbol{x})>0$。上述控制使得

$$\dot{V}(\boldsymbol{x})=-s(\boldsymbol{x})\,\|k\Delta\boldsymbol{L}\times\boldsymbol{r}+\Delta E\boldsymbol{v}\|^2\leqslant 0 \tag{9.52}$$

显然，基于李雅普诺夫稳定性原理所得到的控制器能够实现圆轨道之间的轨道转移，但其一般只是可行控制，并不是最优的。下面给出说明，如果恰当选择 $s(\boldsymbol{x})$和 k 的值，基于李雅普诺夫

稳定性原理所得到的控制律是燃料最优控制问题的近似解。

考虑下列性能指标：

$$J = \frac{1}{2}\int_{t}^{t_f} \boldsymbol{u}^{\mathrm{T}}\boldsymbol{u} + \boldsymbol{x}^{\mathrm{T}}\boldsymbol{Q}\boldsymbol{x}\,\mathrm{d}\tau \tag{9.53}$$

(1)哈密尔顿函数：

$$H = \frac{1}{2}(\boldsymbol{u}^{\mathrm{T}}\boldsymbol{u} + \boldsymbol{x}^{\mathrm{T}}\boldsymbol{Q}\boldsymbol{x}) + \left[\frac{\partial J^*}{\partial \boldsymbol{x}}\right]^{\mathrm{T}}(\boldsymbol{f}(\boldsymbol{x}) + \boldsymbol{B}\boldsymbol{u}) \tag{9.54}$$

(2)HJB 方程：

$$\begin{aligned} -\frac{\partial J^*}{\partial t} &= \min_{\boldsymbol{u}(t)}\{H\} \\ &= \min_{\boldsymbol{u}(t)}\left\{\frac{1}{2}\boldsymbol{u}^{\mathrm{T}}\boldsymbol{u} + \left[\frac{\partial J^*}{\partial \boldsymbol{x}}\right]^{\mathrm{T}}\boldsymbol{B}\boldsymbol{u}\right\} + \left[\frac{\partial J^*}{\partial \boldsymbol{x}}\right]^{\mathrm{T}}\boldsymbol{f}(\boldsymbol{x}) + \frac{1}{2}\boldsymbol{x}^{\mathrm{T}}\boldsymbol{Q}\boldsymbol{x} \end{aligned} \tag{9.55}$$

(3)最优控制方程：

$$\frac{\partial H}{\partial \boldsymbol{u}} = \boldsymbol{u} + \boldsymbol{B}^{\mathrm{T}}\left[\frac{\partial J^*}{\partial \boldsymbol{x}}\right] = 0 \Rightarrow \boldsymbol{u}^*(t) = -\boldsymbol{B}^{\mathrm{T}}\left[\frac{\partial J^*}{\partial \boldsymbol{x}}\right] \tag{9.56}$$

(4) 考虑无穷时域问题，其边界条件：

$$J^*[\boldsymbol{x}(\infty),\infty] = 0 \tag{9.57}$$

(5)将最优控制代入 HJB 方程可得

$$-\frac{\partial J^*}{\partial t} = -\frac{1}{2}\left[\frac{\partial J^*}{\partial \boldsymbol{x}}\right]^{\mathrm{T}}\boldsymbol{B}\boldsymbol{B}^{\mathrm{T}}\left[\frac{\partial J^*}{\partial \boldsymbol{x}}\right] + \left[\frac{\partial J^*}{\partial \boldsymbol{x}}\right]^{\mathrm{T}}\boldsymbol{f}(\boldsymbol{x}) + \frac{1}{2}\boldsymbol{x}^{\mathrm{T}}\boldsymbol{Q}\boldsymbol{x} \tag{9.58}$$

(6)采用试凑法，猜测值函数的形式为

$$J^* = \frac{1}{2}k_{\mathrm{r}}\,\|\boldsymbol{L} - \boldsymbol{L}_{\mathrm{T}}\|^2 + \frac{1}{2}k_{\mathrm{v}}(E - E_{\mathrm{T}})^2 \tag{9.59}$$

因此可以得到

$$\left.\begin{aligned} \frac{\partial J^*}{\partial t} &= 0 \\ \frac{\partial J^*}{\partial \boldsymbol{v}} &= k_{\mathrm{r}}\Delta\boldsymbol{L} \times \boldsymbol{r} + k_{\mathrm{v}}\Delta E\boldsymbol{v} \end{aligned}\right\} \tag{9.60}$$

将式(9.60)代入最优控制可得

$$\boldsymbol{u}^*(t) = -(k_{\mathrm{r}}\Delta\boldsymbol{L} \times \boldsymbol{r} + k_{\mathrm{v}}\Delta E\boldsymbol{v}) \tag{9.61}$$

如果令

$$s(t) = 1, k_{\mathrm{r}} = k, k_v = 1 \tag{9.62}$$

式(9.61)与李雅普诺夫控制律式(9.51)等价。注意到性能指标中的权值矩阵 Q 可人为设置，如果选择较小的权值，该最优控制问题趋近于无穷时域的燃料最优控制问题。因此，可以认为李雅普诺夫控制律式(9.51)是穷时域的燃料最优控制问题的近似解，并且具有显式表达式。

下面给出仿真验证结果。考虑从高度 300km、轨道倾角为 28°的近地停泊轨道 LEO 转移到地球同步轨道 GEO。由于实际工程问题的转移时间不可能为无穷，因此选择两个较大的转移时间，分别为 20 天和 70 天，且截断条件为距离目标轨道最近点。图 9-2 和图 9-3 所示分别为距离目标轨道的最小位置和速度误差，由图中可以看出，如果选择恰当的 k_{r} 和 k_{v}，其终端误差较小。此时，可以通过等效变换为燃料最优问题的数值求解提供良好的初始猜想。

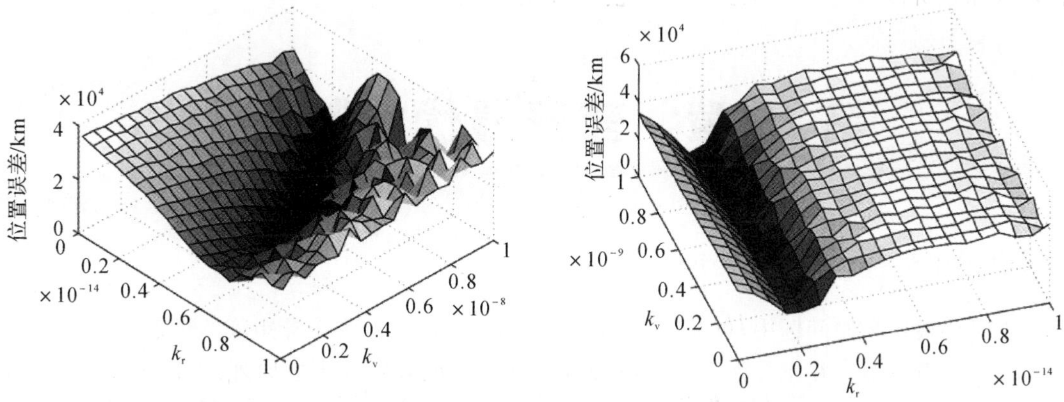

图 9-2　距离目标轨道的最小位置误差:20 天(左图),70 天(右图)

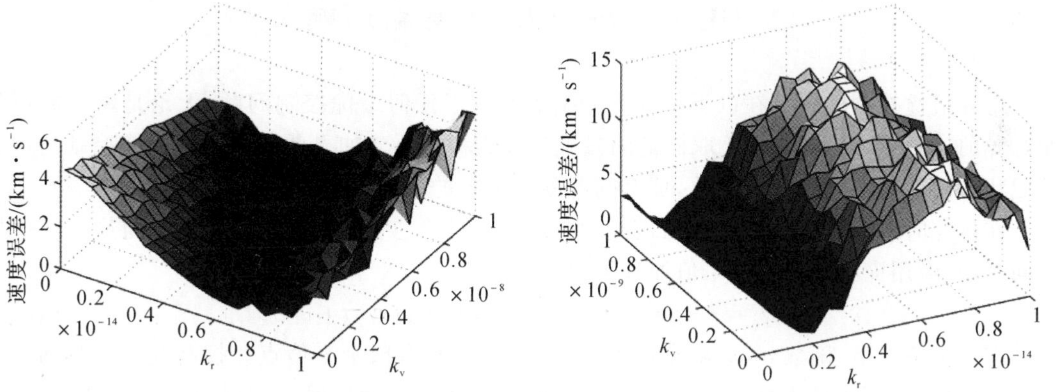

图 9-3　距离目标轨道的最小速度误差:20 天(左图),70 天(右图)

第 10 章 奇异最优控制理论

在某些最优控制问题中，可能出现$\partial H/\partial \boldsymbol{u}=0$，且$\partial^2 H/\partial \boldsymbol{u}^2$ 为奇异矩阵的极值弧线，这种极值弧线称为奇异弧。在奇异弧上，最优控制可以存在，也满足极小值原理，但由极小值原理解不出最优控制 $\boldsymbol{u}^*(t)$的具体形式。$\boldsymbol{u}^*(t)$可以在控制边界之内取值，并需用附加检验来确定奇异弧是否最优，即奇异最优控制问题。

10.1 奇异最优控制问题

奇异最优控制问题是在以下情况下产生的。对于任何最优控制问题，无论是奇异的还是非奇异的，使得哈密顿函数 H 取极值的弧被定义为极值弧。如果此极值弧不能使控制向量表示成状态向量和协态向量的函数，那么问题就是奇异的。

在研究时间最短和燃料最少的最优控制问题时就会涉及奇异解问题，在时间最短最优控制问题中，应用庞特里亚金极小值原理可得

$$\boldsymbol{u}_j^*(t)=-\operatorname{sgn}[q_j(t)],j=1,2,\cdots,r,\quad t\in[t_0,t_f] \tag{10.1}$$

在正常情况下，函数 $q_j(t)$在控制区间$[t_0,t_f]$中只有有限个零值点。控制变量在其约束的边界上取值，得到的最优控制为 Bang - Bang 控制。但在奇异情况下，至少有一个函数 $q_j(t)$在某一区间$[t_1,t_2]\subset[t_0,t_f]$上恒等于零。

在线性二次型性能指标最优控制问题中也有类似的奇异情况。可以将性能指标中的被积函数取为 $\boldsymbol{X}^T\boldsymbol{QX}+\boldsymbol{U}^T\boldsymbol{RU}$。其中 $\boldsymbol{U}^T\boldsymbol{RU}$ 项的出现体现了对控制变量的约束，可以使最优控制 $\boldsymbol{U}^*$ 的值在合理的范围内。如果直接规定控制变量满足如下不等式约束：

$$|u_j|\leqslant 1,\quad j=1,2,\cdots,r \tag{10.2}$$

这时就没有必要在性能指标中出现 $\boldsymbol{U}^T\boldsymbol{RU}$ 项了。此类问题与规范调节器的差别在于控制的不等式约束，且 $\boldsymbol{R}=\boldsymbol{0}$。哈密顿函数 H 也是控制变量 $\boldsymbol{U}$ 的线性函数。若在控制区上$[t_0,t_f]$，$H=\boldsymbol{B}^T\boldsymbol{\lambda}$ 只存在有限个零值点，则是 Bang - Bang 控制。如果在某一控制区间 $[t_1,t_2]\subset[t_0,t_f]$上满足 $H=\boldsymbol{B}^T\boldsymbol{\lambda}=0$，那么，控制变量在控制边界内取值总满足极小值原理。但是，由极小值原理同样很难解出最优控制的具体形式。考虑到上述线性二次型问题的最优控制一般情况下是由 Bang－Bang 控制和线性反馈控制两部分组成的，所以，对于一般的 Bolza 问题：

$$\left.\begin{aligned}
&\dot{\boldsymbol{X}}=f(\boldsymbol{X},\boldsymbol{U},t)\\
&J=\varphi(\boldsymbol{X}(t_f),t_f)+\int_{t_0}^{t_f}F(\boldsymbol{X},\boldsymbol{U},t)\mathrm{d}t\\
&\boldsymbol{X}(t_0)=\boldsymbol{X}_0\\
&G(\boldsymbol{x}(t_f),t_f)=0
\end{aligned}\right\} \tag{10.3}$$

式中：$\boldsymbol{U}=\{u_j(\cdot):u_j(t)$ 是分段连续函数，且 $\|u_j(t)\|\leqslant M<\infty, t\in[t_0,t_f], j=1,2,\cdots,r\}$；$t_0$ 给定；t_f 可以固定，也可以不固定。

其哈密顿函数为

$$H(\boldsymbol{X},\boldsymbol{U},\boldsymbol{\lambda},t)=F(\boldsymbol{X},\boldsymbol{U},t)+\boldsymbol{\lambda}^{\mathrm{T}}f(\boldsymbol{X},\boldsymbol{U},t) \tag{10.4}$$

当控制变量在约束的边界范围内取值时，极值条件应为

$$\boldsymbol{H}_u=\boldsymbol{0} \tag{10.5}$$

$$\boldsymbol{H}_{uu}\geqslant\boldsymbol{0} \tag{10.6}$$

条件式(10.6)常称勒让德-克莱勃希条件(Legaudre - lebsch Condition)。若条件式(10.6)只取严格的不等式符号，则称为强化的勒让德-克莱勃希条件。

如果在某一时间间隔$[t_1,t_2]\subset[t_0,t_f]$上，矩阵 $\boldsymbol{H}_{uu}$ 是奇异的，即

$$\det(\boldsymbol{H}_{uu})=0 \tag{10.7}$$

或者 $\boldsymbol{H}_{uu}$ 是非负定的，不满足强化的勒让德-克莱勃希条件，则称 Bolza 问题为奇异的。此时的最优控制为奇异最优控制。与此对应的最优轨线部分称为奇异弧，$[t_1,t_2]$则称为奇异区间。

10.2　奇异线性二次型最优控制问题

把奇异和线性二次型这两个概念结合在一起就得到了奇异线性二次型这个概念。一个奇异线性二次型问题的奇异性等价于性能指标中的被积函数 $\boldsymbol{X}^{\mathrm{T}}\boldsymbol{Q}\boldsymbol{X}+\boldsymbol{U}^{\mathrm{T}}\boldsymbol{R}\boldsymbol{U}$ 中矩阵 $\boldsymbol{R}$ 的奇异性。奇异线性二次型问题可以是直接提出的，也可以作为对一般的最优控制问题应用二次变分原理的结果而产生的。

奇异二次型最优控制是一类常见的最优化奇异解问题，该问题可以用数学语言描述如下：

考虑线性受控系统

$$\dot{\boldsymbol{X}}(t)=\boldsymbol{A}(t)\boldsymbol{X}(t)+\boldsymbol{B}(t)\boldsymbol{U}(t) \tag{10.8}$$

系数矩阵 $\boldsymbol{A},\boldsymbol{B}$ 是具有适当维数的常数矩阵。控制变量受如下不等式约束：

$$\|u_j(t)\|\leqslant 1,\quad j=1,2,\cdots,r \tag{10.9}$$

性能指标仅取为状态的二次型，即

$$J=\frac{1}{2}\boldsymbol{X}^{\mathrm{T}}\boldsymbol{P}\boldsymbol{X}+\frac{1}{2}\int_{t_0}^{t_f}[\boldsymbol{X}^{\mathrm{T}}\boldsymbol{Q}\boldsymbol{X}]\mathrm{d}t \tag{10.10}$$

假定其中的加权阵 $\boldsymbol{P}$ 和 $\boldsymbol{Q}$ 都是非负定对称阵。

哈密顿函数 H 为 $\boldsymbol{U}$ 的线性函数，即

$$H=\frac{1}{2}\boldsymbol{X}^{\mathrm{T}}\boldsymbol{Q}\boldsymbol{X}+\boldsymbol{\lambda}^{\mathrm{T}}(\boldsymbol{A}\boldsymbol{X}+\boldsymbol{B}\boldsymbol{U}) \tag{10.11}$$

根据极小值原理可知，在正常弧段上最优控制具有 Bang - Bang 形式，即

$$u^*=-\operatorname{sgn}\{\boldsymbol{B}^{\mathrm{T}}\boldsymbol{\lambda}\} \tag{10.12}$$

协态方程与边界条件为

$$\dot{\boldsymbol{\lambda}}=-\frac{\partial H}{\partial \boldsymbol{X}}=-[\boldsymbol{Q}\boldsymbol{X}+\boldsymbol{A}^{\mathrm{T}}\boldsymbol{\lambda}],\quad \boldsymbol{\lambda}(T)=\boldsymbol{P}\boldsymbol{X}(T) \tag{10.13}$$

的解。

若存在奇异解，则在奇异弧段上有下式成立：

$$\frac{\partial H}{\partial \boldsymbol{U}} = \boldsymbol{B}^{\mathrm{T}}\boldsymbol{\lambda} \equiv 0 \tag{10.14}$$

$$\frac{\partial^2 H}{\partial \boldsymbol{U}^2} = 0 \tag{10.15}$$

这时，控制满足极小值原理，但是，由极小值原理解不出最优控制的具体形式，需要用其他方法来计算奇异弧。

假设在某区间$[t_1, t_2] \subset [t_0, t_f]$上存在奇异最优控制，则式(10.14)的关系在此区间上必然存在，进而必须满足$\partial H/\partial \boldsymbol{U}$的各阶导数为零的附加条件，由此条件可以得到奇异最优控制。

实际上，上述问题的奇异弧段必满足：

$$\frac{\mathrm{d}}{\mathrm{d}t}\left(\frac{\partial H}{\partial \boldsymbol{U}}\right) = \frac{\mathrm{d}}{\mathrm{d}t}(\boldsymbol{B}^{\mathrm{T}}\boldsymbol{\lambda}) = -\boldsymbol{B}^{\mathrm{T}}(\boldsymbol{QX} + \boldsymbol{A}^{\mathrm{T}}\boldsymbol{\lambda}) = 0 \tag{10.16}$$

$$\begin{aligned}\frac{\mathrm{d}^2}{\mathrm{d}t^2}\left(\frac{\partial H}{\partial \boldsymbol{U}}\right) &= \frac{\mathrm{d}}{\mathrm{d}t}[-\boldsymbol{B}^{\mathrm{T}}(\boldsymbol{QX} + \boldsymbol{A}^{\mathrm{T}}\boldsymbol{\lambda})] \\ &= -\boldsymbol{B}^{\mathrm{T}}[\boldsymbol{QAX} + \boldsymbol{QBU} - \boldsymbol{A}^{\mathrm{T}}\boldsymbol{QX} - \boldsymbol{A}^{\mathrm{T}}\boldsymbol{A}^{\mathrm{T}}\boldsymbol{\lambda}] = 0\end{aligned} \tag{10.17}$$

假设$\boldsymbol{B}^{\mathrm{T}}\boldsymbol{QB}$是非奇异阵，否则，奇异控制不存在。解得

$$\boldsymbol{U} = -(\boldsymbol{B}^{\mathrm{T}}\boldsymbol{QB})^{-1}\boldsymbol{B}^{\mathrm{T}}[(\boldsymbol{QA} - \boldsymbol{A}^{\mathrm{T}}\boldsymbol{Q})\boldsymbol{X} - \boldsymbol{A}^{\mathrm{T}}\boldsymbol{A}^{\mathrm{T}}\boldsymbol{\lambda}] \tag{10.18}$$

式(10.18)表明，若存在奇异解，则奇异解必具有式(10.18)的形式。将式(10.18)和式(10.8)、式(10.13)联立求解两点边值问题，可求出最优奇异弧段及其上的奇异最优控制。

若哈密顿函数H不显含t，且末端时间t未定，则由极小值原理可知沿最优轨迹哈密顿函数值恒等于零，即

$$H \equiv 0 \tag{10.19}$$

式(10.19)和式(10.14)、式(10.16)共同构成$2r+1$个标量方程。它们共同决定$2n$维空间$(\boldsymbol{X},\boldsymbol{\lambda})$中的$2(n-r)-1$维超曲面。这是因为奇异弧上的各点$(\boldsymbol{X},\boldsymbol{\lambda})$满足上述$2r+1$个方程。因此，若最优奇异弧存在，必在由上述$2r+1$个方程所决定的超曲面上，此超曲面称为奇异超曲面。

例 10.1 已知二阶受控系统：

$$\left.\begin{aligned}\dot{x}_1 &= x_2(t) + u(t) \\ \dot{x}_2 &= -u(t)\end{aligned}\right\} \tag{10.20}$$

初始状态为

$$x_1(0) = x_{10}, x_2(0) = x_{20} \tag{10.21}$$

控制不等式约束为

$$\| u(t) \| \leqslant 1 \tag{10.22}$$

求最优控制使得下列性能指标最小：

$$J = \frac{1}{2}\int_0^T x_1^2(t)\mathrm{d}t \tag{10.23}$$

解：哈密顿函数为

$$H = \frac{1}{2}x_1^2 + \lambda_1(x_2 + u) - \lambda_2 u \tag{10.24}$$

由极小值原理可知，正常弧段上的最优控制为 Bang - Bang 形式，即

$$u^* = -\mathrm{sgn}\{\lambda_1 - \lambda^2\} \tag{10.25}$$

相应的最优控制轨线(Bang - Bang 弧段)满足如下的规范方程：

$$\left.\begin{aligned} \dot{x}_1 &= x_2 - \mathrm{sgn}\{\lambda_1 - \lambda^2\} \\ \dot{x}_2 &= \mathrm{sgn}\{\lambda_1 - \lambda^2\} \\ \dot{\lambda}_1 &= - x_1 \\ \dot{\lambda}_2 &= - \lambda_1 \end{aligned}\right\} \tag{10.26}$$

因为曲线 H 可能依赖于 u，所以可能存在奇异弧，满足：

$$\frac{\partial H}{\partial u} = \lambda_1 - \lambda_2 = 0 \tag{10.27}$$

$$\frac{\mathrm{d}}{\mathrm{d}t}\left(\frac{\partial H}{\partial u}\right) = \dot{\lambda}_1 - \dot{\lambda}_2 = - x_1 + \lambda_1 = 0 \tag{10.28}$$

$$H = \frac{1}{2}x_1^2 + \lambda_1 x_2 + (\lambda_1 - \lambda_2)u = C(\text{常数}) \tag{10.29}$$

若 T 是给定的有限时间，则 C 为某一常数；若 T 自由时，则 $C=0$。由上式可解得

$$\frac{1}{2}x_1^2 + x_1 x_2 = C \tag{10.30}$$

式(10.30)表示一个单参数的双曲线族。如果存在奇异弧，它必是某一特定双曲线的一部分。

现在进一步利用条件：

$$\frac{\mathrm{d}^2}{\mathrm{d}t^2}\left(\frac{\partial H}{\partial u}\right) = - \dot{x}_1 + \dot{\lambda}_1 = - x_2 - u - x_1 = 0 \tag{10.31}$$

解得

$$u = -(x_1 + x_2) \tag{10.32}$$

此即奇异弧上的最优控制，它是状态的线性反馈。

现在讨论以下两种情况。

(1) T 为给定的有限值，式(10.29)中的常数 C 取决于初态的非零值。这时，奇异弧是双曲线，它不通过原点，因此，不是最优轨线的最后一段弧线。典型的最优轨线由 3 段组成：

- 第一段控制取其边界值 ± 1，将系统转移到奇异弧上；
- 第二段采用状态的线性反馈控制律，系统沿着双曲线奇异弧运动；
- 第三段是再一次应用 $u = \mp 1$，使系统沿着 Bang - Bang 弧转移到坐标原点。

下面讨论一种控制不受约束的特殊情况(见图 10 - 1)。这时，第一段是脉冲控制(控制的幅度为无穷大，持续时间为无穷小)。脉冲控制所对应的轨线可由下式给出：

$$\left.\begin{aligned} &\frac{\mathrm{d}x_2}{\mathrm{d}x_1} = - \frac{u}{x_2 + u} \\ &\lim_{u \to \infty} \frac{\mathrm{d}x_2}{\mathrm{d}x_1} = - 1 \\ &\lim_{u \to -\infty} \frac{\mathrm{d}x_2}{\mathrm{d}x_1} = - 1 \end{aligned}\right\} \tag{10.33}$$

在 $x_1 O x_2$ 相平面上，这是一条斜率为 -1 的直线。正的脉冲控制导致状态向右下方移动，而负的脉冲控制会使状态向左上方转移。因此，假如已知的初态为图 10 - 1 中的 A 点，则最优轨线为 $ABCO$(见图 10 - 1)。利用脉冲函数的控制，系统的状态沿 $(x_1 + x_2)$ 等于常数的直线瞬时地由 A 点转移到 B 点。在奇异弧上，使用线性反馈控制律，由状态方程解得

$$x_1(t) = x_1(0_+)\mathrm{e}^{-t} \tag{10.34}$$

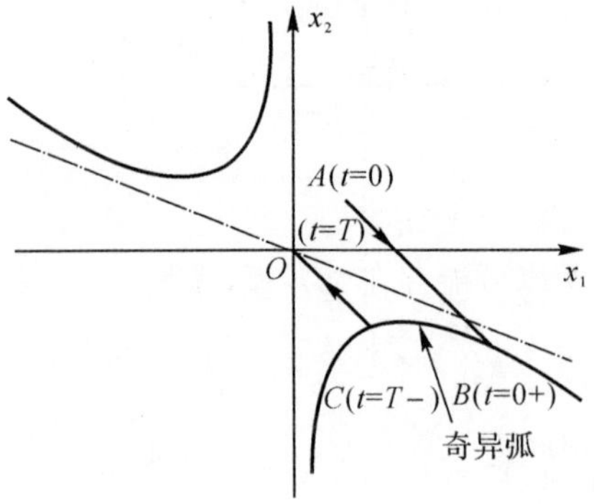

图 10-1　最优轨线

x_1 的大小随时间按指数规律减小，状态按着箭头所示的方向沿奇异弧变化，当 $t=T$ 时到达直线 $x_1+x_2=0$。此后，再用一个负脉冲控制，系统瞬时地转移到原点。

控制过程要在规定时间 T 完成，即要求沿奇异弧在 $t=T$ 时刻到达直线 $x_1+x_2=0$，由此条件确定哈密顿函数 H 的常数值 C。这样，就从单参数曲线族中找出一个特定的奇异弧。设初态为 $x_1(0)$，$x_2(0)$。则由上述条件不难定出：

$$H = -2D^2 \frac{\mathrm{e}^{-2T}}{(1-\mathrm{e}^{-2T})^2} \tag{10.35}$$

式中，$D=x_1(0)+x_2(0)$。并可求得第一段弧与奇异弧的交点为

$$\left.\begin{aligned} x_1(0_+) &= \frac{2C}{1-\mathrm{e}^{-2T}} \\ x_2(0_+) &= \frac{-C}{\tan HT} \end{aligned}\right\} \tag{10.36}$$

(2)若 T 不受限制，则奇异弧式(10.30)变为

$$\frac{1}{2}x_1^2 + x_1x_2 = x_1\left(\frac{1}{2}x_1 + x_2\right) = 0 \tag{10.37}$$

由此得两个可能的奇异弧段为

$$x_1 = 0, x_1 + 2x_2 = 0 \tag{10.38}$$

在弧线 $x_1=0$ 上，奇异弧控制为 $u=-x_2(t)$。由此可得

$$\left.\begin{aligned} x_1(t) &= 0 \\ x_2(t) &= x_2(t_1)\mathrm{e}^{(t-t_1)} \end{aligned}\right\} \tag{10.39}$$

在弧线 $x_1(t)+2x_2(t)=0$ 上，奇异控制为 $u=x_2(t)$，由此可得

$$\left.\begin{aligned} x_1(t) &= x_1(t_1) + [1-\mathrm{e}^{-(t-t_1)}]x_2(t_1) \\ x_2(t) &= \mathrm{e}^{-(t-t_1)}x_2(t_1) \end{aligned}\right\} \tag{10.40}$$

式中，t_1 是奇异弧起始时刻。

如果控制受式(10.22)约束，则奇异弧只能限制在图 10-2 所示的 S_1 和 S_2 的范围内。

将 S_1 和 S_2 上的控制 $u=-x_2$ 和 $u=+x_2$ 代入状态方程，可以判定沿 S_1 的运动是远离原点的，而沿 S_2 的运动则指向原点。如果末态指定为坐标原点，S_1 不能成为最优奇异弧。若初态落在弧线 S_2 上，则沿 S_2 从初态到原点这个弧段是最优轨线。

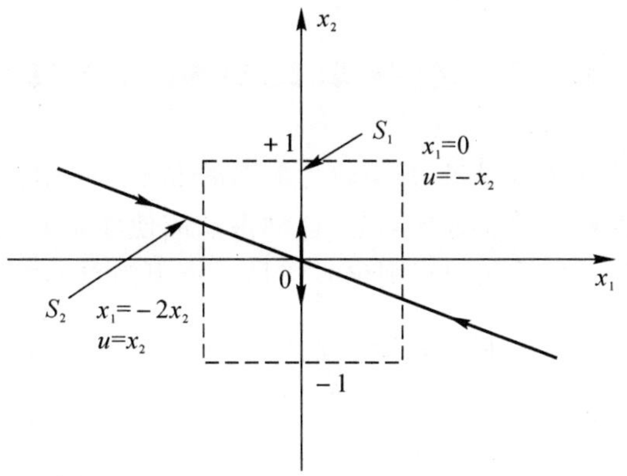

图 10 - 2　S_1 和 S_2 的范围

一般情况下，初态和末态可以是 x_1-x_2 相平面上的任何点，在这种情况下还不能预断最优解中是否包括奇异弧。然而，若末态指定为坐标原点，则对很多初态来说，最优控制既包括 Bang - Bang 弧段，又包括奇异弧段。

例如当初始点 A 为 $x_1(0)=0, x_2(0)=-0.5$，原点为末态时，如图 10 - 3 所示，最优轨线的第一段是 $u=-1$ 的 Bang - Bang 控制正常弧，直到该弧与 S_2 相交(交点 B 为 $x(t_1)=-1$，$x_2=0.5$)，此后改为奇异控制 $u=+x_2$，系统沿 S_2 一直到达原点。相应的最优轨线为 ABO。

当初态远离原点时，比如 $x_1(0)=0, x_2(0)<-1$，如图 10 - 3 所示的 C 点，前两段分别是 $u=-1, u=+1$ 的 Bang - Bang 控制，最后一段是沿 S_2 运动的奇异控制。显然，直线 S_2 是正常弧段转为奇异弧的开关曲线，而由 $u=-1$ 转换到 $u=+1$ 的开关线可由 S_2 倒推出来。除 S_2 外，开关线的其他它部分如图 10 - 3 的虚线所示。典型的控制曲线如图 10 - 4 所示。

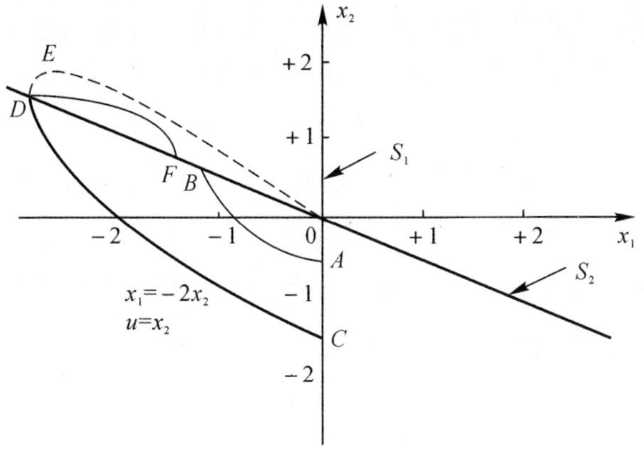

图 10 - 3　最优轨线

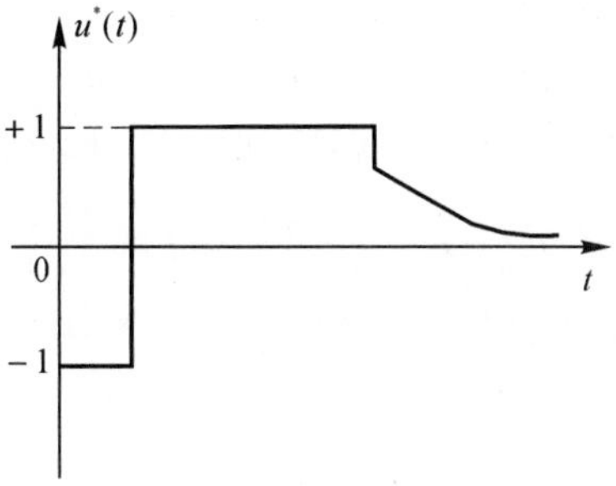

图 10 - 4　典型的控制曲线

综上所述，典型的最优控制包括 Bang - Bang 控制和奇异控制两部分，前者的开关曲面是状态空间中的一个超曲面，一般情况下它不是线性的，然而，在原点附近有一部分超曲面是有界的奇异超曲面或者有界的超平面。

10.3 奇异最优控制的算法

求解奇异最优控制的算法有很多,其中较为成熟的方法是正则化方法,也就是利用摄动方法把一个奇异问题化成为相应的非奇异问题,这种摄动应使非奇异问题的解在某种意义上能逼近原来的奇异问题的解。所采用的正则化方法是一个很简单的方法,这就是在性能指标中的被积函数上加上一项 $\frac{1}{2}\varepsilon_k\boldsymbol{u}^{\mathrm{T}}\boldsymbol{u}$,其中 ε_k 是一个正的小量,其效果是对最优性能指标作了一个微小摄动。下面介绍一下正则化方法。

受控系统:

$$\left.\begin{aligned} \dot{x} &= f_1(x,t) + f_u(x,t)u \\ x(t_0) &= x_0 \end{aligned}\right\} \tag{10.41}$$

式中,控制 $u(t)$ 受不等式约束:

$$\| u_j(t) \| \leqslant 1, \quad t \in [t_0, t_f], j = 1,2,\cdots,r \tag{10.42}$$

性能指标为

$$J[u(\cdot)] = S(x(t_f)) + \int_{t_0}^{t_f} L(x,t)\mathrm{d}t \tag{10.43}$$

这里 t_0,t_f 已知。f_1,f_u,L 和 S 对每个自变量至少是一次连续可微的。问题是选择满足约束式(10.42)的分段连续函数 $u(\cdot)$,使 J 最小。

如无进一步的假设,这类问题的最优控制函数是由 Bang - Bang 弧及奇异子弧所组成的。解正常最优控制问题,目前已有一些有效的计算方法。而计算奇异控制的方法的基本思想是在性能指标的被积函数中增加 $\frac{1}{2}\varepsilon_k\boldsymbol{u}^{\mathrm{T}}\boldsymbol{u}$ 项,将性能指标式(10.43)修改为

$$J[u(\cdot),\varepsilon_k] = S(x(t_f)) + \int_{t_0}^{t_f} \left(L(x,t) + \frac{1}{2}\varepsilon_k\boldsymbol{u}^{\mathrm{T}}\boldsymbol{u}\right)\mathrm{d}t \tag{10.44}$$

问题就变成非奇异的了。然后利用解非奇异最优控制的算法来解修改后的非奇异问题。可以证明,当 $\lim\limits_{k\to\infty}\varepsilon_k = 0$ 时,$J[u(\cdot),\varepsilon_k]$ 将收敛以于式(10.43)的最小值。采用此种方法并不需要预先知道是否有奇异弧、奇异弧的段数及所在位置。算法的步骤如下:

(1)选择一个起始值 $\varepsilon_1 > 0$ 和一个标称控制函数 $\bar{u}(\cdot)$;

(2)解所得的正则问题($k=1$),得到最小化的控制函数 $u_k(\cdot)$;

(3)选择 $\varepsilon_{k+1} < \varepsilon_k$(例如 $\varepsilon_{k+1} = \frac{1}{10}\varepsilon_k$),并令 $\bar{u}_{k+1}(\cdot) = u_k(\cdot)$,$k = k+1$,重复步骤(2),直至 $\varepsilon_k < \sigma$ 停止运算,其中 σ 是一个预先规定的小正数。

第 11 章 智能最优控制

随着优化理论和人工智能技术的发展，一些新的智能算法得到了迅速发展和广泛应用，其独特的优点和机制，为解决传统最优控制问题提供了新的方法和途径。特别是近年来机器学习技术取得了突破性进展，其所发展的强化学习等智能最优控制方法，在机器人等多领域取得了成功而广泛的应用。可以预见，强化学习等智能最优控制方法将成为飞行器轨迹规划、制导控制等领域研究的重要手段。

11.1 人工智能技术概述

11.1.1 人工智能定义

人工智能是一个很宽泛的概念，目前不仅未有精确、统一的定义，并且其描述众说纷纭。人工智能(Artificial Intelligence，AI)由 Artificial 和 Intelligence 两个词共同组成，其中：

(1)Artificial 在剑桥英语中解释为：made by people, often as a copy of something natural，翻译成中文意思是：人造的，非自然的；

(2)Intelligence 在剑桥英语中解释为：the ability to learn, understand, and make judgments or have opinions that are based on reason，翻译成中文意思是：学习，理解和具有理性的判断或观点的能力。

因此，从字面上阐述，人工智能可以定义为：人工智能是人造物体具备学习、理解、理性判断的能力。当然，人类的智能不仅局限于学习、理解、理性判断，还包括感知、交流、运动、创作、创新、想象、审美以及爱等众多能力，人工智能体要实现上述类似人类的智能还需要极为漫长的过程。此外，从另外一方面来看，人造物体的部分能力可能会远远超过人类能力，比如计算机的记忆能力、计算能力等。正是由于上述原因，国内外学者给出了多种不同的定义形式，其部分摘录如下：

(1)人工智能是让机器的行为看起来就像是人所表现出的智能行为一样。

(2)人工智能是对符号的操作，最原始的符号对应于物理客体。

(3)人工智能是借助计算机和某些感知与执行单元完成某些与人类智能有关的复杂功能的能力。

(4)人工智能就是会学习的计算机程序。

(5)人工智能就是与人类行为相似的计算机程序。

(6)人工智能是对人的意识、思维的信息过程的模拟。

(7)人工智能就是根据对环境的感知，做出合理的行动，并获得最大收益的计算机程序。

(8)人们把理性看成智能,把智能看成三维数码,把三维数码看成逻辑,人工智能,也就是理性的三维数码逻辑的精确运算。

(9)人工智能是研究开发能够模拟、延伸和扩展人类智能的理论、方法、技术及应用系统的一门新的技术科学,研究目的是促使智能机器会听(语音识别、机器翻译等)、会看(图像识别、文字识别等)、会说(语音合成、人机对话等)、会思考(人机对弈、定理证明等)、会学习(机器学习、知识表示等)、会行动(机器人、自动驾驶汽车等)。

(10)人工智能是一门研究机器具备类人行为(模拟行为结果)、类人思维(模拟大脑运作)、泛(不再局限于模拟人)智能的学科。

上述多种定义从不同的侧面、不同的层次来理解和概括人工智能的特征。但不管何种定义,都包括两个基本属性:

(1)人工智能的对象是机器。

(2)人工智能的价值是赋予机器类似人类、甚至超越人类的能力。人工智能能够帮助或替代人类完成其所承担的工作、任务,将提升社会劳动生产率,解放劳动力,并在有效降低劳动成本、优化产品和服务、创造新市场和就业等方面为人类的生产和生活带来革命性的转变。

如图 11-1 所示,在数据处理和应用流程中,按所采用的工具和技术的不同,人工智能的发展可分为计算机、互联网、物联网和人工智能四个阶段。在计算机阶段,机器只在数据存储和数据计算环节替代人类完成;在互联网阶段,这一过程扩展至数据传递环节;在物联网阶段,数据采集工作也可以由机器完成;而在人工智能阶段,从数据生成到数据应用全部环节都不需要人类的参与,从而极大地解放了劳动力。

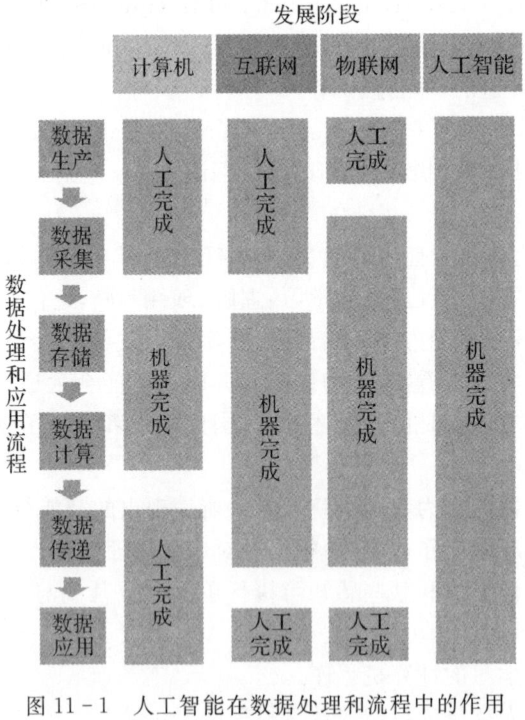

图 11-1　人工智能在数据处理和流程中的作用

图 11-2 给出了人工智能的 3 个子类的替代人类工作的价值示例,其中计算智能能够帮

助人类存储和快速处理海量数据，感知智能能够帮助人类高效地完成“看”和“听”相关的工作，而认知智能可以全面辅助或替代人类工作。一个典型的例子是浙江省交通运输厅与阿里巴巴合作将感知智能应用于实时路况监测，其成本下降了 90%，未来路况预测准确率在 91%以上。

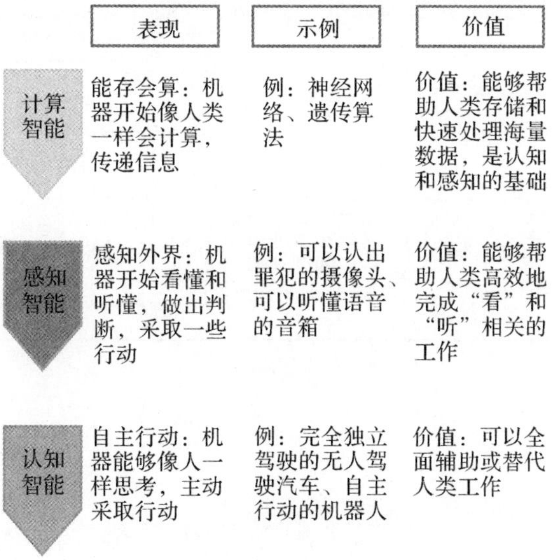

图 11－2　人工智能价值示例

11.1.2　人工智能发展历程

人工智能早期是作为计算机学科的一个分支出现的，但在多年的发展历程中，逐渐拓展为涉及信息论、控制论、自动化、仿生学、生物学、心理学、数理逻辑、语言学、医学和哲学等多学科的综合交叉学科(见图 11－3)。人工智能学科研究的主要内容包括知识表示、自动推理和搜索方法、机器学习和知识获取、知识处理系统、自然语言理解、计算机视觉、智能机器人、自动程序设计等方面。人工智能在 20 世纪 70 年代就被认定为世界三大尖端技术(空间技术、能源技术、人工智能)之一，同时也是 21 世纪三大尖端技术(基因工程、纳米科学、人工智能)之一。近 30 年来，人工智能技术获得了极其迅速的发展，在很多学科领域都获得了广泛应用，并取得了丰硕的成果。

如图 11－4 所示，从 1956 年正式提出人工智能概念至今，人工智能的发展道路极为曲折。目前国内外对其发展历程有多种总结，其中图 11－4 将其发展历程划分为以下 6 个阶段：

(1)起步发展期(第一次繁荣期)：1956—1976 年。人工智能概念提出后，相继取得了一批令人瞩目的研究成果，如机器定理证明、跳棋程序等，掀起人工智能发展的第一个高潮。

(2)反思发展期(第一次低谷期)：1977—1982 年。人工智能发展初期的突破性进展大大提升了人们对人工智能的期望，人们开始尝试更具挑战性的任务，并提出了一些不切实际的研发目标。然而，接二连三的失败和预期目标的落空(例如，无法用机器证明两个连续函数之和还是连续函数、机器翻译闹出笑话等)，使人工智能的发展走入低谷。

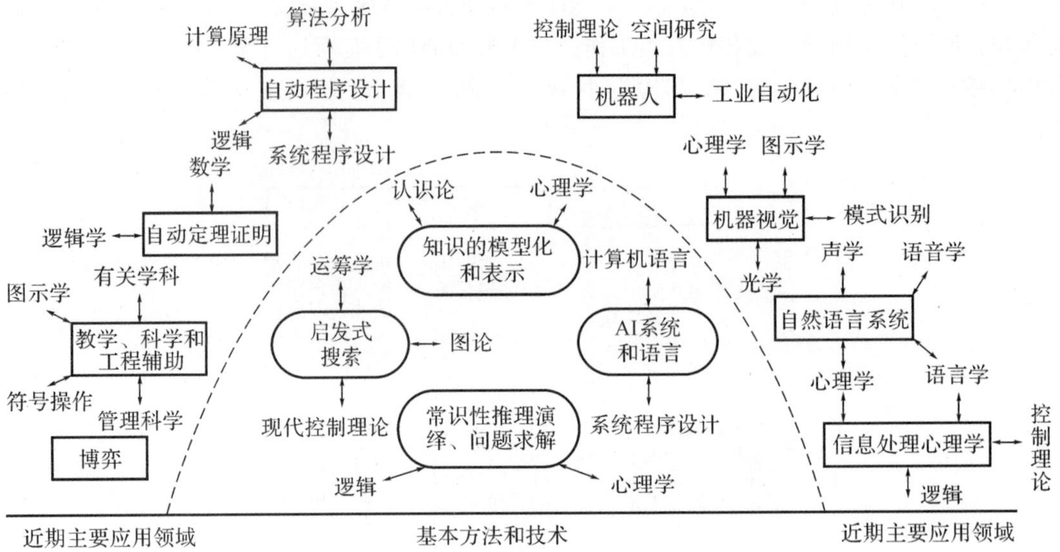

图 11-3　人工智能学科结构

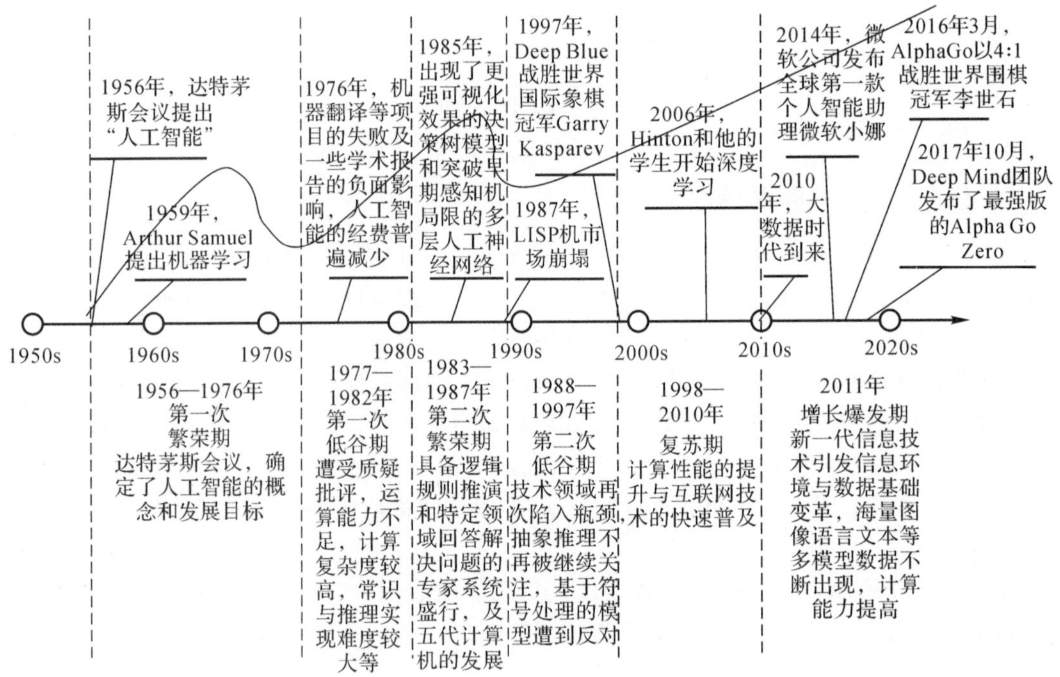

图 11-4　人工智能发展历程

(3)应用发展期(第二次繁荣期):1983—1987 年。在这一时期出现的专家系统能够模拟人类专家的知识和经验解决特定领域的问题,实现了人工智能从理论研究走向实际应用、从一般推理策略探讨转向运用专门知识的重大突破。专家系统在医疗、化学、地质等领域取得成功,推动人工智能走入应用发展的新高潮。

(4)低迷发展期(第二次低谷期):1988—1997 年。随着人工智能的应用规模不断扩大,专家系统存在的应用领域狭窄、缺乏常识性知识、知识获取困难、推理方法单一、缺乏分布式功能、难以与现有数据库兼容等问题逐渐暴露出来。

(5)稳步发展期(复苏期):1998—2010 年。由于网络技术特别是互联网技术的发展,加速了人工智能的创新研究,促使人工智能技术进一步走向实用化。1997 年国际商业机器公司(简称 IBM)深蓝超级计算机战胜了国际象棋世界冠军卡斯帕罗夫,2008 年 IBM 提出了“智慧地球”的概念。以上都是这一时期的标志性事件。

(6)蓬勃发展期(增长爆发期):2011 年至今。随着大数据、云计算、互联网和物联网等信息技术的发展,泛在感知数据和图形处理器等计算平台推动以深度神经网络为代表的人工智能技术飞速发展,大幅跨越了科学与应用之间的“技术鸿沟”,诸如图像分类、语音识别、知识问答、人机对弈和无人驾驶等人工智能技术实现了从“不能用、不好用”到“可以用”的技术突破,迎来爆发式增长的新高潮。特别是 2016 年谷歌子公司 DeepMind 所开发的围棋人工智能程序 AlphaGo,以 4:1的总比分战胜世界围棋冠军李世石,更是标志着人工智能技术的实质性飞跃。AlphaGo 结合了数百万人类围棋专家的棋谱,并结合强化学习进行自我训练,其后续升级版本 AlphaGo Master,AlphaGo Zero 等更是击败了几乎所有的世界顶尖围棋选手,无一败绩。

11.1.3　人工智能分类

人工智能有多种不同的分类,图 11 - 5 所示是其中最为典型的一种,其将人工智能分为技术支持、算法、研究方法、技术领域和应用领域 5 个层级。

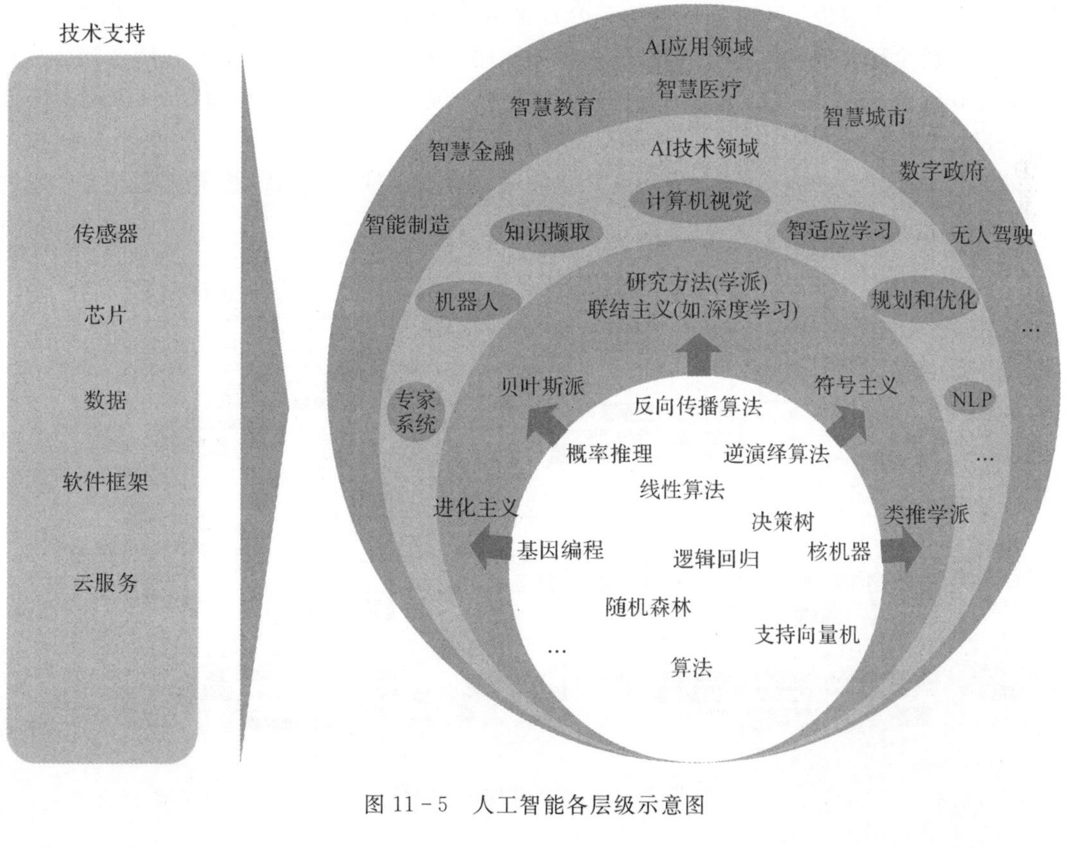

图 11 - 5　人工智能各层级示意图

(1)技术支持层:包括传感器、芯片、数据、软件框架和云服务等,是支撑人工智能技术、应用的前提和软硬件基础。

(2)算法层:包括概率推理、核机器、支持向量机、决策树和优化算法等,是人工智能技术的数学和算法支撑。在所有层级中,算法层级是最为核心的。

(3)研究方法层:主要包括 5 个研究学派。

1)符号主义,又称为逻辑主义、心理学派或计算机学派,其原理主要为物理符号系统(即符号操作系统)假设和有限合理性原理。奠基人是西蒙,符号主义,主要成就代表是 20 世纪的专家系统。

2)联结主义,又称为仿生学派或生理学派,其原理主要为神经网络及神经网络间的连接机制与学习算法。奠基人是明斯基,发展最好的是深度学习,深度神经网络,属于联结主义。

3)行为主义,又称进化主义或控制论学派,其原理为控制论及感知-动作型控制系统。奠基人是维纳,行为主义的贡献,都在机器人控制系统方面。

4)贝叶斯学派,基于概率统计的贝叶斯算法最常见的应用就是反垃圾邮件功能,贝叶斯分类的运作是借着使用标记与垃圾邮件、非垃圾邮件的关连,然后搭配贝叶斯推断来计算一封邮件为垃圾邮件的可能性。

5)类推学派(Analogizer),该学派的主要算法是支持向量机。

(4)技术领域层:按其技术特征可分为计算机视觉、自然语言处理、跨媒体分析推理、智适应学习、群体智能、自主无人系统、智能芯片和脑机接口等多个类别。

(5)应用领域层:人工智能技术近年来迅速发展,随着时间推移,技术渐渐为大众所知,摩尔定律的节奏逐渐放慢,其与各行业的结合逐渐成为关注焦点。例如,2020 年,新型冠状病毒爆发并席卷全球。在疫情防控过程中,人工智能通过大数据采集和智能分析,结合社会治理理论和互联网技术,能够在疫情监测分析、病毒溯源、防控救治、风险分析预警、资源调配等方面更好发挥支撑作用。

除上述 5 个层级的分类外,也有将人工智能分为底层硬件、通用 AI 技术及平台与应用领域 3 个层级的分类,如图 11 - 6 所示。

图 11 - 6　人工智能技术层级

(1)底层硬件是基础层,其中包括 GPU/FPGA 等用于性能加速的硬件、神经网络芯片、传感器与中间件,这些是支撑人工智能应用的前提,是整个人工智能运算的算力基础。

(2)通用 AI 技术及平台是支撑层,是人工智能发展的核心。技术层主要依托基础层的运算平台和数据资源进行海量识别训练和机器学习建模,以及开发面向不同领域的应用技术,包含感知智能和认知智能两个阶段。其中感知智能阶段通过传感器、搜索引擎和人机交互等实现人与信息的连接,获得建模所需的数据,如语音识别、图像识别、自然语音处理和生物识别等;认知智能阶段对获取的数据进行建模运算,利用深度学习等类人脑的思考功能得出结果,如机器学习和人工智能平台等。在此基础上,人工智能才能够掌握基础性信息输入与处理能力,才能向用户层面演变出更多的应用型产品。此外,云计算、大数据、算法是构成人工智能的三大要素,通用人工智能技术逐渐融入主流云计算平台,并结合大数据分析服务各行各业。

(3)应用层是基于基础层与技术层实现与传统行业的融合,实现不同场景及不同环境下的应用。随着人工智能在语音、语意、计算机视觉等领域实现的技术性突破,其将加速应用到各个传统行业场景。应用层按照对象不同,可分为消费级终端应用和行业场景应用两部分:

1)消费级终端包括智能机器人、智能无人机以及智能硬件三个方向。

2)场景应用主要是对接各类外部行业的 AI 应用场景,如将 AI 通用技术应用于金融、安防、建筑、医疗、教育、零售/电商、视频/娱乐/社交等领域。

此外,人工智能按智能化程度的不同也可分为弱人工智能、强人工智能和超级人工智能三个类别。

(1)弱人工智能,能够模拟人脑的基本功能,如感知、记忆、学习和决策。

(2)强人工智能,能够进行思考、计划、解决问题、抽象思维、理解复杂理念、快速学习和从经验中学习等。

(3)超级人工智能,能够在几乎所有领域超过人类,包括科学创新、通识和社交技能等。

11.1.4　人工智能在航天领域中的应用

人工智能在航天领域中的应用主要包含“人工智能＋平台、载荷、制造、服务、软件”五大综合体系。

(1)“人工智能＋平台”形成智能航天器,其中主要类型包括:

1)人工智能＋运载火箭,可以实现高容错飞行。运载火箭的飞行入轨面临的是一个地面难以复制和仿真等效的全新环境,飞行阶段程序转弯、发动机关机、级间分离、再次点火、姿态修正、载荷分离诸多环节中数百个零部件任一失效偏差都可能给火箭带来不可挽回的损失,是运载火箭成败与否的核心环节。高机动性、短飞行周期、恶劣环境都意味着人无法有效干预,因此,发动机推力下降、姿控极性接反均直接造成了任务失败,飞行风险居高不下。目前的箭载计算机大多不具备重新规划飞行任务的能力,或需要地面人工计算制导诸元后,通过测量系统进行上行注入,一定程度上实现弹道的重规划,将卫星送入轨道。如将人工智能技术与运载技术相结合,将显著压缩运载火箭任务周期,降低运载火箭制造成本,提高运载火箭的容错能力、自主能力和智能化水平。

2)人工智能＋空间操控平台,可以实现精确在轨服务与操作。复杂特殊的空间环境给航天器在轨服务与操控带来了极大挑战:轨道上变化的光照条件影响对合作或非合作目标的精确感知与识别,天地信息传输的大时延降低了空间机器人在轨操作的稳定性,剧烈变化的高低温环境也削弱了航天器长期在轨可靠运行的能力，地面重力条件难以真实模拟航天器在轨姿态控制和机器人的精细操作。此外，受限于航天器的在轨资源，传感器和各种载荷的大数据采集、处理与分析也难以实时完成。因此，引入人工智能技术，对构建空间服务与操控的智能技术体系具有重要意义。

3)人工智能＋深空探测平台，可以深空探测任务和行星基地的自主决策、自主控制和自主管理。以行星探测器为例，现有行星探测器的主要前进方式为：拍摄前方照片通过遥测发回地面站，操作人员根据图像确定前进路线，再通过上行通道上注行动指令，实现探测车的行驶操作。这种模式过于依赖地面测试人员，效率较低，很多时候由于行星表面环境较为恶劣，或者由于距离过于遥远，遥测控制信号也比较微弱，或者由于地球自转引起相对位置改变，无法实现遥测遥控，更难以实现探测器的实时控制。基于人工智能、视觉计算、监控装置的自动驾驶将大幅提高探测、地形勘测的效率。根据视频摄像头、雷达传感器以及激光测距器来了解周围的地形状况，利用图像识别等智能感知技术、智能决策和智能控制技术可以实现行星探测车的自主行动，选取最优探测路线，智能避开障碍物体，以最小的代价、最高的效率采集有用信息，大大辅助深空探测应用。

(2)“人工智能＋载荷”实现智能载荷，可以实现多功能、模块化及在轨自动处理功能。

(3)“人工智能＋制造”主要是对智能航天器的制造，可以实现地面及空间在轨的智能制造。智能制造是一种由智能机器和人类专家共同组成的人机一体化智研制造系统，通过人与智能机器的合作，扩大、延伸和部分地取代人类专家在制造过程中的脑力劳动。它把制造自动化的概念更新，扩展到柔性化、智能化和高度集成化。利用大数据技术，对于运载火箭制造装配需要的物资、工具、生产线、场地、工装、人员、运输车辆都统一进行编码采集与实时定位管理，将散布在全国各地的运载火箭制造装配资源条件进行统筹管理，真正做到全国一盘棋。并与运载火箭发射任务计划有机对接，通过态势分析与智能预测，实现生产规模进度的最优化预测管理，并能够实现突发风险的动态应变处置，实现成本最优化管理。在生产过程中，也完成了对火箭全生命周期信息的收集与保障。建立火箭的综合档案履历资料库，收集制造、装配、测试各个过程的数据与知识，构建大数据分析中心，作为智慧火箭的数据支撑与健康诊断的依据，降低设计和研制成本，提升测发效率，提升火箭的可靠性。

(4)“人工智能＋服务”主要指对遥感大数据方面的服务。如互联网技术、遥感与测绘技术实现跨界融合，可形成空天大数据承载应用平台，从而使空天地采集的海量数据实现处理自动化、管理智能化、系统集成化、应用轻量化、平台生态化的目标。

(5)“人工智能＋软件”包括计算平台＋操作环境，载荷即插即用，软件按需、功能按需重构。近年来，国内外专家提出软件定义卫星的新概念，即以计算为中心，以软件为手段，通过软件定义无线电、载荷、数据处理计算机和网络等手段，将传统上由分系统实现的通信、载荷等功能以软件方式实现。通过这种方式，卫星制造商制造卫星硬件平台，卫星运营商发射并维护卫星运行，航天应用商聚集了大量的航天应用 App。普通用户不用考虑卫星的研制、发射、运行测控等问题，只是通过卫星运营商租用一定时间来达到自己的目标。软件定义卫星有望降低卫星的价格、重量和功耗，让更多的科研院所、民营企业、产业部门有机会参与卫星的研制、发射和使用。

11.2　机器学习算法基础

机器学习是指计算机利用已有的数据(经验),得出了某种模型(规律),并利用此模型预测未来数据特征的一种方法。如图 11－7 所示,人类在成长、生活过程中积累了很多的经验,人类定期地对这些经验进行“归纳”,获得了生活的“规律”。当人类遇到未知的问题或者需要对未来进行“推测”的时候,人类使用这些“规律”,对未知问题与未来进行“推测”,从而指导自己的生活和工作。机器学习中的“训练”与“预测”过程可以对应到人类的“归纳”和“推测”过程。通过这样的对应,我们可以发现,机器学习的思想并不复杂,仅仅是对人类在生活中学习成长的一个模拟。由于机器学习不是基于编程形成的结果,因此它的处理过程不是因果的逻辑,而是通过归纳思想得出的相关性结论。

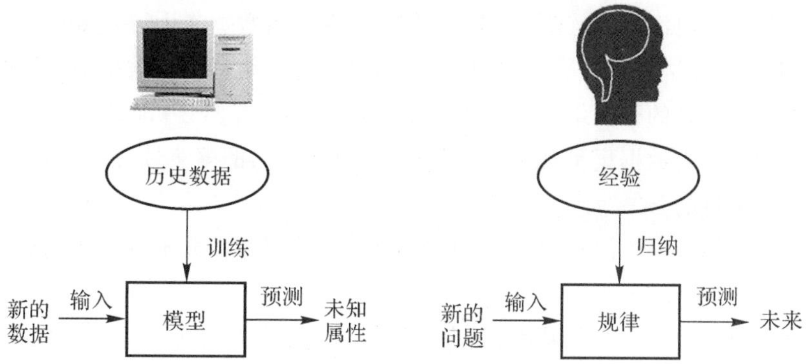

图 11－7　机器学习基本特征示意图

机器学习也同样有多种不同的分类,按其学习数据有无标签可分为监督学习和无监督学习两种基本方式,如图 11－8 所示。

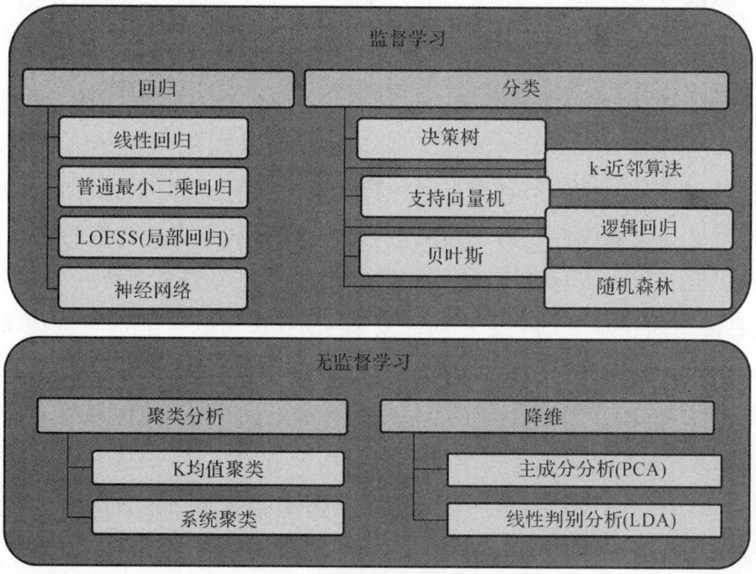

图 11－8　机器学习的基本分类

(1)监督学习:监督学习是拥有一个输入变量(自变量)和一个输出变量(因变量),使用某种算法去学习从输入到输出之间的映射函数。目标是得到足够好的近似映射函数,当输入新的变量时可以以此预测输出变量。因为算法从数据集学习的过程可以被看作一名教师在监督学习,所以称为监督学习。其函数的输出可以是一个连续的值(称为回归分析),或是预测一个分类标签(称作分类)。

(2)无监督学习:无监督学习指的是只有输入变量,没有相关的输出变量。目标是对数据中潜在的结构和分布建模,以便对数据作进一步的学习。相比于监督学习,无监督学习在学习时并不知道其分类结果是否正确,亦即没有受到监督式增强(告诉它何种学习是正确的)。无监督学习进一步可以分为聚类(在数据中发现内在的分组)和降维两个子类。

两种学习方法具有不同的特点,可归纳如下:

(1)监督学习方法必须要有训练集与测试样本。在训练集中找规律,而对测试样本使用这种规律。而无监督学习没有训练集,只有一组数据,在该组数据集内寻找规律。

(2)监督学习的方法就是识别事物,识别的结果表现在给待识别数据加上了标签。因此训练样本集必须由带标签的样本组成。而无监督学习方法只有要分析的数据集的本身,预先没有什么标签。如果发现数据集呈现某种聚集性,则可按自然的聚集性分类,但不予以某种预先分类标签对上号为目的。

(3)无监督学习方法在寻找数据集中的规律性,这种规律性并不一定要达到划分数据集的目的,也就是说不一定要“分类”。

由于机器学习独特的能力与特性,其在计算机视觉、模式识别、数据挖掘等众多领域有着广泛的应用,同时机器学习技术的发展也促使了很多领域的进步,为传统领域带来了新的技术与智能化革新。特别是近年来,机器学习的子类——深度学习和强化学习取得了前所未有的突破,由此也掀起了机器学习新一轮的发展热潮。

11.2.1 深度学习

深度学习的概念源于人工神经网络的研究。如图 11-9 和图 11-10 所示,人工神经网络是人类受到生物神经结构启发而研究出的一种算法体系。它从信息处理的角度对人脑神经元结构抽象化,建立一些简单基本单元,按照不同的连接方式构成不同结构的神经网络,呈现出许多生物神经结构的特性,比如信息储存的并行性、分布性以及信息处理的自适应性等。基于这些特性,神经网络具有非线性映射、分类识别、优化计算和知识处理等功能。目前,神经网络已被成功应用在模式识别、信号处理、控制工程和优化计算等诸多领域。

由于人工神经网络很难刻画数据之间的复杂关系,长期以来都很难应用于复杂的问题和场景。近年来,随着计算机性能的提升,神经网络规模在不断扩大,向着更深层神经网络的方向发展,即深度神经网络,其示意图如图 11-11 所示。如今,深度神经网络研究工作突飞猛进,取得了很大的进展,解决了许多传统计算机很难解决的实际问题,表现生良好的智能特性。这里的深度不单指网络层数多,也指用这样的一个网络能够学到许多深层次的知识,提取到许多纯粹基于传统机器学习、统计学指标所无法描述的特征。

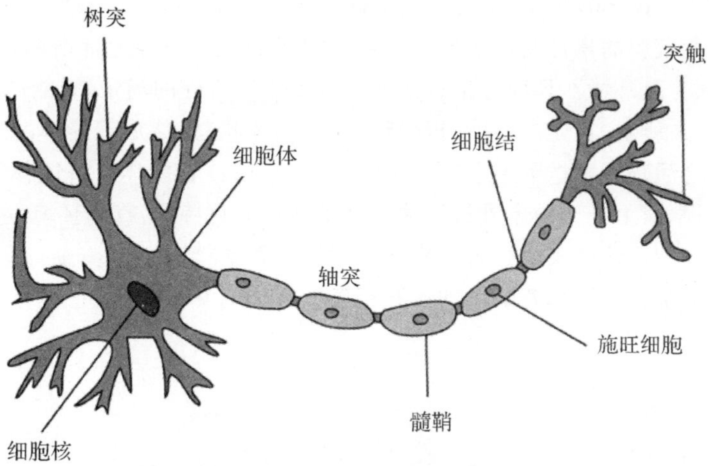

图 11-9　大脑神经元示意图

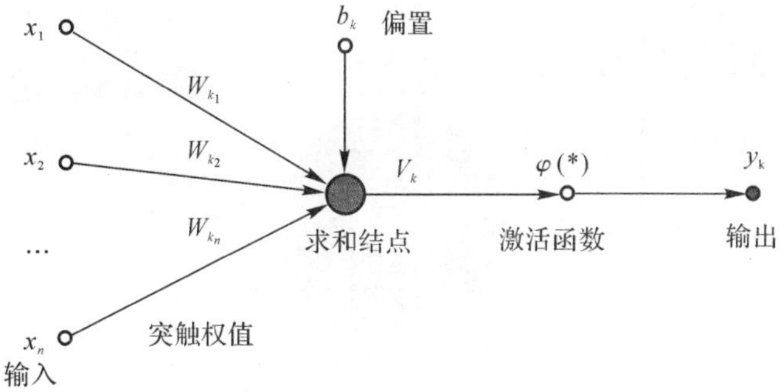

图 11-10　人工神经元结构示意图

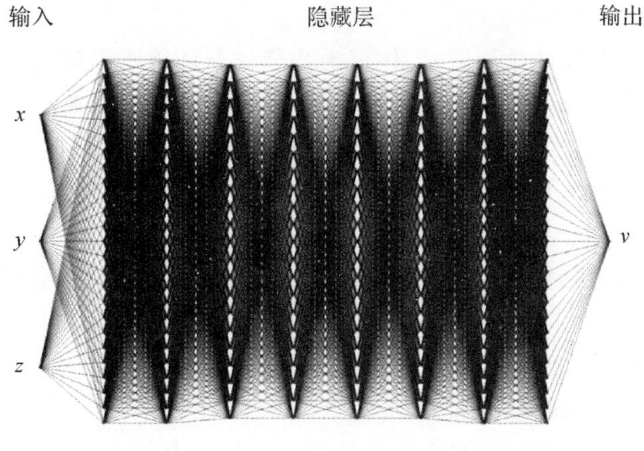

图 11-11　深度神经网络示意图

11.2.2　强化学习

强化学习是机器学习的一个重要分支，它的主要思想是智能体(Agent)通过与环境(Environment)的动作(Action)交互,进而获得奖励(Reward),其目的是寻找一个最优策略,使得智能体在运行中所获得的累计奖赏值最大。强化学习的基本框架通常由两部分组成,一部分是智能体,另一部分是环境。环境是指智能体执行动作时所处的场景,智能体则表示强化学习算法。如图 11-12 所示,首先由环境向智能体发送一个状态,然后智能体基于其知识采取动作来响应状态。之后环境发送下一个状态,并把奖励返回给智能体。智能体用环境所返回的奖励来更新其知识,对上一个动作进行评估。这个循环一直持续,直到环境发送终止状态来结束这个事件。如果智能体的某个行为策略导致环境对智能体有正的奖励,则智能体以后采取这一动作的趋势会加强,反之,若某个动作导致环境有负的奖励,则该智能体以后采取该动作的趋势会减弱。

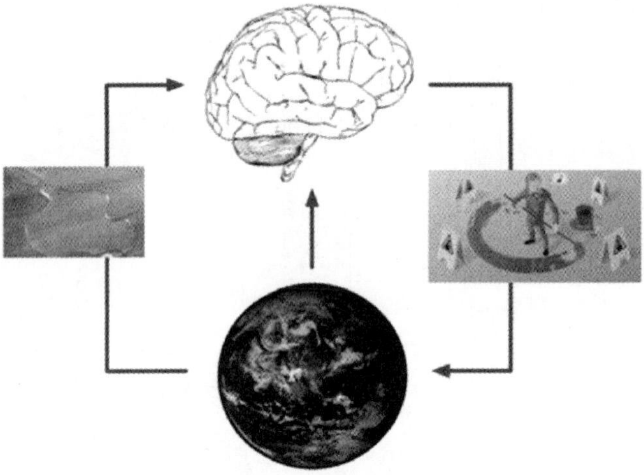

图 11-12　强化学习框图

强化学习作为一种以环境反馈作为输入的、特殊的、适应环境的机器学习方法,具有以下特点:

(1)强化学习是一种弱的学习方式,体现为智能体与环境不断试错交互来进行学习;强化信息可能是稀疏且合理延迟的;不要求或要求较少的先验知识;智能体在学习过程中所得到的反馈是一种数值奖赏的形式,不会提供明确的正确或错误的判断。

(2)强化学习是一种增量式学习,并可以在线使用。

(3)强化学习可应用于不确定环境。

(4)强化学习的体系结构是可拓展的,目前已拓展至规划合并、智能探索、监督学习和结构控制领域。

1. 马尔可夫决策过程

马尔科夫决策过程(Markov Decision Process)是指智能体未来的状态只与当前的状态有关,而与历史状态无关。马尔可夫决策可以理解为从交互中学习以实现目标,学习者和决策者称为智能体(agent),与之交互的事物,包括 agent 之外的一切,称为环境。它们不断地相互作用,agent 选择操作,然后环境响应这些操作并向 agent 呈现新的情况。相应地,环境也产生奖励,agent 在过程中也通过这些操作来寻找特定的数值。图 11-13 简要展现了马尔可夫决策过程的交互情况。

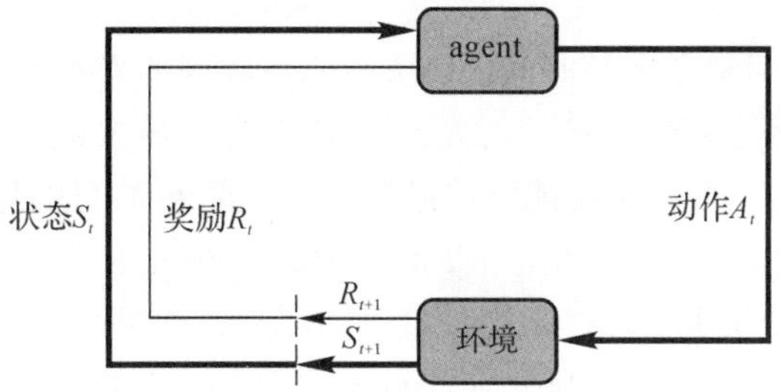

图 11－13　马尔可夫决策过程交互情况

强化学习问题是基于马尔可夫决策过程的。马尔可夫决策过程由四元组(S,A,P,R)构成，其中 S 为 agent 环境状态集，A 为 agent 有可能选择的行为集，R 为奖惩函数，P 为系统状态转移概率。$R(s,a,s')$为 agent 在环境状态 s 下选择行为 a 从而使环境到达状态 s'的奖惩值，$P(s,a,s')$为系统在状态 s 下采取行为 a 使环境状态转移到 s'的概率。具体来说，agent 和环境在一系列离散时间步($t=0,1,2,3,\cdots$)中进行交互过程。在每个时间步 t，agent 接收环境状态($S_t\in S$)的一些表示，并在此基础上选择一个操作($A_t\in A(s)$)。一个时间步之后，由于选择操作的影响，agent 会接收到一个数值奖励($R_{t+1}\in R\subset\mathbf{R}$)，并且处于一个新的状态。马尔可夫决策和 agent 结合在一起就形成了一个序列，初始序列如下：

$$S_0,A_0,R_1,S_1,A_1,R_2,S_2,A_2,R_3,\cdots \tag{11.1}$$

在有限的马尔可夫决策过程中，状态、动作和奖励的集合都只含有限个元素。在这种情况下，随机变量 R_t 和 S_t 在仅依赖于前一状态和动作的条件下，具有定义良好的离散概率分布，这也就是说，对于这些随机变量的特定值，在给定上述状态和动作的特定值的情况下，这些值在时间 t 发生的概率为

$$p(s',r\mid s,a)\doteq Pr\{S_t=s',R_t=r\mid S_{t-1}=s,A_{t-1}=a\} \tag{11.2}$$

函数 p 定义了马尔可夫决策过程的动力学部分。“$\doteq$”表示，这是一个新的定义(就现在的函数 p 而言)，而不遵循先前的定义。动力学函数 p 是一个由 4 个参数组成的一般确定性函数：$S\times R\times S\times A\rightarrow[0,1]$。中间的“|”是来自条件概率的符号，在这里只用于提醒，p 为 s 和 a 的每一种选择都指定了一个概率分布，即

$$\sum_{s'\in S}\sum_{r\in R}p(s',r\mid s,a)=1,\quad s\in S,a\in A(s) \tag{11.3}$$

从四元动力学函数 p 中，可以计算出所有与环境相关的数据，比如状态转移概率(简化符号条件下，将其表示为三元函数 $p:S\times S\times A\rightarrow[0,1]$)

$$p(s',s,a)\doteq Pr\{S_t=s'\mid S_{t-1}=s,A_{t-1}=a\}=\sum_{r\in R}p(s',r\mid s,a) \tag{11.4}$$

甚至可以将状态－动作对期望的回报计算为一个二元函数 $r:S\times A\rightarrow R$：

$$r(s,a)\doteq E[R_t\mid S_{t-1}=s,A_{t-1}=a]=\sum_{r\in R}r\sum_{s'\in S}p(s',r\mid s,a) \tag{11.5}$$

但是相应的，状态－动作－下个状态的期望回报值是三元函数 $r:S\times A\times S\rightarrow R$ 的 3 倍，

$$r(s,a,s')\doteq E[R_t\mid S_{t-1}=s,A_{t-1}=a,S_t=s']=\sum_{r\in R}r\frac{p(s',r\mid s,a)}{p(s'\mid s,a)} \tag{11.6}$$

马尔可夫决策框架是抽象的，但也是灵活的，针对不同的问题可以选取不同的方式。式(11.2)表示的四元函数 p 是最常用的，但是在某些情况下，其他形式下的函数 p 则会很方便。

2. 长期回报

一般来讲，agent 的目标是在长时间内最大化它所收到的累积回报。如果在时间步长 t 之后接收到的奖励序列表示为 $R_{t+1}, R_{t+2}, R_{t+3}, \cdots$，那么为了寻求最大化预期收益，需要重新定义 G_t 来表示奖励序列的一些特定功能。在最简单的情况下，G_t 是回报的总和，即

$$G_t \doteq R_{t+1} + R_{t+2} + R_{t+3} + \cdots + R_T \tag{11.7}$$

式中，下脚标 T 表示终止时间。

在长期回报中还有一个折扣的概念，即 agent 受到的行为约束。agent 依据折扣尝试选择不同的动作，来使折扣后的回报的总和能够在未来达到最大。具体来说，通过选择 A_t 来最大化折扣后的预期回报：

$$G_t \doteq R_{t+1} + \gamma R_{t+2} + \gamma^2 R_{t+3} + \cdots = \sum_{k=0}^{\infty} \gamma^k R_{t+k+1} \tag{11.8}$$

式中，γ 代表折扣因子，$0 \leqslant \gamma \leqslant 1$。

折扣因子决定了未来奖励在当下的数值：在未来的 k 个时间步之内收到的奖励只相当于现在收到奖励的 γ^{k-1} 倍。

在强化学习的理论和算法中，连续时间步的收益显得十分重要：

$$G_t \doteq R_{t+1} + \gamma R_{t+2} + \gamma^2 R_{t+3} + \gamma^3 R_{t+4} + \cdots$$

$$G_t = R_{t+1} + \gamma(R_{t+2} + \gamma R_{t+3} + \gamma^2 R_{t+4} + \cdots)$$

$$G_t = R_{t+1} + \gamma G_{t+1} \tag{11.9}$$

需要注意的是，式(11.9)成立的条件是，对所有 t 都有 $t<T$。但是如果定义了 $G_T=0$，终止时刻就可以取到 $t+1$。这种操作，使得从回报序列中计算 G_t 更简单容易。

由式(11.8)得知，G_t 虽然是无穷多个项之和，但如果在 $\gamma<1$ 的条件下，它还是一个有限的数值——0 或者某个常值常数。比如当回报为常值+1 时，相应的 G_t 变为

$$G_t = \sum_{k=0}^{\infty} \gamma^k = \frac{1}{1-\gamma} \tag{11.10}$$

3. 策略与值函数

几乎所有的强化学习算法都会涉及估计值函数——状态函数(或状态-动作对函数)，用于估计 agent 在给定状态下的性能(或在给定状态下执行给定动作的性能)。这里"性能"的概念是根据可以预期的未来回报定义的，或者准确地说，是根据预期回报来定义的。当然，agent 未来能取得的回报依赖于它所采取的动作，因此，根据特定的行为方式定义的值函数，又称为策略。

从形式上讲，策略是从状态到任意可能选择动作的概率的映射。如果 agent 在 t 时刻遵循了策略 π，那么在状态 $S_t=s$ 的条件下，选择动作 $A_t=a$ 的概率为 $\pi(a|s)$。和 p 类似，π 也是一个普通函数，$\pi(a|s)$中间的"|"只为了说明，它定义了每个 $s \in S$ 在 $a \in A(s)$上的概率分布。强化学习方法详细说明了 agent 选取的策略是如何根据经验而改变的。

在这里用 v_π 表示策略 π 下 s 状态的值函数，具体指的是从 s 状态开始，跟随策略 π 所取得的预期回报。在马尔可夫决策过程中，可以将 v_π 定义为

$$v_\pi(s) \doteq E_\pi[G_t \mid S_t = s] = E_\pi\left[\sum_{k=0}^{\infty} \gamma^k R_{t+k+1} \mid S_t = s\right], \quad s \in S \tag{11.11}$$

式中，$E_\pi[\cdot]$表示 agent 在给定策略 π，任意 t 时间步长下的随机变量的期望值。

需要注意的是，如果终端状态存在具体数值，那么该数值则为 0。v_π 也通常称为策略 π 下的状态值函数。

类似地，用函数 $q_\pi(s,a)$ 表示在策略 π 下、s 状态时采取的动作 a，具体指的是从 s 状态开始，采取动作 a，并跟随策略 π 所取得的预期回报：

$$q_\pi(s,a) \doteq E_\pi[G_t \mid S_t = s, A_t = a] = E_\pi[\sum_{k=0}^{\infty} \gamma^k R_{t+k+1} \mid S_t = s, A_t = a] \tag{11.12}$$

q_π 也称为策略 π 下的动作值函数。

在强化学习和动态规划使用值函数的一个基本思想在于，它们满足与式(11.9)建立的类似的递归关系。对于任意的策略 π 和任意状态 s，状态 s 的值与其可能的后续状态的值之间保持下述一致性条件：

$$\begin{aligned} v_\pi &\doteq E_\pi[G_t \mid S_t = s] \\ &= E_\pi[R_{t+1} + \gamma G_{t+1} \mid S_t = s] \\ &= \sum_a \pi(a \mid s) \sum_r p(s', r \mid s, a)[r + \gamma E_\pi[G_{t+1} \mid S_{t+1} = s']] \\ &= \sum_a \pi(a \mid s) \sum_r p(s', r \mid s, a)[r + \gamma v_\pi(s')], \quad s \in S \end{aligned} \tag{11.13}$$

式中，动作 a 取自集合 $A(s)$，下一状态 s' 取自集合 S（如果是偶发性问题，则取自集合 S^+），奖励 r 取自集合 R。

4. 最优策略与最优值函数

解决强化学习问题的主要任务，大体上意味着寻找一个策略，来使得在未来漫长的过程中能够收获足够多的回报。对于有限的马尔可夫决策过程，可以通过以下方式对最优策略作一个精确的定义：策略下通过部分排序定义的值函数。如果策略 π 下的预期回报比策略 π' 下的预期回报大或者相等在任意状态下都成立，那么策略 π 就被定义为优于或等于策略 π'。换句话说，相当于对于全部 $s \in S$，当且仅当 $v_\pi(s) \geqslant v_\pi'(s)$，有 $\pi \geqslant \pi'$ 成立。在所有策略中，至少存在一个策略，相比于其他的策略来说，能够收获最大的回报，这就是所谓的最优策略。最优策略虽然可能有多个，但是统一用 π^* 来表示。对于任意状态 $s \in S$，最优策略共享同一个状态-值函数，即最优状态-值函数，用 v^* 表示，定义如下：

$$v^*(s) \doteq \max_\pi v_\pi(s) \tag{11.14}$$

除此之外，对于全部 $s \in S$ 和 $a \in A(s)$，最优策略也共享相同的最优动作-值函数，用 q^* 表示，并定义为

$$q^*(s,a) \doteq \max_\pi q_\pi(s,a) \tag{11.15}$$

对于状态-动作对 (s,a)，上式给出了在状态 s 中执行动作 a 并且之后遵循最优策略下的预期回报。因此，从 v^* 的角度，可以将 q^* 改写为

$$q^*(s,a) = E[R_{t+1} + \gamma v^*(S_{t+1}) \mid S_t = s, A_t = a] \tag{11.16}$$

v^* 作为某个策略下的值函数，与 Bellman 方程给出的状态值满足一致性条件。但是，因为它是最优值函数，所以 v^* 的一致性条件可以用一种特殊的形式来表示，而不必参考任何特定的策略。这也称为 v^* 的 Bellman 方程，或 Bellman 最优性方程。直观地说，Bellman 最优理论表达了这样一个事实：在最优策略下的状态值与从状态中采取最佳动作得到的预期回报相同。

$$
\begin{aligned}
v^*(s) &= \max_{a\in A(s)} q_{\pi^*}(s,a) \\
&= \max_a E_{\pi^*}[G_t \mid S_t = s, A_t = a] \\
&= \max_a E_{\pi^*}[R_{t+1} + \gamma G_{t+1} \mid S_t = s, A_t = a] \\
&= \max_a E[R_{t+1} + \gamma v^*(S_{t+1}) \mid S_t = s, A_t = a]
\end{aligned} \tag{11.17}
$$

对式(11.17)进行再变换，可以得到

$$
v^*(s) = \max_a \sum_{s',r} p(s',r \mid s,a)[r + \gamma v^*(s')] \tag{11.18}
$$

式(11.17)和式(11.18)是 v^* 的 Bellman 最优性方程的两种形式。相应地，q^* 的 Bellman 最优性方程为

$$
\begin{aligned}
q^*(s,a) &= [R_{t+1} + \gamma \max q^*(s_{t+1},a') \mid S_t = s, A_t = a] \\
&= \sum_{s',r} p(s',r \mid s,a)[r + \gamma q^*(s',a')]
\end{aligned} \tag{11.19}
$$

图 11-14 所示的树形图分别给出了在 v^* 和 q^* 的 Bellman 最优性方程中考虑未来状态和动作的跨度。与 v_π 和 q_π 近乎相同，唯一的区别在于，在 agent 的选择点添加了弧线来表示该选择的最大值，而不是给定某些策略的预期值。图 11-14 的左图表示 Bellman 最优方程式(11.18)，右图表示方程式(11.19)。

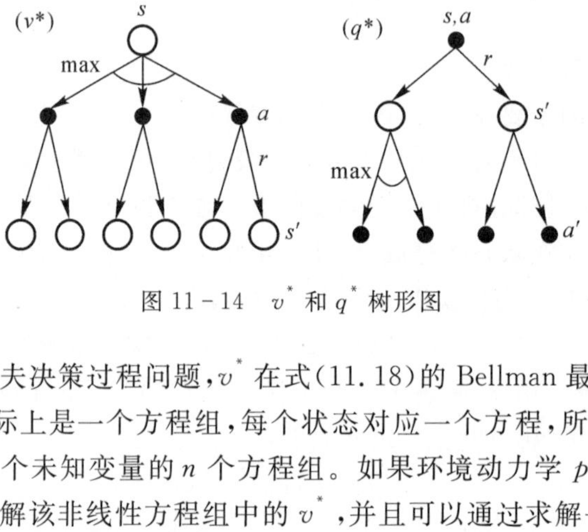

图 11-14　v^* 和 q^* 树形图

对于有限的马尔可夫决策过程问题，v^* 在式(11.18)的 Bellman 最优性方程中有唯一解。Bellman 最优性方程实际上是一个方程组，每个状态对应一个方程，所以如果存在 n 个状态，那么就会组合成含有 n 个未知变量的 n 个方程组。如果环境动力学 p 已知，那么理论上可以使用任何一种方法来求解该非线性方程组中的 v^*，并且可以通过求解一系列方程来得到 q^*。

11.3　人工智能与最优化

最优化方法是人工智能技术实现的基础，对于几乎所有的人工智能算法，最后一般都归结为求解最优化问题。特别是在人工智能技术的子类机器学习中，最优化方法在算法的推导和实现中占据中心位置。总体来看，机器学习的核心目标是给出一个模型(一般是映射函数)，然后定义对这个模型好坏的评价函数(目标函数)，求解目标函数的极大值或者极小值，以确定模型的参数，从而得到我们想要的模型。在这三个关键步骤中，前两个是机器学习要研究的问题，建立数学模型。第三个问题是纯数学问题，即最优化方法。

以有监督学习为例，其目标是寻找一个最佳的映射函数 $f(x)$，使得对训练样本的损失函数最小化(最小化经验风险或结构风险)：

$$\min \quad \frac{1}{N}\sum_{i=1}^{N}L(w,x_i,y_i)+\lambda \parallel w \parallel_2^2 \tag{11.20}$$

式中，N 为训练样本数，L 是对单个样本的损失函数，w 是要求解的模型参数，x_i 为样本的特征向量，y_i 为样本的标签值；或是找到一个最优的概率密度函数 $p(x)$，使得对训练样本的对数似然函数极大化（最大似然估计），即

$$\max \quad \sum_{i=1}^{l} lnp(x_i;\theta) \tag{11.21}$$

式中，θ 是需求解的模型参数，是概率密度函数的参数。

对于无监督学习，以聚类算法为例，其目标是使得每个类的样本离类中心的距离之和最小化，即

$$\min \quad \sum_{i=1}^{k}\sum_{x\in S_i} \parallel \boldsymbol{x}-\boldsymbol{\mu}_i \parallel^2 \tag{11.22}$$

式中，k 为类型数，$\boldsymbol{x}$ 为样本向量，$\boldsymbol{\mu}_i$ 为类中心向量，S_i 为第 i 个类的样本集合。

对于强化学习，其目标是要找到一个最优的策略，即状态 s 到动作 a 的映射函数（确定性策略，对于非确定性策略，是执行每个动作的概率）：

$$a=\pi(s) \tag{11.23}$$

使得任意给定一个状态，执行这个策略函数所确定的动作 a 之后，得到的累计回报最大化：

$$\max \quad V_\pi(s) \tag{11.24}$$

此处使用的是状态价值函数。

此外，人工智能技术的发展也为解决最优化问题提供了新的手段，并有可能使得传统上不易解决的最优化问题成为可能。

11.4　月面软着陆 Q 学习智能最优控制

迄今为止，国内外发展了大量的智能最优控制方法。本节将介绍其中一种简单方法——Q 学习智能最优控制方法。

11.4.1　学习方法

强化学习算法包含值迭代和策略迭代两种。常见的值迭代的算法有 Q 学习、Sarsa 等，策略迭代的典型则是策略梯度（Policy Gradient，PG）算法。Q 学习是一种典型的强化学习算法，主要具有以下优点：

（1）可以与动态环境实现信息交互。

（2）不需要监督，学习过程自主。

（3）自适应性强、灵活性好，当信息发生变化时能够动态做出调整。

（4）完全脱离环境，根据最优策略选择使 Q 值达到最大的动作。

在 Q 学习算法中，用 Q 值函数把状态－行为对（$\langle s,a\rangle$）、期望回报函数（R_t）和策略（π）联系在一起。其含义是：在状态 s 下，学习系统依据策略 π 选择动作 a 获取的回报期望值。Q 值函数为

$$Q_\pi(s,a)=E_\pi\{R_t \mid s_t=s,a_t=a\} \tag{11.25}$$

式中，$E_\pi\{\}$表示函数值的期望。

Q 值函数的 Bellman 方程和在 π^* 下的 Q 值函数分别为

$$Q_\pi(s,a)=\sum_{s'\in S}P_{SS'}^a[R_{SS'}^a+\gamma\sum_{a'\in A}\pi(s',a')Q_\pi(s',a')] \tag{11.26}$$

$$Q^*(s,a)=\sum_{s'\in S}P_{SS'}^a+\gamma\max_{a'\in A}Q^*(s',a') \tag{11.27}$$

Q 学习算法中用一个 Q 表(见表 11-1)存储最优 Q 值函数对应的所有状态一动作对，agent通过不断地学习、更新 Q 表，就可以间接获得最优策略 π^* 的能力。根据式(11.27)，对于 $\forall s\in S$，只需要在 Q 表中查找到最大 Q 值对应的动作即可。当然，agent 在与环境交互的过程中还要不断从交互结果中根据经验来及时更新 Q 表。求解 Q 值函数的 Bellman 最优方程，就能得到 Q 表的更新规则，有

$$Q_{t+1}(s,a)=(1-\alpha)Q_t(s,a)+[r_{t+1}+\gamma\max_{a\in A}Q_t(s,a)] \tag{11.28}$$

式中：s 表示状态；a 表示动作；r 表示回报值；α 表示学习速率，$0\leqslant\alpha\leqslant1$，$\alpha$ 值越小，学习速度越慢，很有可能达不到预期的学习效果；α 值越大，学习速度越快，很可能使学习结果不客观；γ 表示折扣因子，$0\leqslant\gamma\leqslant1$，$\gamma$ 越接近 1，学习系统越注重长期收益；而 γ 越趋向于 0，系统就会越注重当前收益；$Q_t(s,a)$表示 t 时刻状态选择动作的 Q 值。

表 11-1　Q 表

状　态	a_1	a_2	…	a_n
s_1	Q_{11}	Q_{12}	…	Q_{1n}
s_2	Q_{21}	Q_{22}	…	Q_{2n}
…	…	…	…	…
s_n	Q_{n1}	Q_{n2}	…	Q_{nn}

由于 Q 学习算法是一直进行迭代的，所以假设它的初始化状态在 Q 表第一次更新之前，Q 学习算法的流程图如图 11-15 所示。

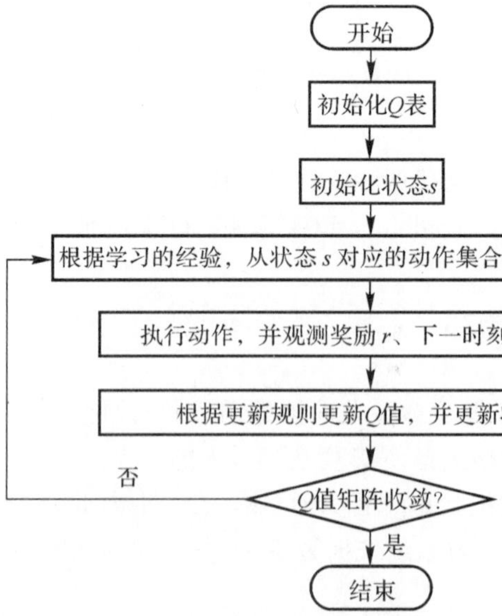

图 11-15　Q 学习算法流程图

11.4.2 动力学建模

航天器月面软着陆二维动力学模型为

$$\left.\begin{aligned}\dot{x} &= v_x\\ \dot{y} &= v_y\\ \dot{v}_x &= \frac{\eta T_{\max}}{m}\sin\theta\\ \dot{v}_y &= \frac{\eta T_{\max}}{m}\cos\theta - g\\ \dot{m} &= -\frac{\eta T_{\max}}{I_{sp}g_0}\end{aligned}\right\} \tag{11.29}$$

式中，航天器状态由其位置(x,z)，速度(v_x,v_z)和质量 m 确定；$T_{\max}$为最大推力幅值；$\eta\in[0,1]$和 θ 为控制变量。定义着陆点状态约束为：$r_t=(0,0)$，$v_t=(0,0)$。相关参数的数值见表 11-2。

表 11-2　参数数据及说明

符　号	说　明	数　值
g	月球地表重力加速度	1.622 9m/s^2
I_{sp}	比冲	311s
g_0	地球地表重力加速度	9.81m/s^2
$T_{\max}$	最大推力幅值	44 000N
h_0	着陆飞行器初始高度	1 500m

飞行任务采用了燃料最优方式飞行，因此给出以燃料最优的性能指标：

$$J = \frac{1}{I_{sp}g_0}\int_0^{t_f}\eta T_{\max}\,dt \tag{11.30}$$

针对上述最优控制问题，可采用伪谱法来解算得到开环、约束、燃料有效的最优轨迹。然后从不同的轨迹和不同的高度选择航路点，为接下来的强化 Q 学习提供初始训练数据。本节使用 GPOPS 工具箱来进行上述优化问题的求解，图 11-16 给出了 9 组不同初始位置的最优轨迹。

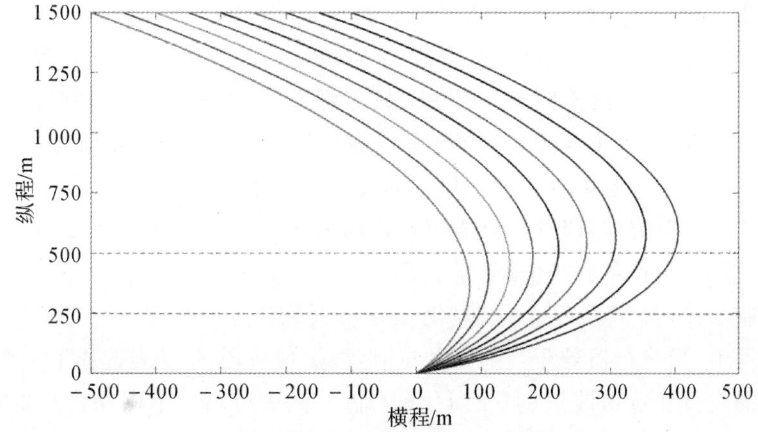

图 11-16　燃料最优飞行轨迹

11.4.3 Q 学习与 ZEM/ZEV 联合反馈制导律

首先简要介绍下 ZEM/ZEV 反馈制导方法的基本思想。ZEM(零控位置误差)是指在没有制导指令加速度作用的情况下飞行器从当前状态飞行至终端状态时的位置误差。与 ZEM 的概念类似,ZEV(零控速度误差)是指在没有制导指令加速度作用的情况下飞行器从当前飞行状态飞行至终端状态时的速度误差。假设月球的重力加速度矢量 $\boldsymbol{g}$ 为常矢量,因此 **ZEM** 和 **ZEV** 分别为

$$\mathbf{ZEM} = \boldsymbol{r}_{\mathrm{f}} - (\boldsymbol{r} + t_{\mathrm{go}}\boldsymbol{v} + \frac{1}{2}t_{\mathrm{go}}^{2}\boldsymbol{g}) \tag{11.31}$$

$$\mathbf{ZEV} = \boldsymbol{v}_{\mathrm{f}} - (\boldsymbol{v} + t_{\mathrm{go}}\boldsymbol{g}) \tag{11.32}$$

式中,$t_{\mathrm{go}} = t_{\mathrm{f}} - t$。

由此得到基本的反馈制导律为

$$\boldsymbol{a}_{\mathrm{base}} = \frac{6}{t_{\mathrm{go}}^{2}}\mathbf{ZEM} - \frac{2}{t_{\mathrm{go}}}\mathbf{ZEV} \tag{11.33}$$

反馈制导律虽由式(11.33)给出,但是由此得到的制导指令在某些情况下可能是不可行的。比如,基本的 ZEM/ZEV 反馈制导律可能使得飞行器的飞行高度出现负值,从而导致飞行器触及月面,这就会造成月面软着陆任务的失败。

为解决上述问题,对上述 ZEM/ZEV 算法做了一些改进。假设飞行器从 t 到 t_{f} 的平均推理加速度为 $\bar{\boldsymbol{a}}$,则

$$\boldsymbol{v} + t_{\mathrm{go}}(\bar{\boldsymbol{a}} + \boldsymbol{g}) = \boldsymbol{v}_{\mathrm{f}} \tag{11.34}$$

由于$(\bar{\boldsymbol{a}} + \boldsymbol{g})$为常向量,因此当飞行器以常加速度矢量 $\bar{\boldsymbol{a}}$ 飞行时,$\boldsymbol{v}$ 严格递减至 $\boldsymbol{v}_{\mathrm{f}}$。若飞行器飞行高度低于月面,然后再爬升至末端高度,则速度 $\boldsymbol{v}$ 必然不是单调递减的。因此,当飞行器在 $\bar{\boldsymbol{a}}$ 附近飞行时,可以避免飞行器触及月面。由此可得

$$\boldsymbol{a} = \boldsymbol{a}_{\mathrm{base}} - k(\bar{\boldsymbol{a}} - \boldsymbol{a}_{\mathrm{base}}) \tag{11.35}$$

式中,k 为常量系数,$\bar{\boldsymbol{a}} = (\boldsymbol{v}_{\mathrm{f}} - \boldsymbol{v})/t_{\mathrm{go}} - \boldsymbol{g}$。

图 11-17 所示为由传统的 ZEM/ZEV 制导方法绘制的轨迹曲线,图 11-18 所示为由改进后的 ZEM/ZEV 制导律绘制的最优轨迹曲线。二者比较可以看出,改进后的 ZEM/ZEV 制导方法可以避免飞行器在飞行过程中坠落到地面的情况发生。

图 11-18 与图 11-16 比较可以看出,在求解最优燃料消耗问题上,二者求解结果相似度很高。但是,ZEM/ZEV 方法不同于 GPOPS,只需要初、末位置和飞行时间即可给出飞行器飞行轨迹,在保证结果准确率的基础上,速度更快而且解算十分简便。因此使用 ZEM/ZEV 反馈制导律在飞行器月面软着陆问题上是可行的。

在航路点确定之后,就可以使用基于值迭代的强化 Q 学习算法联合 ZEM/ZEV 算法来产生状态序列,以保证飞行器的成功软着陆。ZEM/ZEV 算法主要用于给出飞行器在两个路径点之间飞行的制导律,贯穿于飞行器的强化 Q 学习训练和应用全过程。

在训练过程中,当飞行器处于当前路径点时,根据现阶段的 Q 表选择下一个路径点,这两个路径点之间的飞行轨迹由改进的 ZEM/ZEV 制导算法给出。不同路径点的选择会使得最终着陆时刻奖惩函数值不同,于是通过迭代求解 Bellman 最优方程来训练 Q 表,Q 表会不断更

新并重复上述过程。设置合理的最大训练次数,使得最终结果能够收敛到 $Q^*(s,a)$,即取得最大的奖励值,然后训练过程结束。

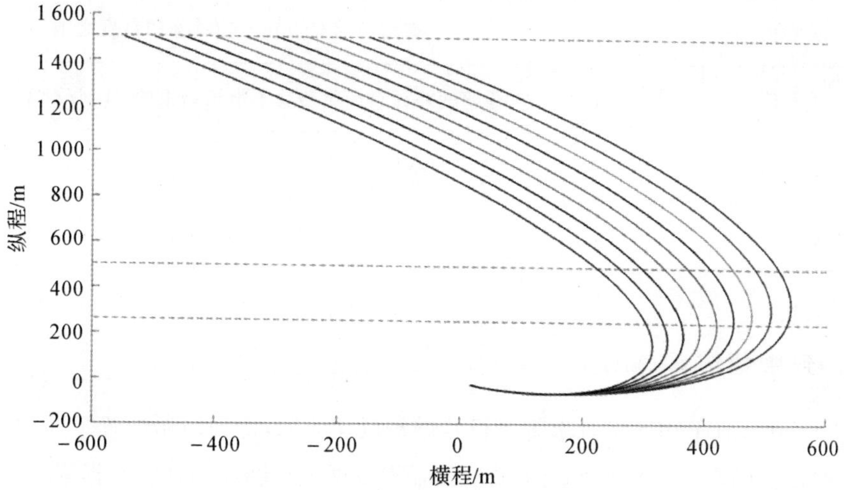

图 11-17　ZEM/ZEV 制导轨迹

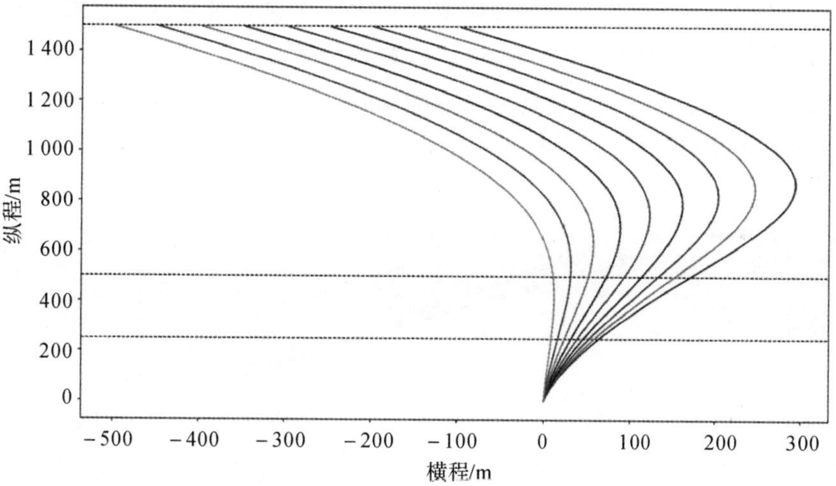

图 11-18　改进 ZEM/ZEV 制导轨迹

在应用过程中,Q 表始终保持训练结束时的数值不变,当飞行器处于当前路径点时,由 Q 表给出最优的下一路径点,期间依然由改进的 ZEM/ZEV 制导律给出飞行轨迹,直到飞行器软着陆任务完成。此时,整条轨迹即为强化 Q 学习与 ZEM/ZEV 联合反馈制导律给出的最优燃料消耗轨迹。

在强化 Q 学习的训练过程中奖励函数 $R(s,a)$ 的设计变得极为重要,本书中奖励函数 $R(s,a)$ 为一个由 4 个奖惩因子组成的非线性函数。表奖励函数中奖惩因子的设计思路(见表 11-3)。

表 11-3 奖励函数说明

奖惩因子值	说明
负常值 r_1	选取的路径点在当前状态的高度之上
负常值 r_2	选取的路径点产生违反下滑道约束的 ZEM/ZEV 轨迹
负常值 r_3	选取的路径点位置误差大于 1m,速度误差大于 1m/s
航天器终端质量 m_f	以上三种情况均不会发生时

11.4.4 数值仿真

使用 Matlab 的 GPOPS 工具求解飞行器燃料最优问题,得到初始位置不同的燃料最优轨迹,然后通过在不同高度上作水平线来截取路径点以便获得初始的训练数据集。

在 1 500m,500m,250m 和 75m 四个高度上作水平线截取九条最优轨迹曲线获得 36 个路径点,与落地点组合成 37 个状态量,用于进行 Q 表的计算与更新。奖惩因子设定为:$r_1=-1\ 800$,$r_2=-1\ 000$,$r_3=-1\ 000$,训练次数设置为 150,随机搜索次数设置为 100。表 11-4,表 11-5 分别代表训练次数为 75 和 150 时的 Q 表情况。

训练完成后,使用表 11-4 所示的 Q 表结合 ZEM/ZEV 反馈制导律给出飞行器飞行轨迹曲线如图 11-19 所示。

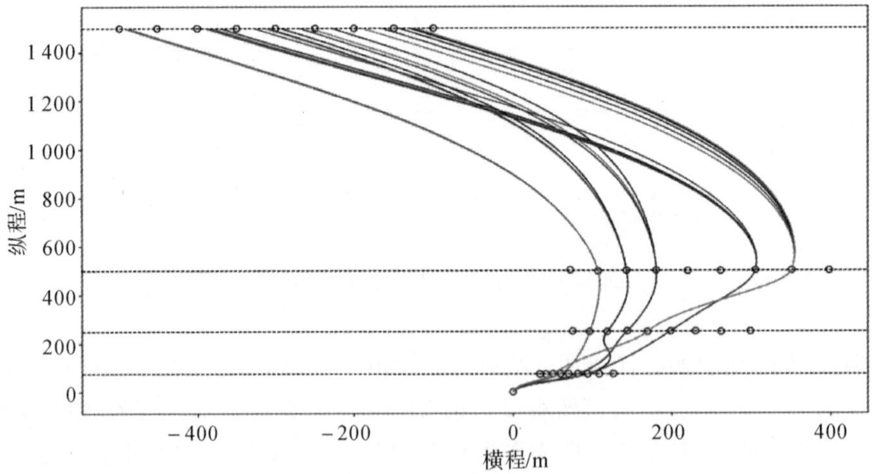

图 11-19 Q 学习与 ZEM/ZEV 联合反馈制导律给出的最终轨迹

与图 11-18 比较发现,通过增加随机搜索次数可以有效消除偏差轨迹,并将其校正到近似燃料最优的轨迹上,对其进行打靶 500 次,最终轨迹曲线如图 11-20 所示。

表 11-4　Q 表(Training=75,训练过程中)

	0	1	2	3	4	5	…	31	32	33	34	35	36
0	−59.270 9	446.468 2	−269.721	−325.2	−100	1 251.128	…	198.061	3.398 773	592.995 4	−196.837	−231.957	0
1	−160.27	−42.865 2	0	174.936 8	−42.908 4	−44.941 9	…	634.830 8	−9.807 09	−118.991	428.978 1	0	0
2	−42.165 9	0	0	609.374 5	−81.526	−14.270 1	…	0	−128.072	−53.525 6	−129.876	695.115 4	599.023 3
3	−96.925	−147.216	−176.121	−343.9	−161.153	15.732 85	…	−301.198	−91.400 6	−67.368 7	−139.958	−262.074	0
4	−154.521	457.692	−109.135	−562.271	0	634.350 9	…	0	−135.485	219.102 4	0	0	−100
5	−90.067 2	−103.244	622.146 2	332.216 6	−50.941 3	−67.765 4	…	349.190 7	17.432 91	−161.349	432.702 2	205.011 1	465.354 3
…	…	…	…	…	…	…	…	…	…	…	…	…	…
31	−64.512	−165.072	−69.295 6	0	−65.180 6	−6.393 48	…	−289.71	−90.807 1	−116.627	−176.601	−299.994	175.082
32	−21.871 2	0	−109.135	−228	0	−178.137	…	−212.243	−137.292	749.046 2	−167.57	0	−100
33	−203.974	−266.698	565.842	−120	−83.420 2	−69.548 6	…	−120	−47.259	−67.368 7	663.761 1	−382.868	−228
34	−24.450 3	0	−199.281	472.708 3	−109.384	−24.417 7	…	365.388	32.726 03	−217.378	−158.244	405.530 1	326.486 2
35	−112.875	0	0	−100	−80.631 7	−42.324 4	…	−487.326	−226.28	−117.533	−217.457	−177.757	470.120 5

表 11-5　Q 表(Training = 150,训练结束)

	0	1	2	3	4	5	…	31	32	33	34	35	36
0	−24.066 5	642.013	−269.721	−325.2	−124.306	1 618.278	…	−198.061	3.398 773	1 189.14	−196.837	−231.957	0
1	−131.642	−42.865 2	467.898 6	346.243 4	−42.908 4	−24.714 9	…	634.830 8	23.899 65	−118.991	1 097.803 3	0	0
2	−25.347 8	−81.443 9	0	725.104 7	−81.526	13.513 39	…	188.082 2	−128.072	−47.293 5	−100.754	695.115 4	711.953 1
3	−74.630 9	−223.486	−189.66	−343.9	−161.153	15.732 85	…	−355.32	−91.400 6	−67.368 7	−128.204	−262.074	466.968 3
4	−126.468	457.692	−109.135	−562.271	−16.074	889.824 4	…	−89.210 5	477.155 3	−22.241 5	−66.510 1	−100	
5	−49.011 5	−103.244	805.519 8	332.216 6	−50.941 3	−45.256 1	…	503.197 7	17.432 91	−161.349	432.702 2	410.441 2	588.089 3
…	…	…	…	…	…	…	…	…	…	…	…	…	…
31	−64.512	−191.43	−69.295 6	0	−65.180 6	−6.393 48	…	−289.71	−90.807 1	−116.627	−176.601	−327.684	467.366 5
32	−7.082 5	−62.865 2	−109.135	−228	0	−178.137	…	−295.261	−137.292	749.046 2	−167.57	0	−190
33	−170.975	−266.698	565.842	−120	−83.420 2	−69.548 6	…	−212.243	23.899 65	−67.368 7	871.438 5	−411.092	−228
34	−24.450 3	0	−210.504	472.708 3	−132.751	−6.243 07	…	519.289 5	32.726 03	−217.378	−132.436	593.647 9	586.312 8
35	−112.875	0	0	−100	−80.631 7	−42.324 4	…	−487.326	−226.28	−107.852	−197.953	−217.671	594.332 6
36	0	0	0	0	0	0	0	0	0	0	0	0	0

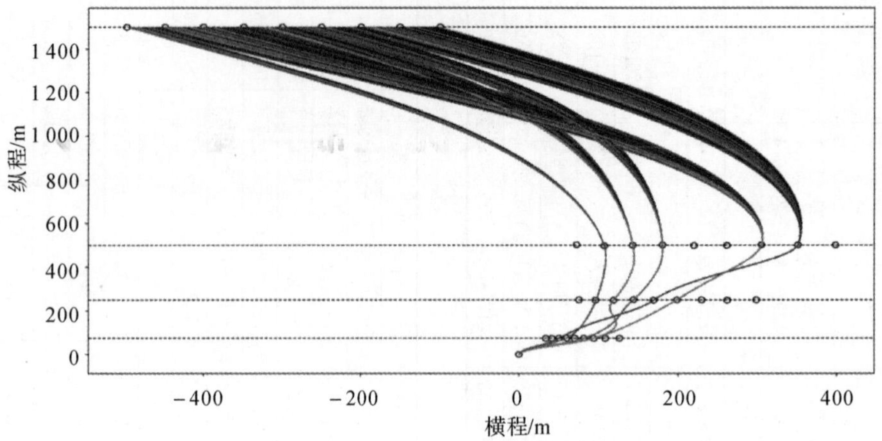

图 11-20 蒙特卡洛打靶最终轨迹曲线图

蒙特卡洛打靶图体现了基于强化 Q 学习与 ZEM/ZEV 联合反馈制导律给出的不同初始位置对应的飞行轨迹的分布情况，与燃料消耗最优轨迹(见图 11-16)对比可知二者具有很高的相似性，从而说明强化 Q 学习智能最优控制方法的有效性。

第 12 章 随机最优控制与最优估计

在之前各章所介绍的最优控制问题中，均认为控制系统不受随机干扰作用，并且假定系统的状态变量都可直接获得，此类问题为确定性系统的最优控制问题。但在实际工程中，控制系统不可避免地受到各种随机干扰的作用，其状态信息也常常无法全部获取，往往只能根据量测方程得到某些不完全的信息。本章将考虑随机干扰、模型本身的随机误差、量测装置的量测误差和随机性初始状态等影响，介绍随机性系统最优控制及其重要分支——最优估计的基本理论与方法。

需要注意的是，在研究最优控制问题时，假定所有状态变量都可直接得到；而在研究状态变量的最优估计时，则假定控制信号是已知的确定性函数；最后把控制规律中的状态变量用其估计值代替，就得到了随机系统的最优控制。

12.1 随机性系统最优控制

随机性系统最优控制的发展最早可追溯到 20 世纪 60 年代。苏联科学家科尔莫戈罗夫与美国数学家维纳发展了滤波和预测理论，这是随机最优控制的重要理论基础。与确定性系统最优控制(见图 12－1)不同，随机性系统最优控制(见图 12－2)不但要考虑被控对象所受到的各种随机扰动的影响，还需要考虑状态在量测过程中所受到的噪声干扰。

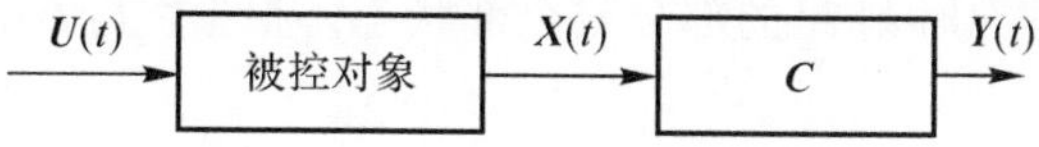

图 12－1 确定性最优控制问题系统框图

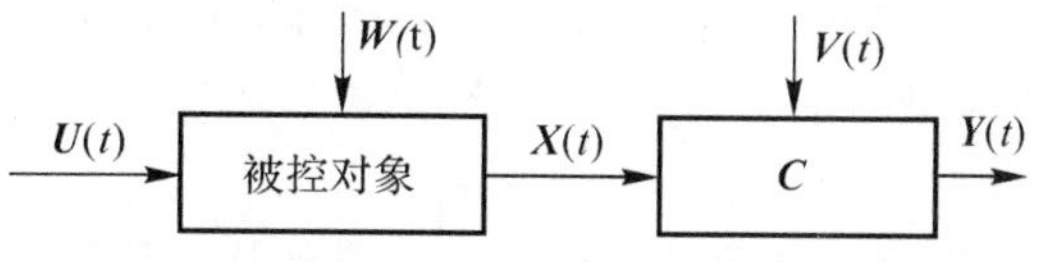

图 12－2 随机性最优控制问题系统框图

随机性系统的量测量和被控量都是随机过程，其主要内容包括：

(1)动力学系统和系统变量的统计特性。了解随机性系统的统计特性，是研究随机性系统最优控制问题的基础。

(2)系统辨识与参数估计。通过系统辨识和参数估计方法，可以获得系统的结构与参数，从而可以进一步得到被控对象的数学表达式。

(3)状态变量估计。根据量测向量来对状态向量进行估计，从而将其噪声信号滤掉，以得到有用的最优状态估计向量。

(4)随机性系统最优控制。根据最优性能指标及所估计的状态向量,求出随机性最优控制问题的最优解。

需要注意的是,如果不存在系统噪声和测量噪声,则该系统为确定性系统,结构、参数和状态等都为确定值,因此也不需要进行任何的估计和随机最优控制。

限于篇幅,本章只简单介绍状态变量估计的基本概念和基本方法。

12.2 最优估计问题

在科学和技术领域中,经常遇到"估计"问题。所谓"估计",就是对受到随机干扰和随机测量误差作用的物理系统,按照某种性能指标为最优的原则,从具有随机误差的测量数据中提取信息,估计出系统的某些参数状态变量。这就提出了参数和状态估计问题。这些被估参数或被估状态可统称为被估量。一般地,估计问题分为两大类,即参数估计和状态估计:

(1)参数估计属于曲线拟合问题。例如做完某项试验之后,得到若干个观测值 z_i 与相应时间 t_i 的关系$(z_i,t_i)(i=1,2,\cdots,m)$。我们希望以一条曲线来表示 z 和 t 的关系,设

$$z(t)=x_1h_1(t)+x_2h_2(t)+\cdots+x_nh_n(t) \tag{12.1}$$

式中:$h_1(t),h_2(t),\cdots,h_n(t)$是已知的时间函数,一般是 t_i 的幂函数、指数函数或正余弦函数等等;$x_1,x_2,\cdots,x_n$ 不随时间变化;$z(t)$是观测值。

(2)设系统的状态方程和观测方程分别为

$$\left.\begin{aligned}\dot{\boldsymbol{x}}(t)&=\boldsymbol{Ax}(t)+\boldsymbol{Bu}(t)+\boldsymbol{w}(t)\\ \boldsymbol{Y}(t)&=\boldsymbol{Cx}(t)+\boldsymbol{v}(t)\end{aligned}\right\} \tag{12.2}$$

式中,$\boldsymbol{x}(t)$为状态变量,它是随时间而变的随机过程;$\boldsymbol{u}(t)$为控制变量;$\boldsymbol{w}(t)$为系统噪声;$\boldsymbol{v}(t)$为测量噪声。现要根据观测值来估计状态变量 $\boldsymbol{x}(t)$,这就是状态估计问题。

状态估计问题是随机性最优控制理论的重要组成部分,其基本任务是根据时间区间(t_0,t)内的测量值来估计系统在时刻 t_1 的部分或全部状态。根据 t 与 t_1 的相互关系,可以将状态估计问题分为以下 3 类:

(1)滤波问题。此时 $t_1=t$,即对系统当前状态进行估计。

(2)预测问题。此时 $t_1>t$,即对系统未来状态进行估计。

(3)平滑或内插问题。此时 $t_1<t$,即对系统过去状态进行估计。

美国学者卡尔曼等所提出的卡尔曼滤波理论,是该领域最为卓越的工作之一,在航空航天等多领域广泛应用。

在飞行力学、导航制导控制等专业领域中经常会遇到状态估计问题。例如,在雷达探测目标过程中,由于目标的位置、速度、加速度的测量值往往在任何时候都有噪声,因此需要利用目标的动态信息,设法去掉噪声的影响,得到一个关于目标位置的好的估计。这个估计可以是对当前目标位置的估计(滤波),也可以是对将来位置的估计(预测),还可以是对过去位置的估计(插值或平滑);又如,从火箭起飞到卫星定点、从卫星初始轨道确定到卫星精密轨道确定、从导弹发射到导弹击中目标等过程,都需要利用带有噪声的观测信息,以"确定"飞行器的位置、速度、加速度、姿态等运动状态参数,预测飞行器未来的运动状态和评估飞行器状态控制效果。因此,最优估计问题是飞行动力学与控制中的基本问题。

最优估计理论历史悠久，却仍然充满活力。18 世纪末高斯提出的最小二乘参数估计方法，是以系统预测值与观测量的残差二次方和最小作为衡量估计的准则，时至今日它仍然是经典的动力学系统估计理论基础。20 世纪 60 年代，美国学者卡尔曼提出其著名的卡尔曼滤波参数估计方法，以系统状态估计均方差达到最小作为估计准则，在多个领域的非线性参数估计中发挥了重要的作用。

12.3　卡尔曼滤波

卡尔曼滤波是以其提出者卡尔曼（见图 12－3）命名。卡尔曼，全名为鲁道夫·卡尔曼（Rudolf Emil Kalman），是匈牙利裔美国数学家，1930 年出生于匈牙利首都布达佩斯，2016 年在美国逝世。卡尔曼被誉为系统与控制黄金时代的代表性人物，他的多项工作是现代控制理论及系统与控制实践的基石，其所发展的卡尔曼滤波也被认为是 20 世纪估计理论中最伟大的成就。如果没有卡尔曼滤波，其之后的绝大多数航空航天领域的杰出成就（如阿波罗登月）都将无法实现。

图 12－3　鲁道夫·卡尔曼

考虑线性随机微分方程，其一般形式如下：

$$\left.\begin{aligned}\dot{\boldsymbol{x}}(t) &= \boldsymbol{F}(t)\boldsymbol{x}(t)+\boldsymbol{G}(t)\boldsymbol{w}(t)+\boldsymbol{C}(t)\boldsymbol{u}(t)\\ \boldsymbol{z}(t) &= \boldsymbol{H}(t)\boldsymbol{x}(t)+\boldsymbol{v}(t)+\boldsymbol{D}(t)\boldsymbol{u}(t)\end{aligned}\right\} \tag{12.3}$$

式中：$\boldsymbol{F}(t)$为时变动态系数矩阵；$\boldsymbol{C}(t)$为时变输入耦合矩阵；$\boldsymbol{H}(t)$为时变测量灵敏度矩阵；$\boldsymbol{D}(t)$为时变输出耦合矩阵；$\boldsymbol{G}(t)$为时变过程噪声耦合矩阵；$\boldsymbol{w}(t)$为零均值不相关设备噪声过程；$\boldsymbol{v}(t)$为零均值不相关测量噪声过程。

并且其期望值为

$$\left.\begin{aligned}E[\boldsymbol{w}(t)] &= 0\\ E[\boldsymbol{v}(t)] &= 0\end{aligned}\right\} \tag{12.4}$$

$$\left.\begin{aligned}E[\boldsymbol{w}(t_1)\boldsymbol{w}(t_2)T] &= Q(t_1)\delta(t_2-t_1)\\ E[\boldsymbol{v}(t_1)\boldsymbol{v}(t_2)T] &= R(t_1)\delta(t_2-t_1)\\ E[\boldsymbol{w}(t_1)\boldsymbol{v}(t_2)T] &= M(t_1)\delta(t_2-t_1)\end{aligned}\right\} \tag{12.5}$$

式中，δ 为 Dirac 函数。在状态估计问题中，我们假设 $\boldsymbol{u}(t)=\boldsymbol{0}$。

估计误差定义为随机变量 $\boldsymbol{x}(t)$ 的真实值与其估计值 $\hat{\boldsymbol{x}}(t)$ 之间的误差，其二次损失函数的形式为

$$[\boldsymbol{x}(t)-\hat{\boldsymbol{x}}(t)]^{\mathrm{T}}\boldsymbol{M}[\boldsymbol{x}(t)-\hat{\boldsymbol{x}}(t)] \tag{12.6}$$

式中，$\boldsymbol{M}$ 为对称、正定的加权矩阵。

对于上述二次损失函数，其最优估计定义为在观测值 $z(t)$ 的条件概率下，使得损失的期望值最小，即

$$J=E\{[\boldsymbol{x}(t)-\hat{\boldsymbol{x}}(t)]^{\mathrm{T}}\boldsymbol{M}[\boldsymbol{x}(t)-\hat{\boldsymbol{x}}(t)]\mid \boldsymbol{z}(t)\} \tag{12.7}$$

由于 $\hat{\boldsymbol{x}}(t)$ 是观测值的非随机函数，于是可以得到

$$\left.\begin{aligned}&\frac{\mathrm{d}J}{\mathrm{d}\hat{\boldsymbol{x}}}=-2\boldsymbol{M}E[\boldsymbol{x}(t)-\hat{\boldsymbol{x}}(t)\mid \boldsymbol{z}(t)]=0\\&E[\hat{\boldsymbol{x}}(t)\mid \boldsymbol{z}(t)]=\hat{\boldsymbol{x}}(t)=E[\boldsymbol{x}(t)\mid \boldsymbol{z}(t)]\end{aligned}\right\} \tag{12.8}$$

如果 $\boldsymbol{x}(t)$ 和 $z(t)$ 是联合正态分布的，则非线性最小方程估计和线性最小方程估计是一致的。假设在 t_k 时刻得到一个测量值，将其用于对 t_k 时刻的状态 $\boldsymbol{x}$ 的估计值进行更新。假设测量值与状态是线性相关的，即

$$\boldsymbol{z}_k=\boldsymbol{H}\boldsymbol{x}_k+\boldsymbol{v}_k \tag{12.9}$$

式中，$\boldsymbol{H}$ 为测量灵敏度矩阵，$\boldsymbol{v}_k$ 为测量噪声。由于线性最小方程估计和非线性最小方程估计等效，因此可以基于观测值 z_k 得到 $\hat{\boldsymbol{x}}_{k(+)}$ 的更新估计，其是先验估计和测量值的线性函数：

$$\hat{\boldsymbol{x}}_{k(+)k}=\boldsymbol{K}_k^1\hat{\boldsymbol{x}}_{k(-)}+\bar{\boldsymbol{K}}_k\boldsymbol{z}_k \tag{12.10}$$

式中，$\hat{\boldsymbol{x}}_{k(-)}$ 是 $\boldsymbol{x}_k$ 的先验估计，$\hat{\boldsymbol{x}}_{k(+)}$ 是其后验值。此外，卡尔曼增益矩阵 $\boldsymbol{K}_k^1$ 和 $\bar{\boldsymbol{K}}_k$ 可通过正交定理求解，其值为

$$\left.\begin{aligned}&\boldsymbol{K}_k^1=\boldsymbol{I}-\bar{\boldsymbol{K}}_k\boldsymbol{H}_k\\&\bar{\boldsymbol{K}}_k=P_{k(-)}\boldsymbol{H}_k{}^{\mathrm{T}}[\boldsymbol{H}_kP_{k(-)}\boldsymbol{H}_k{}^{\mathrm{T}}+\boldsymbol{R}_k]^{-1}\end{aligned}\right\} \tag{12.11}$$

式中，$P_{k(-)}$ 为先验协方差：

$$\left.\begin{aligned}&P_{k(-)}=E[\tilde{\boldsymbol{x}}_{k(-)}\tilde{\boldsymbol{x}}_{k(-)}^{\mathrm{T}}]\\&\tilde{\boldsymbol{x}}_{k(-)}=\hat{\boldsymbol{x}}_{k(-)}-\boldsymbol{x}_k\end{aligned}\right\} \tag{12.12}$$

附录 A 矩阵与向量运算概要

下面罗列矩阵与向量运算部分主要运算公式，以便读者查阅。

A.1 范数

(一) 向量范数

$$\| \boldsymbol{x} \|_{\infty} = \max | x_i | \quad (\infty \text{ 范数}) \tag{A.1}$$

$$\| \boldsymbol{x} \|_{1} = \sum_{i=1}^{n} | x_i | \quad (1 \text{ 范数}) \tag{A.2}$$

$$\| \boldsymbol{x} \|_{2} = (\sum_{i=1}^{n} {x_i}^2)^{\frac{1}{2}} \quad (2 \text{ 范数}) \tag{A.3}$$

$$\| \boldsymbol{x} \|_{p} = (\sum_{i=1}^{n} {x_i}^p)^{\frac{1}{p}} \quad (p \text{ 范数}) \tag{A.4}$$

$$\| \boldsymbol{x} \|_{\boldsymbol{A}} = (\boldsymbol{x}^{\mathrm{T}}\boldsymbol{A}\boldsymbol{x})^{\frac{1}{2}}, \boldsymbol{A} \text{ 正定} \quad (\text{椭球范数}) \tag{A.5}$$

事实上 1 范数、2 范数与∞范数分别是 p 范数在 $p=1,2$ 和 $p \to \infty$ 时的特例。

(二)矩阵范数

方阵 $\boldsymbol{A}$ 的范数是指与 $\boldsymbol{A}$ 相关联并记作 $\| \boldsymbol{A} \|$ 的一个非负数，其具有下列性质：

(1)对于 $\boldsymbol{A} \neq \boldsymbol{0}$ 都有 $\| \boldsymbol{A} \| > 0$，而 $\boldsymbol{A} = \boldsymbol{0}$ 时 $\| \boldsymbol{A} \| = 0$；

(2)对于任意 $k \in \mathbf{R}$，都有 $\| k\boldsymbol{A} \| = |k| \, \| \boldsymbol{A} \|$；

(3) $\| \boldsymbol{A} + \boldsymbol{B} \| \leqslant \| \boldsymbol{A} \| + \| \boldsymbol{B} \|$；

(4) $\| \boldsymbol{AB} \| \leqslant \| \boldsymbol{A} \| \, \| \boldsymbol{B} \|$；

若还进一步满足：

(5) $\| \boldsymbol{Ax} \|_p \leqslant \| \boldsymbol{A} \| \, \| \boldsymbol{x} \|_p$

则称为与向量范数 $\| \cdot \|_p$ 相协调(相容)的方阵范数。若令

$$\| \boldsymbol{A} \| = \max_{x \neq 0} \frac{\| \boldsymbol{Ax} \|}{\| \boldsymbol{x} \|} \tag{A.6}$$

式中，$\| \boldsymbol{x} \|$ 是某一向量范数，则可证这样定义的范数是与向量范数 $\| \cdot \|$ 相协调的，通常称为由向量范数 $\| \cdot \|$ 诱导的方阵范数。特别地，对方阵 $\boldsymbol{A} = (a_{ij})_{n \times n}$，有

$$\| \boldsymbol{A} \|_1 = \max_{j} \sum_{i=1}^{n} | a_{ij} | \quad (\text{列和的最大者}) \tag{A.7}$$

$$\| \boldsymbol{A} \|_{\infty} = \max_{i} \sum_{j=1}^{n} | a_{ij} | \quad (\text{行和的最大者}) \tag{A.8}$$

$$\| \boldsymbol{A} \|_2 = (\lambda_{\boldsymbol{A}^{\mathrm{T}}\boldsymbol{A}})^{\frac{1}{2}} \quad (\lambda_{\boldsymbol{A}^{\mathrm{T}}\boldsymbol{A}} \text{ 表示 } \boldsymbol{A}^{\mathrm{T}}\boldsymbol{A} \text{ 的特征值的最大者}) \tag{A.9}$$

称为谱范数[注:方阵 $\boldsymbol{A}$ 的特征值的模的最大者称为 $\boldsymbol{A}$ 的谱半径,记为 $\rho(\boldsymbol{A})$]。

对于由向量诱导的方阵范数,总有

$$\|\boldsymbol{A}^{-1}\| = \frac{1}{\min\limits_{x\neq 0}\dfrac{\|\boldsymbol{Ax}\|}{\|\boldsymbol{x}\|}},\ \|\boldsymbol{I}\| = 1 \quad (\boldsymbol{I}\text{是单位矩阵}) \tag{A.10}$$

对于方阵范数,除了上述由向量范数诱导的范数之外,还有常用的 Frobenius 范数(简称 F 范数):

$$\|\boldsymbol{A}\|_F = \left(\sum_{i=1}^{n}\sum_{j=1}^{n}a_{ij}{}^2\right)^{\frac{1}{2}} = [\mathrm{tr}(\boldsymbol{A}^{\mathrm{T}}\boldsymbol{A})]^{\frac{1}{2}} \tag{A.11}$$

及加权 Frobenius 范数和加权 2 范数:

$$\|\boldsymbol{A}\|_{M,F} = \|\boldsymbol{MAM}\|_F \tag{A.12}$$

$$\|\boldsymbol{A}\|_{M,2} = \|\boldsymbol{MAM}\|_2 \tag{A.13}$$

式中,$\boldsymbol{M}$ 为对称正定矩阵。

(三)范数的等价性

设 $\|\cdot\|_\alpha$ 与 $\|\cdot\|_\beta$ 是 $\mathbf{R}^n$ 上的两个范数,若存在 $\mu_1,\mu_2>0$,使得

$$\mu_1\|\boldsymbol{x}\|_\alpha \leqslant \|\boldsymbol{x}\|_\beta \leqslant \mu_2\|\boldsymbol{x}\|_\alpha,\ \forall\,\boldsymbol{x}\in\mathbf{R}^n \tag{A.14}$$

则称范数 $\|\cdot\|_\alpha$ 与 $\|\cdot\|_\beta$ 是等价的。

容易证明:

$$\|\boldsymbol{x}\|_2 \leqslant \|\boldsymbol{x}\|_1 \leqslant \sqrt{n}\|\boldsymbol{x}\|_2 \tag{A.15}$$

$$\|\boldsymbol{x}\|_\infty \leqslant \|\boldsymbol{x}\|_2 \leqslant \sqrt{n}\|\boldsymbol{x}\|_\infty \tag{A.16}$$

$$\|\boldsymbol{x}\|_\infty \leqslant \|\boldsymbol{x}\|_1 \leqslant n\|\boldsymbol{x}\|_\infty \tag{A.17}$$

$$\|\boldsymbol{x}\|_\infty \leqslant \|\boldsymbol{x}\|_2 \leqslant \|\boldsymbol{x}\|_1 \tag{A.18}$$

$$\sqrt{\lambda_n}\|\boldsymbol{x}\|_2 \leqslant \|\boldsymbol{x}\|_{\boldsymbol{A}} \leqslant \sqrt{\lambda_1}\|\boldsymbol{x}\|_2 \tag{A.19}$$

式中,λ_1 是 $\boldsymbol{A}$ 的最大特征值,而 λ_n 是 $\boldsymbol{A}$ 的最小特征值。由此可见,$\mathbf{R}^n$ 中的常用向量范数均等价,事实上还可证明:$\mathbf{R}^n$ 中所有向量范数均等价。

(三)关于范数的几个重要不等式

(1)Cauchy - Schwarz 不等式:

$$|\boldsymbol{x}^{\mathrm{T}}\boldsymbol{y}| \leqslant \|\boldsymbol{x}\|\,\|\boldsymbol{y}\| \quad (\text{当且仅当}\ \boldsymbol{x}\ \text{和}\ \boldsymbol{y}\ \text{线性相关时,等式成立}) \tag{A.20}$$

(2)设 $\boldsymbol{A}$ 是正定矩阵,则

$$|\boldsymbol{x}^{\mathrm{T}}\boldsymbol{Ay}| \leqslant \|\boldsymbol{x}\|_{\boldsymbol{A}}\,\|\boldsymbol{y}\|_{\boldsymbol{A}} \quad (\text{当且仅当}\ \boldsymbol{x}\ \text{和}\ \boldsymbol{y}\ \text{线性相关时,等式成立}) \tag{A.21}$$

(3)设 $\boldsymbol{A}$ 是 $n\times n$ 正定矩阵,则

$$|\boldsymbol{x}^{\mathrm{T}}\boldsymbol{y}| \leqslant \|\boldsymbol{x}\|_{\boldsymbol{A}}\,\|\boldsymbol{y}\|_{\boldsymbol{A}^{-1}} \quad (\text{仅当}\ \boldsymbol{x}\ \text{与}\ \boldsymbol{A}^{-1}\boldsymbol{y}\ \text{线性相关时,等式成立}) \tag{A.22}$$

$$|\boldsymbol{x}^{\mathrm{T}}\boldsymbol{y}| = |\boldsymbol{x}^{\mathrm{T}}\boldsymbol{AA}^{-1}\boldsymbol{y}| \leqslant \|\boldsymbol{x}\|_{\boldsymbol{A}}\,\|\boldsymbol{A}^{-1}\boldsymbol{y}\|_{\boldsymbol{A}} = \|\boldsymbol{x}\|_{\boldsymbol{A}}\,\|\boldsymbol{y}\|_{\boldsymbol{A}^{-1}} \tag{A.23}$$

其中的不等号由(2)可得。

(4)Young 不等式:假定 p 与 q 都是大于 1 的实数,且满足 $\dfrac{1}{p}+\dfrac{1}{q}=1$,则 $\forall\,\boldsymbol{x},\boldsymbol{y}\in\mathbf{R}^+$,有

$$\boldsymbol{xy} \leqslant \frac{\boldsymbol{x}^p}{p} + \frac{\boldsymbol{y}^q}{q} \tag{A.24}$$

当且仅当 $\boldsymbol{x}^p=\boldsymbol{y}^q$ 时,等式成立。其证明由算术-几何不等式直接给出,事实上

$$xy=(x^p)^{\frac{1}{p}}(y^q)^{\frac{1}{q}}\leqslant\frac{x^p}{p}+\frac{y^q}{q}\quad(\text{算术-几何不等式})\tag{A.25}$$

(5)Hölder 不等式：

$$|\boldsymbol{x}^{\mathrm{T}}\boldsymbol{y}|\leqslant\|\boldsymbol{x}\|_p\|\boldsymbol{y}\|_q=(\sum_{i=1}^{n}|x_i|^p)^{\frac{1}{p}}(\sum_{i=1}^{n}|y_i|^q)^{\frac{1}{q}}\tag{A.26}$$

式中，p 与 q 都是大于 1 的实数，且满足$\frac{1}{p}+\frac{1}{q}=1$，其证明利用 Young 不等式可得。

(6)Minkowski 不等式：

$$\|\boldsymbol{x}+\boldsymbol{y}\|_p=\leqslant\|\boldsymbol{x}\|_p+\|\boldsymbol{y}\|_p,p\geqslant 1\tag{A.27}$$

A.2　矩阵求逆与广义逆

(一)von - Neumann 引理

定理 A.1 (von - Neumann 引理)　设 $\boldsymbol{E}\in\mathbf{R}^{n\times n}$，$\boldsymbol{I}\in\mathbf{R}^{n\times n}$是单位阵，$\|\cdot\|$ 是满足 $\|\boldsymbol{I}\|=1$ 的相容矩阵范数。如果 $\|\boldsymbol{E}\|<1$，则$(\boldsymbol{I}-\boldsymbol{E})$非奇异，且

$$(\boldsymbol{I}-\boldsymbol{E})^{-1}=\sum_{k=0}^{\infty}\boldsymbol{E}^k,\ \|(\boldsymbol{I}-\boldsymbol{E})^{-1}\|\leqslant\frac{1}{1-\|\boldsymbol{E}\|}\tag{A.28}$$

若 $\boldsymbol{A}$ 非奇异，$\|\boldsymbol{A}^{-1}(\boldsymbol{A}-\boldsymbol{B})\|<1$，则 $\boldsymbol{B}$ 非奇异，且

$$\boldsymbol{B}^{-1}=\sum_{k=0}^{\infty}(\boldsymbol{I}-\boldsymbol{A}^{-1}\boldsymbol{B})^k\boldsymbol{A}^{-1},\ \|\boldsymbol{B}^{-1}\|\leqslant\frac{\|\boldsymbol{A}^{-1}\|}{1-\|\boldsymbol{A}^{-1}(\boldsymbol{A}-\boldsymbol{B})\|}\tag{A.29}$$

上述定理表明，若 $\boldsymbol{B}$ 充分接近一个可逆矩阵 $\boldsymbol{A}$，则 $\boldsymbol{B}$ 也可逆，且逆矩阵可由 $\boldsymbol{A}$ 的逆矩阵来表示。上述定理还可以写成下面形式：

定理 A.2　设 $\boldsymbol{A},\boldsymbol{B}\in\mathbf{R}^{n\times n}$，$\boldsymbol{A}$ 可逆，$\|\boldsymbol{A}^{-1}\|\leqslant\alpha$。若 $\|\boldsymbol{A}-\boldsymbol{B}\|\leqslant\beta$，且 $\alpha\beta<1$，则 $\boldsymbol{B}$ 可逆，且

$$\|\boldsymbol{B}^{-1}\|\leqslant\frac{\alpha}{1-\alpha\beta}\tag{A.30}$$

(二)广义逆

设 $\boldsymbol{A}\in\mathbf{C}^{m\times n}$，若 $\boldsymbol{A}^+\in\mathbf{C}^{n\times m}$满足：

$$\boldsymbol{A}\boldsymbol{A}^+\boldsymbol{A}=\boldsymbol{A},\boldsymbol{A}^+\boldsymbol{A}\boldsymbol{A}^+=\boldsymbol{A}^+,(\boldsymbol{A}\boldsymbol{A}^+)^*=\boldsymbol{A}\boldsymbol{A}^+,(\boldsymbol{A}^+\boldsymbol{A})^*=\boldsymbol{A}^+\boldsymbol{A}\tag{A.31}$$

则称 $\boldsymbol{A}^+$是 $\boldsymbol{A}$ 的广义逆。其中 $\boldsymbol{A}^*$ 是 $\boldsymbol{A}$ 的共轭转置。

广义逆的求法如下：

(1)设 $\boldsymbol{A}\in\mathbf{C}^{m\times n}$，秩$(\boldsymbol{A})=r$，若 $\boldsymbol{A}$ 直交分解为 $\boldsymbol{A}=\boldsymbol{Q}^*\boldsymbol{R}\boldsymbol{P}$，其中 $\boldsymbol{Q},\boldsymbol{P}$ 分别为 $m\times m$，$n\times n$ 酉矩阵，$\boldsymbol{R}\in\mathbf{C}^{m\times n}$，$\boldsymbol{R}=\begin{bmatrix}\boldsymbol{R}_{11} & 0\\ 0 & 0\end{bmatrix}$，其中 $\boldsymbol{R}_{11}$是 $r\times r$ 非奇异的上三角矩阵，则 $\boldsymbol{A}$ 的广义逆为

$$\left.\begin{aligned}\boldsymbol{A}^+&=\boldsymbol{P}^*\boldsymbol{R}^+\boldsymbol{Q}\\ \boldsymbol{R}^+&=\begin{bmatrix}\boldsymbol{R}_{11}^{-1} & 0\\ 0 & 0\end{bmatrix}\end{aligned}\right\}\tag{A.32}$$

(2)若 $\boldsymbol{A}$ 的奇异值分解为 $\boldsymbol{A}=\boldsymbol{U}\boldsymbol{D}\boldsymbol{V}^*$，其中 $\boldsymbol{U},\boldsymbol{V}$ 均为酉矩阵，$\boldsymbol{D}=\begin{bmatrix}\boldsymbol{\Sigma} & 0\\ 0 & 0\end{bmatrix}\in\mathbf{C}^{m\times n}$，而 $\boldsymbol{\Sigma}=\mathrm{diag}(\sigma_1,\cdots,\sigma_r)$，$\sigma_i>0$ 是 $\boldsymbol{A}$ 的非零奇异值，则 $\boldsymbol{A}$ 的广义逆为

$$\left.\begin{aligned}\boldsymbol{A}^+&=\boldsymbol{V}\boldsymbol{D}^+\boldsymbol{U}^*\\ \boldsymbol{D}^+&=\begin{bmatrix}\boldsymbol{\Sigma}^{-1} & 0\\ 0 & 0\end{bmatrix}\end{aligned}\right\}\tag{A.33}$$

(3)若 $\boldsymbol{A}$ 的最大秩分解为 $\boldsymbol{A}=\boldsymbol{BC}$,则 $\boldsymbol{A}$ 的广义逆为

$$\boldsymbol{A}^{+}=\boldsymbol{C}^{*}(\boldsymbol{C}\boldsymbol{C}^{*})^{-1}(\boldsymbol{B}^{*}\boldsymbol{B})^{-1}\boldsymbol{B}^{*} \tag{A.34}$$

A.3 矩阵的 Rayleigh 商

若 $\boldsymbol{A}$ 是 $n\times n$ Hermite 矩阵,$\boldsymbol{u}\in\mathbf{C}^{n}$,则称

$$R_{\lambda}(\boldsymbol{u})=\frac{\boldsymbol{u}^{*}\boldsymbol{A}\boldsymbol{u}}{\boldsymbol{u}^{*}\boldsymbol{u}},\quad \boldsymbol{u}\neq\boldsymbol{0} \tag{A.35}$$

为矩阵 $\boldsymbol{A}$ 的 Rayleigh 商。

定理 A.3 设 $\boldsymbol{A}$ 是 $n\times n$ Hermite 矩阵,则 Rayleigh 商具有下列性质:

(1)齐次性:$R_{\lambda}(\alpha\boldsymbol{u})=R_{\lambda}(\boldsymbol{u})\ (\alpha\neq0)$。

(2)极性:$\lambda_1=\max\limits_{\|\boldsymbol{u}\|_2=1}\boldsymbol{u}^{*}\boldsymbol{A}\boldsymbol{u}=\max\limits_{\boldsymbol{u}\neq0}\dfrac{\boldsymbol{u}^{*}\boldsymbol{A}\boldsymbol{u}}{\boldsymbol{u}^{*}\boldsymbol{u}}$,$\lambda_n=\min\limits_{\|\boldsymbol{u}\|_2=1}\boldsymbol{u}^{*}\boldsymbol{A}\boldsymbol{u}=\min\limits_{\boldsymbol{u}\neq0}\dfrac{\boldsymbol{u}^{*}\boldsymbol{A}\boldsymbol{u}}{\boldsymbol{u}^{*}\boldsymbol{u}}$。

这里 λ_1,λ_n 分别对应于矩阵 $\boldsymbol{A}$ 的最大与最小特征值。这表明 Rayleigh 商具有有界性:$\lambda_n\leqslant R_{\lambda}(\boldsymbol{u})\leqslant\lambda_1$。

(3)极小残量性质:对任意 $\boldsymbol{u}\in\mathbf{C}^{n}$,$\|(\boldsymbol{A}-R_{\lambda}(\boldsymbol{u})\boldsymbol{I})\boldsymbol{u}\|\leqslant\|(\boldsymbol{A}-\mu\boldsymbol{I})\boldsymbol{u}\|$,$\forall\mu\in\mathbf{R}$。

A.4 矩阵的秩一校正

当矩阵 $\boldsymbol{A}$ 变到 $\boldsymbol{A}+\boldsymbol{u}\boldsymbol{v}^{\mathrm{T}}$ 时,即在 $\boldsymbol{A}$ 上加了一个秩为 1 的矩阵,称为秩一校正。下面讨论如何求秩一校正的逆、行列式、特征值及矩阵分解。

定理 A.4 设 $\boldsymbol{A}\in\mathbf{R}^{m\times n}$是非奇异的,$\boldsymbol{u},\boldsymbol{v}\in\mathbf{R}^{n}$ 是任意向量。若 $1+\boldsymbol{v}^{\mathrm{T}}\boldsymbol{A}\boldsymbol{u}\neq0$,则 $\boldsymbol{A}$ 的秩一校正 $\boldsymbol{A}+\boldsymbol{u}\boldsymbol{v}^{\mathrm{T}}$ 非奇异,其逆矩阵可以表示为

$$(\boldsymbol{A}+\boldsymbol{u}\boldsymbol{v}^{\mathrm{T}})^{-1}=\boldsymbol{A}^{-1}-\frac{\boldsymbol{A}^{-1}\boldsymbol{u}\boldsymbol{v}^{\mathrm{T}}\boldsymbol{A}^{-1}}{1+\boldsymbol{v}^{\mathrm{T}}\boldsymbol{A}^{-1}\boldsymbol{u}} \tag{A.36}$$

上述定理可进一步推广为:

定理 A.5 设 $\boldsymbol{A}$ 是非奇异矩阵,$\boldsymbol{U},\boldsymbol{V}$ 是 $n\times m$ 矩阵,若 $\boldsymbol{I}+\boldsymbol{V}^{*}\boldsymbol{A}^{-1}\boldsymbol{U}$ 可逆,则 $\boldsymbol{A}+\boldsymbol{U}\boldsymbol{V}^{*}$ 可逆,且

$$(\boldsymbol{A}+\boldsymbol{U}\boldsymbol{V}^{*})^{-1}=\boldsymbol{A}^{-1}-\boldsymbol{A}^{-1}\boldsymbol{U}(\boldsymbol{I}+\boldsymbol{V}^{*}\boldsymbol{A}^{-1}\boldsymbol{U})^{-1}\boldsymbol{V}^{*}\boldsymbol{A}^{-1} \tag{A.37}$$

定理 A.6 (秩一校正的行列式定理)

(1)$\det(\boldsymbol{I}+\boldsymbol{u}\boldsymbol{v}^{\mathrm{T}})=1+\boldsymbol{v}^{\mathrm{T}}\boldsymbol{u}$。

(2)$\det(\boldsymbol{I}+\boldsymbol{u}_1\boldsymbol{u}_2^{\mathrm{T}}+\boldsymbol{u}_3\boldsymbol{u}_4^{\mathrm{T}})=(1+\boldsymbol{u}_1^{\mathrm{T}}\boldsymbol{u}_2)(1+\boldsymbol{u}_3^{\mathrm{T}}\boldsymbol{u}_4)-(\boldsymbol{u}_1^{\mathrm{T}}\boldsymbol{u}_4)(\boldsymbol{u}_2^{\mathrm{T}}\boldsymbol{u}_3)$。

定理 A.7(秩一校正矩阵的特征值定理) 设 $\boldsymbol{A}$ 是对称矩阵,其特征值为 $\lambda_1\geqslant\lambda_2\geqslant\cdots\geqslant\lambda_n$,又设 $\bar{\boldsymbol{A}}=\boldsymbol{A}+\sigma\boldsymbol{u}\boldsymbol{u}^{\mathrm{T}}$,其特征值为$\overline{\lambda_1}\geqslant\overline{\lambda_2}\geqslant\cdots\geqslant\overline{\lambda_n}$,那么:

若 $\sigma>0$,则$\overline{\lambda_1}\geqslant\lambda_1\geqslant\overline{\lambda_2}\geqslant\lambda_2\cdots\geqslant\overline{\lambda_n}\geqslant\lambda_n$;

若 $\sigma<0$,则 $\lambda_1\geqslant\overline{\lambda_1}\geqslant\lambda_2\geqslant\overline{\lambda_2}\cdots\geqslant\lambda_n\geqslant\overline{\lambda_n}$。

A.5 函数与微分

(一)多元函数的梯度与 Hessian 矩阵

梯度定义如下:

$$\nabla f(\boldsymbol{x})=\left(\frac{\partial f}{\partial x_1},\cdots,\frac{\partial f}{\partial x_n}\right)^{\mathrm{T}} \tag{A.38}$$

Hessian 矩阵定义如下：

$$\nabla^2 f(\boldsymbol{x}) = \begin{pmatrix} \dfrac{\partial^2 f}{\partial x_1^2} & \cdots & \dfrac{\partial^2 f}{\partial x_1 x_n} \\ \vdots & & \vdots \\ \dfrac{\partial^2 f}{\partial x_n x_1} & \cdots & \dfrac{\partial^2 f}{\partial {x_n}^2} \end{pmatrix} \tag{A.39}$$

方向导数(设 $\boldsymbol{d}$ 为一方向向量，即长度为 1 的单位向量，显然与范数的取法有关)：

$$\frac{\partial f}{\partial \boldsymbol{x}} = \lim_{\theta \to 0^+} \frac{f(\boldsymbol{x}+\theta \boldsymbol{d}) - f(\boldsymbol{x})}{\theta} = \nabla f(\boldsymbol{x})^{\mathrm{T}} \boldsymbol{d} \tag{A.40}$$

对欧氏范数(2 范数)而言，梯度方向是函数上升最快的方向，而负梯度方向则是函数下降最快的方向。正因为这个原因，梯度在最优化理论与算法中占有重要的地位。

若 $f:\mathbf{R}^n \to \mathbf{R}$ 在开凸集 D 上连续可微，则有

$$f(\boldsymbol{x}+\boldsymbol{d}) = f(\boldsymbol{x}) + \int_0^1 \nabla f(\boldsymbol{x}+t\boldsymbol{d})^{\mathrm{T}} \boldsymbol{d}\,\mathrm{d}t = f(\boldsymbol{x}) + \nabla f(\boldsymbol{\xi})^{\mathrm{T}} \boldsymbol{d} \tag{A.41}$$

式中，$\boldsymbol{\xi} \in (\boldsymbol{x}, \boldsymbol{x}+\boldsymbol{d})$。式(A.41)也可改写为

$$f(\boldsymbol{y}) = f(\boldsymbol{x}) + \nabla f[\boldsymbol{x}+t(\boldsymbol{y}-\boldsymbol{x})]^{\mathrm{T}}(\boldsymbol{y}-\boldsymbol{x}), \quad t \in (0,1) \tag{A.42}$$

或

$$f(\boldsymbol{y}) = f(\boldsymbol{x}) + \nabla f(\boldsymbol{x})^{\mathrm{T}}(\boldsymbol{y}-\boldsymbol{x}) + o(\|\boldsymbol{y}-\boldsymbol{x}\|) \tag{A.43}$$

若 f 在 D 上二阶连续可微，则对于任何 $\boldsymbol{x}, \boldsymbol{x}+\boldsymbol{d} \in D$，存在 $\boldsymbol{\xi} \in (\boldsymbol{x}, \boldsymbol{x}+\boldsymbol{d})$，使得

$$f(\boldsymbol{x}+\boldsymbol{d}) = f(\boldsymbol{x}) + \nabla f(\boldsymbol{x})^{\mathrm{T}} \boldsymbol{d} + \frac{1}{2!} \boldsymbol{d}^{\mathrm{T}} \nabla^2 f(\boldsymbol{\xi}) \boldsymbol{d} \tag{A.44}$$

(二)向量函数的微分

设 $\boldsymbol{F}:\mathbf{R}^n \to \mathbf{R}^m$ 是一个向量函数，若其每个分量 $f_i(i=1,2,\cdots,m)$ 都连续可微，则称 $\boldsymbol{F}(\boldsymbol{x})$ 连续可微。$\boldsymbol{F}(\boldsymbol{x})$ 在 $\boldsymbol{x}$ 处的导数记为

$$\boldsymbol{F}'(\boldsymbol{x}) = \begin{pmatrix} \dfrac{\partial f_1}{\partial x_1} & \cdots & \dfrac{\partial f_1}{\partial x_n} \\ \vdots & & \vdots \\ \dfrac{\partial f_m}{\partial x_1} & \cdots & \dfrac{\partial f_m}{\partial x_n} \end{pmatrix} = \boldsymbol{J}(\boldsymbol{x}) \tag{A.45}$$

称为 $\boldsymbol{F}(\boldsymbol{x})$ 在 $\boldsymbol{x}$ 处的 Jacobi 矩阵，而称 $\nabla \boldsymbol{F}(\boldsymbol{x}) = [\boldsymbol{F}'(\boldsymbol{x})]^{\mathrm{T}}$ 为向量函数 $\boldsymbol{F}(\boldsymbol{x})$ 在 $\boldsymbol{x}$ 处的梯度。

若 $\boldsymbol{F}:\mathbf{R}^n \to \mathbf{R}^m$ 在开凸集 D 上连续可微，则对任何 $\boldsymbol{x}, \boldsymbol{x}+\boldsymbol{d} \in D$，有

$$\boldsymbol{F}(\boldsymbol{x}+\boldsymbol{d}) - \boldsymbol{F}(\boldsymbol{x}) = \int_0^1 \boldsymbol{F}'(\boldsymbol{x}+t\boldsymbol{d}) \boldsymbol{d}\,\mathrm{d}t \tag{A.46}$$

定义 A.1　对于 $\boldsymbol{G}:\mathbf{R}^n \to \mathbf{R}^{m \times n}$，若 $\forall\, \boldsymbol{v} \in D$，都有

$$\|\boldsymbol{G}(\boldsymbol{v}) - \boldsymbol{G}(\boldsymbol{x})\| \leqslant \gamma \|\boldsymbol{v}-\boldsymbol{x}\| \tag{A.47}$$

则称 $\boldsymbol{G}$ 在 $\boldsymbol{x} \in D \subset \mathbf{R}^n$ 处 Lipschitz 连续。

若在 D 中每一点均 Lipschitz 连续，则称 $\boldsymbol{G}$ 在 D 上 Lipschitz 连续，记为 $\boldsymbol{G} \in \mathrm{Lip}_\gamma(D)$。其中，$\gamma$ 称为 Lipschitz 常数。

定理 A.8(向量函数线性化近似的误差估计)　设 $\boldsymbol{F}:\mathbf{R}^n \to \mathbf{R}^m$ 在开凸集 D 上连续可微，$\boldsymbol{F}'(\boldsymbol{x})$ 在 $\boldsymbol{x}$ 的邻域 D 中 Lipschitz 连续，则对于任何 $\boldsymbol{x}+\boldsymbol{d} \in D$，有

$$\| \boldsymbol{F}(\boldsymbol{x}+\boldsymbol{d})-\boldsymbol{F}(\boldsymbol{x})-\boldsymbol{F}'(\boldsymbol{x})\boldsymbol{d} \| \leqslant \frac{\gamma}{2} \| \boldsymbol{d} \|^2 \tag{A.48}$$

定理 A.9 对可积向量函数 $\boldsymbol{f}(t)=[f_1(t) \quad f_2(t) \quad \cdots \quad f_n(t)]^{\mathrm{T}}$，有

$$\left\| \int_a^b \boldsymbol{f}(t)\mathrm{d}t \right\| \leqslant \int_a^b \| \boldsymbol{f}(t) \| \mathrm{d}t \tag{A.49}$$

定理 A.10 设 $f:\mathbf{R}^n \to \mathbf{R}$ 在开凸集 $D \subset \mathbf{R}^n$ 上二次连续可微，$\nabla^2 f(\boldsymbol{x})$ 在 $\boldsymbol{x}$ 的邻域 D 上 Lipschitz 连续，则对于任何 $\boldsymbol{x}+\boldsymbol{d} \in D$，有

$$\left| f(\boldsymbol{x}+\boldsymbol{d})-\left[f(\boldsymbol{x})+\nabla f(\boldsymbol{x})^{\mathrm{T}}\boldsymbol{d}+\frac{1}{2}\boldsymbol{d}^{\mathrm{T}}\nabla^2 f(\boldsymbol{x})\boldsymbol{d}\right] \right| \leqslant \frac{\gamma}{6} \| \boldsymbol{d} \|^3 \tag{A.50}$$

定理 A.11 设 $\boldsymbol{F}:\mathbf{R}^n \to \mathbf{R}^m$ 在开凸集 $D \subset \mathbf{R}^n$ 上连续可微，则对任何 $\boldsymbol{x},\boldsymbol{u},\boldsymbol{v} \in D$，有

$$\| \boldsymbol{F}(\boldsymbol{u})-\boldsymbol{F}(\boldsymbol{v})-\boldsymbol{F}'(\boldsymbol{x})(\boldsymbol{u}-\boldsymbol{v}) \| \leqslant \left\{ \sup_{0 \leqslant t \leqslant 1} \| \boldsymbol{F}'[\boldsymbol{v}+t(\boldsymbol{u}-\boldsymbol{v})]-\boldsymbol{F}'(\boldsymbol{x}) \| \right\} \| \boldsymbol{u}-\boldsymbol{v} \| \tag{A.51}$$

若进一步 $\boldsymbol{F}'$ 在 D 中 Lipschitz 连续，则有

$$\| \boldsymbol{F}(\boldsymbol{u})-\boldsymbol{F}(\boldsymbol{v})-\boldsymbol{F}'(\boldsymbol{x})(\boldsymbol{u}-\boldsymbol{v}) \| \leqslant \gamma \frac{\| \boldsymbol{u}-\boldsymbol{x} \| + \| \boldsymbol{v}-\boldsymbol{x} \|}{2} \| \boldsymbol{u}-\boldsymbol{v} \| \tag{A.52}$$

定理 A.12 设 $\boldsymbol{F},\boldsymbol{F}'$ 满足上面定理条件，假定矩阵 $[\boldsymbol{F}'(\boldsymbol{x})]^{-1}$ 存在［这蕴含着 $\boldsymbol{F}'(\boldsymbol{x})$ 是方阵，即 $\boldsymbol{F}(\boldsymbol{x}):\mathbf{R}^n \to \mathbf{R}^n$］，则存在 $\varepsilon>0,\beta>\alpha>0$，使得 $\forall \boldsymbol{u},\boldsymbol{v} \in D$，当 $\max\{ \| \boldsymbol{u}-\boldsymbol{x} \|, \| \boldsymbol{v}-\boldsymbol{x} \| \} \leqslant \varepsilon$ 时，有

$$\alpha \| \boldsymbol{u}-\boldsymbol{v} \| \leqslant \| \boldsymbol{F}(\boldsymbol{u})-\boldsymbol{F}(\boldsymbol{v}) \| \leqslant \beta \| \boldsymbol{u}-\boldsymbol{v} \| \tag{A.53}$$

A.6 差商（偏差商）

设 $\boldsymbol{F}(\boldsymbol{x})=[f_1(\boldsymbol{x}) \quad \cdots \quad f_m(\boldsymbol{x})]^{\mathrm{T}}$ 是一个向量函数，其 Jacobi 矩阵的第 i 行 j 列元素可用差商（偏差商）

$$a_{ij}=\frac{f_i(\boldsymbol{x}+h\boldsymbol{e}_j)-f_i(\boldsymbol{x})}{h} \tag{A.54}$$

近似。式中，h 为步长；$\boldsymbol{e}_j$ 为单位方向向量。由差商构成的矩阵 $\boldsymbol{A}=(a_{ij})_{m\times n}$ 称为 $\boldsymbol{F}(\boldsymbol{x})$ 的差商矩阵。显然差商矩阵的第 j 列为

$$\boldsymbol{A}_{\cdot j}=\frac{\boldsymbol{F}(\boldsymbol{x}+h\boldsymbol{e}_j)-\boldsymbol{F}(\boldsymbol{x})}{h} \tag{A.55}$$

关于差商矩阵与 Jacobi 矩阵有如下误差估计式：

定理 A.13 设 $\boldsymbol{F}:\mathbf{R}^n \to \mathbf{R}^m$ 在开凸集 D 上连续可微，$\boldsymbol{F}'(\boldsymbol{x})$ 在 D 中 Lipschitz 连续，则

$$\| \boldsymbol{A}_{\cdot j}-\boldsymbol{J}(\boldsymbol{x})_{\cdot j} \| \leqslant \frac{\gamma}{2} | h | \tag{A.56}$$

若采用的范数是 1 范数，则有

$$\| \boldsymbol{A}-\boldsymbol{J}(\boldsymbol{x}) \|_1 \leqslant \frac{\gamma}{2} | h | \tag{A.57}$$

类似地，也可以用中心差分来近似梯度和 Hessian 矩阵，并有如下误差估计结果。

定理 A.14 设 $f:\mathbf{R}^n \to \mathbf{R}$ 在开凸集 D 上二次连续可微，$\nabla^2 f(\boldsymbol{x})$ 在 D 上 Lipschitz 连续，又设所采用的范数满足 $\| e_j \| =1(i=1,\cdots,n)$，定义 $f(\boldsymbol{x})$ 在 $\boldsymbol{x}$ 处的中心偏差商为

$$a_i=\frac{f(\boldsymbol{x}+h\boldsymbol{e}_i)-f(\boldsymbol{x}-h\boldsymbol{e}_i)}{2h} \tag{A.58}$$

则 $|a_i - \nabla f(\boldsymbol{x})_i| \leqslant \frac{\gamma}{6}h^2$；如采用∞范数，则 $|\boldsymbol{a} - \nabla f(\boldsymbol{x})| \leqslant \frac{\gamma}{6}h^2$，其中 $\boldsymbol{a} = [\boldsymbol{a}_1 \quad \cdots \quad a_n]^{\mathrm{T}}$。

定理 A.15　设 $f(\boldsymbol{x})$ 在开凸集 D 上二次连续可微，$\nabla^2 f(\boldsymbol{x})$ 在 D 上 Lipschitz 连续，采用的范数满足 $\| \boldsymbol{e}_j \| = 1(i=1,\cdots,n)$，假定 $\boldsymbol{x}, \boldsymbol{x}+h\boldsymbol{e}_i, \boldsymbol{x}+h\boldsymbol{e}_j, \boldsymbol{x}+h\boldsymbol{e}_i+h\boldsymbol{e}_j \in D(i,j=1,2,\cdots,n)$。定义：

$$a_{ij} = \frac{f(\boldsymbol{x}+h\boldsymbol{e}_i+h\boldsymbol{e}_j) - f(\boldsymbol{x}+h\boldsymbol{e}_i) - f(\boldsymbol{x}+h\boldsymbol{e}_j) + f(\boldsymbol{x})}{h^2} \tag{A.59}$$

则有 $|a_{ij} - \nabla^2 f(\boldsymbol{x})_{ij}| \leqslant \frac{5}{3}\gamma h$；若采用矩阵范数是 1 范数、∞范数或 F 范数，则 $\| \boldsymbol{A} - \nabla^2 f(\boldsymbol{x}) \| \leqslant \frac{5}{3}\gamma hn$（这里 $\boldsymbol{A} = (a_{ij})$ 是 Hessian 矩阵的离散形式）。

附录B　偏微分方程概要

下面简单介绍偏微分方程的基本概念和基本方法,供学习连续系统动态规划方法时参考。

B.1　偏微分方程基本概念

定义B.1(偏微分方程及其阶数)　一个包含未知函数的偏导数的等式称为偏微分方程(Partial Differential Equation,PDE)。如果等式不止一个,就称为偏微分方程组。出现在方程或方程组中的最高阶偏导数的阶数称为方程或方程组的阶数。

定义B.2(方程的解与积分曲面)　设函数 u 在区域 D 内具有方程中所出现的各阶的连续偏导数,如果将 u 代入方程后,能使它在区域 D 内成为恒等式,就称 u 为方程在区域 D 中的解,或称正规解。$u=u(x_1,x_2,\cdots,x_n)$ 在 $n+1$ 维空间$(u,x_1,x_2,\cdots,x_n)$中是一曲面,称它为方程的积分曲面。

定义B.3(齐次线性偏微分方程与非齐次线性偏微分方程)　未知函数和它的各阶偏导数都是线性的方程称为线性偏微分方程。如:

$$a(x,y)\frac{\partial u}{\partial x}+b(x,y)\frac{\partial u}{\partial y}+c(x,y)u=f(x,y) \tag{B.1}$$

就是线性方程。在线性方程中,不含未知函数及其偏导数的项称为自由项,如式(B.1)的 $f(x,y)$。若自由项不为零,则称方程为非齐次的;若自由项为零,则称方程为齐次的。

定义B.4(拟线性方程与半线性方程)　如果一个方程,对于未知函数的最高阶偏导数是线性的,则称它为拟线性方程。例如:

$$\begin{aligned}&a_{11}(x,y,u)\frac{\partial^2 u}{\partial x^2}+a_{12}(x,y,u)\frac{\partial^2 u}{\partial x\partial y}+a_{22}(x,y,u)\frac{\partial^2 u}{\partial y^2}+\\&a(x,y,u)\frac{\partial u}{\partial x}+b(x,y,u)\frac{\partial u}{\partial y}+c(x,y,u)=0\end{aligned} \tag{B.2}$$

就是拟线性方程。在拟线性方程中,由最高阶偏导数所组成的部分称为方程的主部。上面方程的主部为

$$a_{11}(x,y,u)\frac{\partial^2 u}{\partial x^2}+a_{12}(x,y,u)\frac{\partial^2 u}{\partial x\partial y}+a_{22}(x,y,u)\frac{\partial^2 u}{\partial y^2} \tag{B.3}$$

如果方程的主部的各项系数不含未知函数,就称它为半线性方程。如:

$$a(x,y)\frac{\partial^2 u}{\partial x^2}+b(x,y)\frac{\partial^2 u}{\partial y^2}+c(x,y,u)\frac{\partial y}{\partial x}+d(x,y,u)\frac{\partial y}{\partial y}=0 \tag{B.4}$$

就是半线性方程。

定义B.5(定解条件)　给定一个方程,一般只能描写某种运动的一般规律,还不能确定具体的运动状态,所以把这个方程称为泛定方程。如果附加一些条件(如已知开始运动的情况或

在边界上受到外界的约束)后，就能完全确定具体运动状态，就称这样的条件为定解条件。表示开始情况的附加条件称为初始条件，表示在边界上受到约束的条件称为边界条件。

定义 B.6(定解问题) 给定了泛定方程(在区域 D 内)和相应的定解条件的数学、物理问题称为定解问题。根据不同定解条件，定解问题分为三类：

(1)初值问题。只有初始条件而没有边界条件的定解问题称为初值问题或柯西问题。

(2)边值问题。只有边值条件而没有初始条件的定解问题称为边值问题。

(3)混合问题。既有边界条件也有初始条件的定解问题称为混合问题(有时也称为边值问题)。

定义 B.7(定解问题的解) 设函数 u 在区域 D 内满足泛定方程，当点从区域 D 内趋于给出初值的超平面或趋于给出边界条件的边界曲面时，定解条件中所要求的 u 及它的导数的极限处处存在而且满足相应的定解条件，就称 u 为定解问题的解。

定义 B.8(定解问题解的稳定性) 如果定解条件的微小变化只引起定解问题的解在整个定义域中的微小变化，也就是解对定解条件存在着连续依赖关系，那么称定解问题的解是稳定的。

定义 B.9(定解问题的适定性) 如果定解问题的解唯一存在并且关于定解条件是稳定的，就说定解问题的提法是适定的。

B.2 一阶及二阶偏微分方程

(一)一阶偏微分方程

一阶偏微分方程的一般形式为

$$F\left(x_1,x_2,\cdots,x_n,u,\frac{\partial u}{\partial x_1},\frac{\partial u}{\partial x_2},\cdots,\frac{\partial u}{\partial x_n}\right)=0 \tag{B.5}$$

或

$$F(x_1,\cdots,x_n,u,p_1,p_2,\cdots,p_n)=0 \tag{B.6}$$

$$p_i=\frac{\partial u}{\partial x_i},\quad i=1,2,\cdots,n \tag{B.7}$$

当方程的解包含某些“任意元素”(指函数)时，如果适当选取“任意元素”，可得方程的任意解(某些“奇异解”除外)，则称这样的解为通解。在偏微分方程的研究中，重点在于确定方程在一些附加条件(即定解条件)下的解，而不在于求通解。

在一阶偏微分方程中，一个典型的问题是柯西问题，即

$$\left.\begin{aligned}&\frac{\partial u}{\partial x_1}=f(x_1,x_2,\cdots,x_n,u,p_2,\cdots,p_n)\\&u\big|_{x_1=x_1^0}=\varphi(x_2,\cdots,x_n)\end{aligned}\right\} \tag{B.8}$$

式中，$\varphi(x_2,\cdots,x_n)$为已知函数。对柯西问题，有如下的存在唯一性定理：

定理 B.16 (柯西-柯娃列夫斯卡娅定理) 设 $f(x_1,x_2,\cdots,x_n,u,p_2,\cdots,p_n)$在点 $(x_1^0,x_2^0,\cdots,x_n^0,u^0,p_2^0,\cdots,p_n^0)$ 的某一邻域内解析，而 $\varphi(x_2,\cdots,x_n)$在点$(x_2^0,\cdots,x_n^0)$的某邻域内解析，则柯西问题在点$(x_1^0,\cdots,x_n^0)$的某一邻域内存在着唯一的解析解。

这个定理应用的局限性较大，因它要求 f 及初始条件都是解析函数，一般的定解问题未必能满足这种条件。

(二)二阶偏微分方程

考虑二阶偏微分方程：

$$\sum_{i,j=1}^{n} a_{ij}(\boldsymbol{x}) \frac{\partial^2 u}{\partial x_i \partial y_j} + F\left(x_1, \cdots, x_n, u, \frac{\partial u}{\partial x_1}, \cdots, \frac{\partial u}{\partial x_n}\right) = 0 \tag{B.9}$$

式中，$a_{ij}(\boldsymbol{x}) = a_{ij}(x_1, x_2, \cdots, x_n)$为 $x_1, x_2, \cdots, x_n$ 的已知函数。

代数方程

$$\sum_{i,j=1}^{n} a_{ij}(\boldsymbol{x}) a_i a_j = 0 \tag{B.10}$$

称为二阶偏微分方程式(B.10)的特征方程。其中 $a_1, a_2, \cdots, a_n$ 为参数，且满足 $\sum_{i=1}^{n} a_i^2 \neq 0$。如果点 $\boldsymbol{x}^0 = (x_1^0, \cdots, x_n^0)$ 满足特征方程，即

$$\sum_{i,j=1}^{n} a_{ij}(\boldsymbol{x}^0) a_i a_j = 0 \tag{B.11}$$

则过 $\boldsymbol{x}^0$ 的平面 $\sum_{k=1}^{n} a_k (x_k - x_k^0) = 0$ 的法线方向称为二阶方程的特征方向；如果一个 $n-1$ 维曲面，其每点的法线方向都是特征方向，则称此曲面为特征曲面；过一点的 $n-1$ 维平面，如其法线方向为特征方向，则称这个平面为特征平面。在一点由特征平面的包络组成的锥面称为特征锥面。

在点 $P(x_1^0, \cdots, x_n^0)$，根据二次型 $\sum_{i,j=1}^{n} a_{ij}(x_1^0, x_2^0, \cdots, x_n^0) a_i a_j$ 的特征根的符号，可将方程分为四类。

(1)特征根同号，都不为零，称方程在点 P 为椭圆型；

(2)特征根都不为零，有 $n-1$ 个具有同一种符号，余下 1 个符号相反，称方程在点 P 为双曲型；

(3)特征根都不为零，有 $n-m$ 个具有同一种符号($n>m>1$)，其余 m 个具有另一种符号，称方程在点 P 为超双曲型；

(4)特征根至少有一个是零，称方程在点 P 为抛物型。

若在区域 D 内每一点方程为椭圆型、双曲型或抛物型，则分别称方程在区域 D 内是椭圆型、双曲型或抛物型。

在点 P 作自变量的线性变换可将方程化为标准形式：

(1)椭圆型：$\sum_{i=1}^{n} \frac{\partial^2 u}{\partial x_i^2} + \Phi = 0$；

(2) 双曲型：$\frac{\partial^2 u}{\partial x_1^2} - \sum_{i=2}^{n} \frac{\partial^2 u}{\partial {x_i}^2} + \Phi = 0$；

(3) 超双曲型：$\sum_{i=1}^{m} \frac{\partial^2 u}{\partial {x_i}^2} - \sum_{i=m+1}^{n} \frac{\partial^2 u}{\partial {x_i}^2} + \Phi = 0 (n > m > 1)$；

(4) 抛物型：$\sum_{i=1}^{n-m} \frac{\partial^2 u}{\partial {x_i}^2} + \Phi = 0 (m > 0)$。

式中，Φ 为不包含二阶导数的项。

椭圆型方程、抛物型方程的极值原理及双曲型方程的能量守恒原理是相应方程的解所具

有的最基本性质之一，在定解问题的研究中起着重要的作用。

典型的二阶偏微分方程包括波动方程、热传导方程和拉普拉斯方程等。

(1)波动方程。波动方程的一般形式为

$$\frac{\partial^2 u}{\partial t^2}-a^2\left(\frac{\partial^2 u}{\partial x^2}+\frac{\partial^2 u}{\partial y^2}+\frac{\partial^2 u}{\partial z^2}\right)=f(x,y,z,t) \tag{B.12}$$

式中，$f(x,y,z,t)$为已知函数。许多物体的运动规律可用波动方程来描述，如弦的振动可用一维波动方程描述，膜的振动可用二维波动方程描述，声波和电磁波的振荡可用三维波动方程描述。

(2)热传导方程。热传导方程的一般形式为

$$\frac{\partial u}{\partial t}-a^2\,\nabla^2 u=f(x,t) \tag{B.13}$$

式中，$f(x,t)$ 为连续有界函数，∇^2为拉普拉斯算子，$\nabla^2 u=\sum_{i=1}^{n}\frac{\partial^2 u}{\partial x_i^2}$。热传导方程可以描述热的传导过程、分子的扩散过程等物理规律。

(3)拉普拉斯方程。拉普拉斯方程的一般形式为

$$\nabla^2 u=\sum_{i=1}^{n}\frac{\partial^2 u}{\partial x_i^2}=0 \tag{B.14}$$

拉普拉斯方程可以描述重力场、静力场、磁场以及一些物理现象(如振动、热传导、扩散)的平衡或稳定过程。

B.3 Matlab 求解偏微分方程

偏微分方程一般没有解析解，需要通过数值方法求解。主要的偏微分方程数值求解方法有以下 4 种：

(1)有限差分法。有限差分法将求解域划分成一定数目的网格(交叉点为网格点或节点)，在所有节点上，偏微分方程用有限差分近似代替，得到代数方程组。这种方法数值稳定性好，但是不能获得节点之间的解，对不规则几何形状或导热系数突变的情况不适合。

(2)正交配置法。首先选择一个多项式作为试函数，将此试函数代入微分方程，求出多项式的根作为配置点，令在各配置点试函数代入微分方程后的残差(或余量)为零，得到关于多项式系数的代数方程组，然后求解此方程组得到多项式中各项的系数，得到的多项式即为微分方程的近似解析解。

(3)线上法。将一个自变量当成连续变量，对其余的自变量用有限差分法或者正交配置法进行离散，从而把偏微分方程转变为常微分方程组，然后用龙格-库塔法积分求解。线上法常用于求解一维动态和二维稳态偏微分方程。

(4)有限元法。把求解域先划分为大量的单元，其中任意大小和方向的三角形网格尤其适用于二维的情况。三角形顶点称为节点，并与相邻单元相连接。将偏微分方程离散为代数方程组求解。该方法的优点是易于处理复杂几何区域，易于与各种边界条件组合使用，可同时提供节点和整个求解域内的解。

Matlab 提供了多种方法解决偏微分方程问题，主要是以下两种方法：一是使用 pdepe 函数，它可以求解一般的偏微分方程问题，具有较大的通用性，但只支持命令形式调用；二是使用

PDE 工具箱,可以求解特殊偏微分方程问题。PDE 工具箱有较大的局限性,比如只能求解二阶偏微分方程问题,并且不能解决微分方程组问题,但是它提供了 GUI(图形用户界面),从复杂的编程中解脱出来,同时还可以直接生成 M 代码。

(1)使用 pdepe 函数求解偏微分方程。Matlab 提供的 pdepe 函数可以直接求解一般偏微分方程(组),它的调用格式为

```
sol=pdepe(m,@pdefun,@pdeic,@pdebc,x,t)
```

其中:

1)pdefun 是 PDE 的问题描述函数,它必须换成标准形式:

$$c\left(x,t,u,\frac{\partial u}{\partial x}\right)\frac{\partial u}{\partial t}=x^{-m}\frac{\partial}{\partial x}\left[x^m f\left(x,t,u,\frac{\partial u}{\partial x}\right)\right]+s\left(x,t,u,\frac{\partial u}{\partial x}\right) \tag{B.15}$$

这样,PDE 就可以编写入口函数:

```
[c,f,s]=pdefun(x,t,u,du)
```

x,t,u 对应于式(B.15)中相关参数,du 是 u 的一阶导数,由给定的输入变量可表示出 c,f,s 这 3 个函数。

2)pdebc 是 PDE 的边界条件描述函数,它必须化为以下形式:

$$p(x,t,u)=q(x,t,u)\cdot f\left(x,t,u,\frac{\partial u}{\partial x}\right)=0 \tag{B.16}$$

于是边值条件可以编写函数描述为

```
[pa,qa,pb,qb]=pdebc(x,t,u,du)
```

其中,a 表示下边界,b 表示上边界。

3)pdeic 是 PDE 的初值条件,必须化为 $u(x,t_0)=u_0$ 形式,故可以使用函数描述为

```
u0=pdeic(x)
```

4)sol 是一个三维数组,sol(:,:,i)表示 u_i 的解,换句话说,u_k 对应 $x(i)$和 $t(j)$时的解为 sol(i,j,k),通过 sol,我们可以使用 pdeval 函数直接计算某个点的函数值。

例 B.1 求解下列偏微分方程:

$$\left.\begin{aligned}\frac{\partial u_1}{\partial t}&=0.024\frac{\partial^2 u_1}{\partial x^2}-F(u_1-u_2)\\ \frac{\partial u_2}{\partial t}&=0.17\frac{\partial^2 u_2}{\partial x^2}+F(u_1-u_2)\end{aligned}\right\} \tag{B.17}$$

其中,$F(x)=e^{5.73x}-e^{-11.46x}$且满足初始条件 $u_1(x,0)=1,u_2(x,0)=0$ 及边界条件$\frac{\partial u_1}{\partial x}(0,t)=0,u_2(0,t)=0,u_1(1,t)=1,\frac{\partial u_2}{\partial x}(1,t)=0$。

解:第一步,对照给出的偏微分方程和 pdepe 函数求解的标准形式,原方程改写为

$$\begin{bmatrix}1\\1\end{bmatrix}\cdot\frac{\partial}{\partial t}\begin{bmatrix}u_1\\u_2\end{bmatrix}=\frac{\partial}{\partial x}\begin{bmatrix}0.024\dfrac{\partial u_1}{\partial x}\\0.17\dfrac{\partial u_2}{\partial x}\end{bmatrix}+\begin{bmatrix}-F(u_1-u_2)\\F(u_1-u_2)\end{bmatrix} \tag{B.18}$$

由式(B.18)可知:

$$m = 0, \boldsymbol{c} = \begin{bmatrix} 1 \\ 1 \end{bmatrix}, \boldsymbol{f} = \begin{bmatrix} 0.024 \dfrac{\partial u_1}{\partial x} \\ 0.17 \dfrac{\partial u_2}{\partial x} \end{bmatrix}, \boldsymbol{s} = \begin{bmatrix} -F(u_1 - u_2) \\ F(u_1 - u_2) \end{bmatrix} \tag{B.19}$$

其对应 Matlab 代码如下：

```
%目标 PDE 函数
function [c,f,s]=pdefun(x,t,u,du)
c=[1;1];
f=[0.024 * du(1);0.17 * du(2)];
temp=u(1)-u(2);
s=[-1;1]. * (exp(5.73 * temp)-exp(-11.46 * temp));
end
```

第二步，上、下边界条件分别改写为

$$\begin{bmatrix} u_1 - 1 \\ 0 \end{bmatrix} + \begin{bmatrix} 1 \\ 0 \end{bmatrix} \cdot \boldsymbol{f} = \begin{bmatrix} 0 \\ 0 \end{bmatrix} \tag{B.20}$$

$$\begin{bmatrix} 0 \\ u_2 \end{bmatrix} + \begin{bmatrix} 1 \\ 0 \end{bmatrix} \cdot \boldsymbol{f} = \begin{bmatrix} 0 \\ 0 \end{bmatrix} \tag{B.21}$$

其对应 Matlab 代码如下：

```
%边界条件函数
function [pa,qa,pb,qb]=pdebc(xa,ua,xb,ub,t)
pa=[0;ua(2)];
qa=[1;0];
pb=[ub(1)-1;0];
qb=[0;1];
end
```

第三步，初值条件改写为

$$\begin{bmatrix} u_1 \\ u_2 \end{bmatrix} = \begin{bmatrix} 1 \\ 0 \end{bmatrix} \tag{B.22}$$

其对应 Matlab 代码如下：

```
%初值条件函数
function u0=pdeic(x)
u0=[1;0];
end
```

第四步，编写主调函数：

```
clc
x=0:0.05:1;
t=0:0.05:2;
m=0;
sol=pdepe(m,@pdefun,@pdeic,@pdebc,x,t);
subplot(2,1,1)
surf(x,t,sol(:,:,1))
```

```
xlabel('x')
ylabel('t')
zlabel('u_1')
subplot(2,1,2)
surf(x,t,sol(:,:,2))
xlabel('x')
ylabel('t')
zlabel('u_2')
```

其仿真曲线如图 B-1 所示。

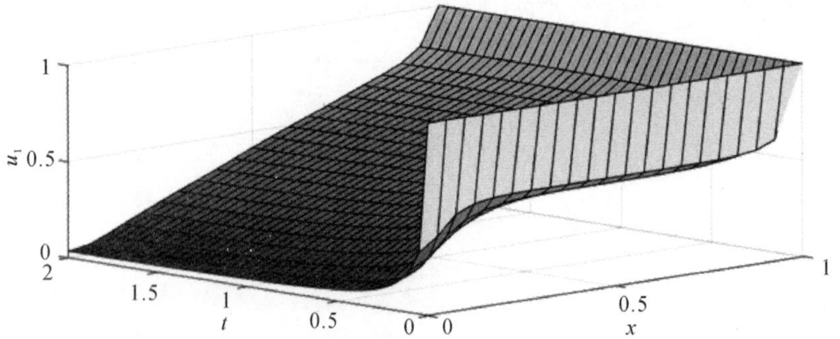

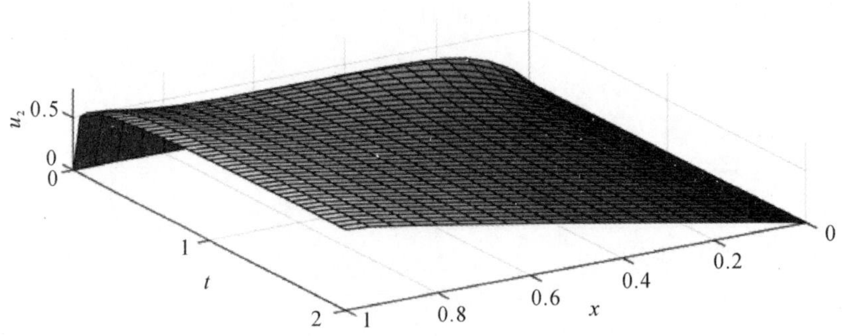

图 B-1　pdepe 函数求解偏微分方程仿真曲线图

(2)使用 PDE 工具箱求解偏微分方程。使用 PDE 工具箱求解偏微分方程的一般步骤是在 Matlab 命令窗口输入 pdetool,回车,PDE 工具箱的 GUI 系统就启动了。从定义一个偏微分方程问题到完成解偏微分方程的定解,整个过程大致可以分为六个阶段:

1)"Draw 模式"绘制平面有界区域 Ω,通过公式把 Matlab 系统提供的实体模型(矩形、圆、椭圆和多边形),组合起来,生成需要的平面区域。

2)"Boundary 模式"定义边界,声明不同边界段的边界条件。

3)"PDE 模式"定义偏微分方程,确定方程类型和方程系数 c,a,f,d,根据具体情况,还可以在不同子区域声明不同系数。

4)"Mesh 模式"网格化区域 Ω,可以控制自动生成网格的参数,对生成的网格进行多次细化,使网格分割更细更合理。

5)"Solve 模式"解偏微分方程,对于椭圆型方程,可以激活并控制非线性自适应解题器来处理非线性方程；对于抛物线型方程和双曲线型方程，设置初始边界条件后可以求出给定时刻 t 的解；对于特征值问题，可以求出给定区间上的特征值。求解完成后，可以返回到步骤 4)，对网格进一步细化，进行再次求解。

6)"View 模式"计算结果的可视化，可以通过设置系统提供的对话框，显示所求的解的表面图、网格图、等高线图和箭头梯形图。对于抛物线型和双曲线型问题的解，还可以进行动画演示。

例 B.2　求解一个正方形区域上的特征值问题：

$$\left.\begin{aligned} -\Delta u-\frac{1}{2}u&=\lambda u \\ u\,|_{\partial\Omega}&=0 \end{aligned}\right\} \tag{B.23}$$

正方形区域为：$-1\leqslant x\leqslant 1, -1\leqslant x\leqslant 1$。

解：第一步，打开 PDE 工具箱，其图形用户界面如图 B－2 所示。

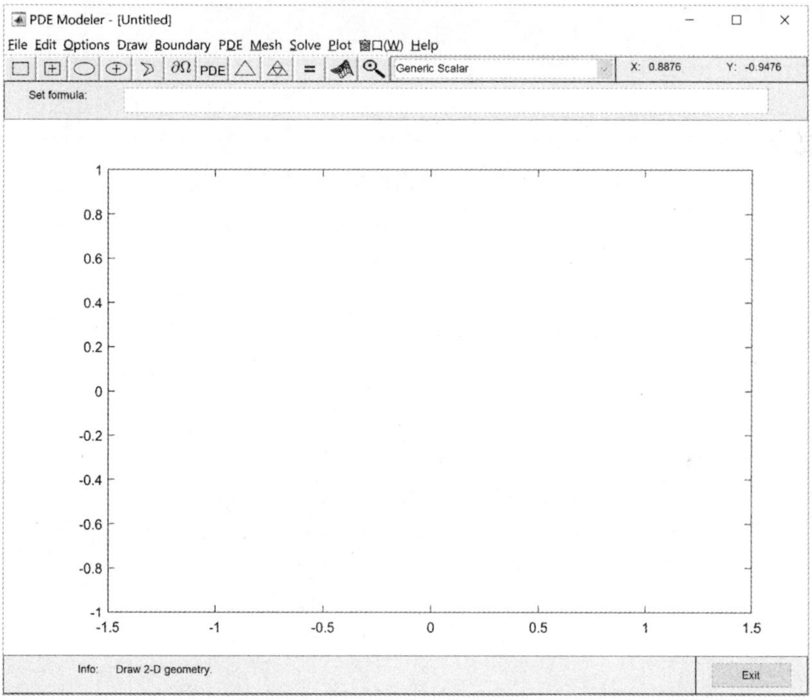

图 B－2　PDE 工具箱图形用户界面

第二步，进入 Draw 模式（见图 B－3），绘制一个矩形，然后双击矩形，在弹出的对话框中设置 Left＝－1，Bottom＝－1，Width＝2，Height＝2，确认并关闭对话框。

第三步，进入 Boundary 模式，边界条件采用 Dirichlet 条件的默认值。

第四步，进入 PDE 模式，单击工具栏 PDE 按钮，在弹出的对话框中方程类型选择 Eigenmodes，参数设置 c＝1，a＝－1/2，d＝1，确认后关闭对话框。

第五步，单击工具栏的△按钮，对正方形区域进行初始网格划分，然后再对网格进一步细化划分一次，如图 B－4 所示。

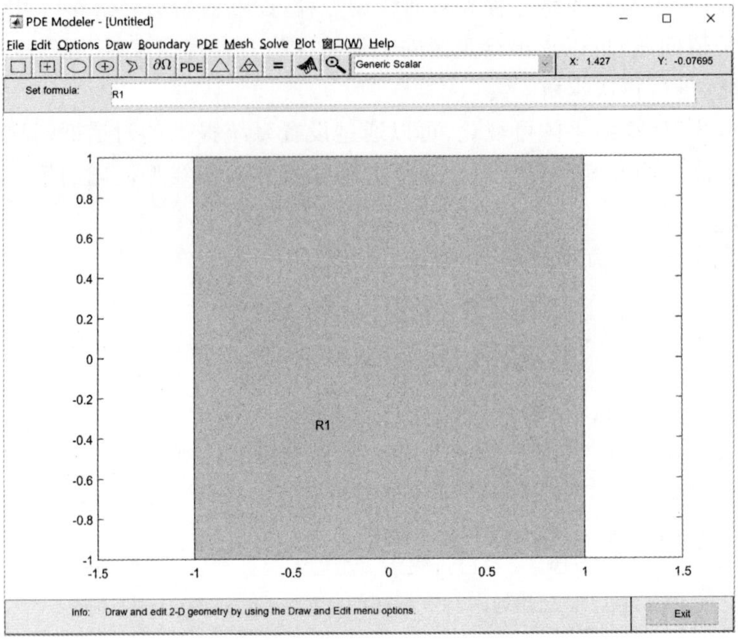

图 B-3　PDE 工具箱图形用户界面 Draw 模式

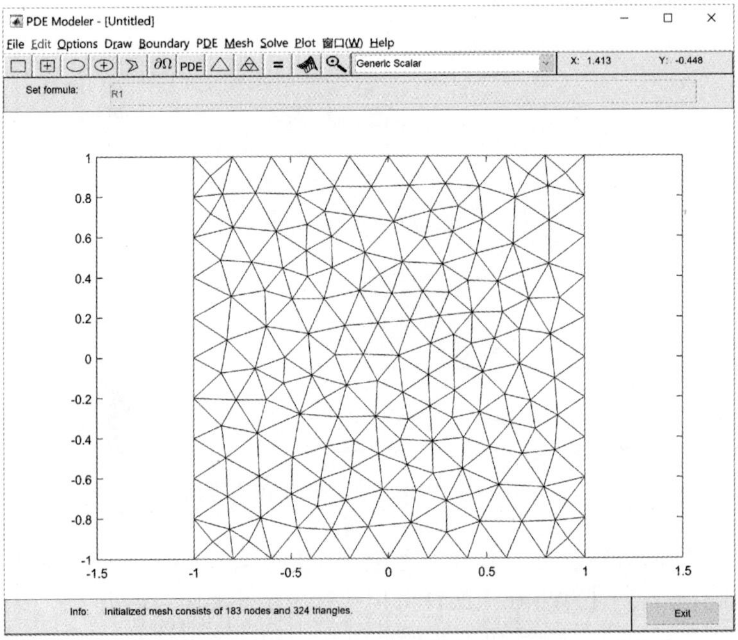

图 B-4　PDE 工具箱图形用户界面网格划分

第六步，点开 solve 菜单，单击 Parameters 选项，在弹出的对话框中设置特征值区域为[−20,20]。

第七步，单击 Plot 菜单的 Parameters 项，在弹出的对话框中选中 Color、Height(3-D plot)和 Show mesh 项，如图 B-5 所示，然后单击 Close 确认并关闭窗口。

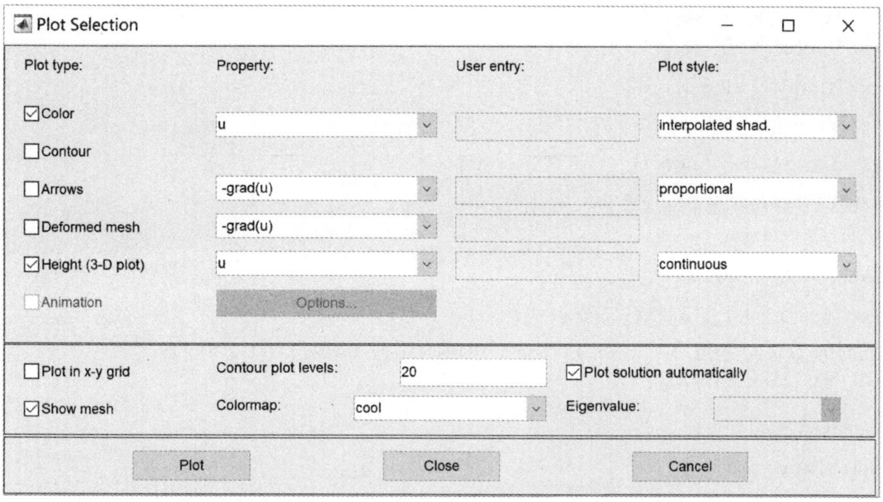

图 B-5　PDE 工具箱图形用户界面 Plot 参数设置

第八步，单击工具栏的"＝"按钮，开始求解，结果如图 B-6 所示。

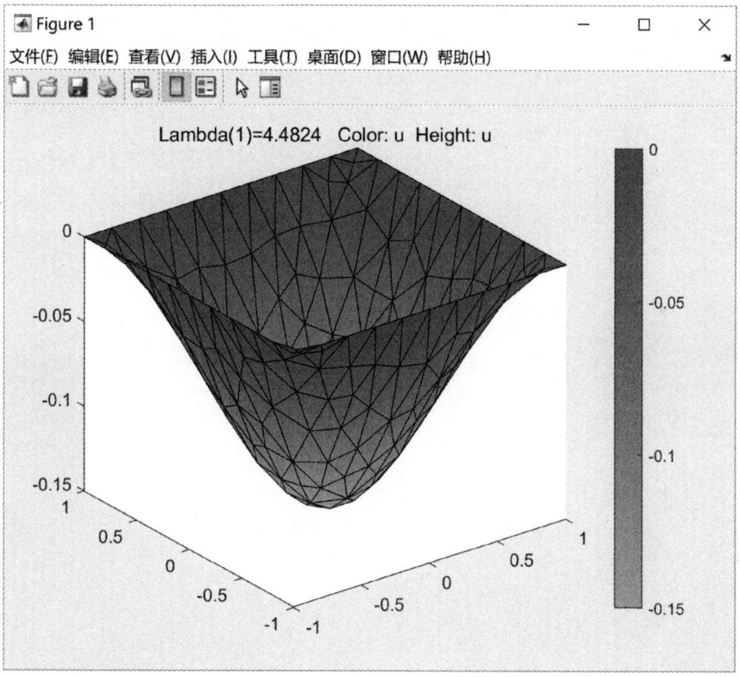

图 B-6　PDE 工具箱求解偏微分方程仿真曲线图

第九步，单击 File 菜单中的"另存"选项，可以直接生成 M 文件代码，之后可直接运行所生成的 M 文件进行仿真。生成代码如下：

```
function pdemodel
[pde_fig,ax]=pdeinit;
pdetool('appl_cb',1);
```

```
set(ax,'DataAspectRatio',[1 1 1]);
set(ax,'PlotBoxAspectRatio',[1.5 1 1]);
set(ax,'XLim',[-1.5 1.5]);
set(ax,'YLim',[-1 1]);
set(ax,'XTickMode','auto');
set(ax,'YTickMode','auto');

% Geometry description:
pderect([-1 1-1 1],'R1');
set(findobj(get(pde_fig,'Children'),'Tag','PDEEval'),'String','R1')

% Boundary conditions:
pdetool('changemode',0)
pdesetbd(4,...
'dir',...
1,...
'1',...
'0')
pdesetbd(3,...
'dir',...
1,...
'1',...
'0')
pdesetbd(2,...
'dir',...
1,...
'1',...
'0')
pdesetbd(1,...
'dir',...
1,...
'1',...
'0')

% Mesh generation:
setappdata(pde_fig,'Hgrad',1.3);
setappdata(pde_fig,'refinemethod','regular');
setappdata(pde_fig,'jiggle',char('on','mean',''));
setappdata(pde_fig,'MesherVersion','preR2013a');
pdetool('initmesh')

% PDE coefficients:
```

```
pdeseteq(4,…
'1.0',…
'-0.5',…
'10.0',…
'1.0',…
'0:10',…
'0.0',…
'0.0',…
'[-20 20]')
setappdata(pde_fig,'currparam',…
['1.0 ';…
'-0.5';…
'10.0';…
'1.0 '])

% Solve parameters:
setappdata(pde_fig,'solveparam',…
char('0','1000','10','pdeadworst',…
'0.5','longest','0','1E-4','','fixed','Inf'))

% Plotflags and user data strings:
setappdata(pde_fig,'plotflags',[1 1 1 1 1 1 1 1 0 1 0 1 1 0 1 0 0 1]);
setappdata(pde_fig,'colstring','');
setappdata(pde_fig,'arrowstring','');
setappdata(pde_fig,'deformstring','');
setappdata(pde_fig,'heightstring','');

% Solve PDE:
pdetool('solve')
```

附录C　概率与随机过程概要

下面简单介绍概率与随机过程的基本概念和基本方法，供学习智能控制和最优估计时参考。

C.1　概率和期望

概率是一种度量偶然事件发生可能性的方法。概率论是利用数学模型对不确定性进行量化的理论和方法，是研究随机现象数量规律的数学分支。

(一)集合

集合 Ω 是指由具有某种特定性质的具体的或抽象的对象汇总而成的集体，通常用 $A,B,C,\cdots$ 表示。构成集合的这些对象称为该集合的元素。元素 $\omega\in A$ 表示 ω 属于 A，$\omega\notin A$ 表示 ω 不属于 A。常用的集合表示有：

- **N** 表示自然数全体构成的集合；
- **Q** 表示有理数全体构成的集合；
- **R** 表示实数全体构成的集合；
- $\varnothing$表示不含任何元素的集合。

集合的运算主要包括以下几类：

- 并集：$A\cup B=\{\omega|\omega\in A$ 或 $\omega\in B\}$；
- 交集：$A\cap B=\{\omega|\omega\in A$ 且 $\omega\in B\}$；
- 余集：A^c 是 Ω 中不属于 A 的元素全体构成的集合；
- 差集：$A\backslash B=A\cap B^c$。

(二) 测度论

测度论是研究一般集合上的测度和积分的理论。它是勒贝格测度和勒贝格积分理论的进一步抽象和发展，又称为抽象测度论或抽象积分论，是现代分析数学中的重要工具之一。

定义 C.1(测度)　设 $\mathscr{R}$ 是空间 Ω 上的集合类，μ 为定义于 $\mathscr{R}$ 取值于$\overline{R}_+=[0,+\infty)$的函数。如果 $\mu(\varnothing)=0$，且 μ 有可列可加性或 σ 可加性，即

$$A_n\in\mathscr{R},n\geqslant 1,\quad A_n\cap A_m=\varnothing,n\neq m\Rightarrow\mu(\sum_{n=1}^{\infty}A_n)=\sum_{n=1}^{\infty}\mu(A_n)\tag{C.1}$$

则称 μ 为 $\mathscr{R}$ 上的测度。此外，如果 $\mu(\Omega)<\infty$，则称 μ 为有限测度；如果 $\mu(\Omega)=1$，则称 μ 为概率测度，此时$(\Omega,\mathscr{R},\mu)$也称为概率空间。

(三)概率密度函数

连续型随机变量的概率密度函数是一个描述这个随机变量的输出值在某个确定的取值点附近的可能性的函数，而随机变量的取值落在某个区域之内的概率则为概率密度函数在这个

区域上的积分。当概率密度函数存在的时候，累积分布函数是概率密度函数的积分。考虑 n 维实空间 $\mathbf{R}^n$，$x\in\mathbf{R}^n$，非负概率密度函数 $p(x)\geqslant 0$ 属于概率测度。根据概率测度的定义，可以得到

$$\int_{\mathbf{R}^n} p(x)\mathrm{d}x = 1 \tag{C.2}$$

对于 $\mathbf{R}^n$ 中的任意可测集 A，其等效概率测度可以定义为概率密度函数在 A 集上的积分，它也是随机选取 x 值属于 A 的概率，即

$$P(x\in A) = \int_A p(x)\mathrm{d}x \tag{C.3}$$

例如，设随机变量 x 的密度函数为

$$p(x) = \frac{1}{\sqrt{2\pi}\sigma}\mathrm{e}^{-\frac{(x-\mu)^2}{2\sigma^2}} \tag{C.4}$$

式中，μ,$\sigma>0$ 为常数，则称随机变量 x 服从参数为 μ,σ 的正态分布或高斯分布，记为 $x\sim N(\mu,\sigma^2)$。

(四)期望

在概率论和统计学中，数学期望(mean)(或均值，亦简称期望)是试验中每次可能结果的概率乘以其结果的总和，是最基本的数学特征之一。它反映随机变量平均取值的大小。

在密度函数为 $p(\cdot)$ 的概率分布中，变量为 x 的任意函数 $f(x)$ 的期望值可以用下列算子定义：

$$E[f(x)] = \int f(x)p(x)\mathrm{d}x \tag{C.5}$$

(五)概率分布的矩

如果一个标量概率分布变量的幂的期望值 $E[x^N]$ 存在，则其被称为概率分布的原点矩。例如，$E[x]$ 为一阶原点矩，$E[x^2]$ 为二阶原点矩。除定义均值的原点矩外，一般还常用中心矩来定义关于均值的矩，其定义为 $E[(x-E[x^N])^M]$。例如，$E[(x-E[x])^2]$ 为二阶中心矩(也被称为方差)，表征了 x 与其期望之间的偏差二次方的期望。

除标量变量的中心矩外，n 维向量变量 $\boldsymbol{x}$ 的一阶原点矩和二阶中心矩可以表示为以下形式：

$$\mu = E[\boldsymbol{x}] \tag{C.6}$$

$$P = E[(\boldsymbol{x}-\boldsymbol{\mu})(\boldsymbol{x}-\boldsymbol{\mu})^{\mathrm{T}}] = \begin{bmatrix} p_{11} & p_{12} & p_{13} & \cdots & p_{1n} \\ p_{21} & p_{22} & p_{23} & \cdots & p_{2n} \\ p_{31} & p_{32} & p_{33} & \cdots & p_{3n} \\ \vdots & \vdots & \vdots & & \vdots \\ p_{n1} & p_{n2} & p_{n3} & \cdots & p_{nn} \end{bmatrix} \tag{C.7}$$

上述矩阵被称为协方差矩阵，其中 p_{ij} 为两个随机变量的协方差，定义为

$$\mathrm{Cov}(x_i,x_j) = E[(x_i - E[x_i])(x_j - E[x_j])] \tag{C.8}$$

协方差的意义是度量各个维度偏离其均值的程度。协方差的值如果为正值，则说明两者是正相关的；如果为负值，就说明是负相关的；如果为0，就是统计上说的“相互独立”。

如图C-1所示，当随机变量 $\boldsymbol{x}$ 越大则 $\boldsymbol{y}$ 也越大或 $\boldsymbol{x}$ 越小则 $\boldsymbol{y}$ 也越小时，这种情况称为“正相关”；当随机变量 $\boldsymbol{x}$ 越大则 $\boldsymbol{y}$ 越小或 $\boldsymbol{x}$ 越小但 $\boldsymbol{y}$ 越大时，这种情况称为“负相关”；当随机变量

$\boldsymbol{x}$ 和 $\boldsymbol{y}$ 相互独立时，此时为“不相关”。随机变量间的相关程度也常用相关系数来表征，其定义为：

对于协方差矩阵中的任意项，比值

$$\rho_{ij}=\frac{p_{ij}}{\sqrt{p_{ii}p_{jj}}} \tag{C.9}$$

被称为 $\boldsymbol{x}$ 的第 i 个分量与第 j 个分量之间的相关系数。

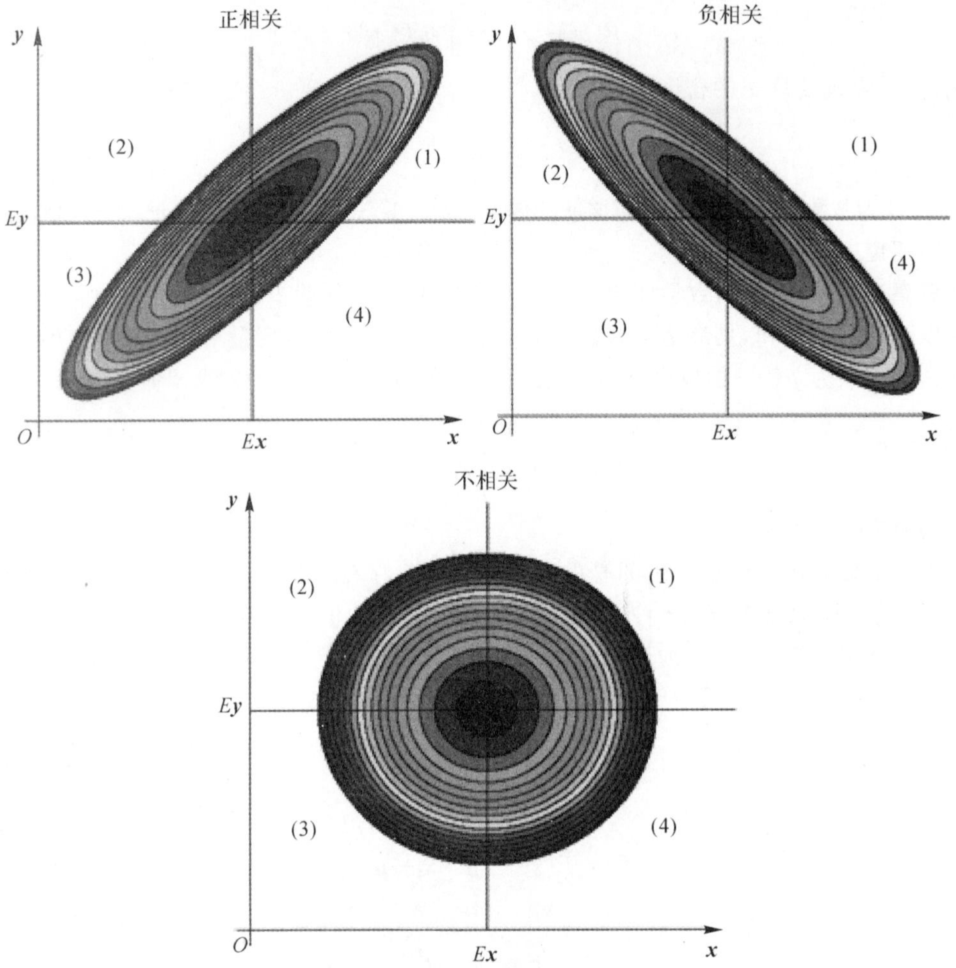

图 C-1 两随机变量的相互关系

C.2 随机过程

在概率论概念中，随机过程是随机变量的集合。若一随机系统的样本点是随机函数，则称此函数为样本函数，这一随机系统全部样本函数的集合是一个随机过程。实际应用中，样本函数的一般定义在时间域或空间域(在本书中默认为其定义在时间域)。需要注意的是，确定性过程研究一个量随时间确定的变化，而随机过程描述的是一个量随时间可能的变化。在这个过程中，每一个时刻变化的方向都是不确定的，或者说随机过程就是由一系列随机变量组成的，每一个时刻系统的状态都由一个随机变量表述，而整个过程则构成状态空间的一个轨迹

(随机过程的实现)。

下面给出随机过程的数学定义:

定义 C.2　给定参数集 $T\subset(-\infty,+\infty)$,如果对于每个 $t\in T$,对应有随机变量 $X(t)$,则称随机变量族 $\{X(t),t\in T\}$ 为随机过程。称 T 为时间参数集,称 $X(t)$ 为时刻 t 时过程的状态,而 $X(t_1)=x$(实数)说成是 $t=t_1$ 时过程处于状态 x。对于一切 $t\in T$,$X(t)$ 所能取的一切值组成的集合,称为过程的状态空间。

根据时间是否连续,随机过程一般分为以下两种类型:

(1)如果一个随机过程 $X(t)$ 对于任意的 $t\in T$,$X(t)$ 都是连续型随机变量,则称此随机过程为连续型随机过程;若对任意的 $t\in T$,$X(t)$ 是离散型随机变量,则称此随机过程为离散型随机过程。

(2)若参数 T 为有限区间或无限区间,则称 $X(t)(t\in T)$ 是连续参数随机过程。若参数集为可列个数,则称为随机序列;若随机序列的状态空间还是离散的,则称为离散参数链。

(一)随机过程的均值

给定随机过程 $\{X(t),t\in T\}$,对固定的 $t\in T$,随机变量 $X(t)$ 的均值一般与 t 有关,记为 $\mu_X(t)=E[X(t)]$,称为随机过程 $\{X(t),t\in T\}$ 的均值函数。$\mu_X(t)$ 是随机过程的所有样本函数在时刻 t 的函数值的平均值,称为集平均或统计平均。

均值函数 $\mu_X(t)$ 表示了随机过程 $X(t)$ 在各个时刻的摆动中心。

(二)随机过程的矩

$X(t)$ 的二阶原点矩和二阶中心矩分别记为

$$\Psi_X^2(t)=E[X^2(t)] \tag{C.10}$$

$$\sigma_X^2(t)=D_X(t)=\mathrm{Var}[X(t)]=E\{[X(t)-\mu_X(t)]^2\} \tag{C.11}$$

分别称为随机过程的均方值函数和方差函数。方差函数的算术二次方根称为随机过程的标准差函数,表示随机过程在某时刻对于均值的平均偏离程度。

对任意 $t_1,t_2\in T$,随机变量 $X(t_1)$,$X(t_2)$ 的二阶原点矩记为

$$R_{XX}(t_1,t_2)=E[X(t_1)X(t_2)] \tag{C.12}$$

称为随机过程的自相关函数,简称相关函数。

随机变量 $X(t_1)$,$X(t_2)$ 的二阶混合中心矩记为

$$C_{XX}(t_1,t_2)=\mathrm{Cov}[X(t_1),X(t_2)]=E\{[X(t_1)-\mu_X(t_1)][X(t_2)-\mu_X(t_2)]\} \tag{C.13}$$

将它称为随机过程的自协方差函数,简称协方差函数。

(三)高斯过程

如果随机过程 $\{X(t),t\in T\}$ 的每一个有限维分布都是正态分布,就叫作正态过程,或高斯过程,即对任意整数 $n\geqslant1$ 和任意 $t_1,t_2,\cdots,t_n\in T$,$(X(t_1),X(t_2),\cdots,X(t_n))$ 服从 n 维正态分布。

正态过程的全部统计特性完全由它的均值函数和自协方差函数(或自相关函数)确定。

参考文献

[1] 关世义. 关于飞行力学的再思考[J]. 战术导弹技术，2003(2):1-12.
[2] ETKIN B，TEICHMANN T. Dynamics of Flight：Stability and Control[M]. [S. l.]：Wiley，1982.
[3] BRYSON A E，HO Y. Applied Optimal Control：Optimization，Estimation，and Control[M]. [S. l.]:Hemisphereorp，1975.
[4] 方振平，陈万春，张曙光，等. 航空飞行器飞行动力学[M]. 北京：北京航空航天大学出版社，2005.
[5] 熊海泉，刘昶，郑本武，等. 飞机飞行动力学[M]. 北京：航空工业出版社，1990.
[6] 肖业伦. 飞行器运动方程[M]. 北京：航空工业出版社，1987.
[7] 姚炳元. 飞行力学的现状，发展趋向和今后的战略：展望"2000 年的中国"[J]. 战术导弹技术，1984(3):50-54.
[8] 胡兆丰，何植岱，高浩，等. 飞行动力学：飞机的稳定性和操纵性[M]. 北京：国防工业出版社，1985.
[9] 金长江，范立钦. 飞行动力学：飞机飞行性能计算[M]. 北京：国防工业出版社，1985.
[10] 师黎. 智能控制理论及应用[M]. 北京：清华大学出版社，2009.
[11] 贾小勇，李跃武. 变分法的一次变革：从欧拉到拉格朗日的形式化改造[J]. 自然科学史研究，2009，28(3):312-325.
[12] 邓子辰. 最优控制理论的发展及现状[J]. 大自然探索，1994，13(2):32-36.
[13] 李国勇. 智能控制及其 Matlab 实现[M]. 北京：电子工业出版社，2005.
[14] 鲍荣浩，徐博侯. 弹性力学变分原理引论[M]. 杭州：浙江大学出版社，2017.
[15] 王璐. 伪谱法在最优控制问题中的应用[D]. 哈尔滨：哈尔滨工业大学，2014.
[16] 李印. 谱方法的理论简介[J]. 教育教学论坛，2017(6):84-85.
[17] 双宇航. 基于 Matlab 的最优控制算法研究及应用[D]. 武汉：华中科技大学，2018.
[18] GREWAL M S，ANDREWS A P. 卡尔曼滤波理论与实践[M]. 4 版. 刘郁林，陈绍荣，徐舜，译. 北京：电子工业出版社，2019.
[19] 方洋旺. 随机系统最优控制[M]. 北京：清华大学出版社，2005.
[20] 钟宜生. 最优控制[M]. 北京：清华大学出版社，2015.
[21] 张杰，王飞跃. 最优控制：数学理论与智能方法：上册[M]. 北京：清华大学出版社，2017.
[22] 胡寿松，王执铨，胡维礼. 最优控制理论与系统[M]. 2 版. 北京：科学出版社，2005.
[23] 朱经浩. 最优控制中的数学方法[M]. 北京：科学出版社，2011.
[24] 李恒年. 航天测控最优估计方法[M]. 北京：国防工业出版社，2015.

[25] 张聚. 显式模型预测控制理论与应用[M]. 北京:电子工业出版社，2015.
[26] 李晓峰. 应用随机过程[M]. 北京:电子工业出版社，2013.
[27] 秦永元，张洪钺，王叔华. 卡尔曼滤波与组合导航原理[M]. 西安:西北工业大学出版社，2012.
[28] 孟云鹤. 航天器编队飞行导论[M]. 北京:国防工业出版社，2014.
[29] 李言俊. 系统辨识理论及应用[M]. 北京:国防工业出版社，2003.
[30] 张之，李建德. 动态规划及其应用[M]. 北京:国防工业出版社，1994.
[31] 杨庆之. 最优化方法[M]. 北京:科学出版社，2015.
[32] 袁亚湘，孙文瑜. 最优化理论与方法[M]. 北京:科学出版社，1997.
[33] 袁亚湘. 非线性规划数值方法[M]. 上海:上海科学技术出版社，1993.
[34] 袁亚湘. 非线性优化计算方法[M]. 北京:科学出版社，2008.
[35] 崔平远,乔栋. 深空探测轨道设计与优化[M]. 北京:科学出版社，2013.
[36] 唐国金,罗亚中,张进. 空间交会对接任务规划[M]. 北京:科学出版社，2008.
[37] 李俊峰，宝音贺西，蒋方华. 深空探测动力学与控制[M]. 北京:清华大学出版社，2014.
[38] BOYD S , VANDENBERGHE L. Convex Optimization[M]. 北京:世界图书出版公司，2013.
[39] 宗群，田栢苓，窦立谦. 基于Gauss伪谱法的临近空间飞行器上升段轨迹优化[J]. 宇航学报，2010(7):85-91.
[40] 廉师友. 人工智能技术导论[M]. 西安:西安电子科技大学出版社，2002.

注:本书在编写过程中参阅了相关网络资料,但因无法精确定位这些资料的具体出处,因此未在参考文献中一一列出。特此说明,并向所有参考文献的作者表示感谢。